高等职业教育土木建筑类专业新形态教材

CAD/BIM技术与应用

主　编　刘　欣　亓　爽
副主编　翟纪学　贺　鹏
参　编　刘福禄　陈　凯
主　审　苏　强

北京理工大学出版社
BEIJING INSTITUTE OF TECHNOLOGY PRESS

内容提要

本书在编写过程中以培养应用型技能人才为出发点，按照高等院校人才培养目标及专业教学改革的需要，依据最新标准规范进行编写。全书共3个项目：项目1为运用AutoCAD 2020绘制建筑施工图，项目2为运用天正建筑软件绘制建筑施工图，项目3为运用Revit Architecture绘制三维模型。

本书可作为高等院校土木工程类相关专业的教材，也可供建筑类相关专业工程技术人员及自学者参考。

图书在版编目（CIP）数据

CAD/BIM技术与应用／刘欣，亓爽主编．—北京：北京理工大学出版社，2021.1（2021.3重印）

ISBN 978-7-5682-9546-8

Ⅰ.①C…　Ⅱ.①刘…②亓…　Ⅲ.①建筑设计－计算机辅助设计－应用软件　Ⅳ.①TU201.4

中国版本图书馆CIP数据核字（2021）第025191号

出版发行／北京理工大学出版社有限责任公司

社　　址／北京市海淀区中关村南大街5号

邮　　编／100081

电　　话／（010）68914775（总编室）

（010）82562903（教材售后服务热线）

（010）68948351（其他图书服务热线）

网　　址／http://www.bitpress.com.cn

经　　销／全国各地新华书店

印　　刷／河北鑫彩博图印刷有限公司

开　　本／787毫米×1092毫米　1/16

印　　张／16

字　　数／388千字

版　　次／2021年1月第1版　2021年3月第2次印刷

定　　价／48.00元

责任编辑／高雪梅

文案编辑／高雪梅

责任校对／周瑞红

责任印制／边心超

FOREWORD

前言

本书采用“项目导向、任务驱动、教学做一体”的教学模式，以国家最新标准、规范和图集为依据，依据理论知识够用、实践实用的原则，结合国家职业标准和行业职业技能标准要求编写而成。

本书介绍了AutoCAD、天正建筑和Revit Architecture三种软件的应用，用一套工程图纸将软件命令组合，根据学生所需要的知识、能力和素质来设计教材的内容，使学生在完成项目的过程中掌握知识，从而达到人才培养目标的要求。

本书由山东城市建设职业学院建筑经济管理系刘欣、亓爽担任主编，由山东建大和盛建设项目管理有限公司翟纪学、济南市人防建筑设计研究院有限责任公司贺鹏担任副主编，中建八局第二建设有限公司刘福禄、陈凯参与编写。本书由山东城市建设职业学院建筑经济管理系苏强主审。全书具体编写分工为：刘欣编写项目2和项目3，亓爽编写项目1中的任务1和任务2，翟纪学、贺鹏编写项目1中的任务3和任务4。刘福禄、陈凯为本书的编写提供了很多素材，刘欣对全书进行统稿。

本书在编写过程中参考和借鉴了大量文献资料，谨向这些文献资料的作者致以诚挚的感谢。

由于编者水平有限，书中不足之处在所难免，恳请各位同人和广大读者不吝赐教。

编　者

目录

CONTENTS

项目 1　运用 AutoCAD 2020 绘制建筑施工图

CAD 即计算机辅助设计(Computer Aided Design)，是指利用计算机及其图形设备辅助进行设计工作，简称 CAD。CAD 诞生于 20 世纪 60 年代，是美国麻省理工学院提出的交互式图形学的研究计划。AutoCAD(Auto Computer Aided Design)是 Autodesk 公司于 1982 年开发的计算机辅助设计软件，主要功能有绘制与编辑图形、标注图形尺寸、渲染三维图形和输出、打印图形等。目前，AutoCAD 已成为工程设计领域应用最为广泛的计算机辅助绘图与设计软件之一。

任务 1　AutoCAD 2020 基础知识

本书将以 AutoCAD 2020 简体中文版为例，讲解如何使用 AutoCAD 绘制建筑图。对比之前的 AutoCAD 版本，AutoCAD 2020 新增了许多功能，不仅拥有全新的用户界面，通过交互菜单或命令行方式即可进行各种操作，而且直观的多文档设计环境使非计算机专业人员也可以快速上手。AutoCAD 还支持 CUI 定制、自定义用户界面以改善可访问性并减少频繁任务的步骤数。

1.1　AutoCAD 2020 工作界面

AutoCAD 2020 简体中文版的工作界面如图 1-1-1 所示。其主要包括标题栏、菜单栏、功能区、工具栏、绘图区、命令行、状态栏等部分。

1.1.1　标题栏

标题栏位于应用程序窗口的最上方，用于显示当前正在运行的程序名及文件名等信息。如果图形文件还未命名，AutoCAD 2020 将默认图形文件名称为“Drawing*N*. dwg”(*N* 是数字)。单击标题栏右侧的按钮，可以最小化、最大化或关闭应用程序窗口。单击标题栏最左侧的应用程序图标，可执行“新建”“打开”“保存”“另存为”等命令操作。

1.1.2　菜单栏

AutoCAD 2020 启动后，默认为“草图和注释”工作空间，菜单栏是隐藏的，单击“快速访问工具栏”的▾按钮，在下拉菜单中选择“显示菜单栏”命令(图 1-1-2)，菜单栏即可显现出来。单击菜单栏中的菜单，会弹出该菜单对应的下拉菜单，在下拉菜单中几乎包含了所有 AutoCAD 的命令及功能选项。

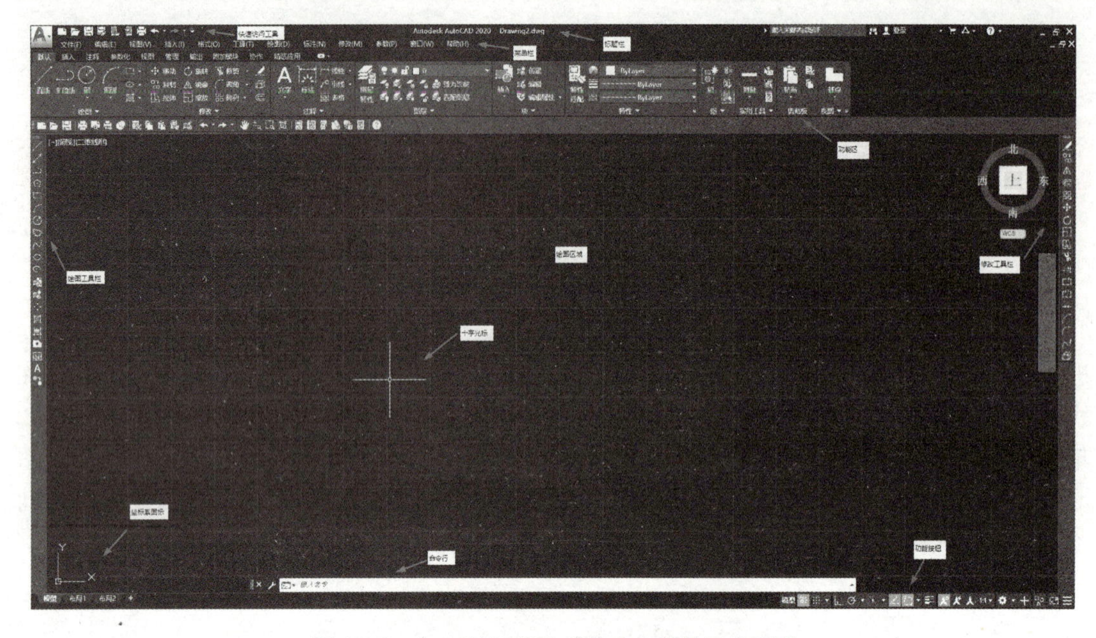

图 1-1-1　AutoCAD 2020 简体中文版的工作界面

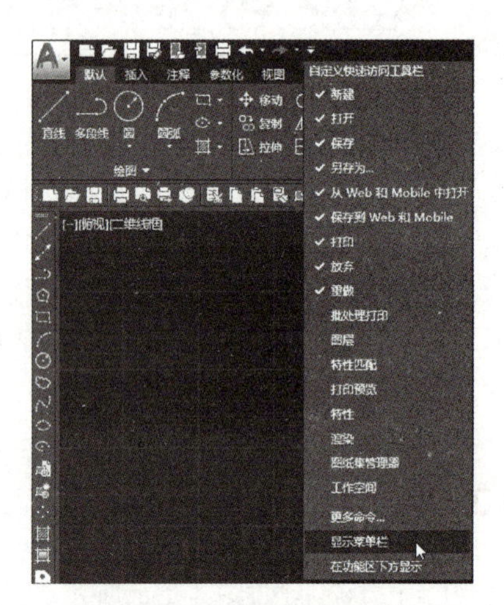

图 1-1-2　菜单栏的设置

1.1.3　功能区

功能区包含功能区选项卡、功能选项面板和功能面板下拉菜单三部分。

1. 功能区选项卡

功能区选项卡是用以显示基于任务的命令和控件的选项卡，每个选项卡都集成了相关的操作工具。在系统默认情况下，功能区包括“默认”“插入”“注释”“参数化”“视图”“管理”“输出”“附加模块”“协作”及“精选应用”等选项卡。

2. 功能选项面板

每个功能区选项卡下都有一个展开的面板，即功能选项面板。这些面板依照其功能标记在相应选项卡中。例如，“默认”功能选项面板包括“直线”“多线段”“圆”“圆弧”等命令图标，若将光标移至相应命令图标上，就会显示此命令的简单介绍。在图标上单击，即可执行此命令。

3. 功能面板下拉菜单

在功能选项面板中，很多命令还有可展开的下拉菜单，包含更详细的功能命令。例如，单击“圆”按钮下方的白色下拉三角按钮，即显示“圆”的下拉菜单，如图 1-1-3 所示。

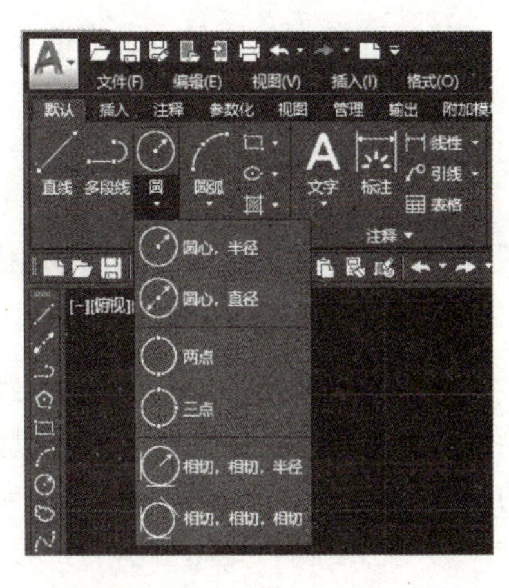

图 1-1-3 “圆”的下拉菜单

1.1.4 工具栏

工具栏是应用程序为用户提供的一种调用命令和实现各种绘图操作的快捷执行方式，由一系列工具按钮组成。单击某一按钮时，即可执行相应的命令。选择菜单栏中“工具”→“工具栏”→“AutoCAD”命令，可单击某一个未在窗口显示的工具栏名称，如图 1-1-4 所示。在 AutoCAD 2020 工作空间中，常用工具栏为“绘图”工具栏和“修改”工具栏，位于绘图区的左右两侧。

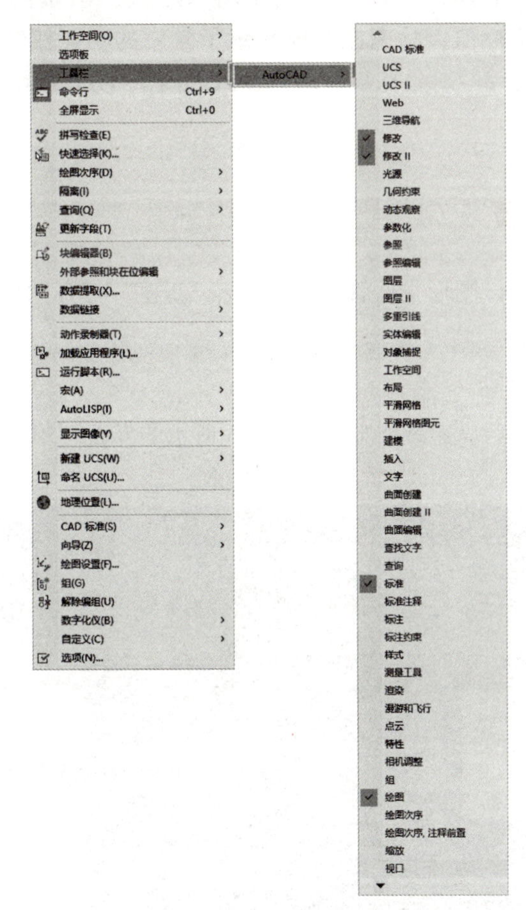

图 1-1-4 工具栏的设置

1.1.5 绘图区

在 AutoCAD 中，绘图区是用户进行绘图设计的工作区，是界面中央最大的空白区。绘图区没有边界，因此，无论多大的图纸都可置于其中。

绘图区的左下方显示了当前绘图所采用的坐标系图标，并指明 *X*、*Y* 轴的方向。软件默认的设置是世界坐标系。用户根据需要可以通过变更坐标原点和坐标轴的方向建立自己的坐标系。

绘图区的下部有“模型”“布局 1”“布局 2”三个选项卡，它们用于模型空间和图纸空间的切换。通常，用户在模型空间绘制图形之后，打印时转至布局空间进行出图设置。

1.1.6 命令行

命令行位于绘图区的底部，是用户输入命令字符和显示命令提示信息的地方，是提高绘图效率的重要工具。用户通过键盘输入命令字符，按 Enter 键或 Space 键确认，执行相应的命令；按 Esc 键退出当前命令。

命令历史窗口是不显示的，可按 F2 键在历史窗口和绘图窗口间进行切换。

1.1.7 状态栏

状态栏位于命令行的下方，用于显示当前的绘图状态。状态栏最左侧为坐标显示，用于动态显示当前光标的坐标值；状态栏右侧显示了常用的功能按钮，包括“捕捉模式”“栅格”“正交”“极轴”“对象追踪”“对象捕捉”“动态输入”等若干功能按钮，单击功能按钮即可打开或关闭该功能。

1.2 图形文件管理

在 AutoCAD 2020 中，图形文件管理主要包括“新建”“打开”“保存”“输出”和“退出”等操作命令。

1.2.1 新建图形文件

打开 AutoCAD 2020 后，系统将显示图 1-1-5 所示的界面。用户可以通过以下方法新建图形文件：

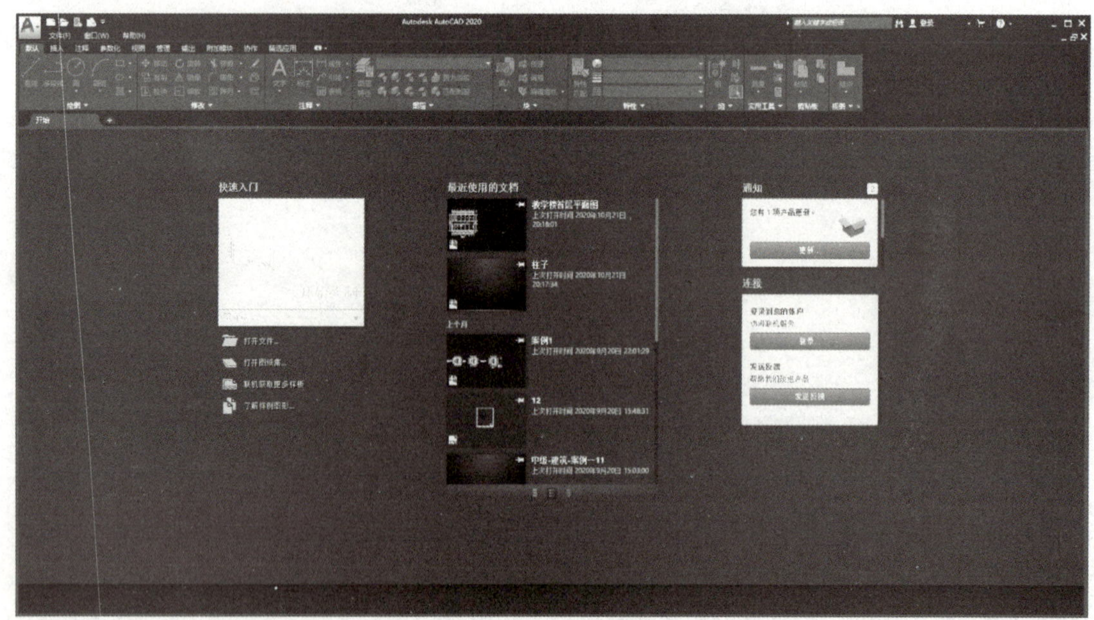

图 1-1-5 打开界面

(1)单击“开始绘制”按钮进入工作界面，系统会新建一个名为“Drawing1. dwg”的图形文件。
(2)选择菜单栏中的“文件”→“新建”命令。
(3)单击“新建”按钮。
(4)单击按钮，在下拉菜单中选择“新建”命令。
(5)快捷键：Ctrl+N。
(6)在命令行输入“NEW”。

1.2.2 打开图形文件

打开 AutoCAD 2020 后，用户可以通过以下方法打开图形文件：
(1)选择菜单栏中的“文件”→“打开”命令。
(2)单击“打开”按钮。
(3)单击按钮，在下菜单中选择“打开”命令。
(4)快捷键：Ctrl+O。
(5)在命令行输入“OPEN”。

1.2.3 保存图形文件

1. 保存

用户可以通过以下方式保存 CAD 文件。
(1)选择菜单栏中的“文件”→“保存”命令。
(2)单击“保存”按钮。
(3)单击按钮，在下拉菜单中选择“保存”命令。
(4)快捷键：Ctrl+S。
(5)在命令行输入“QSAVE”。

2. 另存为

“另存为”实际上是以新名称或新格式另外保存当前的图形文件。用户可以通过以下方式来另存图形文件，如图 1-1-6 所示：

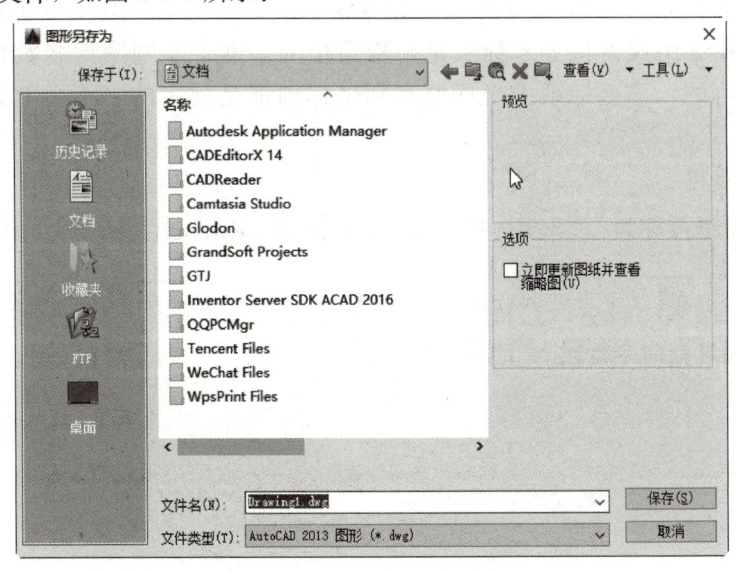

图 1-1-6 “图形另存为”对话框

(1)选择菜单栏中的“文件”→“另存为”命令。

(2)单击“另存为”按钮。

(3)单击按钮，在下拉菜单中选择“另存为”命令。

(4)在命令行输入“SAVEAS”。

1.2.4 输出图形文件

如果用户要将AutoCAD图形对象保存为其他需要的文件格式以供其他软件调用，只需将对象以指定的文件格式输出即可。用户可以通过以下方法输出文件：

(1)选择菜单栏中的“文件”→“输出”命令。

(2)单击按钮，在下拉菜单中选择“输出”命令。

用户执行“输出”命令后，选择需要输出的文件名和文件类型。

1.2.5 退出

图形绘制完成后，用户可以通过以下方法退出软件：

(1)单击界面右上角的按钮。

(2)选择菜单栏中的“文件”→“退出”命令。

(3)单击按钮，在下拉菜单中选择“关闭”命令。

(4)在命令行输入“QUIT”或“EXIT”。

1.3 AutoCAD 2020 基本设置

1.3.1 AutoCAD 2020 的坐标系

AutoCAD 2020采用世界坐标系和用户坐标系两种坐标系绘图。用户可以通过“UCS”命令来进行坐标系的切换。

1. 世界坐标系

世界坐标系也可称为WCS坐标系，是系统默认的坐标系。其由三个正交于原点的坐标轴X、Y和Z组成。世界坐标系是坐标系中的基准，绘制图形多数情况下是在这个坐标系下进行的。该坐标系中坐标原点和坐标轴都是固定的，不会随着用户的操作而发生改变。

2. 用户坐标系

用户坐标系也可称为UCS坐标系，是可以根据用户需求进行更改的，为图形绘制提供参考。

用户可以通过执行“工具”→“新建UCS”命令下的子命令来创建用户坐标系，如图1-1-7所示，也可以通过在命令行输入“UCS”来完成。

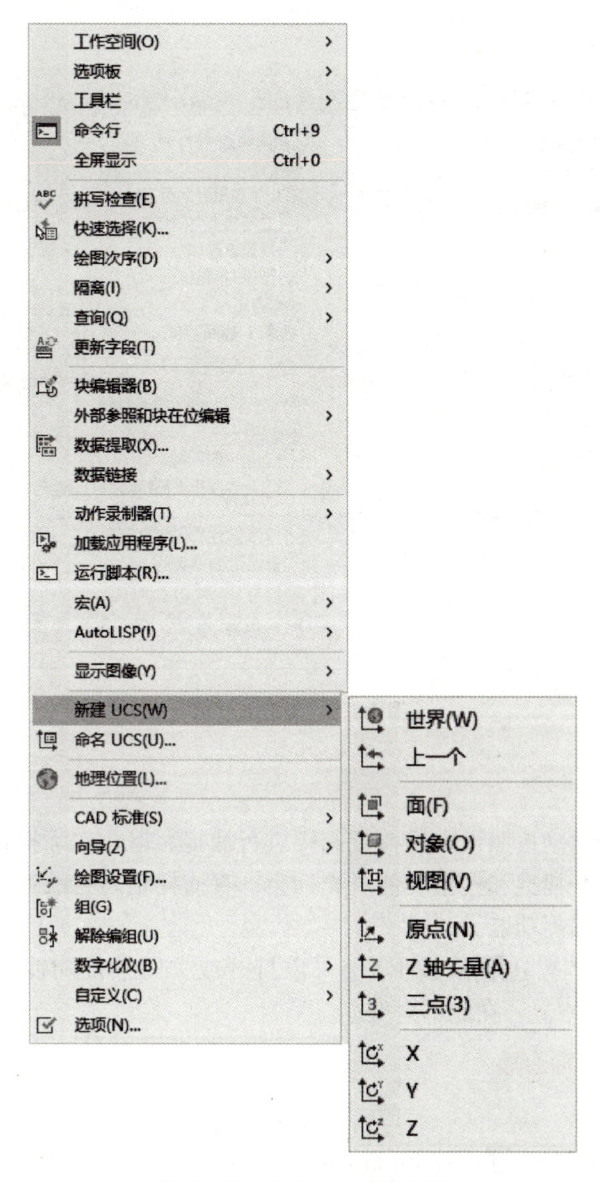

图 1-1-7　用户坐标系的创建

1.3.2　栅格和捕捉

1. 栅格

栅格是指在绘图区被水平线和垂直线分成的方格。栅格有助于用户把握绘制图形的尺度，提供直观的距离和位置参照。

单击状态栏“栅格”按钮▦或按 F7 键可以打开或关闭栅格显示。设置栅格模式时，可在“栅格”按钮上单击鼠标右键，选择“网格设置”命令，系统会自动弹出图 1-1-8 所示的“草图设置”对话框。用户可以根据需求，对是否启用“栅格”“栅格样式”“栅格间距”进行设置。

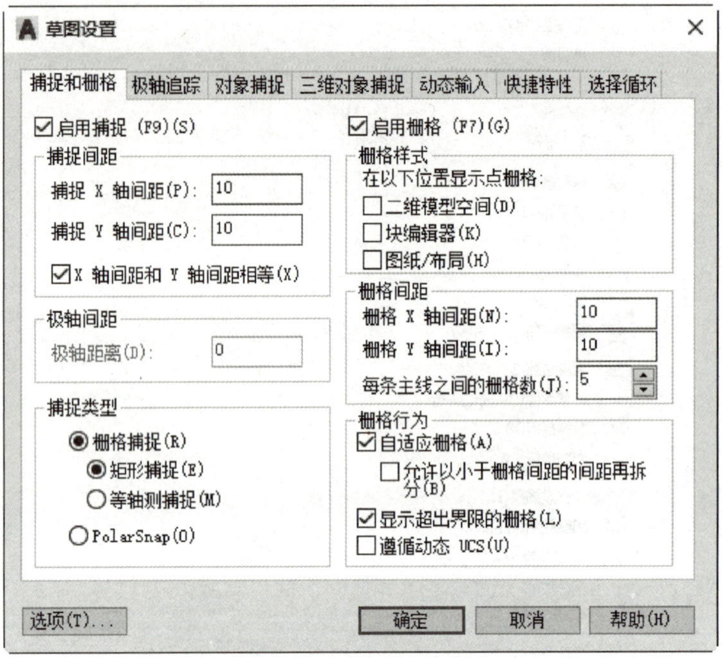

图 1-1-8　栅格的设置

2. 捕捉

捕捉是指光标会自动按照设定的捕捉间距进行捕捉。但在实际操作中，很少按照固定间距进行绘图，若打开捕捉和栅格功能，光标会一直捕捉距离它最近的栅格点而出现跳跃现象，所以建议关闭捕捉功能。

单击状态栏“捕捉”按钮或按 F9 键可以打开或关闭捕捉功能。捕捉模式的设置如图 1-1-8所示，与栅格相似，在此不再赘述。

1.3.3　正交和极轴追踪

1. 正交

单击状态栏“正交”按钮或按 F8 键，可以打开或关闭正交模式。正交模式打开，光标只能限制在水平和竖直方向移动，这时只能绘制出水平线和竖直线。

2. 极轴追踪

极轴追踪是用来追踪在一定角度上的点坐标的智能输入方法。

单击状态栏“极轴追踪”按钮或按 F10 键，可以打开或关闭极轴追踪模式。极轴追踪模式打开，光标可以追踪用户设置的极轴角度，绘制各种倾斜角度的直线。极轴追踪模式的设置是在“极轴追踪”按钮上单击鼠标右键，选择“设置”命令，系统会自动弹出图 1-1-9 所示的“草图设置”对话框。用户可以根据需求，对“极轴角设置”“对象捕捉追踪设置”选项组参数进行修改。

在“极轴角设置”选项组中，在“增量角”文本框设置一个角度值，打开极轴追踪模式时，凡是增量角的倍数角都会被追踪到。例如，增量角为 90°，则 90°、180°、270°、360°都被追踪。若勾选“附加角”复选框，单击“新建”按钮，输入附加角角度值，则只有输入的附加角角度被追踪，其倍数角不会被追踪。

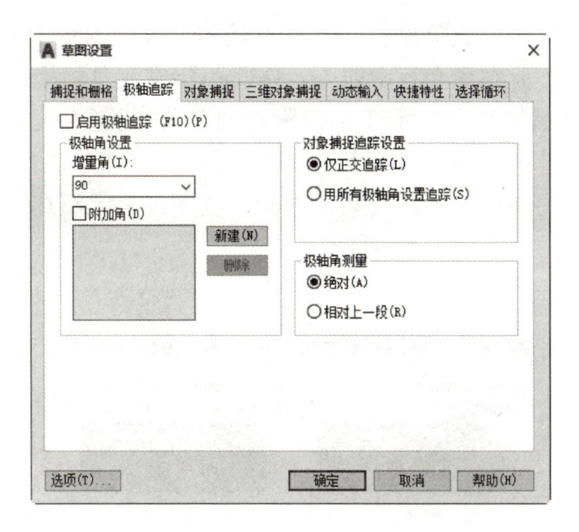

图 1-1-9　极轴追踪的设置

1.3.4　对象捕捉

在绘图中，可通过对象捕捉功能迅速、准确地拾取端点、中点、圆心等特殊点，加快绘图速度，提高绘图精度。

单击状态栏"对象捕捉"按钮或按 F3 键，可以打开或关闭对象捕捉功能。在"对象捕捉"按钮上单击鼠标右键，选择"对象捕捉设置"命令，系统自动弹出图 1-1-10 所示的"草图设置"对话框。用户可以根据需求勾选相应的特征点复选框，单击"确定"按钮。

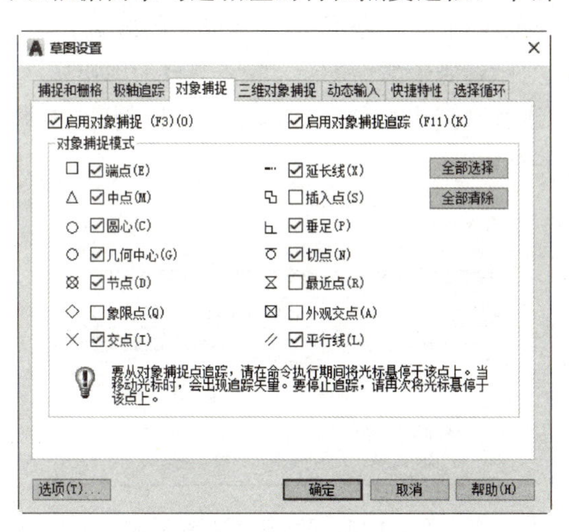

图 1-1-10　对象捕捉的设置

1.3.5　动态输入

单击状态栏"动态输入"按钮或按 F12 键，可以打开或关闭动态输入模式。在"动态输入"按钮上单击鼠标右键，选择"动态输入设置"命令，系统会自动弹出图 1-1-11 所示的"草图设置"对话框。

启用指针输入，光标的位置信息将在光标附近的工具栏提示中显示为坐标，在工具栏提示中输入坐标值，而不是在命令行中输入，按 Tab 键在工具栏提示之间进行切换。

启用动态提示，提示信息会显示在光标附近的工具栏提示中。在工具栏提示中输入，而不是在命令行中输入。

启用标注输入，当命令行提示输入第二点时，绘图区显示距离和角度值，按 Tab 键进行切换输入。

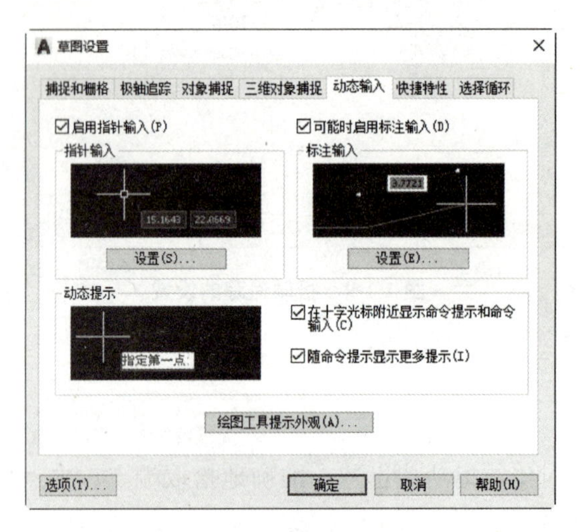

图 1-1-11　动态输入的设置

1.3.6　显示/隐藏线宽

单击状态栏“显示/隐藏线宽”按钮可以打开或关闭线宽显示。在“显示/隐藏线宽”按钮上单击鼠标右键，选择“线宽设置”命令，系统会自动弹出图 1-1-12 所示的“线宽设置”对话框，用户可以设置“线宽”“列出单位”及“调整显示比例”选项组中的参数。通过此功能可以识别具有不同线宽的对象。

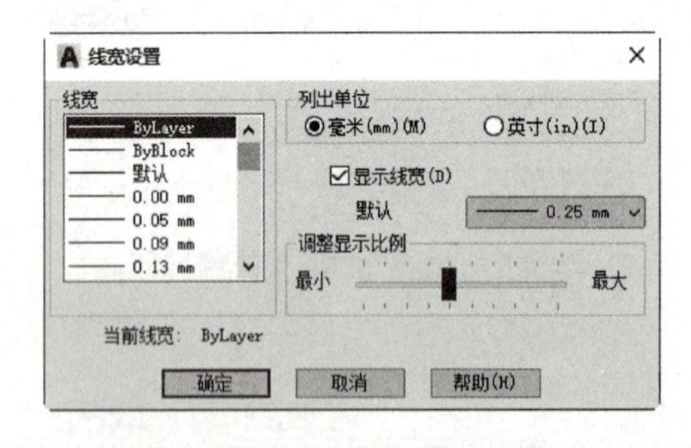

图 1-1-12　“线宽设置”对话框

1.3.7　目标选择

在 AutoCAD 2020 中，目标选择有很多方式，用户根据不同情况，选择合理的方式，可提高绘图效率。以下介绍几种目标选择的方式。

1. 直接选择目标

直接选择目标是指直接单击要选择的对象。目标被选中后，会呈现蓝色加粗状态。

2. 矩形窗口选择目标

矩形窗口选择目标，一种是从左上到右下选择；另一种是从右下到左上选择。前者是只有被矩形窗口全部包围的目标才被选择；后者是与矩形窗口边界相交的和全部包围的目标都被选择。

3. 选择全部目标

按 Ctrl+A 组合键或单击默认功能选项面板“实用工具”中按钮即可选择全部目标。

4. 快速选择目标

为快速选择具有某一特性的目标，AutoCAD 2020 提供了快速选择目标的功能。单击默认功能选项面板“实用工具”中按钮，系统会自动弹出图 1-1-13 所示的“快速选择”对话框。

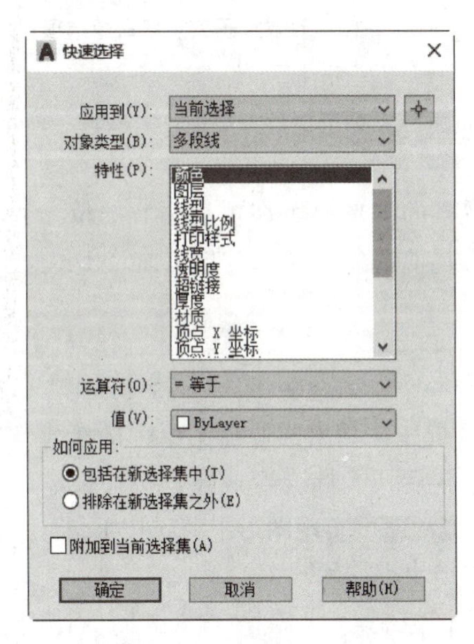

图 1-1-13 “快速选择”对话框

(1)应用到(Y)：是指进行对象选择时的选择范围，可以是整个图形，也可以通过后面的进行选择。

(2)对象类型(B)：是指要选择对象的具体类型，可通过下拉列表进行选择。

(3)特征(P)：是指要选择对象的特征，用单击进行选择。选择后需要对“运算符”和“值”进行设置。

1.3.8 绘图窗口的缩放

1. 视图缩放

视图缩放是指将所绘制的图形完全显示在绘图区。该命令不改变图形实际位置和尺寸，可帮助用户观察图形的大小与放大和缩小图形，以便更精准地绘制图形。视图缩放命令的执行方式如下：

(1)在命令行中输入“ZOOM”；

(2)在菜单栏选择“视图”→“缩放”命令(图 1-1-14)；

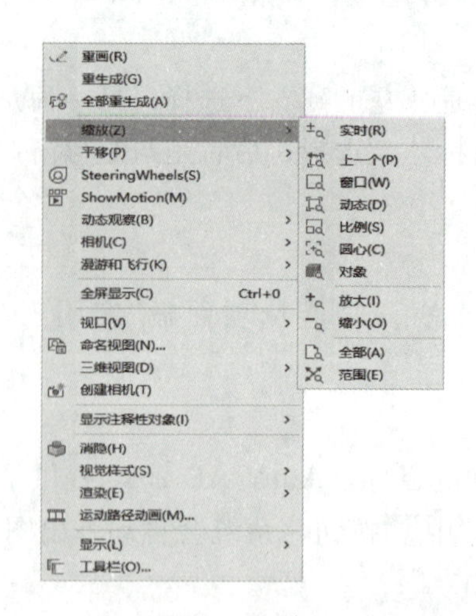

图 1-1-14 “缩放”子菜单各命令选项

(3)在绘图区单击鼠标右键，在弹出的快捷菜单中选择“缩放”命令。

2. 视图平移

视图平移是指将需要观察的图形显示在视口中心的位置，以便观察和绘制图形的其他部分。视图“平移”命令执行方式如下：

(1)在命令行中输入“PAN”。

(2)在菜单栏选择“视图”→“平移”命令(图 1-1-15)；

(3)在绘图区单击鼠标右键，在弹出的快捷菜单中选择“平移”命令。执行“平移”命令后，光标会变成✋，按住鼠标左键，直接在绘图区进行拖动即可实现图形平移，按 Esc 键、Space 键、Enter 键均可退出平移模式。

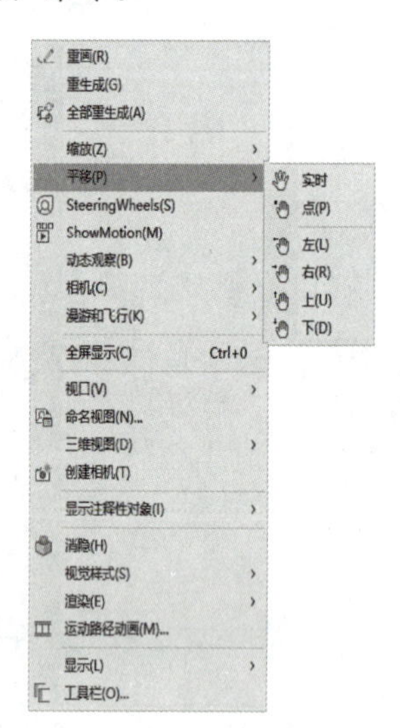

图 1-1-15 “平移”子菜单各命令选项

3. 使用鼠标滚轮进行视图控制

在 AutoCAD 2020 的操作过程中，需要放大视图看细节，也需要缩小视图看整体，也有时候观察位置不方便，需要平移视图，这些都可通过鼠标滚轮进行快速操作。

(1)放大视图：鼠标滚轮向前滚动；

(2)缩小视图：鼠标滚轮向后滚动；

(3)平时视图：按住鼠标滚轮不放移动光标。

任务 2 使用基本绘图与编辑功能绘制建筑平面图

本项目以四层教学楼项目为例，按照设计流程，使用 AutoCAD 2020 版本，讲解建筑平面图、立面图和剖面图的绘制过程。

教学楼首层平面图如图 1-2-1 所示。

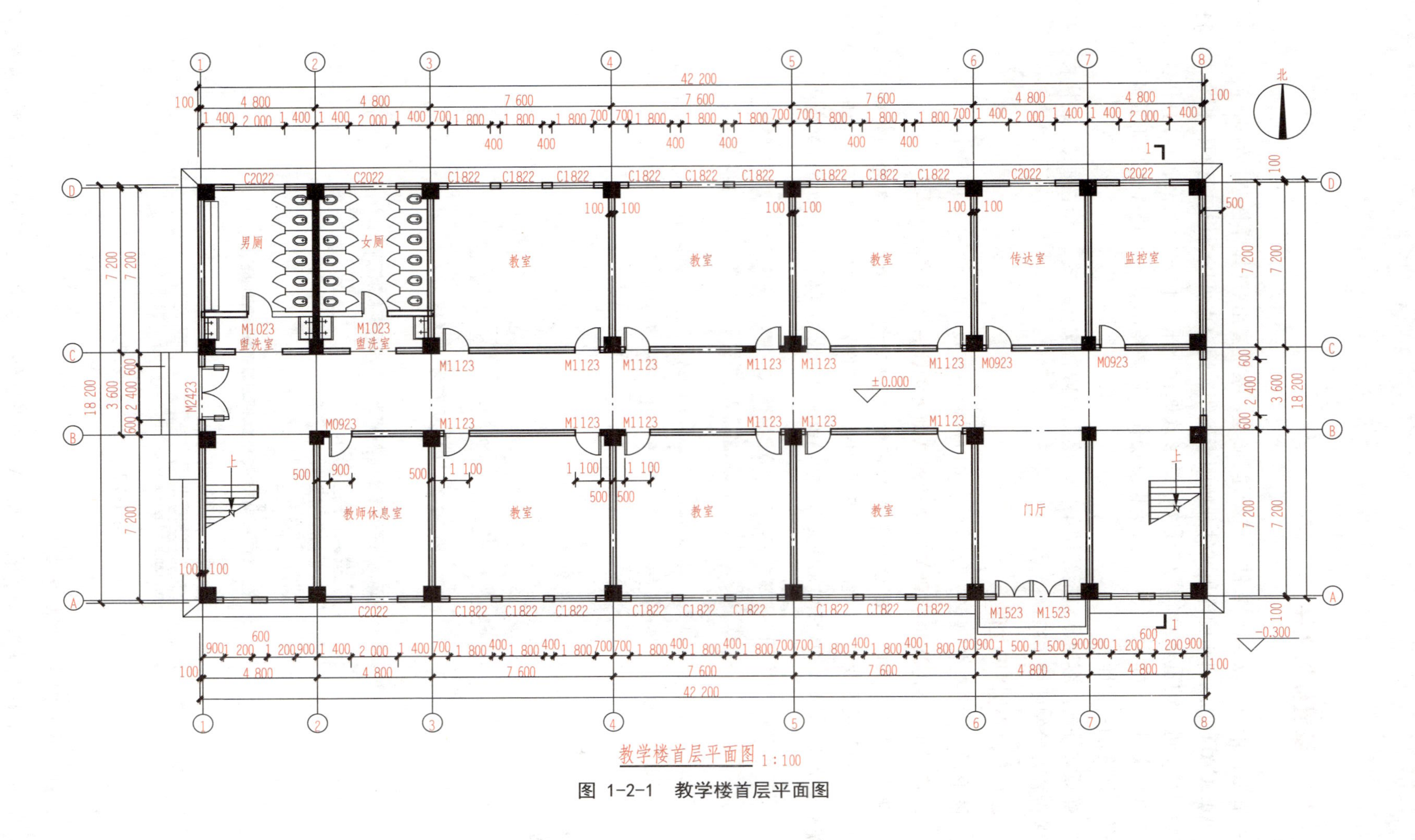

图 1-2-1 教学楼首层平面图

2.1 设置样板文件

在绘图前，可以执行“文件”→“新建”命令，系统弹出“选择样板”对话框，从中选择一个 AutoCAD 2020 自带的样板文件开始图形绘制。用户也可以制作自己的样板文件，将每次绘图都要进行的重复工作以样板文件的形式保存下来，下一次绘图时，可直接使用自定义的样板文件。这样，不仅可以避免重复操作，提高绘图效率，同时也保证了各种图形文件使用标准的一致性。

样板文件的内容通常包括绘图单位、绘图界限、文字样式、标注样式、表格样式和图层等设置及绘制图框与标题栏。

2.1.1 创建样板文件

图形样板文件的扩展名为“. dwt”。可以通过以下两种方式创建样板文件。

1. 在 AutoCAD 2020 自带样板文件的基础上创建一个新样板文件

新建一个图形文件，在“选择样板”对话框中选择一个 AutoCAD 2020 自带的样板文件，根据需要修改设置及添加内容。在菜单栏中选择“文件”→“保存”命令，在弹出的“图形另存为”对话框中(图 1-2-2)选择“文件类型”为“AutoCAD 图形样板(* . dwt)”，如图 1-2-3 所示。

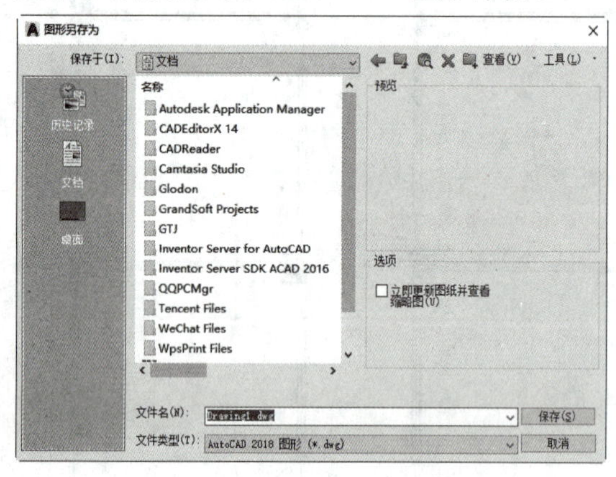

图 1-2-2 “图形另存为”对话框

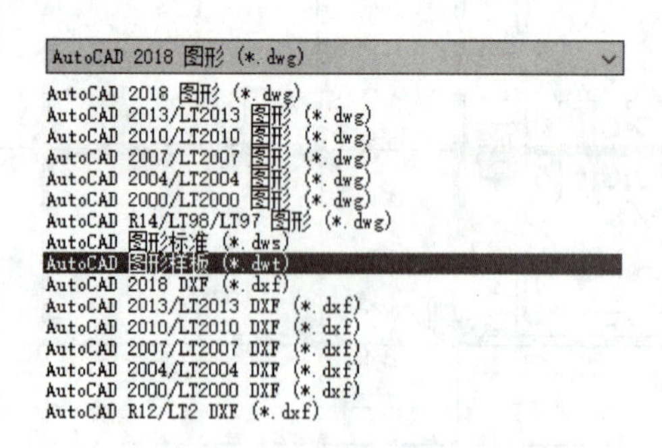

图 1-2-3 “文件类型”选项

2. 现有图形创建图形样板文件

打开一个扩展名为“. dwg”的 AutoCAD 图形文件，将不需要存为图形样板文件中的图形内容删除。在菜单栏中选择“文件”→“另存为”命令，弹出如图 1-2-2 所示的“图形另存为”对话框，选择“文件类型”为“AutoCAD 图形样板(＊.dwt)”即可。

2.1.2　设置绘图单位与精度

在绘图之前，首先要根据实际项目的不同要求设置正确的单位和精度。用户可以使用各种标准单位进行绘图，通常有 mm、cm、m 和 km 等单位。其中，mm 是最常用的一种绘图单位。设置绘图单位与精度的操作方法为：在菜单栏中选择“格式”→“单位”命令，或者在命令行中输入“UNITS”，系统弹出图 1-2-4 所示的“图形单位”对话框。在“长度”选项组中按照工程绘图的要求选择“类型”为“小数”、“精度”为“0”；在“角度”选项组中按照工程绘图的要求选择“类型”为“十进制度数”、“精度”为“0”；在“插入时的缩放单位用于缩放插入内容的单位”选项组中选择图形的单位为“毫米”。单击“确定”按钮完成设置。

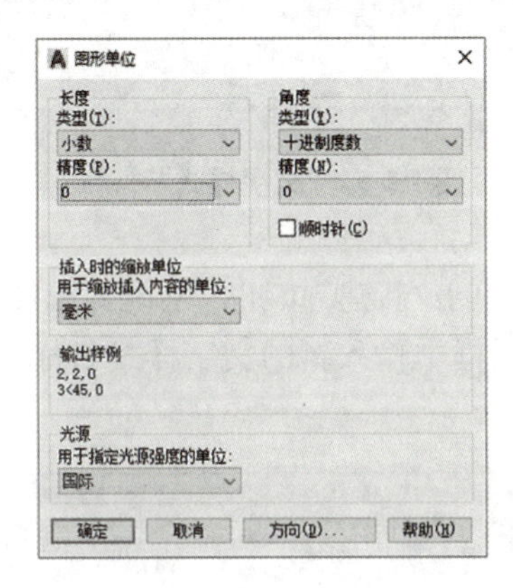

图 1-2-4　“图形单位”对话框

2.1.3　设置图形界限

图形界限是一个假想的绘图区域，即用户的有效工作区域。AutoCAD 默认的图形界限对应于 A3 图幅。图形界限也是栅格显示的范围和图形缩放的范围。根据图 1-2-1 所示的项目尺寸大小，设置图形界限为 A3 图幅，具体步骤为：在菜单栏中选择“格式”→“图形界限”命令，或者在命令行中输入“LIMITS”，命令行中提示“指定左下角点或[开(ON)/关(OFF)]＜0，0＞”，按 Enter 键接受默认值。之后，命令行中提示“指定右上角点＜420，297＞”，同样按 Enter 键接受默认值，设定图形文件大小为 420 mm×297 mm。

2.1.4　设置文字样式

文字注写是施工图中的一项重要内容，施工图中的文字主要有数字、字母和汉字等。进行文字标注前，必须先设置文字样式。文字样式包括所用文字的字体、字体大小及宽度系数等参数。

“文字样式”命令执行方式如下：

(1)在命令行中输入“STYLE”或“ST”。

(2)在菜单栏中选择“格式”→“文字样式”命令。

(3)在“样式”工具栏中单击“文字样式”按钮。

(4)在功能区“注释”面板的下拉菜单中单击“文字样式”按钮。

操作说明：执行“文字样式”命令后，系统弹出图 1-2-5 所示的“文字样式”对话框。在创建和修改文字样式时，使用“文字样式”对话框来设置和预览文字样式。

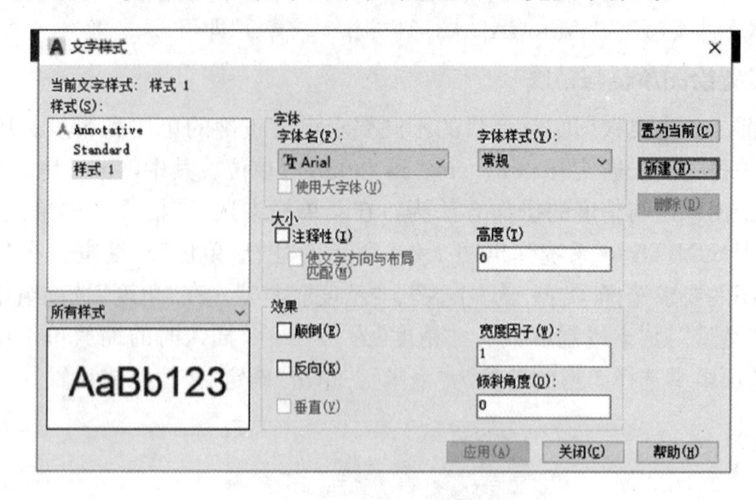

图 1-2-5 “文字样式”对话框

(1)在“文字样式”对话框中单击“新建”按钮，系统弹出图 1-2-6 所示的“新建文字样式”对话框。在“新建文字样式”对话框中输入新的文字样式名称，单击“确定”按钮并返回“文字样式”对话框。

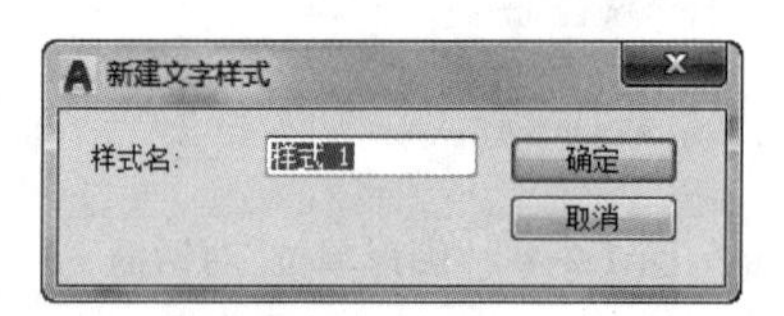

图 1-2-6 “新建文字样式”对话框

(2)在“字体”选项组中，打开“字体名”下拉列表，可以选择不同的字体；打开“字体样式”下拉列表，可以指定字体样式，如斜体、粗体或常规字体；当“字体名”选项中指定了 SHX 文件时，可以通过勾选或取消勾选“使用大字体”复选框来决定是否创建大字体文件。

(3)在“大小”选项组中，可以通过勾选或取消勾选“注释性”复选框来指定文字是否为注释性；在“高度”选项组中，可以输入文字高度。

(4)在“效果”选项组中，设置字体的特性，如宽度因子、倾斜角度、颠倒、反向、垂直等。

(5)文字样式设置或修改完成后，单击“应用”按钮保存新设置的文字样式，单击“置为当前”按钮将新设置的文字样式设置为当前选择，单击“关闭”按钮完成新样式的设置并关闭对话框。

根据项目要求设置两个文字样式“HZ”和“SZ”，分别用于“汉字”和“非汉字”，所有字体均为直体字，宽度因子为 0.7。项目操作步骤如下：

(1)执行“文字样式”命令，在“文字样式”对话框中单击右侧的“新建”按钮，在弹出的“新建文字样式”对话框中输入文字样式名“HZ”，单击“确定”按钮并返回“文字样式”对话框。在“字体”选项组中，选择“字体名”为“仿宋”。在“效果”选项组中，设置字体的“宽度因子”为“0.7”，其他选项为默认，如图 1-2-7 所示。单击“应用”按钮保存文字样式。

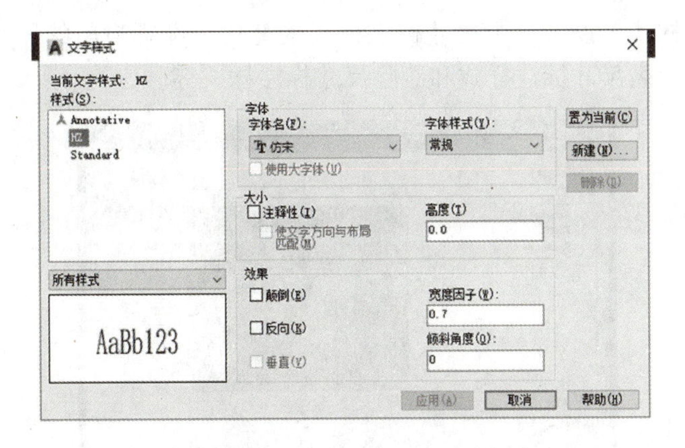

图 1-2-7 "HZ"文字样式设置

(2)单击"新建"按钮，在弹出的"新建文字样式"对话框中输入文字样式名"SZ"，单击"确定"按钮并返回"文字样式"对话框。在"字体"选项组中，选择"字体名"为"simplex. shx"，其他选项为默认，如图 1-2-8 所示。单击"应用"按钮保存文字样式，单击"关闭"按钮关闭对话框。

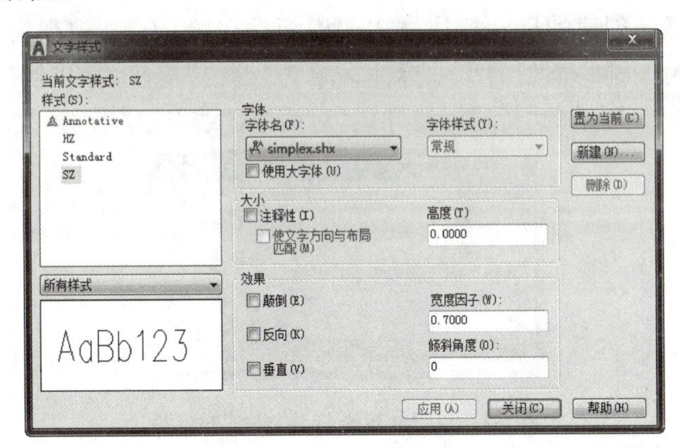

图 1-2-8 "SZ"文字样式设置

2.1.5 设置标注样式

尺寸标注是工程制图中重要的表达方式，AutoCAD 是一个通用的绘图软件，允许用户根据自身需要自行创建尺寸标注样式。对于建筑工程图，尺寸标注应符合相关规范的要求。所以，在 AutoCAD 中标注尺寸，首先应根据制图标准创建所需要的尺寸标注样式。

"标注样式"命令执行方式如下：

(1)在命令行中输入"DIMSTYLE"或"DDIM"或"D"。

(2)在菜单栏中选择"格式"→"标注样式"命令。

(3)在"样式"或"标注"工具栏中单击"标注样式"按钮。

(4)在功能区"注释"面板的下拉菜单中单击"标注样式"按钮。

操作说明：执行"标注样式"命令后，弹出"标注样式管理器"对话框，如图 1-2-9 所示。创建或修改尺寸标注样式时应首先理解和掌握"标注样式管理器"对话框中各选项的含义。"标注样式管理器"对话框的主要功能包括预览尺寸标注样式、创建新的尺寸标注样式、修改已有的尺寸标注样式、设置一个尺寸标注样式的替代、设置当前的尺寸标注样式、比较尺寸标注样式、重命名尺寸标注样式和删除尺寸标注样式等。

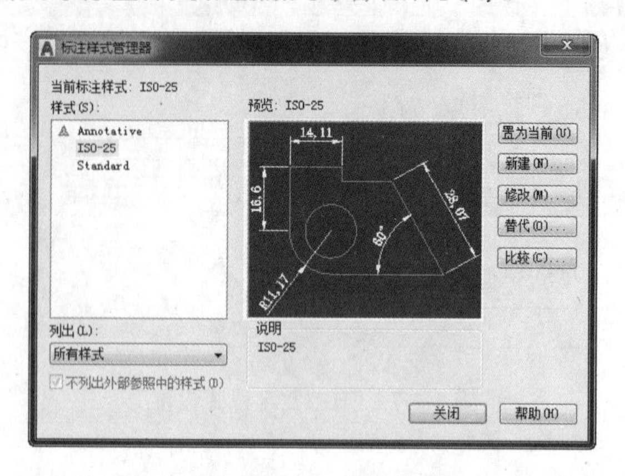

图 1-2-9 “标注样式管理器”对话框

(1)单击“标注样式管理器”对话框中的“新建”按钮，弹出图 1-2-10 所示的“创建新标注样式”对话框。在“新样式名”文本框中可以设置新创建的尺寸标注样式名称；在“基础样式”下拉列表中可以选择新创建的尺寸标注样式的模板；在“用于”下拉列表中可以制定新创建的尺寸标注样式将用于哪些类型的尺寸标注。单击“继续”按钮关闭“创建新标注样式”对话框，并弹出如图 1-2-11 所示的“新建标注样式”对话框(“线”选项卡)。

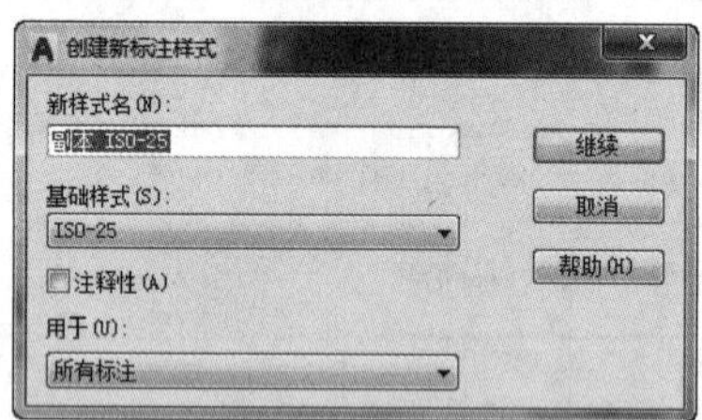

图 1-2-10 “创建新标注样式”对话框

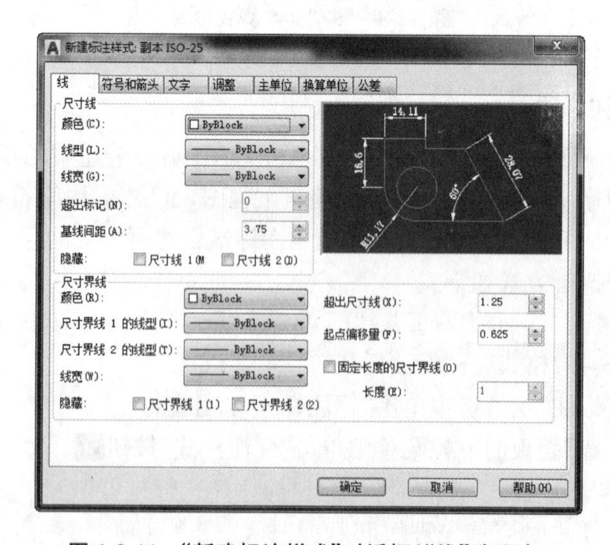

图 1-2-11 “新建标注样式”对话框(“线”选项卡)

(2)“线”选项卡。“线”选项卡由“尺寸线”和“尺寸界线”两个选项组组成，如图 1-2-11 所示。“尺寸线”选项组用于设置尺寸线的样式；“尺寸界线”选项组用于设置尺寸界线的样式。预览窗口可根据当前的样式设置显示出对应的标注效果。

(3)“符号和箭头”选项卡。“符号和箭头”选项卡主要由“箭头”“圆心标记”“折断标注”“弧长符号”“半径折弯标注”和“线性折弯标注”六个选项组组成，如图 1-2-12 所示。“箭头”选项组用于设置尺寸线两端的箭头样式；“圆心标记”选项组用于在标注半径和直径尺寸时，设置中心线和中心标记的外观；“折断标注”选项组用于在尺寸线或延伸线与其他线重叠处打断尺寸线或延伸线时的尺寸设置；“弧长符号”选项组用于设置标注圆弧长度时尺寸的放置位置；“半径折弯标注”选项组用于设置标注圆弧半径时标注线折弯角度的大小；“线性折弯标注”选项组用于线性折弯高度的设置。

图 1-2-12 “新建标注样式”对话框(“符号和箭头”选项卡)

(4)“文字”选项卡。“文字”选项卡主要由“文字外观”“文字位置”和“文字对齐”三个选项组组成，如图 1-2-13 所示。“文字外观”选项组用于设置标注文字的格式和大小；“文字位置”选项组用于设置标注文字的位置；“文字对齐”选项组用于设置标注文字的方向。

图 1-2-13 “新建标注样式”对话框(“文字”选项卡)

(5)“调整”选项卡。“调整”选项卡用于设置尺寸文字、尺寸线及尺寸箭头等尺寸要素之间的相对位置。“调整”选项卡主要由“调整选项”“文字位置”“标注特征比例”和“优化”四个选项组组成，如图 1-2-14 所示。“调整选项”选项组用于确定在何处绘制箭头和尺寸数字；“文字位置”选项组用于设置当尺寸文字不在默认位置时，应将其放在何处；“标注特征比例”选项组用于设置所标注尺寸的缩放关系；“优化”选项组用于设置标注尺寸时是否进行附加调整。

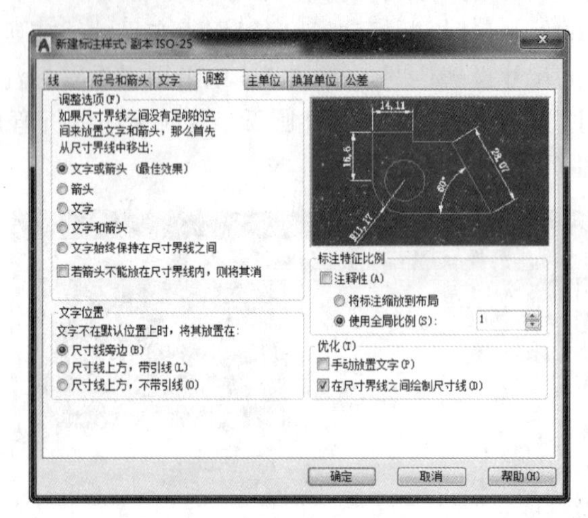

图 1-2-14 “新建标注样式”对话框(“调整”选项卡)

(6)“主单位”选项卡。“主单位”选项卡用于设置单位的格式、精度及标注文字的前缀和后缀。“主单位”选项卡由“线性标注”和“角度标注”两个选项组组成，如图 1-2-15 所示。“线性标注”选项组用于设置线性标注的单位格式及精度；“角度标注”选项组用于设置角度标注的角度格式。

图 1-2-15 “新建标注样式”对话框(“主单位”选项卡)

(7)“换算单位”选项卡。“换算单位”选项卡用于设置换算尺寸单位的格式和精度并设置尺寸数字的前缀和后缀。“换算单位”选项卡由“换算单位”“消零”“位置”三个选项组组成，如图 1-2-16 所示。其中，“显示换算单位”复选框用于确定是否在标注的尺寸中显示换算单位。“换算单位”选项组用于设置换算单位的单位格式及精度；“消零”选项组用于确定是否消除换算单位的前导或后续；“位置”选项组用于确定换算单位的位置。

图 1-2-16 “新建标注样式”对话框(“换算单位”选项卡)

(8)“公差”选项卡。“公差”选项卡主要用于控制尺寸公差的标注形式、公差值大小及公差数字的高度与位置等。“公差”选项卡由“公差格式”和“换算单位公差”两个选项组组成，如图 1-2-17 所示。“公差格式”选项组用于确定公差的标注格式；“换算单位公差”选项组用于确定标注换算单位时换算单位公差的精度及是否消零。

利用“新建标注样式”对话框设置完成标注样式后，单击对话框中的“确定”按钮关闭“新建标注样式”对话框，并返回“标注样式管理器”对话框，单击对话框中的“关闭”按钮完成尺寸样式的设置。

图 1-2-17 “新建标注样式”对话框(“公差”选项卡)

根据图 1-2-1 所示项目设置标注样式名为“BZ”，其中文字样式采用“SZ”。操作步骤如下：

(1)执行“标注样式”命令，在弹出的“标注样式管理器”对话框中单击“新建”按钮，然后在弹出的“创建新标注样式”对话框中输入所设置的标注样式名为“BZ”，单击“继续”按钮，弹出“新建标注样式”对话框。

(2)在“线”选项卡中设置“基线间距”为“8”、“超出尺寸线”为“3”、“起点偏移量”为“2”，如图 1-2-18 所示。

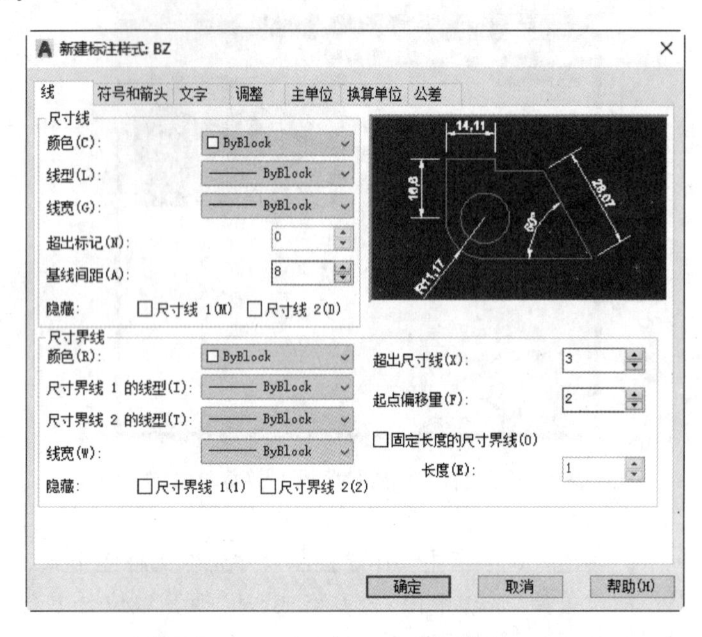

图 1-2-18 “BZ”标注样式的“线”选项卡设置

(3)在“符号和箭头”选项卡中设置两端的箭头样式“第一个”和“第二个”为“建筑标记”、“箭头大小”为“3”，其他选项为默认，如图 1-2-19 所示。

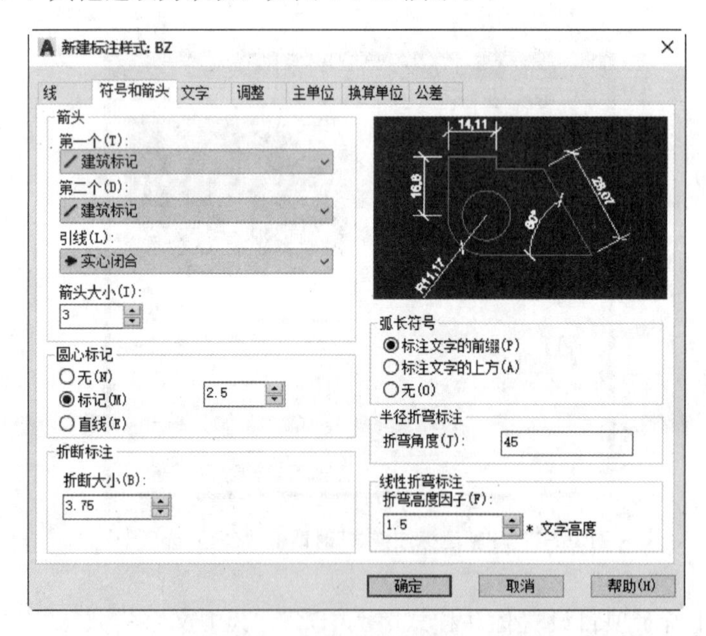

图 1-2-19 “BZ”标注样式的“符号和箭头”选项卡设置

(4)在“文字”选项卡中选择“文字样式”下拉列表中的“SZ”选项，设置“文字高度”为“3.5”、“从尺寸线偏移”为“1”，勾选“与尺寸线对齐”单选按钮，如图 1-2-20 所示。

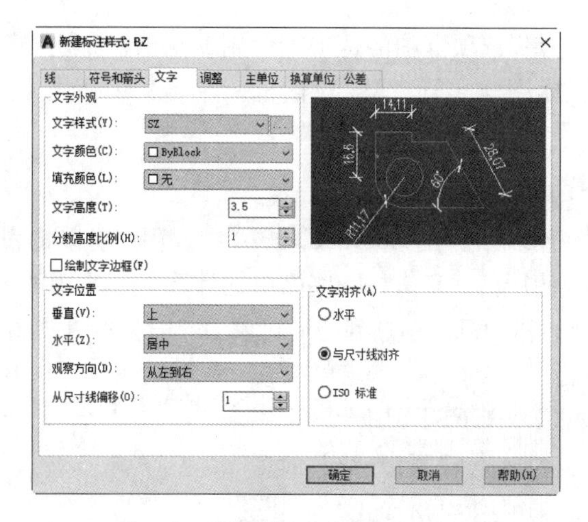

图 1-2-20 “BZ”标注样式的“文字”选项卡设置

(5)在“调整”选项卡中设置“使用全局比例”为“100”，以保持与绘图比例一致，如图 1-2-21所示。

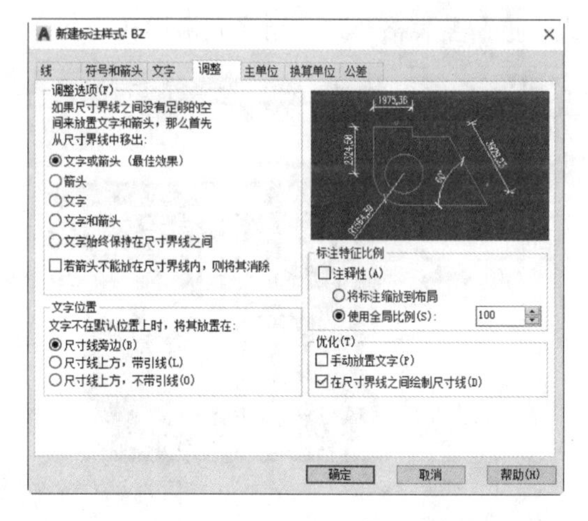

图 1-2-21 “BZ”标注样式的“调整”选项卡设置

(6)在“主单位”选项卡中设置“精度”为“0”，如图 1-2-22 所示。

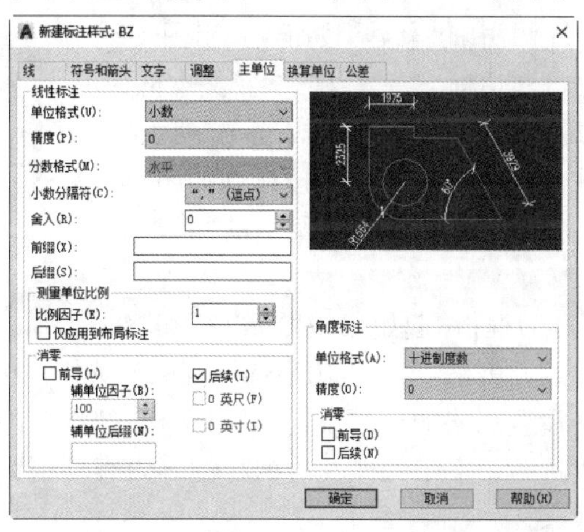

图 1-2-22 “BZ”标注样式的“主单位”选项卡设置

(7)“换算单位”及“公差”选项卡中的选项均使用默认值。单击“确定”按钮，完成“BZ”标注样式的设置，返回到“标注样式管理器”对话框。单击“关闭”按钮，关闭“标注样式管理器”对话框。

2.1.6 设置表格样式

工程制图中经常要使用表格。在 AutoCAD 2020 中，用户可以将表格作为一种图形对象来建立，并且可以在表格中使用公式来进行一些简单的计算。表格中的数据可以 CSV 文件的格式输出，也可以从 Excel 表格中复制粘贴到图形对象上。表格的外观由表格样式控制。

命令执行方式如下：

(1)在命令行中输入“TABLESTYLE”。

(2)在菜单栏中选择“格式”→“表格样式”命令。

(3)在“样式”工具栏中单击“表格样式”按钮。

(4)在功能区“注释”面板的下拉菜单中单击“表格样式”按钮。

操作说明：执行“表格样式”命令后，系统会弹出图 1-2-23 所示的“表格样式”对话框。“表格样式”对话框的主要功能包括预览表格样式、创建新的表格样式、修改已有的表格样式、设置当前的表格样式、重命名表格样式和删除表格样式等。

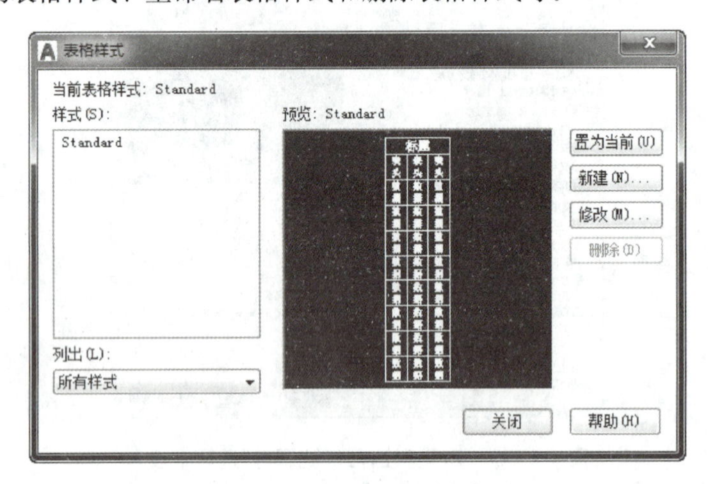

图 1-2-23 “表格样式”对话框

(1)单击“表格样式”对话框中的“新建”按钮，弹出图 1-2-24 所示的“创建新的表格样式”对话框。在“新样式名”文本框中可以设置新创建的表格样式名称；在“基础样式”下拉列表中可以选择新创建的表格样式模板。单击“继续”按钮，关闭“创建新的表格样式”对话框，并返回到图 1-2-25 所示的“新建表格样式”对话框。

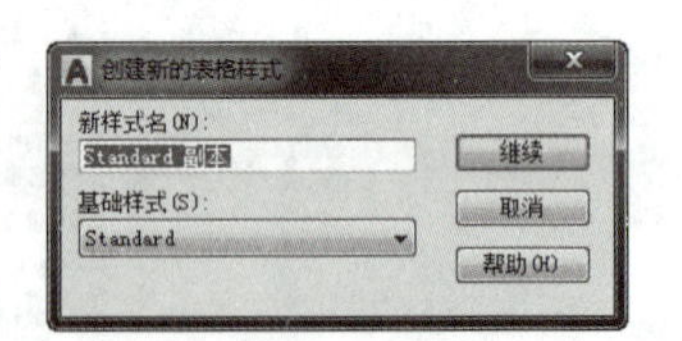

图 1-2-24 “创建新的表格样式”对话框

(2)“新建表格样式”对话框由“起始表格”“常规”和“单元样式”三个选项组组成。“起始表格”选项组用于选择或取消选择一个用作此表格样式的起始表格；“常规”选项组用于设置表格的读取方向；“单元样式”选项组用于设置表格标题、表头和数据的常规特性、页边距、文字特性及边框特性等内容。预览窗口可根据当前的样式设置显示出对应的表格效果。

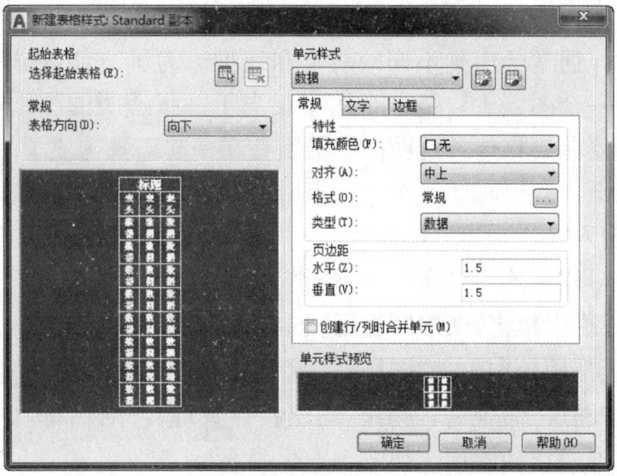

图 1-2-25 “新建表格样式”对话框

(3)利用“新建表格样式”对话框设置完成表格样式后，单击对话框中的“确定”按钮，关闭“新建表格样式”对话框，并返回到“表格样式”对话框。单击对话框中的“关闭”按钮完成表格样式的设置。

根据项目要求设置表格样式名为“TB”，其中文字样式采用“HZ”。操作步骤如下：

(1)执行“表格样式”命令，在弹出的“表格样式”对话框中单击“新建”按钮，然后在弹出的“创建新的表格样式”对话框中输入所设置的表格样式名为“TB”，单击“继续”按钮，系统弹出“新建表格样式”对话框。

(2)“常规”选项组采用默认的由上而下的方向读取表格。

(3)“单元样式”选项组中在下拉列表中选择“数据”选项。“常规”选项卡中采用默认设置。在“文字”选项卡中选择“文字样式”下拉列表中的“HZ”选项，如图 1-2-26 所示。在“边框”选项卡中单击⊞按钮将“内边框”特性应用到表格边框中。

(4)单击“确定”按钮，完成“TB”表格样式的设置，关闭对话框，并返回到“表格样式”对话框。单击“关闭”按钮，关闭“表格样式”对话框。

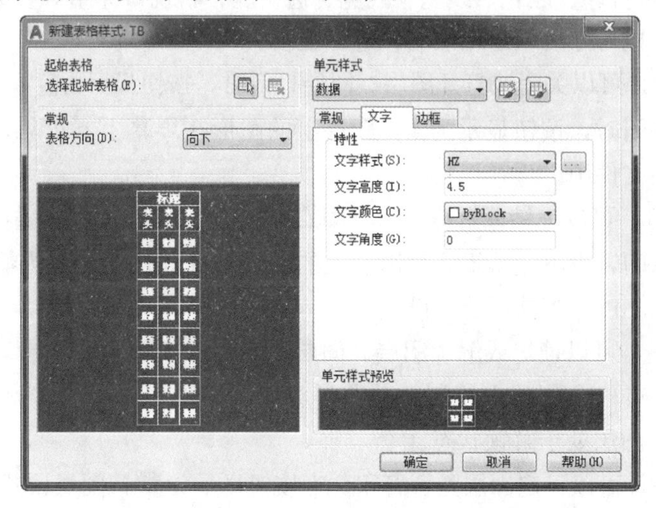

图 1-2-26 “新建表格样式”对话框“文字样式”设置

2.1.7 设置图层

在建筑施工图中，通常会用到不同的线宽和线型。为了方便区分和管理，可以将特性相同的对象绘制在同一个图层上。每一个图层相当于一张透明的图纸，这些图纸都严格按照同一坐标系的坐标绘制。将这些透明的图纸重叠在一起，就构成了一幅完整的图形。

命令执行方式如下：

(1)在命令行中输入“LAYER”或“LA”。

(2)在菜单栏中选择“格式”→“图层”命令。

(3)在“图层”工具栏中单击“图层特性管理器”按钮。

(4)在功能区“图层”面板中单击“图层特性管理器”按钮。

操作说明：执行“图层”命令后，弹出“图层特性管理器”对话框，用户可在此对话框中完成图层的创建、基本操作和管理，如图 1-2-27 所示。

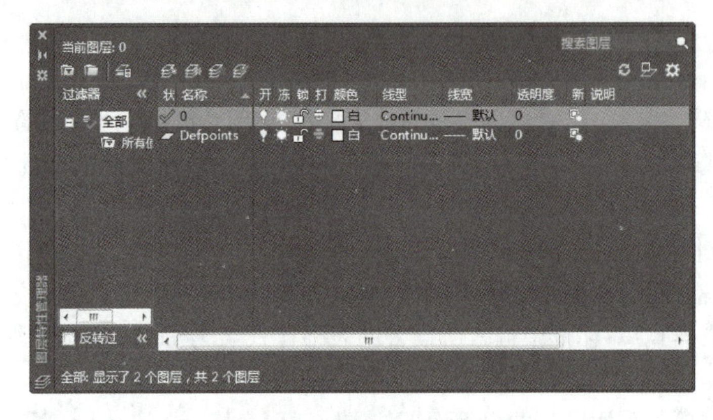

图 1-2-27 “图层特性管理器”对话框

(1)新建图层。单击“图层特性管理器”对话框中的“新建图层”按钮可新建图层。新建图层以临时名称“图层 1”显示在列表中。新图层的状态、颜色、线型和线宽，继承“0”图层的特性。

(2)设置图层属性。图层属性设置包括图层名称、关闭/打开图层、冻结/解冻图层、锁定/解锁图层、是否打印、颜色、线型、线宽、透明度、新视口冻结等参数。图层名称可在新建图层时更改，也可随后单击图层名称进行更改。

1)单击按钮，可以关闭或打开图层。图层打开时，按钮显示为，图层上的图形在屏幕上可见；图层关闭时，按钮显示为，图层上的图形在屏幕上不可见，但仍然作为图形中的一部分保留在文件中。

2)单击按钮，可以冻结或解冻图层。图层冻结时，按钮显示为，图层上的对象不能显示，也不能打印，更不能编辑修改图层上的图形对象；按钮显示为时，图层处于解冻状态。冻结图层不能在当前图层上设置。

3)单击按钮，可以锁定或解锁图层。图层锁定时，按钮显示为，图层上的图形在屏幕上可见，并且可以在图层上绘制新的图形对象，但是用户不能对图层进行编辑修改；按钮显示为时，图层处于解锁状态。

4)单击按钮，可以设定图层是否打印。当按钮显示为，图层设置为不可打印状态，图层可见但不能打印；当按钮显示为，图层处于可打印状态。

5)单击颜色栏中的颜色特性图标，弹出图 1-2-28 所示的“选择颜色”对话框，用户可以对图层的颜色进行设置，选定需要的颜色后，单击“确定”按钮完成颜色设置并关闭“选择颜色”对话框。如果在绘图过程中，改变图层颜色，默认状态下该图层的所有对象颜色将随之改变。

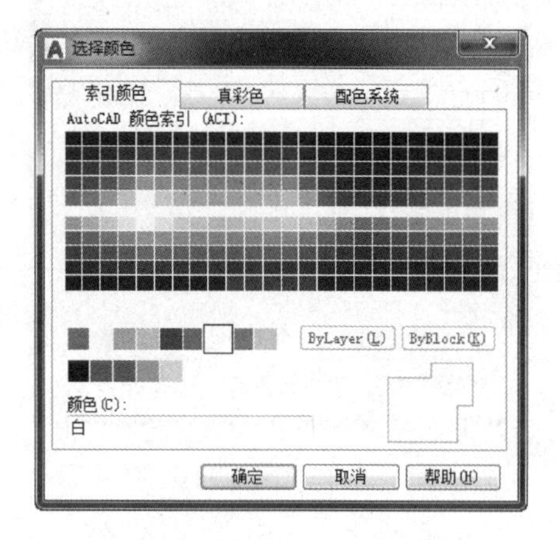

图 1-2-28 “选择颜色”对话框

6)在 AutoCAD 中，定义了多种线型供用户选择，单击线型栏中的线型特性图标，系统弹出图 1-2-29 所示的“选择线型”对话框。若对话框的线型列表中没有想要的线型，可单击“加载”按钮，在弹出的“加载或重载线型”对话框(图 1-2-30)中选中需要载入的线型，单击“确定”按钮载入图层中。返回到“选择线型”对话框后，选中所要设置的线型，单击“确定”按钮设置线型并关闭“选择线型”对话框。当线型比例不符合工程制图要求时，可以使用“调整线型比例”命令“LTSCALE”进行调整。

图 1-2-29 “选择线型”对话框

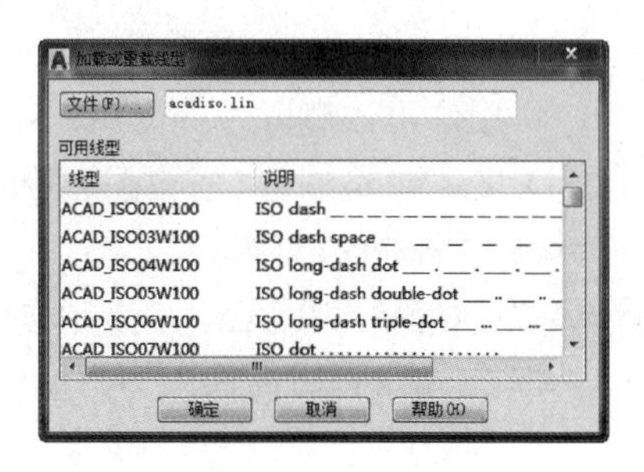

图 1-2-30 “加载或重载线型”对话框

7)AutoCAD 中提供了一系列的可用线宽，包括“默认”线宽。默认的线宽值是 0.01 英寸或 0.25 mm。单击线宽栏中的线宽特性图标，系统弹出图 1-2-31 所示的“线宽”对话框。在“线宽”列表框中选择需要的线宽，单击“确定”按钮完成线宽设置，并关闭“线宽”对话框。

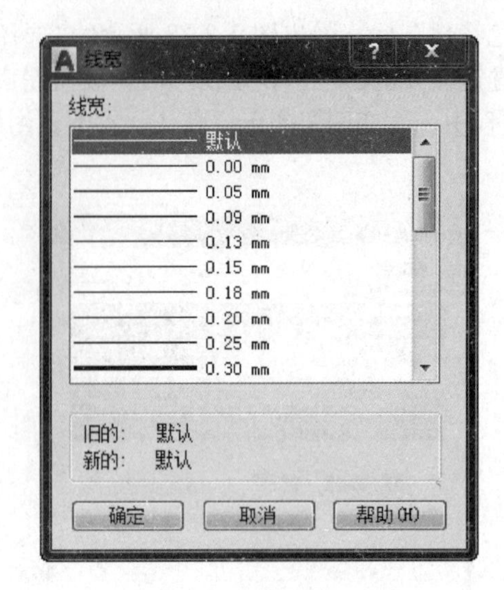

图 1-2-31 “线宽”对话框

8)单击透明度栏中的透明度特性图标，弹出图 1-2-32 所示的“图层透明度”对话框。在“透明度值”文本中输入或从下拉列表中选定图层的透明度百分比。透明度值可以在 0～90 范围内选取，数值越大，图层上对象的透明度越高。单击“确定”按钮完成透明度设置，并关闭“图层透明度”对话框。

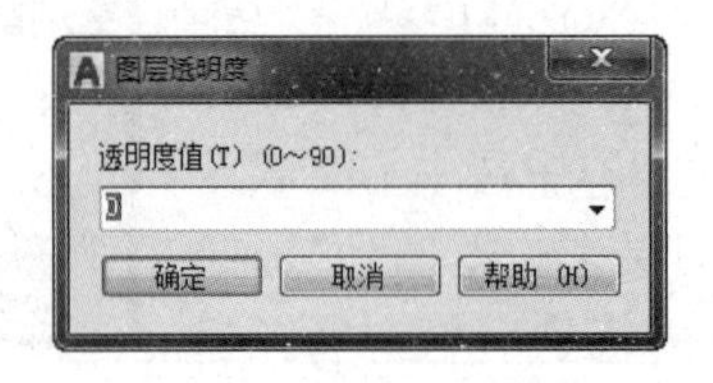

图 1-2-32 “图层透明度”对话框

9)新视口冻结命令用于自动冻结或解冻新建布局视口中的图层。在“冻结新视口”列表框中，单击特性图标以更改图层状态。表示将在所有新创建的布局视口中限制该图层的显示；表示解冻该图层新建布局视口的限制。

(3)删除图层。在绘图过程中，用户可以删除一些无用的图层。在“图层特性管理器”对话框中选中所要删除的图层，按 Delete 键或单击“删除图层”按钮，即可删除所选图层。0 层、当前图层、含有图形对象的图层不能被删除。

(4)置为当前。单击“置为当前”按钮或按 Alt+C 组合键，将选定的图层设置为当前图层。当前图层名称会显示在“图层”面板的“当前图层”栏中，用户所创建的对象将被放置在当前图层中。

根据项目需要，设置粗实线、细实线、轴线、墙体、柱子、门窗、填充、尺寸标注、文字等图层。操作步骤如下：

(1)执行“图层”命令，在弹出的“图层特性管理器”对话框中，单击“新建图层”按钮，依次添加新图层并分别命名为“粗实线”“中粗实线”“细实线”“轴线”“墙体”“柱子”“门窗”“填充”“尺寸标注”“文字”。

(2)如图 1-2-33 所示，修改各图层的颜色、线型和线宽。

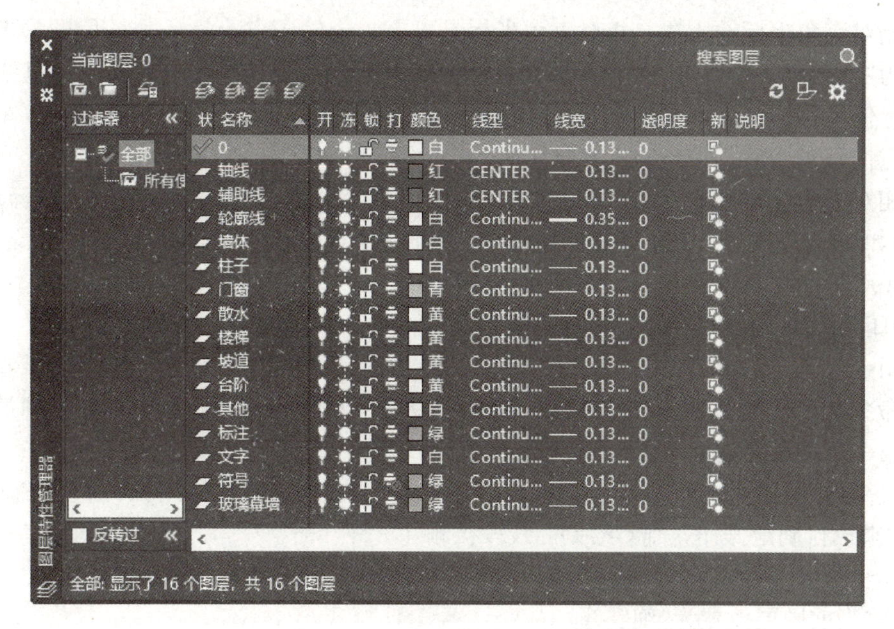

图 1-2-33　图层创建完成的“图层特性管理器”对话框

2.1.8　绘制图幅、图框、标题栏

本项目以 A3 标准图纸的格式绘制图幅、图框、标题栏，将涉及直线命令。直线是各种绘图中最常用、最简单的图形。

命令执行方式如下：

(1)在命令行输入“LINE”或“L”。

(2)在菜单栏中选择“绘图”→“直线”命令。

(3)在“绘图”工具栏中单击“直线”按钮。

(4)在功能区“默认”选项卡“绘图”面板中单击“直线”按钮。

操作说明如下：

(1)指定第一点。执行“直线”命令后，命令行提示如下：

LINE

指定第一个点：

用户可通过单击绘图区、绝对直角坐标输入法和绝对极坐标输入法三种方法来指定第一点。

1)单击绘图区：在绘图区任意一点单击即可。这种方法只能粗略地定位点的位置。

2)绝对直角坐标输入法：绝对直角坐标是以原点为基点定位所有的点，输入方式为“距离，距离”。例如，在命令行输入“50，50”，即可确定一个距离原点 X 方向为 50、Y 方向为 50 的点。

3)绝对极坐标输入法：极坐标是通过相对于原点的距离和角度来定义的，输入方式为“距离<角度”。例如，在命令行输入“500<35”，表示距离原点 500、方向为 35°的点。

(2)指定下一点。指定第一点后，通过按 Space 键或 Enter 键来执行确定操作。确定操作后，命令行提示如下：

指定下一个点或[放弃(U)]：

用户可通过相对直角坐标输入法和相对极坐标输入法来指定下一点。

1)相对直角坐标输入法：相对直角坐标是以上一个输入点为输入坐标值的参考点，输入方式为“@距离，距离”。@表示输入一个相对坐标值。例如，A 点为所绘制直线的第一点，坐标值为“50，50”，在指定下一点时输入“@100，－150”，表示该点相对于 A 点、沿 X 轴正方向移动 100、沿 Y 轴负方向移动 150。

2)相对极坐标输入法：相对极坐标是以上一个输入点为极点，输入方式为“@距离＜角度”。例如，以 A 点为上一点，在指定下一点时输入“@100＜30°”，表示该点相对于 A 点的距离为 100，和 A 点连线与 X 轴的角度为 30°。

(3)闭合(C)、放弃(U)。

1)闭合(C)：是指将第一条线段的起点和最后一条线段的终点连接起来，形成封闭区域。在命令行出现提示时，输入“C”，按 Space 键或 Enter 键来执行确定操作，则最后一个端点和第一条线段的起点重合形成封闭区域。

2)放弃(U)：是指撤销新绘制的线段。在命令行出现提示时，输入“U”，按 Space 键或 Enter 键来执行确定操作，则新绘制的线段被删除。

操作步骤如下：

(1)将当前图层设置为“细实线”。

(2)执行“直线”命令，输入 A 点的坐标“0，0”，再依次输入 B、C、D 三个点的相对坐标“@0，29700”“@42000，0”“@0，－29700”，输入“C”并按 Enter 键，将 D 点和 A 点闭合完成图幅的绘制，如图 1-2-34 所示。

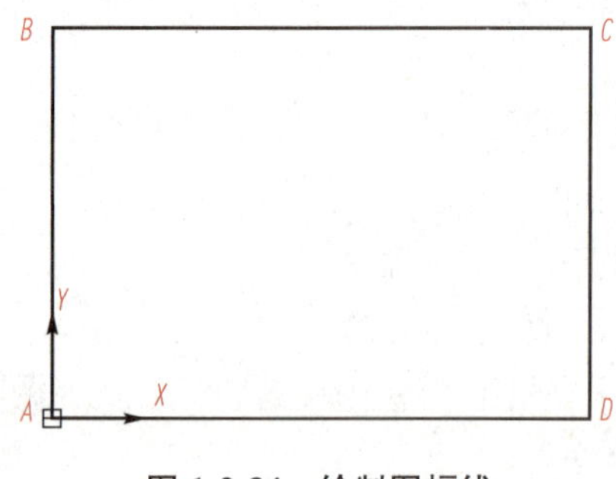

图 1-2-34　绘制图幅线

(3)将当前图层设置为“粗实线”。

(4)执行“直线”命令，输入 E 点的坐标“2500，500”，再依次输入 F、G、H 三个点的相对坐标“@0，28700”“@39000，0”“@0，－28700”，输入“C”并按 Enter 键，将 H 点和 E 点闭合完成图幅的绘制，如图 1-2-35 所示。

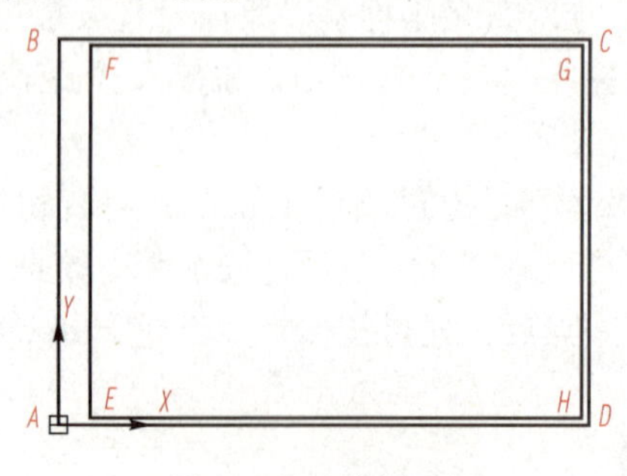

图 1-2-35　绘制图框

(5)使用“复制”命令，将线段 ED 向上复制 4 000 个单位，得到线段 JK，再将线段 GH 向左复制 18 000 个单位，得到线段 LM，如图 1-2-36 所示。

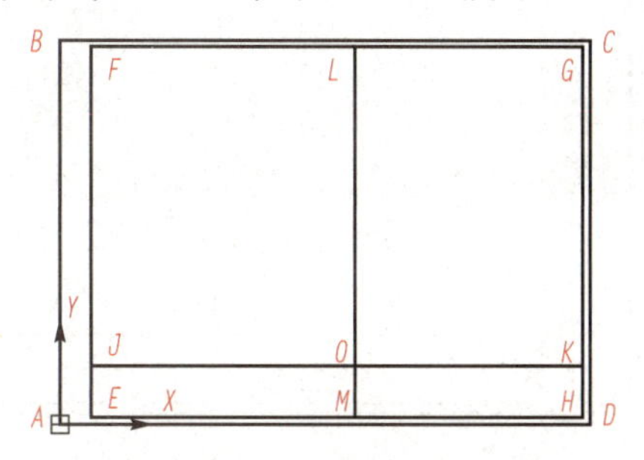

图 1-2-36　复制标题栏外框

(6)同时选中线段 JK、LM，将图层属性改为“中粗实线”，并使用“修剪”命令，删除线段 OJ、OL，如图 1-2-37 所示。

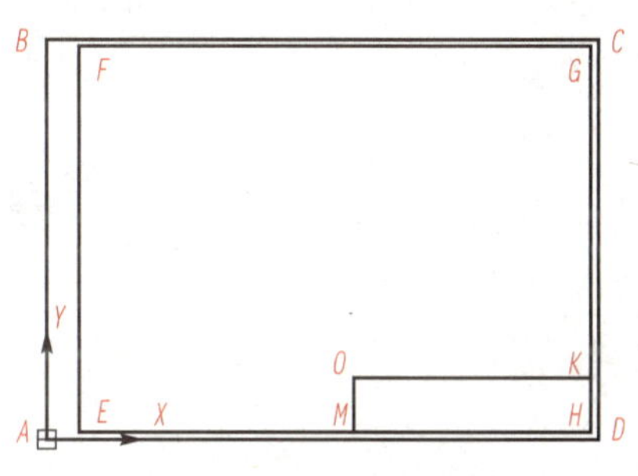

图 1-2-37　修改标题栏外框

(7)将当前图层设置为“细实线”。

(8)执行“表格”命令，在“插入表格”对话框中“表格样式”下拉列表中选择“TB”选项。在“插入选项”选项组中勾选“从空表格开始”单选按钮；在“插入方式”选项组中勾选“指定窗口”单选按钮；在“列和行设置”选项组中勾选“列数”和“数据行数”单选按钮并分别输入“列数”和“数据行数”为“5”和“2”；在“设置单元样式”选项组中的“第一行单元样式”“第二行单元样式”“所有其他行单元样式”下拉列表中均选择“数据”选项，如图 1-2-38 所示。单击“确定”按钮，关闭“插入表格”对话框，返回绘图区依次单击 O 点和 H 点插入表格，按 Esc 键结束“表格”命令，如图 1-2-39 所示。

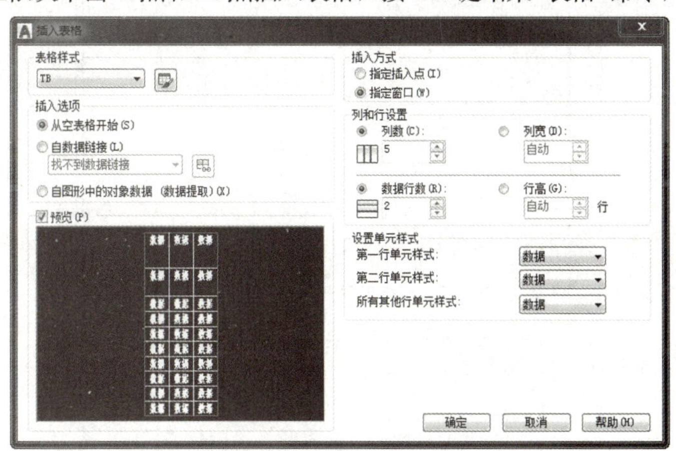

图 1-2-38　“插入表格”对话框

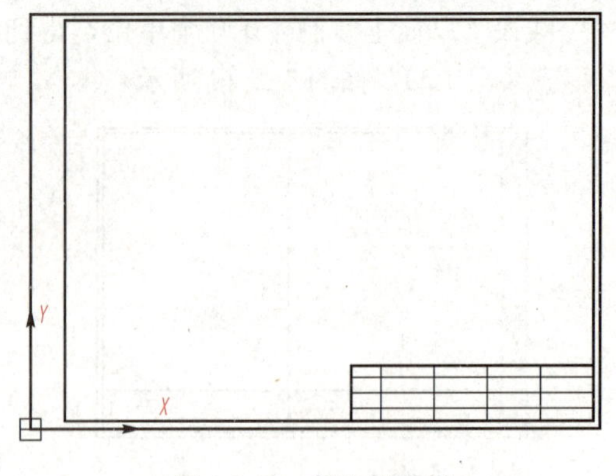

图 1-2-39　插入标题栏

(9)同时选中第一、第二行的前三列单元格，单击鼠标右键在快捷菜单中选择“合并”→“全部”命令。以同样的方法合并第三行、第四行的后三列单元格，如图 1-2-40 所示。

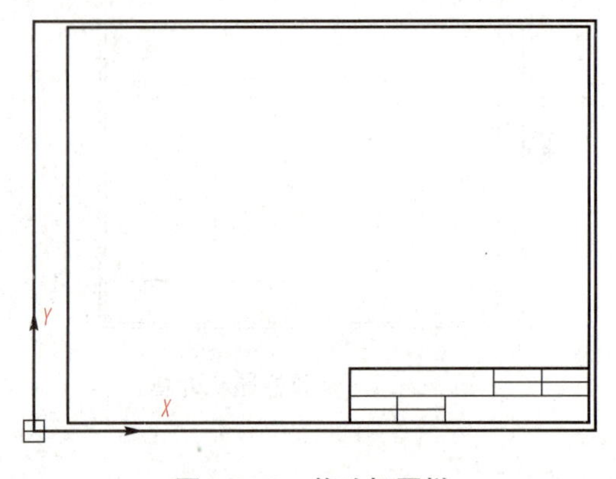

图 1-2-40　修改标题栏

(10)执行“文字”命令，选择“HZ”文字样式，文字高度设置为“2.5”，“对正”方式为“居中”，在标题栏中输入所有文字，如图 1-2-41 所示。

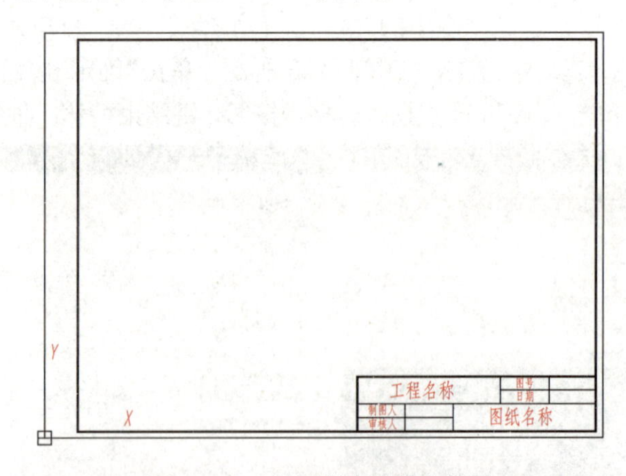

图 1-2-41　标题栏文字输入结果

2.2 绘制首层平面图

2.2.1 绘制定位轴线

根据图 1-2-1 所示的教学楼首层平面图，通过“直线”命令、“构造线”命令和“偏移”命令绘制定位轴线。

1.“构造线”命令

构造线是一条无限延伸的直线，用于绘制图形中的辅助线。

“构造线”命令执行方式如下：

(1)在命令行输入“XLINE”或“XL”。

(2)在菜单栏中选择“绘图”→“构造线”命令。

(3)在“绘图”工具栏中单击“构造线”按钮。

(4)在功能区“默认”选项卡“绘图”面板下拉菜单中单击“构造线”按钮。

操作说明：执行“构造线”命令后，命令行提示如下：

```
XLINE
指定点或[水平(H)/垂直(V)/角度(A)/二等分(B)/偏移(O)]:
```

命令行显示出若干个选项。其中，系统默认选项为“指定点”。若选择执行括号内的选项，则需要输入选项后括号内的字符。

命令行中各选项的含义如下：

(1)水平(H)：绘制通过指定点平行于 X 轴的水平构造线。

(2)垂直(V)：绘制通过指定点平行于 Y 轴的垂直构造线。

(3)角度(A)：绘制与 X 轴正方向成指定角度的构造线。

(4)二等分(B)：绘制已知角的角平分线。执行该选项后，用户需要输入角的顶点、角的起点和角的终点，即可绘制出通过角顶点的角平分线。

(5)偏移(O)：以指定距离或指定通过点绘制与指定直线平行的构造线。

2.“偏移”命令

“偏移”命令是指通过指定的距离或者指定的点，创建一个与选中对象平行或具有同心结构的图形。“偏移”命令可用于绘制平行线、同心圆或同心矩形等图形。

命令执行方式如下：

(1)在命令行输入“OFFSET”或“O”。

(2)在菜单栏中选择“修改”→“偏移”命令。

(3)在“修改”工具栏中单击“偏移”按钮。

(4)在功能区“默认”选项卡“修改”面板中单击“偏移”按钮。

操作说明：执行“偏移”命令后，命令行提示如下：

```
OFFSET
指定偏移距离或[通过(T)/删除(E)/图层(L)]<通过>:
```

命令行中各选项的含义如下：

(1)指定偏移距离：输入距离或用鼠标确定偏移距离；选择偏移对象，单击光标指定偏移方向；按 Space 键或 Enter 键来执行偏移操作。

(2)通过(T)：用于指定偏移对象的通过点。选择该选项后，即可复制出经过指定点的偏移对象。

(3)删除(E)：用于确定偏移后，是否将源对象删除。

(4)图层(L)：用于确定将偏移对象创建在当前图层上，还是源对象所在的图层上。

操作步骤如下：

(1)将当前图层设置为“轴线”。

(2)为使图纸表达更加美观清晰，轴线两端通常要超出外墙线一段距离。执行“直线”命令，按F8键打开正交模式，绘制长度为44000的水平直线，在水平直线左边适当位置，绘制长度为20000的垂直直线，组成起始轴线，如图1-2-42所示。

图1-2-42　起始轴线

(3)执行“偏移”命令，让水平直线分别向上偏移“7200”“3600”“7200”，得到水平方向的辅助线；以同样的方法让垂直直线分别向右偏移“4800”“4800”“7600”“7600”“7600”“4800”“4800”，得到垂直方向的辅助线。水平辅助线和垂直辅助线构成了正交的复制线网，绘制出了图1-2-1教学楼首层平面图的轴线网，如图1-2-43所示。

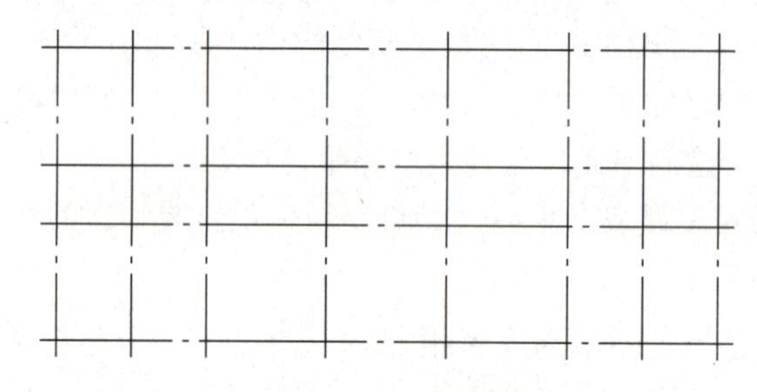

图1-2-43　首层轴线网

2.2.2　绘制墙体

绘制墙体主要使用“多线”命令，再通过“分解”命令、“修剪”命令、“延伸”命令等对所绘制的墙体进行修整。

1.“多线”命令

多线是多条平行线组成的对象，平行线之间的距离和数目及每条线的颜色、线型可通过“多线样式”命令和“多线编辑”命令进行设置与编辑。多线命令常用来绘制墙体、门窗等。

(1)定义多线样式。命令执行方式如下：

1)在命令行输入“MLSTYLE”。

2)在菜单栏中选择“格式”→“多线样式”命令。

操作说明：执行“多线样式”命令后，系统会弹出图 1-2-44 所示的“多线样式”对话框。

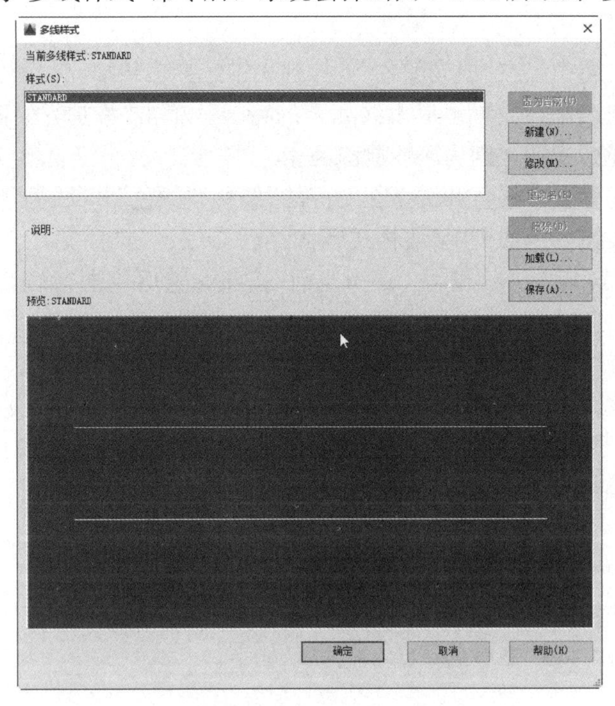

图 1-2-44 “多线样式”对话框

1)在“多线样式”对话框中单击“新建”按钮，系统会弹出图 1-2-45 所示的“创建新的多线样式”对话框。在“创建新的多线样式”对话框中输入新样式名称。

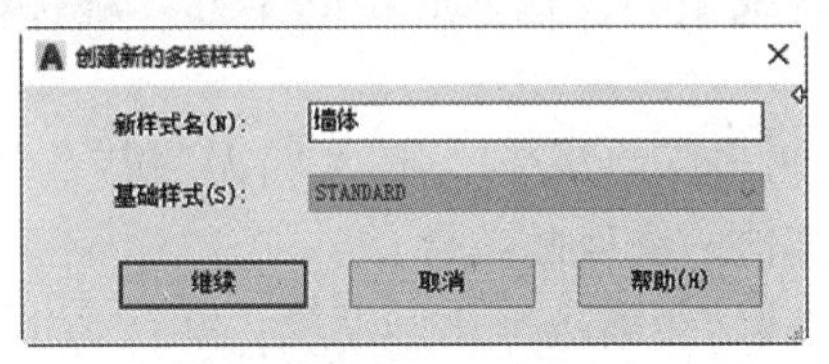

图 1-2-45 “创建新的多线样式”对话框

2)单击“继续”按钮，系统会弹出图 1-2-46 所示的“新建多线样式：墙体”对话框。该对话框主要包括“封口”“填充”“图元”等选项组。

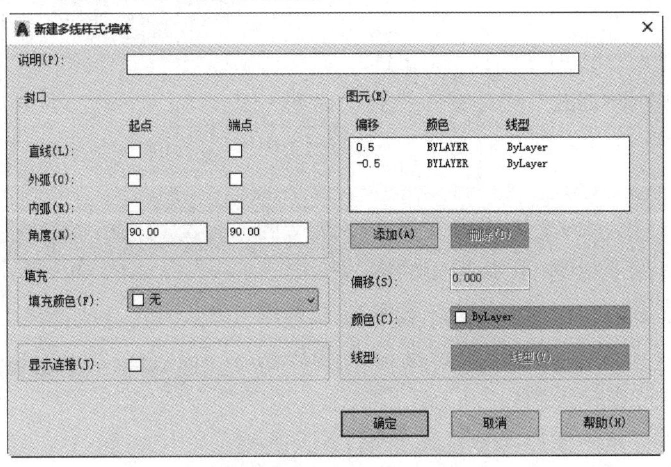

图 1-2-46 “新建多线样式：墙体”对话框

①在“封口”选项组中，确定多线封口的起点和端点的特征，包括直线、外弧、内弧和圆弧角度。

②在“填充”选项组中，在“填充颜色”下拉列表中选择多线填充的颜色。

③在“图元”选项组中，设置组成多线元素的特征。单击“添加”按钮，则为多线添加元素；反之，单击“删除”按钮，则为多线删除元素。

④每个元素的偏移量、颜色和线型在对应的“偏移”“颜色”和“线型”选项中进行设置。

3)单击“确定”按钮，返回到“多线样式”对话框。

4)在“多线样式”对话框中，单击“置为当前”按钮，然后单击“确定”按钮，完成多线样式的定义。

(2)绘制多线。使用“多线”命令按照指定的多线样式绘制多线图形。多线的绘制方法和直线的绘制方法相似，不同的是前者是由两条或多条平行线组成的。另外，绘制的每一条多线都是一个整体，不能对其进行偏移、倒角、延伸、修剪等编辑操作，只能先通过“分解”命令，将多线分解为多条直线再进行编辑。

命令执行方式如下：

1)在命令行输入“MLINE”或“ML”。

2)在菜单栏中选择“绘图”→“多线”命令。

操作说明：执行“多线”命令后，命令行提示如下：

MLINE

指定起点或[对正(J)/比例(S)/样式(ST)]：

命令行中各选项的含义如下：

1)指定起点：单击绘图区或用键盘输入起点的坐标，系统会以当前的样式、比例和对正方式绘制多线。

2)对正(J)：用于确定绘制多线的基准，有“上”“无”和“下”三种对正方式。其中“上”表示以多线上侧的线为基准，其他两项以此类推。

3)比例(S)：将平行线之间的距离进行比例缩放。默认为1.00。

4)样式(ST)：用于选择绘制多线时所使用的多线样式。

(3)编辑多线。“多线编辑”命令用于编辑多线图形，设置多线相交的不同方式。AutoCAD 2020提供了12个多线编辑工具。

命令执行方式如下：

1)在命令行输入“MLEDIT”或“MLED”。

2)在菜单栏中选择“修改”→“对象”→“多线”命令。

操作说明：执行“多线”命令后，系统弹出图1-2-47所示的“多线编辑工具”对话框。在“多线编辑工具”对话框中，第一列工具用于处理十字交叉的多线；第二列工具用于处理T形相交的多线；第三列工具用于处理多线的角点和顶点；第四列工具用于处理多线的剪切和接合。用户可根据需要选择某个多线编辑工具进行多线编辑。

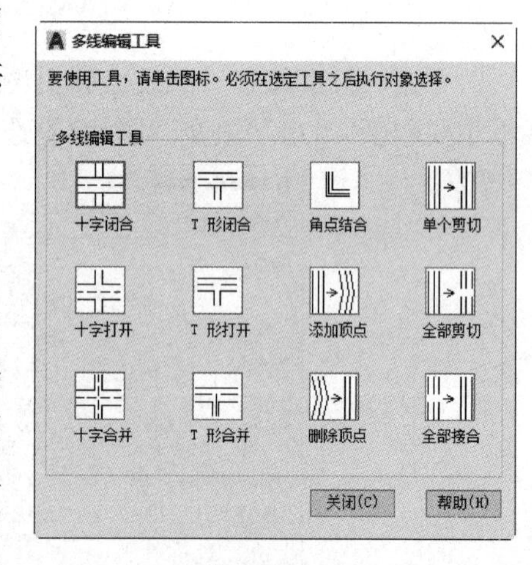

图1-2-47 “多线编辑工具”对话框

选择“多线编辑”命令后，命令行提示如下：

MLEDIT
选择第一条多线：
选择第二条多线：
“多线编辑”命令可重复执行，按 Enter 键则结束命令。

2. “分解”命令

“分解”命令可将图块、多段线、多线、图案填充、尺寸等多个对象组成的复杂对象分解为独立对象。其中，图块分解为定义图块前的图形；多段线分解为直线和圆弧，并失去宽度、切线方向等信息；多线被分解为一条条直线等；图案填充分解为一条条直线；尺寸分解为一条条直线、箭头、文字等。

命令执行方式如下：

(1)在命令行输入“EXPLODE”或“X”。

(2)在菜单栏中选择“修改”→“分解”命令。

(3)在“修改”工具栏中单击“分解”按钮。

(4)在功能区“默认”选项卡“修改”面板中单击“分解”按钮。

操作说明：执行“分解”命令后，按照命令行提示，选择要分解的对象，选中对象后按 Space 键或 Enter 键即可完成相应的操作。

3. “修剪”命令

“修剪”命令可将选定对象的超出指定边界部分修剪掉，就像现实生活中的剪刀一样，将超出的部分剪断并丢弃；也可以将对象延伸到剪切边。该命令是先选择作为剪切边的对象，再指定要减去的部分，或者按住 Shift 键选择要延伸的对象。

命令执行方式如下：

(1)在命令行输入“TRIM”或“TR”。

(2)在菜单栏中选择“修改”→“修剪”命令。

(3)在“修改”工具栏中单击“修剪”按钮。

(4)在功能区“默认”选项卡“修改”面板中单击“修剪”按钮。

操作说明如下：

(1)执行“修剪”命令后，命令行提示如下：

TRIM
选择对象或<全部选择>：

(2)选择对象：是指选择修剪的边界线。按 Space 键或 Enter 键确定后，命令行提示如下：

[栏选(F)/窗交(C)/投影(P)/边(E)/删除(R)/放弃(U)]：

此时可以单击待修剪对象需要修剪的一侧，来对图形对象进行修剪。如果按住 Shift 键，系统就会自动将“修剪”命令转换为“延伸”命令。

命令行中各选项的含义如下：

1)栏选(F)：表示系统以栏选的方式选择被修剪的对象，其含义如图 1-2-48(c)所示。

2)窗交(C)：表示系统以窗交的方式选择被修剪的对象，其含义如图 1-2-48(b)所示。

3)边(E)：选择对象的修剪方式，即延伸和不延伸。延伸是指延伸边界进行修剪，在此方式下，如果剪切边没有与要修剪的对象相交，系统会延伸剪切边直至与要修剪的对象相交，然后再修剪；不延伸是指不延伸边界修剪对象，只修剪与剪切边相交的对象。

（3）按 Space 键或 Enter 键来执行修剪操作。

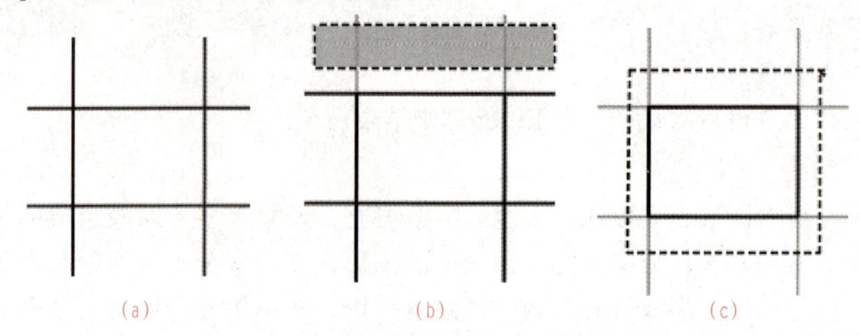

图 1-2-48　窗交、栏选选择修剪对象

（a）原图；（b）窗交；（c）栏选

下面通过图 1-2-49 来说明“修剪”命令操作过程。

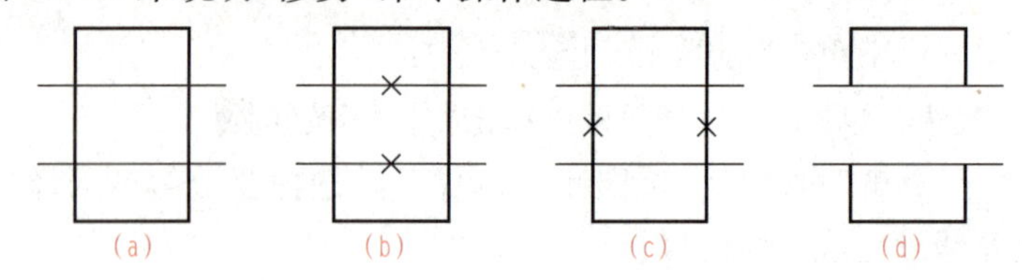

图 1-2-49　修剪命令

（a）原图；（b）选择修剪边；（c）选择被修剪边；（d）修剪结果

4. “延伸”命令

“延伸”命令可将指定对象延伸到图中所选定的边界，也可以修剪掉多余的对象，选定的边界就是剪切边。该命令是先选择作为边界的对象，再指定延伸的部分或者按住 Shift 键选择要修剪的对象。

命令执行方式如下：

（1）在命令行输入“EXTEND”或“EX”。

（2）在菜单栏中选择“修改”→“延伸”命令。

（3）在“修改”工具栏中单击“延伸”按钮。

（4）在功能区“默认”选项卡“修改”面板中单击“延伸”按钮。

操作说明：使用“延伸”命令后，按住 Shift 键的同时选择对象，则执行“修剪”命令。使用“修剪”命令时，按住 Shift 键的同时选择对象，则执行“延伸”命令。

下面通过图 1-2-50 来说明“延伸”命令。在本例中，将“十”字线延伸到矩形边界。

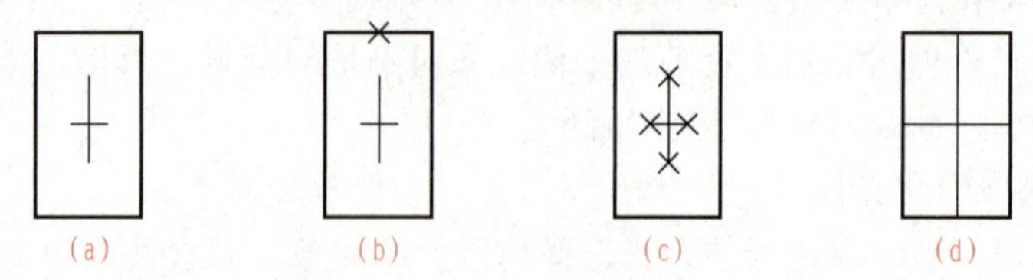

图 1-2-50　延伸命令

（a）原图；（b）选择延伸边；（c）选择被延伸边；（d）延伸结果

项目操作步骤如下：

（1）将当前图层设置为“墙体”。

（2）执行“多线样式”命令，设置多线样式。根据图1-2-1所示的项目，在“多线样式”对话框中单击“新建”按钮，弹出“创建新的多线样式”对话框，在“创建新的多线样式”对话框中输入新样式名为“外墙”，单击“继续”按钮，系统弹出“新建多线样式：外墙”对话框，将“图元”选项组中的“偏移”量设为“100”和“－100”，如图1-2-51所示。用同样的方法新建“内墙”多线样式，将“图元”选项组中的“偏移”量设为“50”和“－50”

修改多线样式:外墙

说明(P):

封口

	起点	端点
直线(L):	☐	☐
外弧(O):	☐	☐
内弧(R):	☐	☐
角度(N):	90.00	90.00

填充

填充颜色(F): 无

显示连接(J): ☐

图元(E)

偏移	颜色	线型
100	BYLAYER	ByLayer
-100	BYLAYER	ByLayer

添加(A)　删除(D)

偏移(S): 0.000

颜色(C): ByLayer

线型: 线型(Y)...

确定　取消　帮助(H)

图1-2-51　“外墙”多线样式设置

（3）执行“多线”命令，绘制墙体。根据命令行提示，将对齐方式设置为“无”，将多线比例设置为“1”，将样式设置为“外墙”。根据图纸，沿轴网绘制外墙线。用同样的方法绘制内墙线，如图1-2-52所示。

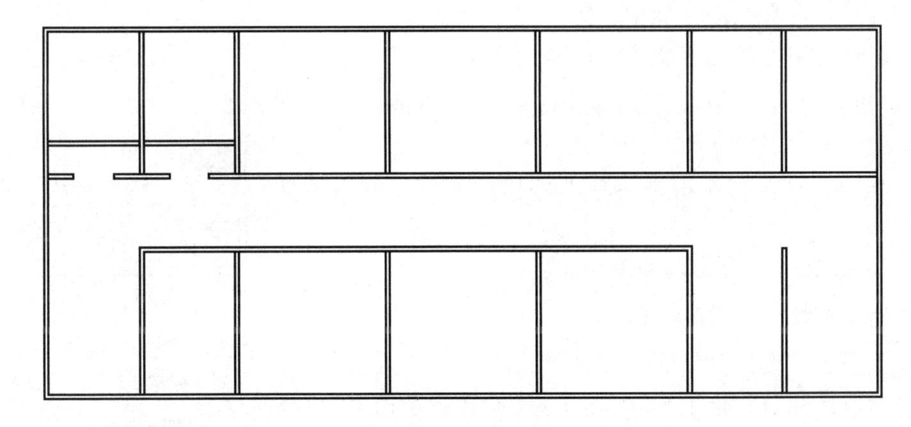

图1-2-52　墙体绘制

（4）执行“多线编辑”命令，修剪墙体。在“多线编辑工具”对话框中，选择“角点结合”选项分别对墙线和墙角进行修整，直至符合图纸要求，最终墙体修剪结果如图1-2-53所示。

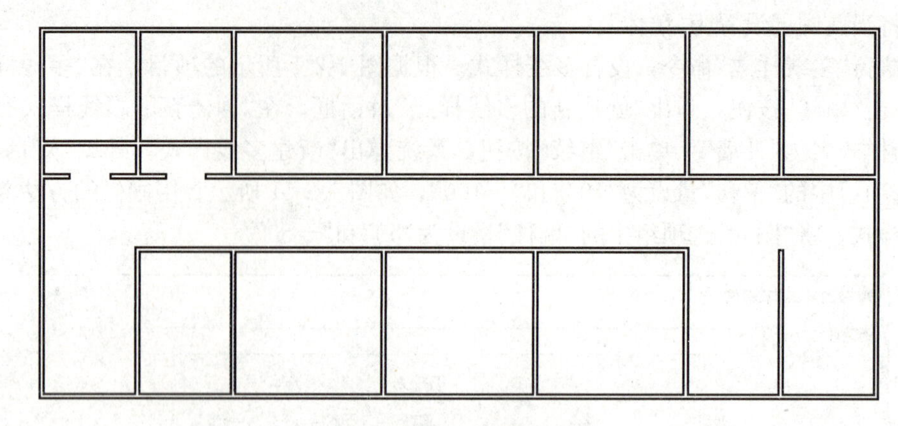

图 1-2-53　墙体修剪结果

2.2.3　绘制门窗、柱子

绘制门窗、柱子主要用到“点”“矩形”“多线”“直线”“圆弧”“倒角”“圆角”“图案填充”命令。

1. “点”命令与点的样式

(1)“点”命令。点是最简单的图形对象。“点”命令用于在指定位置放置一个点的样式。点样式有 20 个。在绘制点之前，用户可以先执行“点样式”命令设置点的样式和大小。

命令执行方式如下：

1)在命令行输入“POINT”或“PO”。

2)在菜单栏中选择“绘图”→“点”命令。

3)在“绘图”工具栏中单击“点”按钮。

4)在功能区“默认”选项卡“绘图”面板中单击“点”按钮。

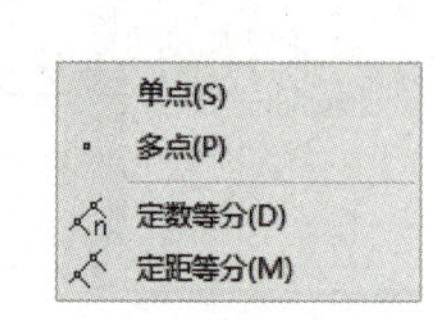

图 1-2-54　“点”命令子菜单

操作说明：执行“绘图”→“点”命令后，弹出下级子菜单，如图1-2-54所示，用户可根据需求，选择“单点”“多点”“定数等分”“定距等分”命令。

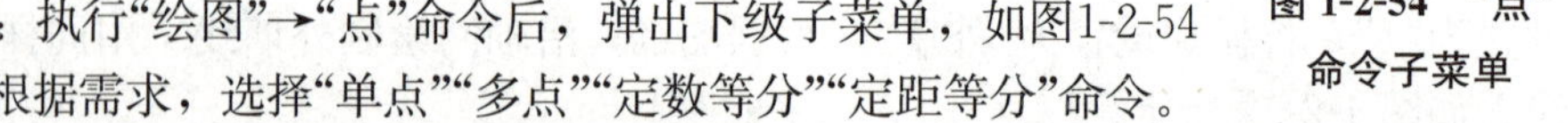

1)“单点”：可在绘图区域中一次指定一个点。

2)“多点”：可在绘图区域中一次指定多个点。

3)“定数等分”：可在指定对象上绘制等分点或在等分点处插入块。

4)“定距等分”：可在指定对象上按指定长度绘制点或插入块。

(2)点的样式。命令执行方式如下：

1)在命令行输入“DDPTYPE”。

2)在菜单栏中选择“格式”→“点样式”命令。

3)在功能区“默认”选项卡“实用工具”面板中单击→“点样式”按钮。

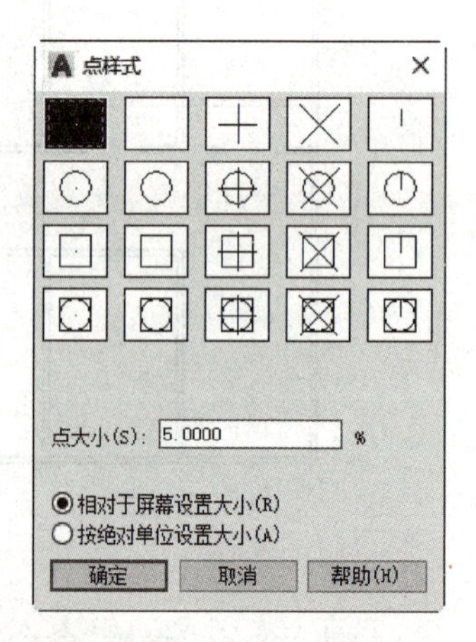

图 1-2-55　“点样式”对话框

操作说明：执行“点样式”命令后，系统会自动弹出图1-2-55所示的“点样式”对话框。该对话框包括 20 个点样式、设置点大小和点大小的确定方式三部分内容。首先用户根据需要选择所需的点样式；然后，在“点大小”文本框内设置点大小；最后，选择点大小的确定方式，有“相对于屏幕设置大小”和“按绝对单位设置大小”两种方式。

2.“矩形”命令

矩形是较为简单的闭合图形对象之一，通过指定矩形两对角点或指定长和宽进行绘制。“矩形”命令自身可对倒角、标高、圆角、厚度、宽度进行设置。

命令执行方式如下：

(1)在命令行输入“RECTANG”或“REC”。

(2)在菜单栏中选择“绘图”→“矩形”命令。

(3)在“绘图”工具栏中单击“矩形”按钮▭。

(4)在功能区“默认”选项卡“绘图”面板中单击“矩形”按钮▭。

操作说明：执行“矩形”命令后，命令行提示如下：

RECTANG

指定第一个角点或[倒角(C)/标高(E)/圆角(F)/厚度(T)/宽度(W)]:

命令行中各选项的含义如下：

(1)指定第一个角点：用于确定矩形的第一点。执行该选项后，输入另一角点，即可绘制出一个矩形，如图 1-2-56(a)所示。

(2)倒角(C)：确定矩形第一个倒角和第二个倒角之间的距离，绘制具有倒角的矩形，如图 1-2-56(b)所示。

(3)标高(E)：在三维绘图时，确定矩形的标高。

(4)圆角(F)：确定矩形的圆角半径，绘制具有圆角的矩形，如图 1-2-56(c)所示。

(5)厚度(T)：在三维绘图时，确定矩形的厚度值。

(6)宽度(W)：确定矩形的线宽，如图 1-2-56(d)所示。

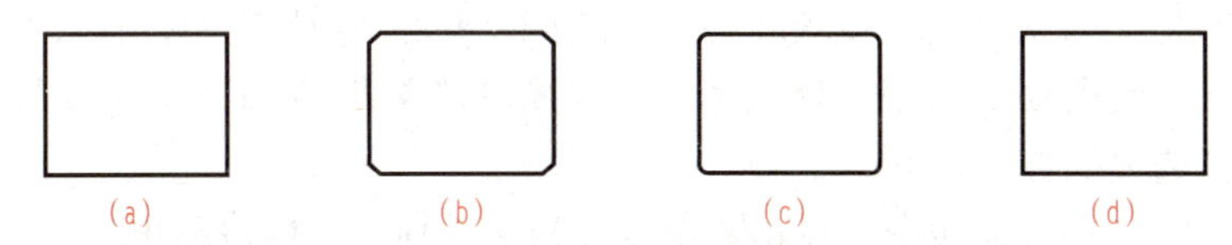

图 1-2-56　绘制矩形

(a)绘制矩形；(b)绘制具有倒角的矩形；(c)绘制具有圆角的矩形；(d)绘制具有宽度的矩形

3.“圆弧”命令

圆弧是圆的一部分，也是绘制图形中常用的对象之一。根据画弧的已知条件不同，AutoCAD 2020 提供了 11 种绘制圆弧的方式。

命令执行方式如下：

(1)在命令行输入“ARC”或“A”。

(2)在菜单栏中选择“绘图”→“圆弧”命令。

(3)在“绘图”工具栏中单击“圆弧”按钮。

(4)在功能区“默认”选项卡“绘图”面板中单击“圆弧”按钮。

操作说明：单击功能区“默认”选项卡“绘图”面板“圆弧”按钮下拉菜单，如图 1-2-57 所示。用户可根据已知条件，选择绘制圆弧的方式。绘制圆弧方式的详细介绍如下：

(1)三点：通过指定圆弧的起点、第二点和端点绘制圆弧。

(2)起点、圆心、端点：通过指定圆弧的起点、圆心和端点绘制圆弧。

(3)起点、圆心、角度：通过指定圆弧的起点、圆心和角度绘制圆弧。

(4)起点、圆心、长度：通过指定圆弧的起点、圆心和长度绘制圆弧。

(5)起点、端点、角度：通过指定圆弧的起点、端点和角度绘制圆弧。

(6)起点、端点、方向：通过指定圆弧的起点、端点和方向绘制圆弧。

(7)起点、端点、半径：通过指定圆弧的起点、端点和半径绘制圆弧。

(8)圆心、起点、端点：通过指定圆弧的圆心、起点和端点绘制圆弧。

(9)圆心、起点、角度：通过指定圆弧的圆心、起点和角度绘制圆弧。

(10)圆心、起点、长度：通过指定圆弧的圆心、起点和长度绘制圆弧。

(11)连续：是指以上一次绘制的圆弧端点作为新圆弧的起点，以上一次绘制的圆弧端点的切线方向为新圆弧的切线方向。

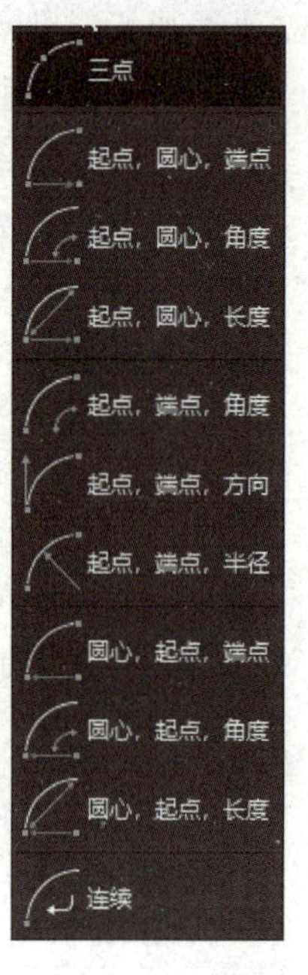

图 1-2-57 “圆弧”菜单

4.“倒角”命令

“倒角”命令是创建倒角，即用斜线连接两条不平行的线型对象。可以用斜线连接直线、双向无线长线、射线等。创建倒角有两种方式：一种是指定倒角两端的距离；另一种是指定一端的距离和倒角的角度。

命令执行方式如下：

(1)在命令行输入“CHAMFER”或“CHA”。

(2)在菜单栏中选择“修改”→“倒角”命令。

(3)在“修改”工具栏中单击“倒角”按钮。

(4)在功能区“默认”选项卡“修改”面板中单击“倒角”按钮。

操作说明：执行“倒角”命令后，命令行提示如下：

CHAMFER

选择第一条直线或[放弃(U)/多段线(P)/距离(D)/角度(A)/修剪(T)/方式(E)/多个(M)]:

选择第二条直线或按住 Shift 键选择直线以应用角点或[距离(D)/角度(A)/方法(M)]:

命令行中各选项的含义如下：

(1)多段线(P)：在多段线中，在每两条线段相交的顶点处创建倒角。

(2)距离(D)：设置倒角到两个选定边的端点的距离。

(3)角度(A)：指定第一条线与倒角形成的线段之间的角度值。

(4)修剪(T)：选择此选项，会出现修剪(T)与不修剪(N)两种模式，可在确定连接对象后选择是否修剪源对象。其含义如图 1-2-58 所示。

(5)方式(E)：用来设置倒角的处理方式。

(6)多个(M)：为多个对象创建倒角。

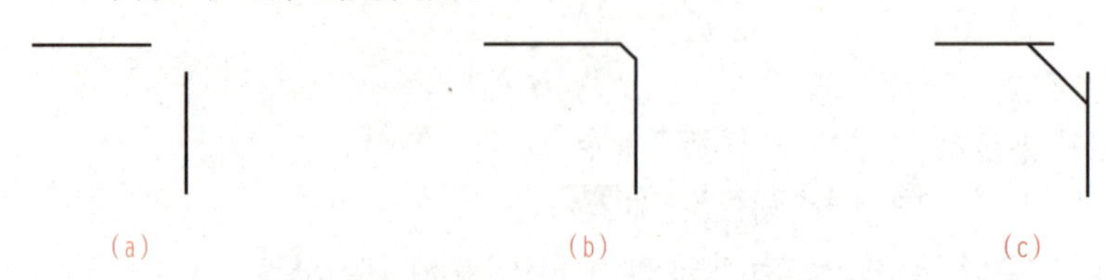

图 1-2-58 修剪(T)/不修剪(N)选项示意

(a)原图；(b)修剪效果；(c)不修剪效果

5.“圆角”命令

“圆角”命令用来创建圆角，可用两段圆弧、圆、椭圆弧、直线、多段线、射线、样条曲线和构造线来创建指定半径的圆角。

命令执行方式如下：

(1)在命令行输入“FILLET”或“F”。

(2)在菜单栏中选择“修改”→“圆角”命令。

(3)在“修改”工具栏中单击“圆角”按钮。

(4)在功能区“默认”选项卡“修改”面板中单击“圆角”按钮。

操作说明：执行“圆角”命令后，命令行提示如下：

```
FILLET
选择第一个对象或[放弃(U)/多段线(P)/半径(R)/修剪(T)/多个(M)]:
选择第二个对象或按住 Shift 键选择对象以应用角点或[半径(R)]:
```

命令行中各选项的含义同“倒角”命令，此处不再赘述。

6.“图案填充”命令

在绘制图形时，如需要对图形内部进行图案填充，来表示某一区域的材质或用料，可使用“图案填充”命令。该命令主要包括确定填充边界、选择填充图案、定义填充方式等。

(1)基本概念。

1)图案边界。在进行图案填充时，首先要确定填充图案的边界。定义边界的对象只能是直线、射线、样条曲线、圆弧、圆、椭圆、椭圆弧等对象或用这些对象定义的块，而且作为边界的对象在当前图层上必须全部可见。

2)孤岛。在进行图案填充时，将位于总填充区域内的封闭区称为孤岛，如图 1-2-59 所示。在使用“图案填充”命令时，AutoCAD 2020 系统允许用户以拾取点的方式确定填充边界，即在希望填充的区域内任意拾取一点，系统会自动确定出填充边界，同时，也确定出该边界内的岛。

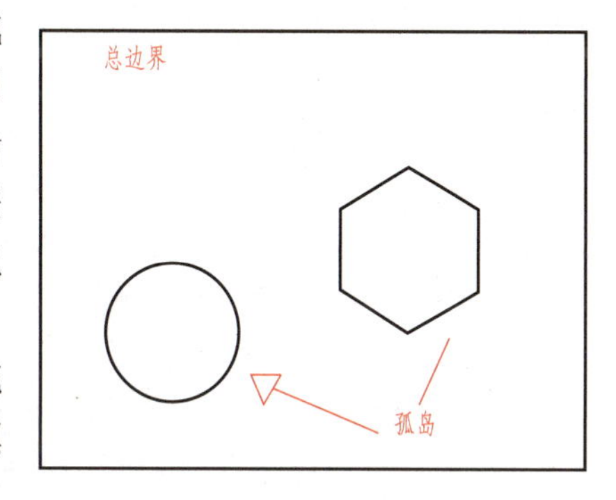

图 1-2-59　孤岛

3)填充方式。在进行图案填充时，需要控制填充的范围，AutoCAD 2020 系统为用户设置以下 3 种填充方式，以实现对填充范围的控制：

①普通方式。该方式是从边界开始，从每条填充线或每个填充符号的两端向内填充，遇到内部对象与之相交时，填充线或符号断开，直到遇到下一次相交时再继续填充。采用这种填充方式时，要避免剖面线或符号与内部对象的相交次数为奇数，该方式为系统内部的默认方式。

②最外层方式。该方式是从边界向内填充，只要在边界内部与对象相交，剖面符号就会断开，不再继续填充。

③忽略方式。该方式是忽略边界内的对象，从而使所有内部结构都被剖面符号覆盖。

(2)图案填充。命令执行方式如下：

1)在命令行输入“BHATCH”或“H”。

2)在菜单栏中选择“绘图”→“图案填充”命令。

3)在“绘图”工具栏中单击“图案填充”按钮▦。

4)在功能区“默认”选项卡“绘图”面板中单击“图案填充”按钮▦。

操作说明：单击功能区“默认”选项卡“绘图”面板中的“图案填充”按钮▦，打开“图案填充创建”选项卡，如图 1-2-60 所示。该选项卡包括“边界”面板、“图案”面板、“特性”面板、“原点”面板、“选项”面板和“关闭”面板六大部分。各面板的选项介绍如下：

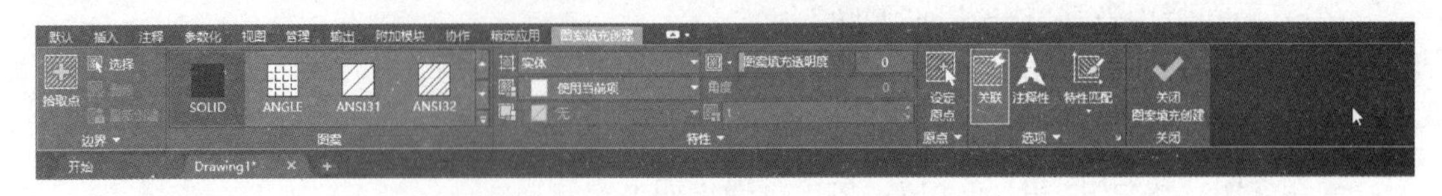

图 1-2-60 “图案填充创建”选项卡

1)“边界”面板。

①拾取点▣：通过选择由一个或多个对象形成的封闭区域内的点，确定图案填充边界。指定内部点时，可以随时在绘图区中单击鼠标右键以显示包含多个选项的快捷菜单。

②选择边界对象▣：指定基于选定对象的图案填充边界。使用该选项时，不会自动检测内部对象，必须选择选定边界内的对象，以按照当前孤岛检测样式填充这些对象。

③删除边界对象▣：从边界定义中删除之前添加的任何对象。

④重新创建边界▣：围绕选定的图案填充或填充对象创建多段线或面域，并使其与图案填充对象相关联。

⑤显示边界对象▣：选择构成选定关联图案填充对象的边界对象，使用显示的夹点可修改图案填充边界。

⑥保留边界对象▣：指定如何处理图案填充边界对象。包括以下几个选项：

a. 不保留边界(仅在图案填充创建期间可用)。不创建独立的图案填充边界对象。

b. 保留边界—多段线(仅在图案填充创建期间可用)。创建封闭图案填充对象的多段线。

c. 保留边界—面域(仅在图案填充创建期间可用)。创建封闭图案填充对象的面域对象。

2)“图案”面板。显示所有预定义和自定义图案的预览图像。

3)“特性”面板。

①图案填充类型：指定是使用纯色、渐变色、图案，还是用户定义的模式来填充。

②图案填充颜色：替代实体填充和填充图案的当前颜色。

③背景色：指定填充图案背景的颜色。

④图案填充透明度：设定新图案填充或填充的透明度，替代当前对象的透明度。

⑤图案填充角度：指定图案填充的角度。

⑥填充图案比例：放大或缩小预定义或自定义填充图案。

⑦相对图纸空间(仅在布局中可用)：相对于图纸空间单位缩放填充图案。使用此选项，可很容易地做到以适用于布局的比例显示填充图案。

⑧交叉线(仅当“图案填充类型”设定为“用户定义”时可用)：将绘制第二组直线，与原始直线成 90°角，从而构成交叉线。

⑨ISO 笔宽(仅对于预定义的 ISO 图案可用)：基于选定的笔宽缩放 ISO 图案。

4)“原点”面板。

①设定原点▣：直接指定新的图案填充原点。

②左下：将图案填充原点设定在图案填充边界矩形范围的左下角。

③右下：将图案填充原点设定在图案填充边界矩形范围的右下角。

④左上：将图案填充原点设定在图案填充边界矩形范围的左上角。

⑤右上：将图案填充原点设定在图案填充边界矩形范围的右上角。

⑥中心：将图案填充原点设定在图案填充边界矩形范围的中心。

⑦使用当前原点：将图案填充原点设定在 HPORIGIN 系统变量中存储的默认位置。

⑧存储为默认原点：将新图案填充原点的值存储在 HPORIGIN 系统的变量中。

5)"选项"面板。

①关联：指定图案填充或关联图案填充。关联图案填充或图案填充在用户修改其边界对象时将会更新。

②注释性：指定图案填充为注释性。此特性会自动完成缩放注释过程，从而使注释能够以正确的大小在图纸上打印或显示。

③特性匹配：

a. 使用当前原点：使用选定图案填充对象(除图案填充原点外)，设定图案填充的特性。

b. 使用源图案填充的原点：使用选定图案填充对象(包括图案填充原点)，设定图案填充的特性。

④允许的间隙：设定将对象用作图案填充边界时可以忽略的最大间隙。默认值为 0，此值指定对象必须封闭区域而没有间隙。

⑤创建独立的图案填充：用于控制当指定了几个单独的闭合边界时，是创建单个图案填充对象，还是创建多个图案填充对象。

⑥孤岛检测。

a. 普通孤岛检测：从外部边界向内填充。如果遇到内部孤岛，填充将关闭，直到遇到孤岛中的另一个孤岛。

b. 外部孤岛检测：从外部边界向内填充。此选项仅填充指定的区域，不会影响内部孤岛。

c. 忽略孤岛检测：忽略所有内部的对象，填充图案时将通过这些对象。

⑦绘图次序：为图案填充或填充指定绘图次序。此选项包括不指定、后置、前置、置于边界之后和置于边界之前。

6)"关闭"面板。关闭"图案填充创建"。

(3)渐变色填充。在绘图过程中，有些图形在填充时需要用到一种或多种颜色，使用渐变色图案填充功能可以达到比较好的颜色修饰效果。

命令执行方式如下：

1)在命令行输入"GRADIENT"。

2)在菜单栏中选择"绘图"→"渐变色"命令。

3)在"绘图"工具栏中单击"渐变色"按钮。

4)在功能区"默认"选项卡"绘图"面板中单击"渐变色"按钮。

操作说明：单击功能区"默认"选项卡"绘图"面板中的"渐变色"按钮，打开"图案填充创建"选项卡，如图 1-2-61 所示。各面板含义与执行"图案填充"命令弹出的"图案填充创建"选项卡中的含义类似，此处不再赘述。

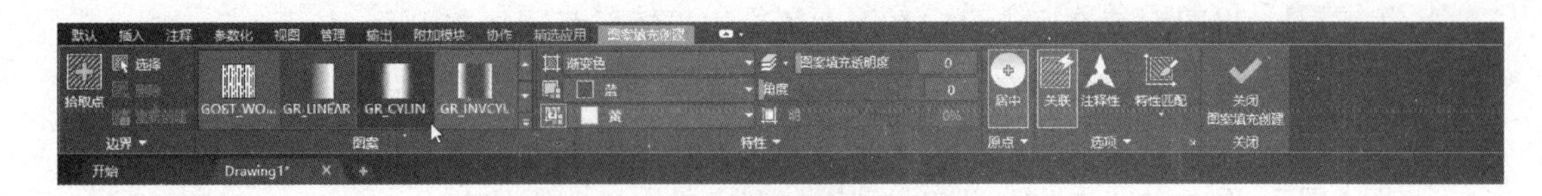

图 1-2-61 “图案填充创建”选项卡

(4)编辑图案填充。用于修改现有的图案填充对象。

命令执行方式如下：

1)在命令行输入“HATCHEDIT”或“HE”。

2)在菜单栏中选择“修改”→“对象”→“图案填充”命令。

3)在“修改”工具栏中单击“编辑图案填充”按钮。

4)在功能区“默认”选项卡“修改”面板中单击“编辑图案填充”按钮。

操作说明：执行“编辑图案填充”命令，选择图案填充对象后，系统会自动弹出图 1-2-62所示的“图案填充编辑”对话框。在此对话框中可以对类型和图案、角度和比例、图案填充原点、边界和选项等进行重新设置，单击“确定”按钮后，新的图案便填充完成。

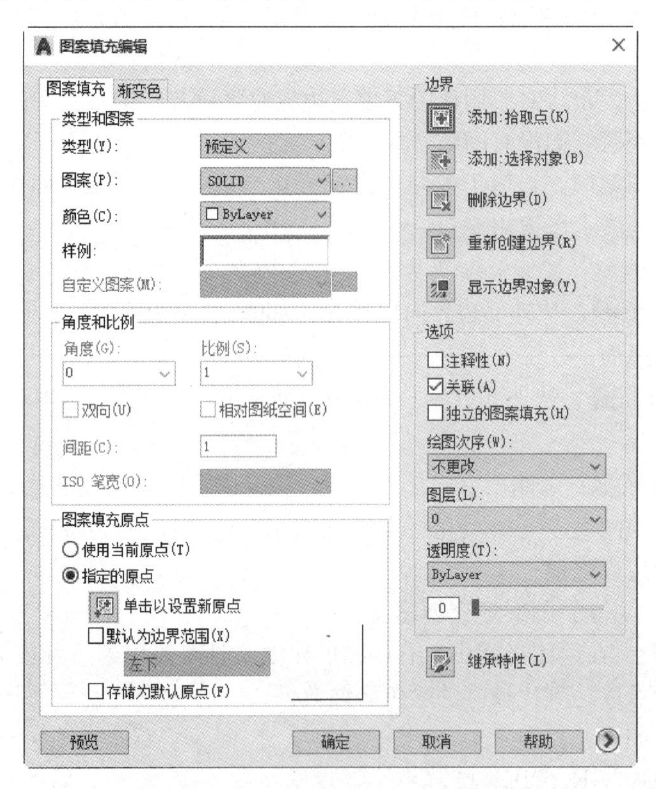

图 1-2-62 “图案填充编辑”对话框

操作步骤如下：

(1)将当前图层设置为“柱子”。

(2)执行“矩形”命令，根据图 1-2-1 所示，绘制 600 mm×600 mm 的矩形代表柱子的截面轮廓；执行“图案填充”命令对矩形进行图案填充，如图 1-2-63 所示。

图 1-2-63　绘制柱子

(3)执行“复制”命令，按照图纸完成 600 mm×600 mm 柱子的绘制。其绘制结果如图 1-2-64 所示。

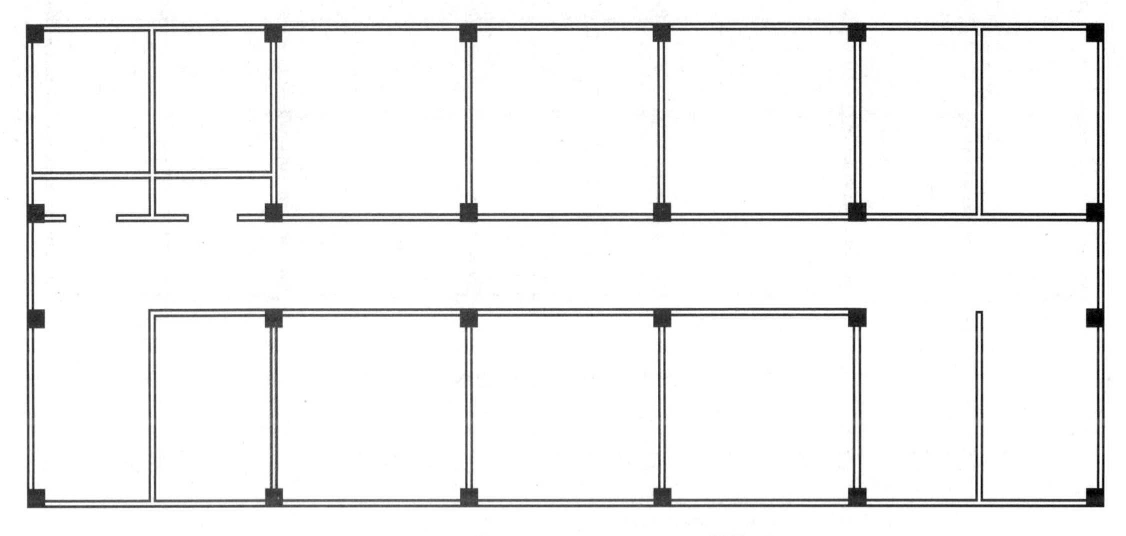

图 1-2-64　绘制 600 mm×600 mm 的柱子

(4)使用同样的方法按照图纸完成 500 mm×500 mm 柱子的绘制。其绘制结果如图 1-2-65 所示。

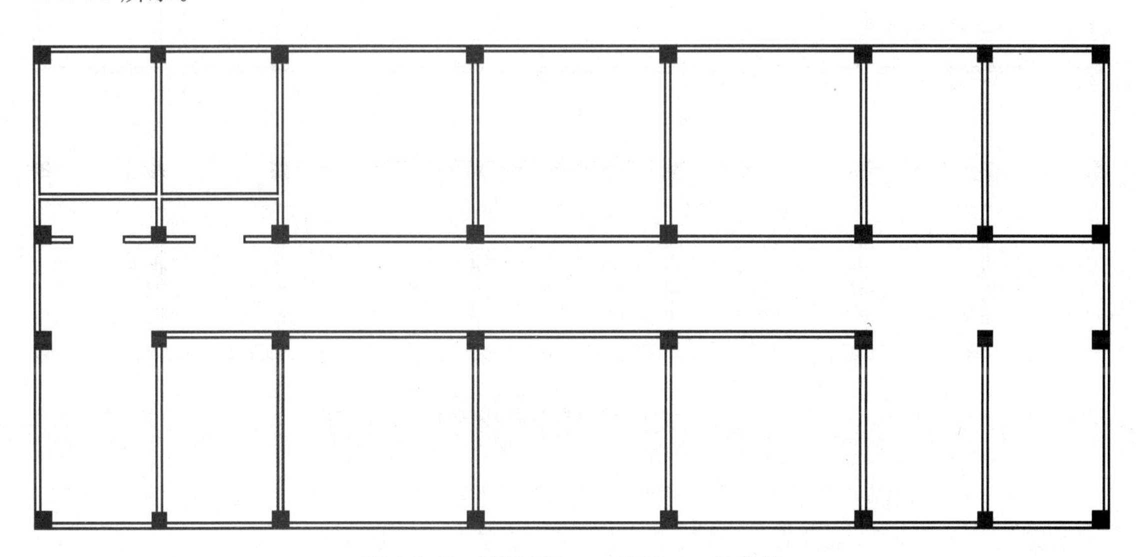

图 1-2-65　绘制 500 mm×500 mm 的柱子

(5)将当前图层设置为“门窗”。

(6)执行“偏移”命令和“修剪”命令，修剪窗洞口。根据图 1-2-1 中窗距两侧轴线的距离及窗宽，执行“偏移”命令将轴线偏移出窗洞口边线，如图 1-2-66 所示。

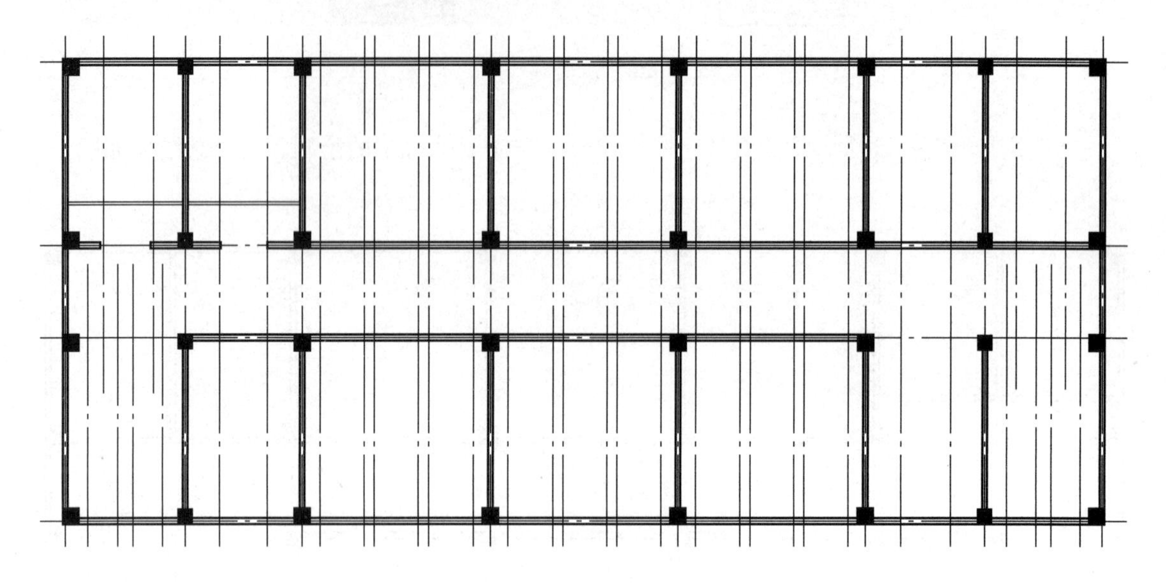

图 1-2-66　窗洞口边线

(7)执行“修剪”命令将窗洞口处的墙线修剪掉，并将墙线封口。修剪结果如图 1-2-67 所示。

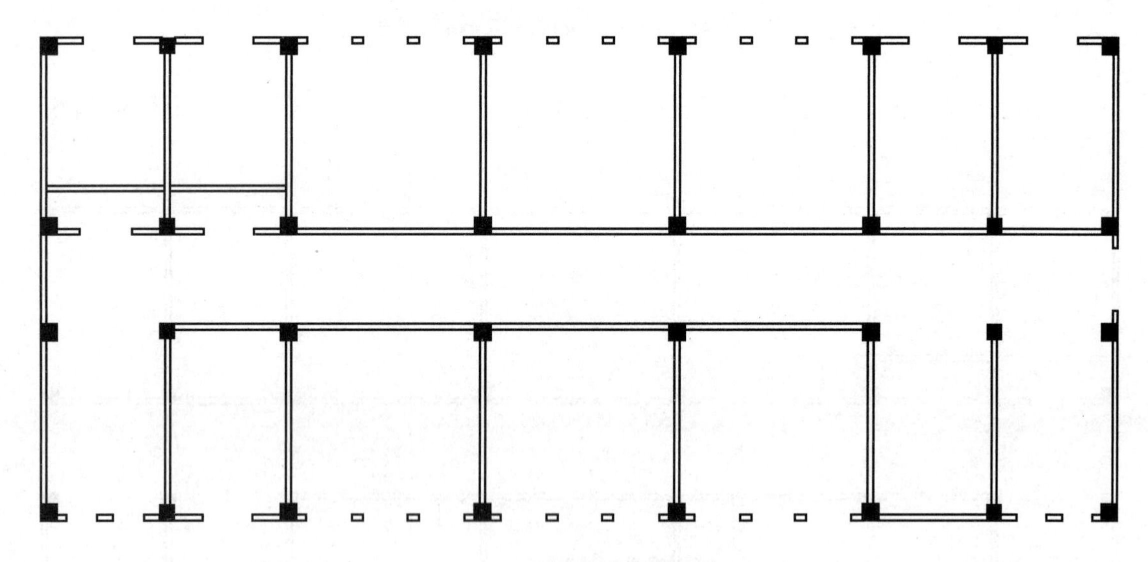

图 1-2-67　窗洞口的修剪结果

(8)执行“多线样式”命令，设置多线样式。根据图 1-2-1 所示的项目，新建窗，将“图元”选项组中的“偏移”量设为“0.17”和“－0.17”，如图 1-2-68 所示。

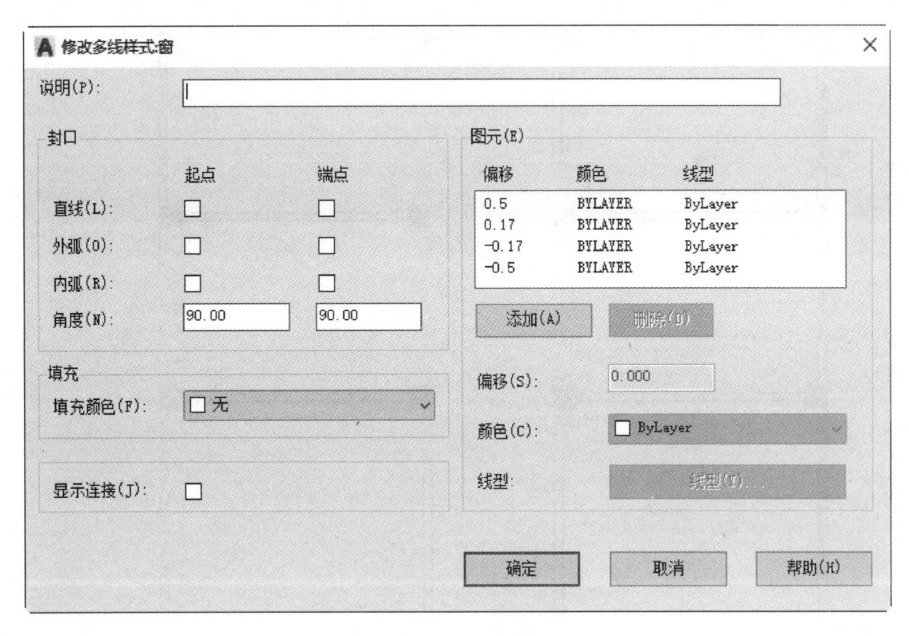

图 1-2-68 “窗”多线样式设置

(9)执行“多线”命令，绘制窗线。根据命令行提示，将对齐方式设置为“无”，将多线比例设置为“200”，将样式设置为“窗”。绘制出图纸中的幕墙和所有窗户，绘制结果如图 1-2-69所示。

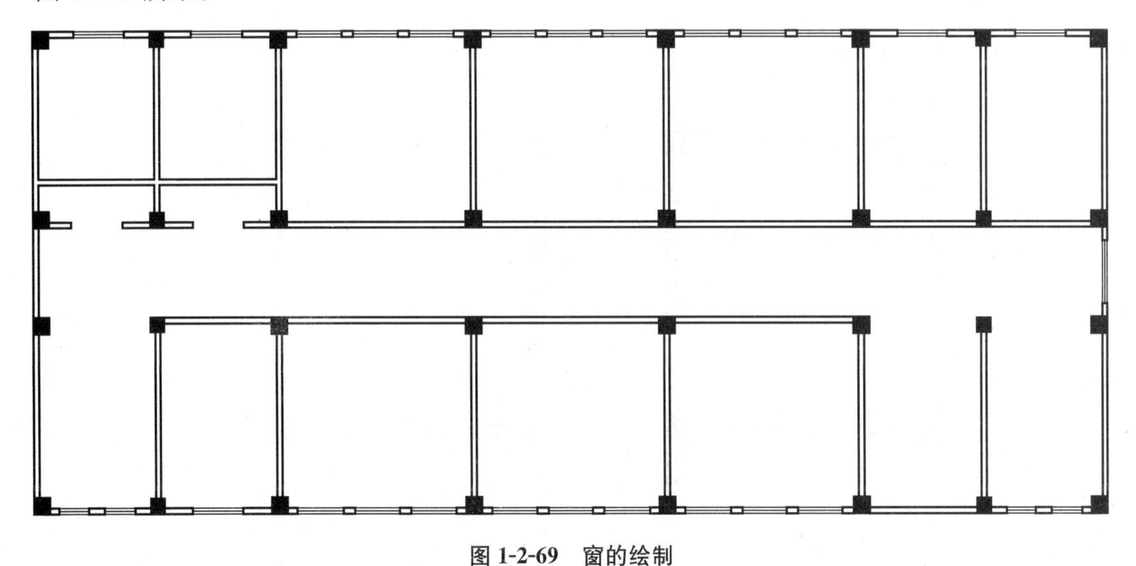

图 1-2-69 窗的绘制

(10)采用与绘制窗相同的方法，先绘制出门洞口的辅助线，修剪门洞口，并将墙线封口。对照图纸绘制门，其绘制结果如图 1-2-70 所示。

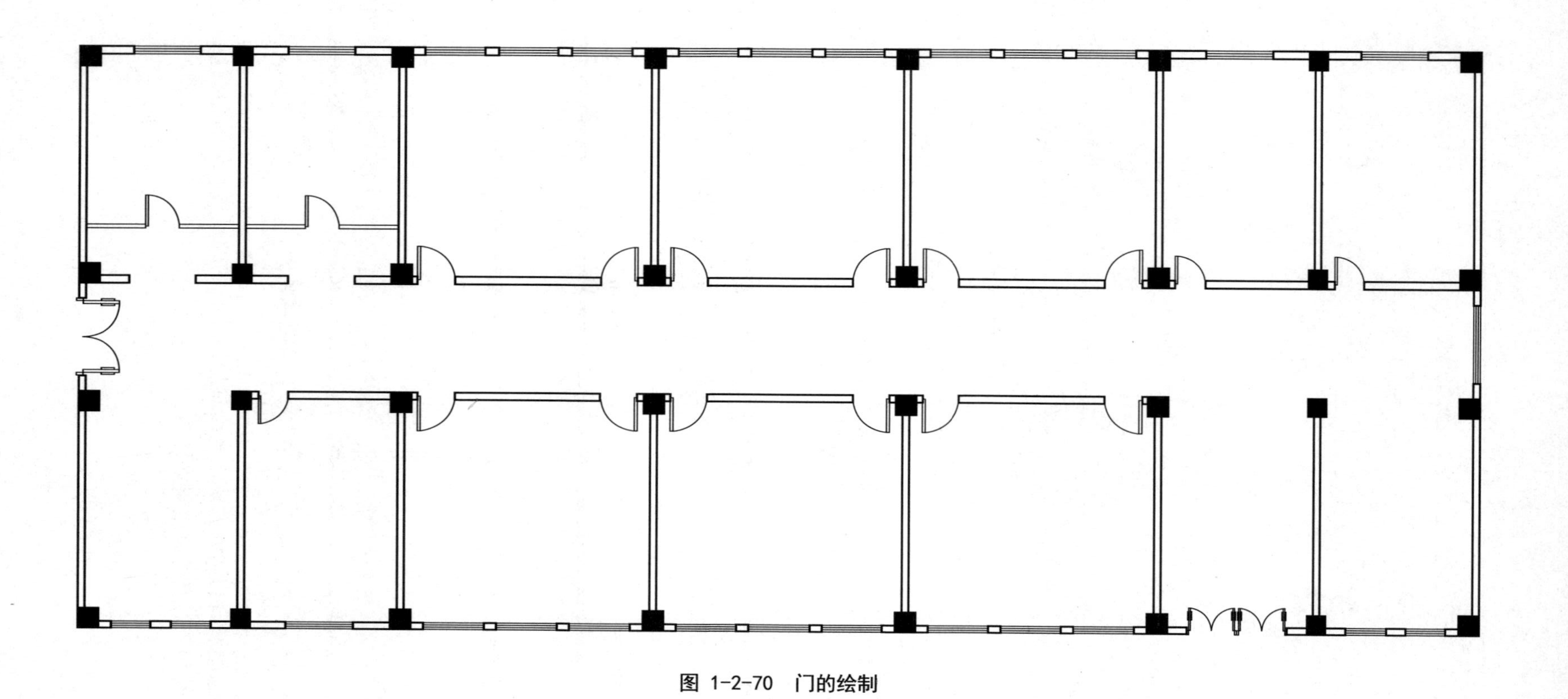

图 1-2-70　门的绘制

2.2.4　绘制楼梯、坡道和台阶

根据楼梯平面形式不同，常见的楼梯可分为直跑楼梯、双跑直楼梯、多跑直楼梯等。根据图 1-2-1 所示的项目，采用双跑直楼梯。

楼梯和坡道的绘制主要用到“多段线”命令、“直线”命令、“复制”命令、“修剪”命令等。“直线”命令、“复制”命令、“修剪”命令前文已做过介绍，此处不再赘述。以下主要对“多段线”命令进行详细介绍。

多段线是由许多连续的线和弧组成的一个整体对象。其中的线条可设置成不同的线宽和不同的线型。

命令执行方式如下：

(1)在命令行输入“PLINE”或“PL”。

(2)在菜单栏中选择“绘图”→“多段线”命令。

(3)在“绘图”工具栏中单击“多段线”按钮。

(4)在功能区“默认”选项卡“绘图”面板中单击“多段线”按钮。

操作说明：执行“多段线”命令后，命令行提示如下：

```
PLINE
指定起点：
指定下一个点或[圆弧(A)/半宽(H)/长度(L)/放弃(U)/宽度(W)]：
```

命令行中各选项的含义如下：

(1)圆弧(A)：在多段线中绘制圆弧。

(2)半宽(H)：确定多段线的半宽，半宽为宽度的一半。

(3)长度(L)：确定多段线的长度。

(4)放弃(U)：删除多段线中刚绘制的对象。

(5)宽度(W)：确定多段线的宽度。

操作步骤如下：

(1)将当前图层设置为“楼梯”。

(2)执行“直线”命令，绘制长度为 2190 的踏步线；执行“偏移”命令，按照间距 270 绘制踏步线；执行“矩形”命令，绘制宽度为 60 的栏杆扶手；执行“多段线”命令，绘制长度为 300 的直线，设置起点宽度为 100、终点宽度为 0，绘制箭头；执行“直线”命令，绘制折断符号；执行“修剪”命令，修剪楼梯。绘制结果如图 1-2-71 所示。

(3)将当前图层设置为“坡道”。

(4)执行“多段线”命令，绘制宽度为 1200、长度为 2100 的坡道。其绘制结果如图 1-2-72 所示。

(5)将当前图层设置为“台阶”。

(6)执行“直线”命令，绘制踏步宽度为 300 的台阶。其绘制结果如图 1-2-73 所示。

2.2.5　绘制散水及其他

操作步骤如下：

(1)将当前图层设置为“散水”。

(2)执行“偏移”命令，根据图 1-2-1 所示的项目，将最外侧轴线向外偏移 600，再执行“直线”命令，补齐散水。其绘制结果如图 1-2-74 所示。

(3)将当前图层设置为“其他”。

(4)绘制洁具等，如图 1-2-75 所示。

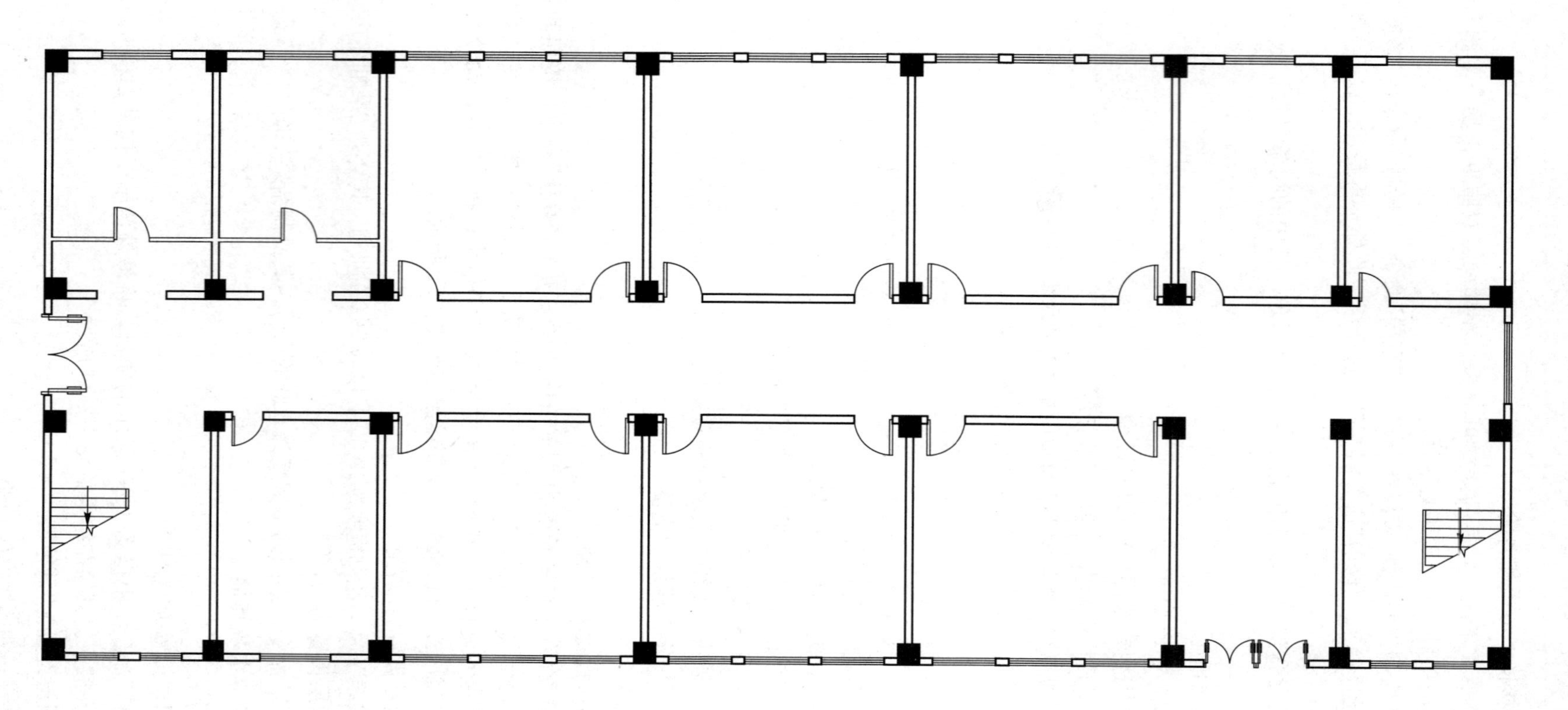

图 1-2-71　绘制楼梯

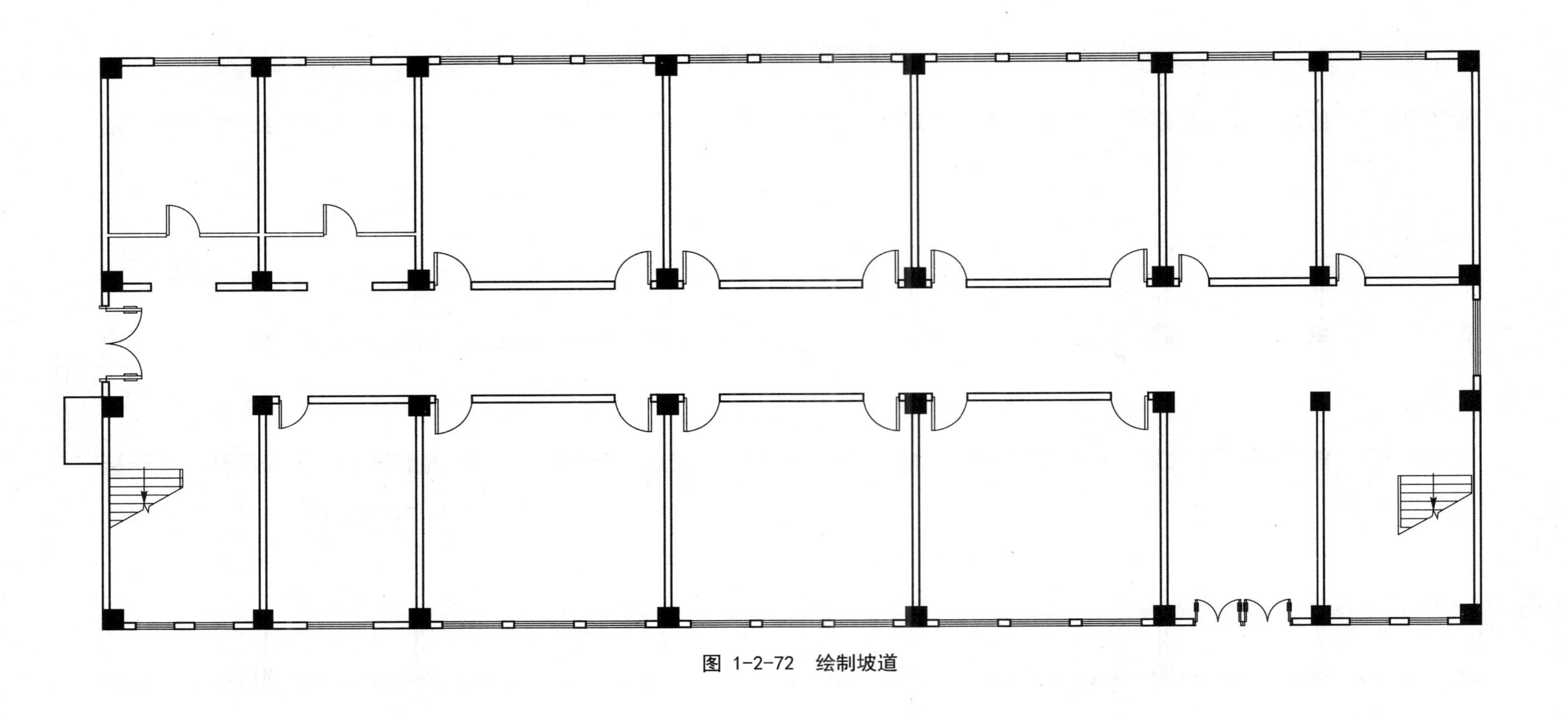

图 1-2-72　绘制坡道

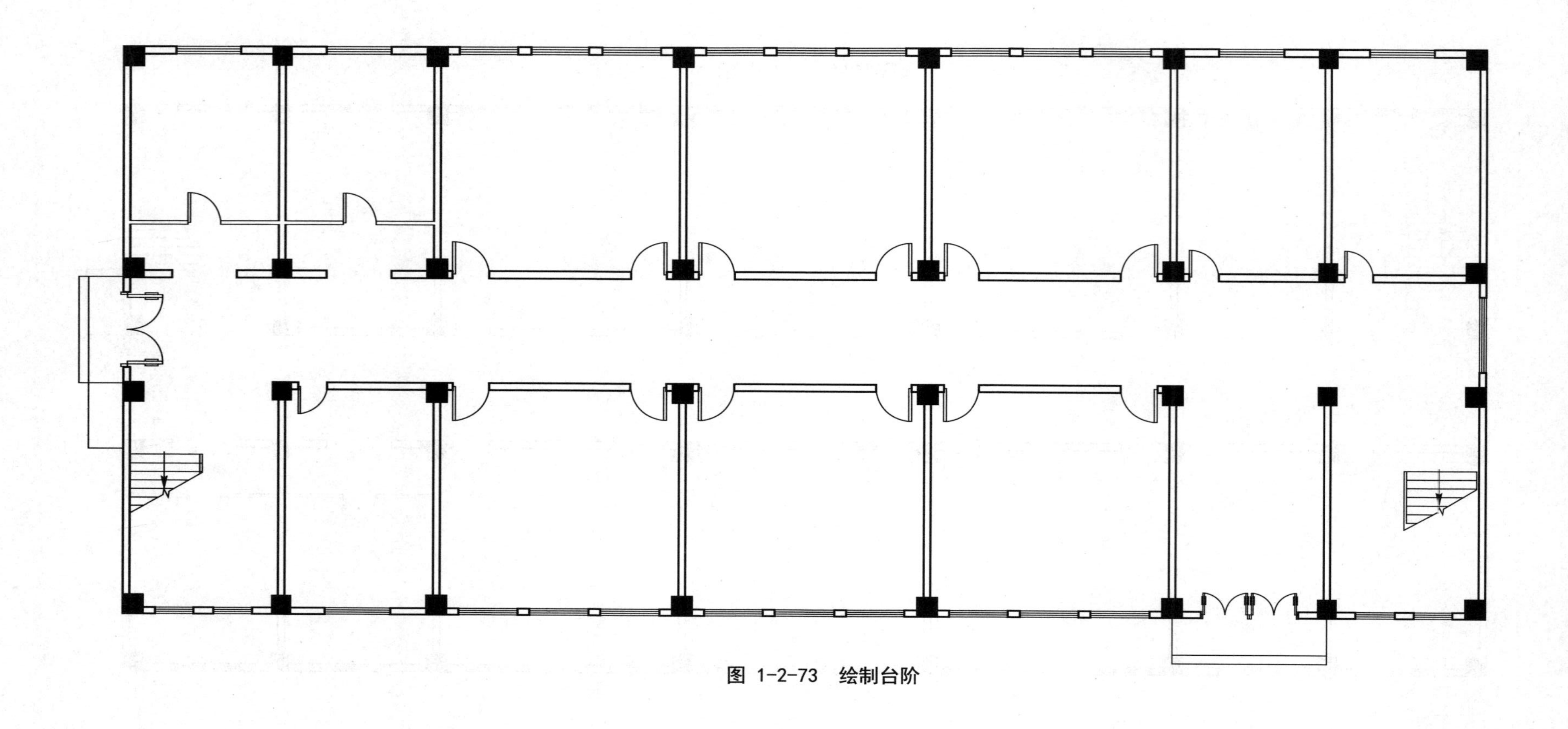

图 1-2-73　绘制台阶

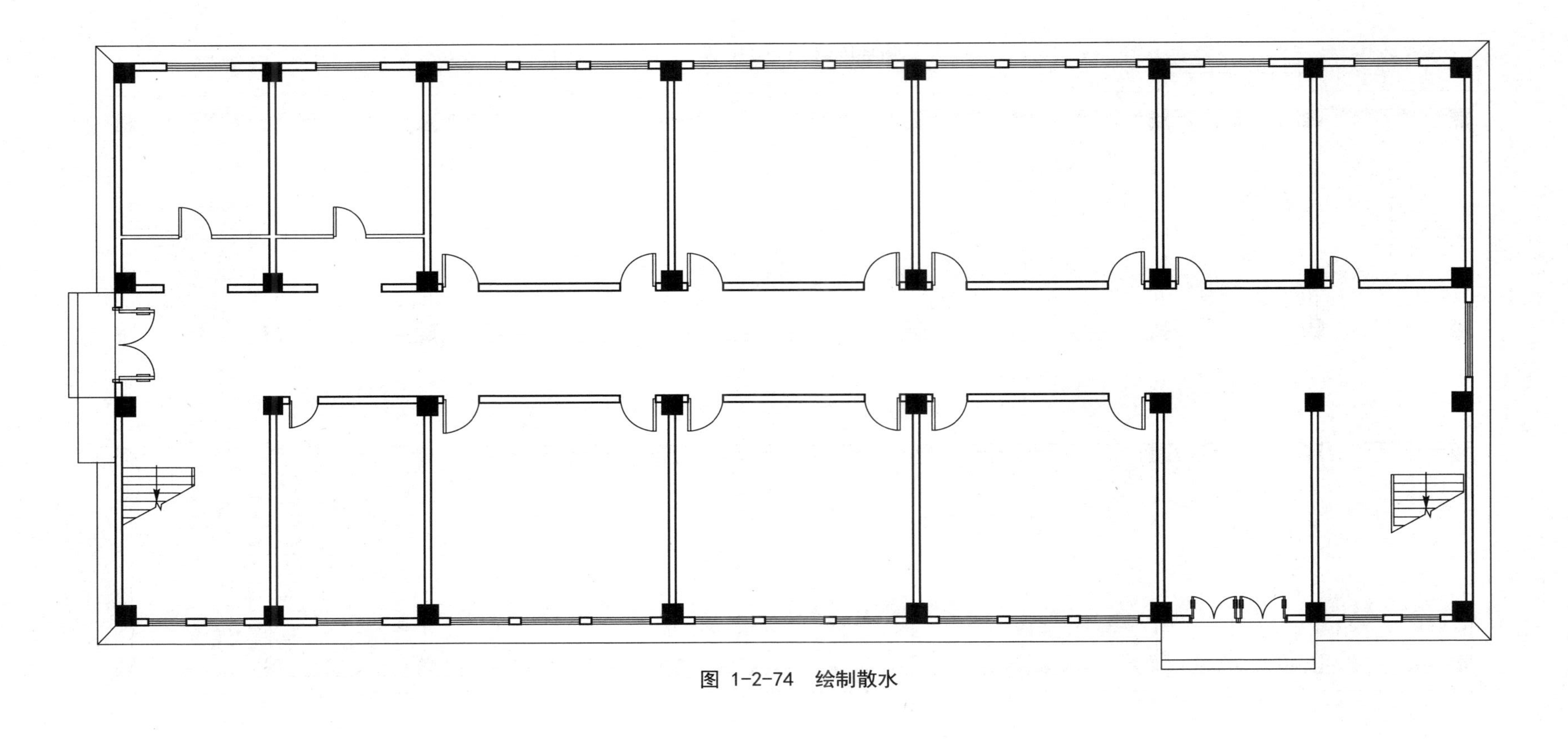

图 1-2-74　绘制散水

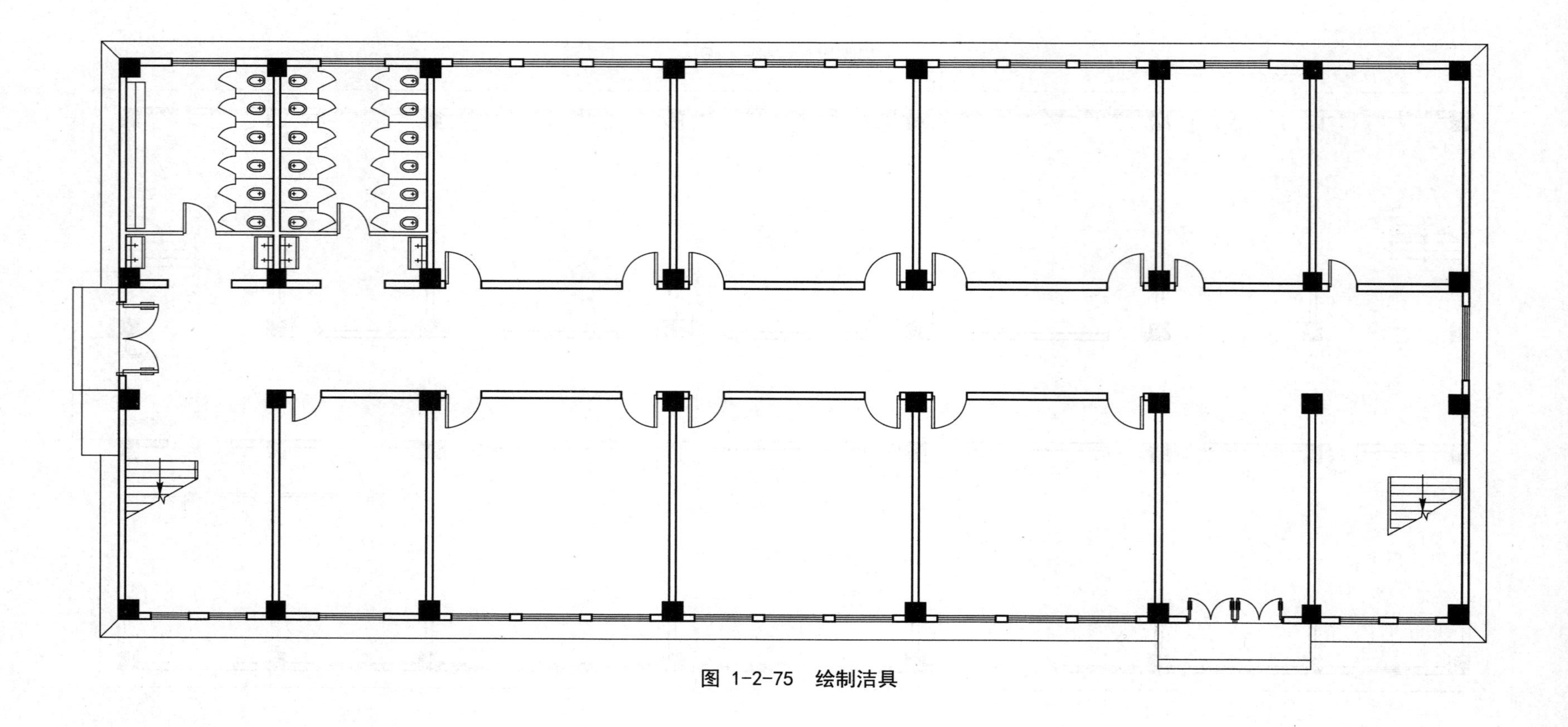

图 1-2-75　绘制洁具

2.2.6 尺寸标注

根据《建筑制图标准》(GB/T 50104—2010)的规定，平面图上的尺寸一般可分为三道，即总尺寸、轴线定位尺寸和细部尺寸。尺寸标注可从细部到总体，也可从总体到细部。

1. “圆”命令

圆是常用的对象之一，在图纸中代表轴线编号、详图编号和柱等对象。

命令执行方式如下：

(1)在命令行输入“CIRCLE”或“C”。

(2)在菜单栏中选择“绘图”→“圆”命令。

(3)在“绘图”工具栏中单击“圆”按钮。

(4)在功能区“默认”选项卡“绘图”面板中单击“圆”按钮。

操作说明：执行“圆”命令后，命令行提示如下：

CIRCLE

指定圆的圆心或[三点(3P)/两点(2P)/切点、切点、半径(T)]:

命令行中各选项的含义如下：

1)指定圆的圆心：通过指定圆的圆心和圆的半径或直径绘制圆。

2)三点(3P)：通过指定圆周上三个点绘制圆。

3)两点(2P)：通过指定圆直径上的两个点绘制圆。

4)切点、切点、半径(T)：通过指定与圆相切的两个对象的相切点和圆的半径绘制圆。

2. 标注尺寸

正确进行尺寸标注是绘图工作中的重要环节，AutoCAD 2020 提供了快捷的尺寸标注方法。标注尺寸有线性标注、连续标注、对齐标注、基线标注、角度标注、直径标注、半径标注、折弯标注八种类型。本书主要对施工图纸中使用最多的线性标注、基线标注和连续标注进行介绍。

(1)线性标注。线性标注用于标注图形对象的线性距离或长度，包括水平标注、垂直标注和旋转标注三种类型。

命令执行方式如下：

1)在命令行输入“DIMLINEAR”或“DIMLIN”。

2)在菜单栏中选择“标注”→“线性”命令。

3)在“标注”工具栏中单击“线性”按钮。

4)在功能区“默认”选项卡“注释”面板中单击“线性”按钮。

操作说明如下：

1)执行“线性标注”命令后，命令行提示如下：

DIMLINEAR

指定第一个尺寸界线原点或<选择对象>:

命令行中选项含义如下：

指定第一个尺寸界线原点：用于确定尺寸线的位置。用户移动鼠标选择合适的尺寸线位置，然后按 Enter 键即可，AutoCAD 2020 会自动测量要标注线段的长度并标注出相应的尺寸。

2)确定指定尺寸界线位置后，命令行提示如下：

[多行文字(M)/文字(T)/角度(A)/水平(H)/垂直(V)/旋转(R)]:

命令行中各选项含义如下：

①多行文字(M)：用多行文本编辑器确定尺寸文本。

②文字(T)：用于在命令行提示下输入或编辑尺寸文本。

③角度(A)：用于确定尺寸文本的倾斜角度。

④水平(H)：水平尺寸标注，无论标注什么方向的线段，尺寸线总保持水平放置。

⑤垂直(V)：垂直尺寸标注，无论标注什么方向的线段，尺寸线总保持垂直放置。

⑥旋转(R)：输入尺寸线旋转的角度值，用于旋转标注尺寸。

(2)基线标注。基线标注用于产生一系列基于同一尺寸界线的尺寸标注，适用于长度尺寸、角度和坐标标注。在使用基线标注方式前，应该先标注出一个相关的尺寸作为基线标准。

命令执行方式如下：

1)在命令行输入"DIMBASELINE"或"DBA"。

2)在菜单栏中选择"标注"→"基线"命令。

3)在"标注"工具栏中单击"基线"按钮。

4)在功能区"默认"选项卡"注释"面板中单击"基线"按钮。

操作说明：执行"基线标注"命令后，命令行提示如下：

DIMBASELINE

指定第二个尺寸界线原点或[选择(S)/放弃(U)]＜选择＞：

命令行各选项含义如下：

①指定第二个尺寸界线原点：直接确定另一个尺寸的第二条尺寸界线的起点，AutoCAD 2020 以上次标注的尺寸为基准标注，标注出相应尺寸。

②选择(S)：重新选择作为基准的尺寸标注。

(3)连续标注。连续标注用于产生一系列连续的尺寸标注，后一个尺寸标注均将前一个标注的第二条尺寸界线作为它的第一条尺寸界线。

命令执行方式如下：

1)在命令行输入"DIMCONTINUE"或"DCO"。

2)在菜单栏中选择"标注"→"连续"命令。

3)在"标注"工具栏中单击"连续"按钮。

4)在功能区"默认"选项卡"注释"面板中单击"连续"按钮。

操作说明：执行"连续标注"命令后，命令行提示如下：

指定第二个尺寸界线原点或[选择(S)/放弃(U)]＜选择＞：

选择连续标注：

命令行各选项含义与"基线标注"命令中完全相同，此处不再赘述。

操作步骤如下：

1)将当前图层设置为"标注"。

2)执行"圆"命令，绘制直径为 800 的圆；执行"注写单行文字"命令，输入轴线编号 1；执行"直线"命令，绘制一根适当长度的线段作为轴号柄；执行"复制"命令，将轴号柄和轴号，向上复制其他轴号，并将轴号修改为正确的编号。使用同样的方法，结合"镜像"和"复制"命令，绘制完整的轴号并修改成正确的编号。其绘制结果如图 1-2-76 所示。

(2)结合"线性标注""基线标注""连续标注"命令，对照图 1-2-1 所示的项目，完成尺寸标注。其绘制结果如图 1-2-77 所示。

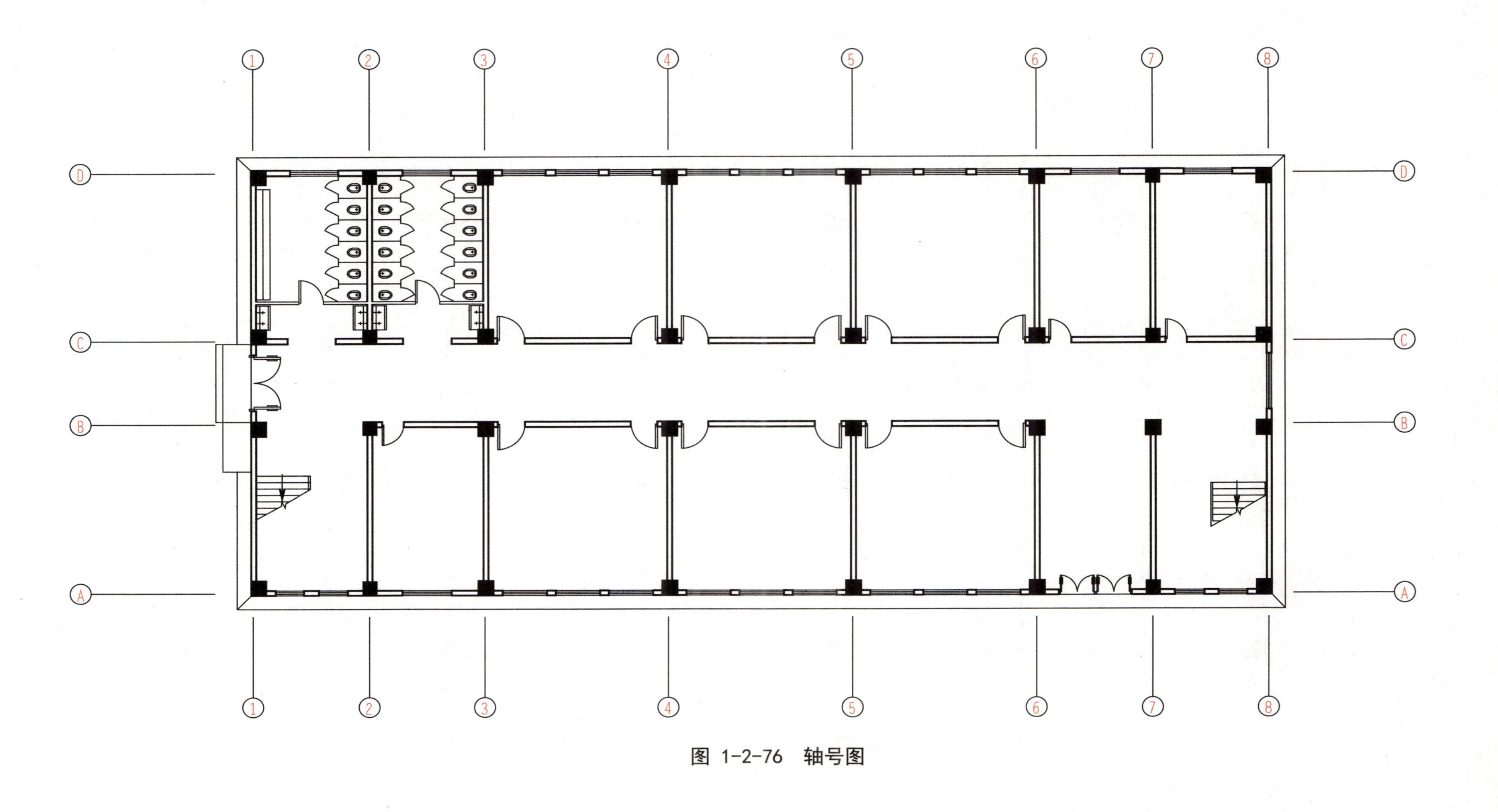

图 1-2-76 轴号图

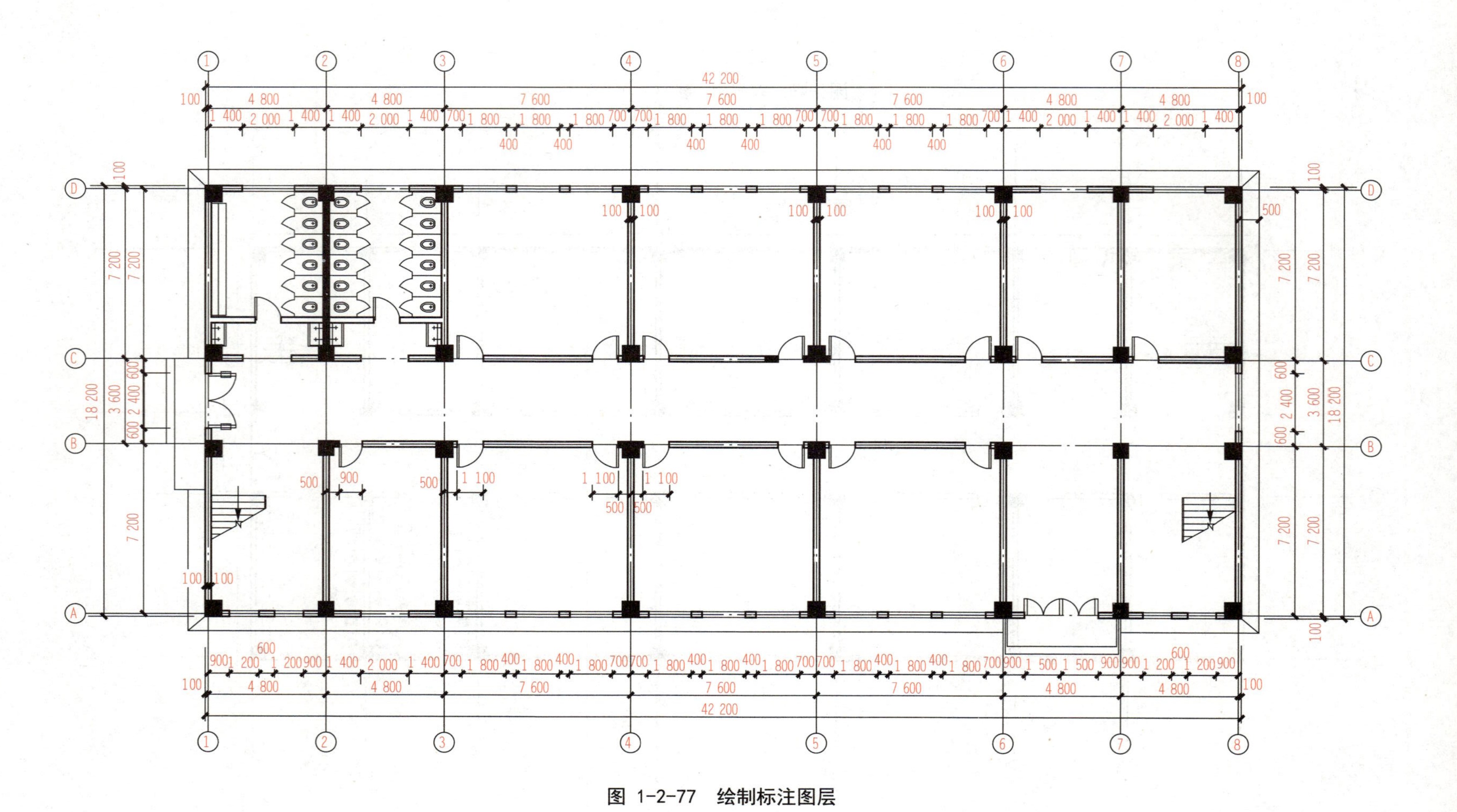

图 1-2-77 绘制标注图层

2.2.7 注写文字

注写文字有两种方式：一种是注写单行文字；另一种是注写多行文字。

1. 注写单行文字

“单行文字”命令可在图中注写一行或多行文字。与“多行文字”命令不同的是该命令注写的每行文字均是一个单独的对象，可对其进行重新定位、调整和其他修改。

命令执行方式如下：

(1)在命令行输入“DTEXT”或“TEXT”或“DT”。

(2)在菜单栏中选择“绘图”→“文字”→“单行文字”命令。

(3)在“文字”工具栏中单击“单行文字”按钮。

(4)在功能区“默认”选项卡“注释”面板中单击“单行文字”按钮或在“注释”选项卡“文字”面板中单击“单行文字”按钮。

操作说明如下：

(1)执行“单行文字”命令后，命令行提示如下：

TEXT

指定文字的起点或[对正(J)/样式(S)]：

命令行中各选项含义如下：

1)指定文字的起点：在绘图区选择一点作为输入文本的起点。

2)对正(J)：用于确定文本的对齐方式。执行该选项后，命令行提示如下：

输入选项[左(L)/居中(C)/右(R)/对齐(A)/中间(M)/布满(F)/左上(TL)/中上(TC)/右上(TR)/左中(ML)/正中(MC)/右中(MR)/左下(BL)/中下(BC)/右下(BR)]：

3)样式(S)：用于设置定义过的文字样式，在命令行中输入已经定义的文字样式名，可将其作为当前文字样式。

(2)指定文字起点后，命令行提示如下：

指定高度＜2.500＞：

指定文字的旋转角度＜θ＞：

(3)设置文字高度和文字的旋转角度，输入文字，按 Esc 键结束操作。

2. 注写多行文字

多行文字是由任意数目的单行文字或段落组成的。所有文字构成一个图元，可对其进行移动、旋转、复制等编辑操作，也可用下划线、字体、颜色等来修改文字。在绘图中常用多行文字标注。

命令执行方式如下：

(1)在命令行输入“MTEXT”或“T”。

(2)在菜单栏中选择“绘图”→“文字”→“多行文字”命令。

(3)在“文字”工具栏中单击“多行文字”按钮。

(4)在功能区“默认”选项卡“注释”面板中单击“多行文字”按钮或在“注释”选项卡“文字”面板中单击“多行文字”按钮。

操作说明如下：

执行“多行文字”命令后，命令行提示如下：

MTEXT

指定第一角点：

指定对角点或[高度(H)/对正(J)/行距(L)/旋转(R)/样式(S)/宽度(W)/栏(C)]：

命令行中各选项含义如下：

1)高度(H)：用于确定标注文字框的高度。

2)对正(J)：用于确定文字的排列方式。

3)行距(L)：用于确定多行文字对象中行与行的间距。

4)旋转(R)：用于确定文字倾斜角度。

5)样式(S)：用于确定文字字体样式。

6)宽度(W)：用于确定标注文字框的宽度。

7)栏(C)：用于确定文字输入栏的类型及栏高、栏宽和栏间距等。

(2)指定对角点后，系统在绘图区弹出多行文字编辑器，其包含标尺和多行文字输入框两个部分，如图 1-2-78 所示。

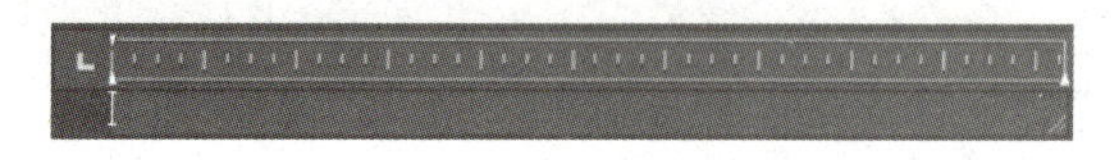

图 1-2-78　多行文字编辑器

(3)在系统弹出多行文字编辑器后，功能区显示“文字编辑器”选项卡，如图 1-2-79 所示。该选项卡包含“样式”“格式”“段落”“插入”“拼写检查”“工具”“选项”和“关闭”选项组。

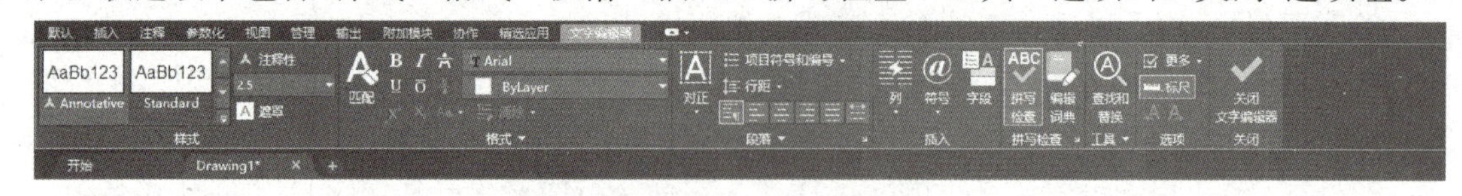

图 1-2-79　“文字编辑器”选项卡

项目操作步骤如下：

(1)将当前图层设置为“文字”。

(2)执行“多行文字标注”命令，选择“HZ”为当前文字样式，对照图纸完成文字标注，若图中有相同的文字，可使用“复制”和“镜像”命令生成。其绘制结果如图 1-2-80 所示。

(3)将当前图层设置为“符号”。

(4)绘制指北针、标高符号。执行“圆”“直线”和“填充”命令，绘制指北针；执行“多段线”命令，绘制标高符号。其绘制结果如图 1-2-81 所示。最终将文件保存为“教学楼首层平面图.dwg”。

2.3　绘制教学楼标准层、顶层和屋顶平面图

在多层和高层建筑物中，会出现中间几层平面图一样的情况，这样仅仅绘制一层的平面图就可以代表其他各个楼层的平面图，将此图作为代表层的平面图称为标准层平面图。

根据前文讲述的方法及步骤，绘制教学楼标准层平面图、教学楼顶层平面图、教学楼屋顶平面图，如图 1-2-82～图 1-2-84 所示，并保存文件分别命名为“教学楼标准层平面图.dwg”“教学楼顶层平面图.dwg”“教学楼屋顶平面图.dwg”。

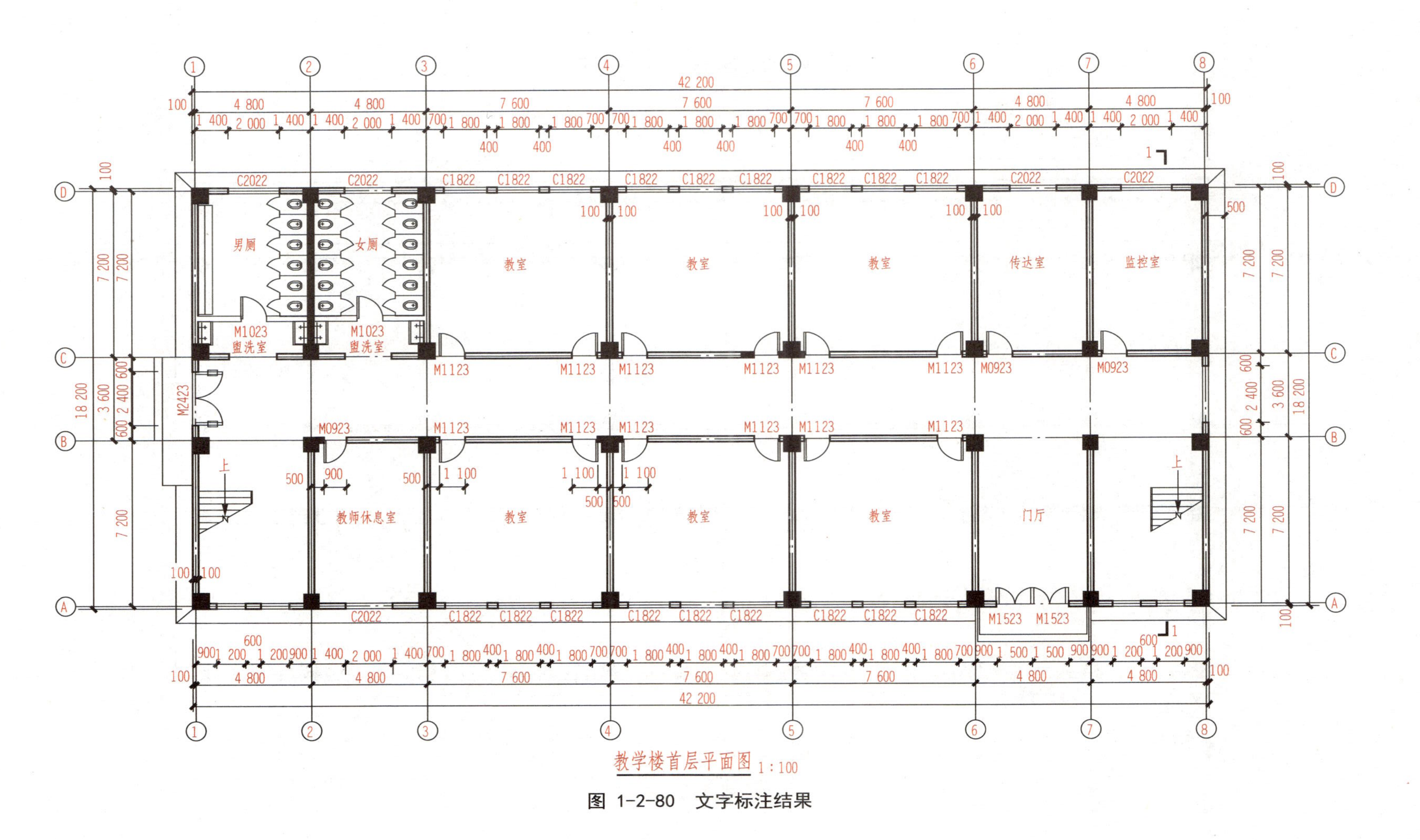

图 1-2-80 文字标注结果

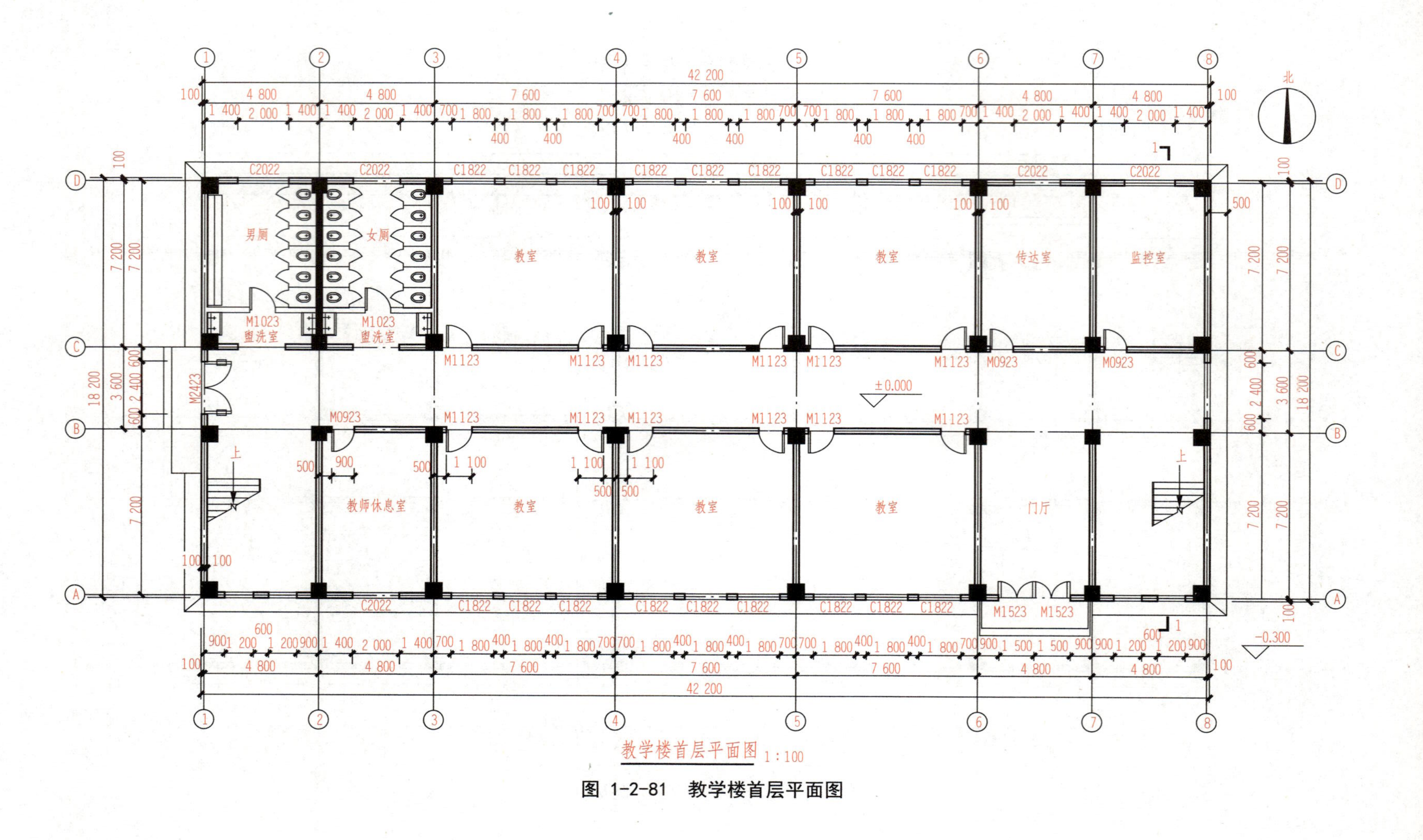

图 1-2-81 教学楼首层平面图

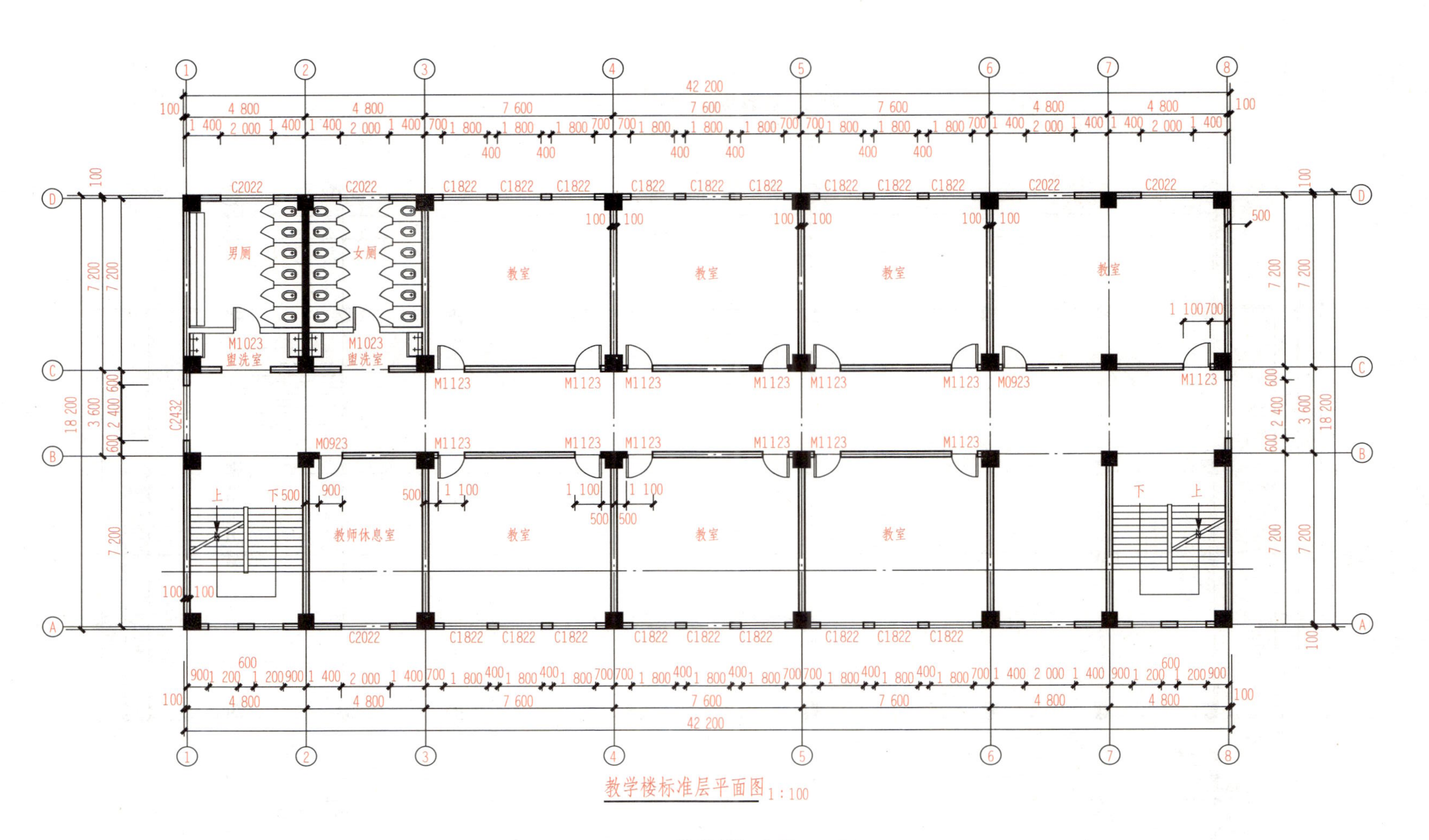

图 1-2-82　教学楼标准层平面图

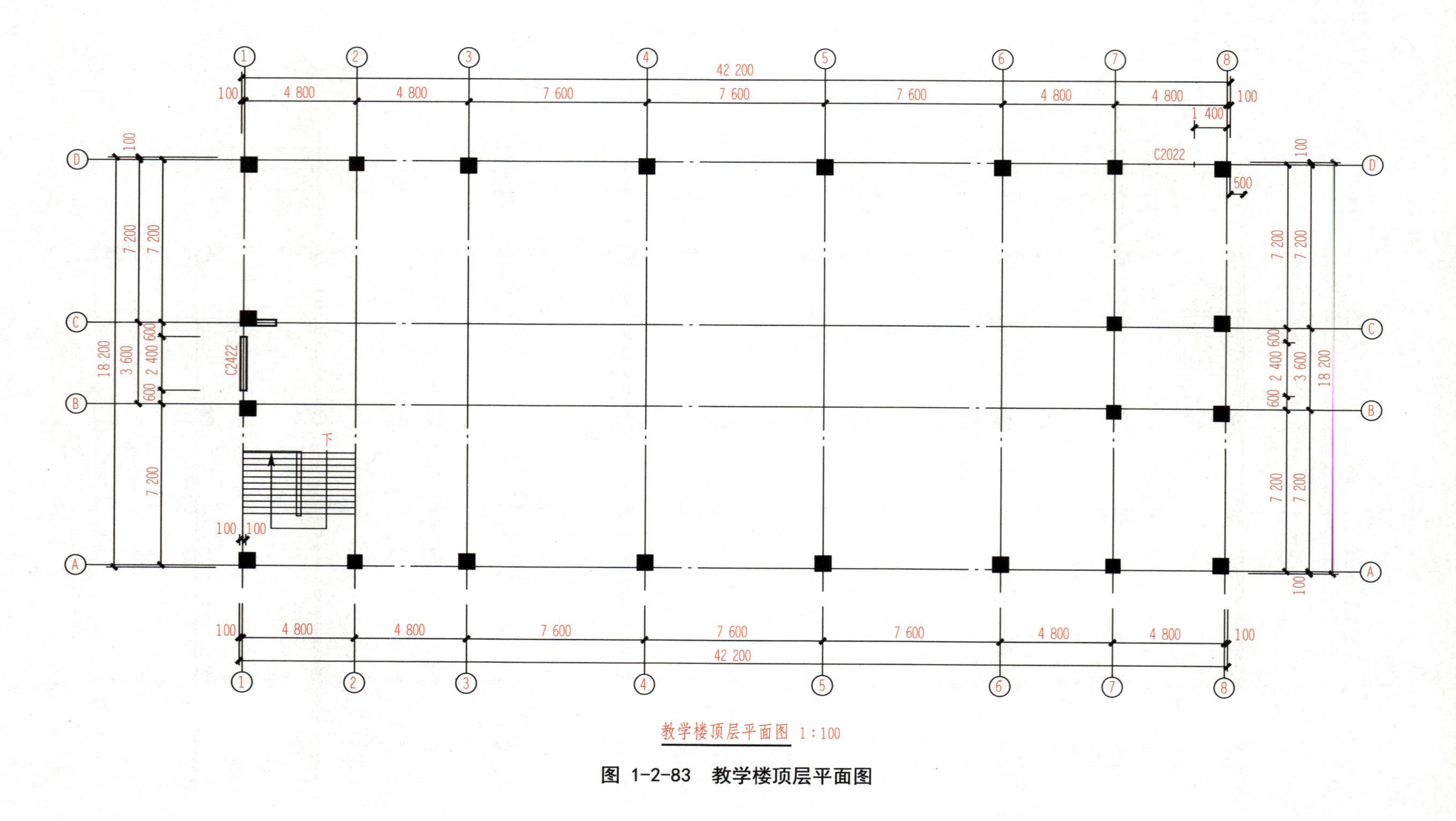

图 1-2-83 教学楼顶层平面图

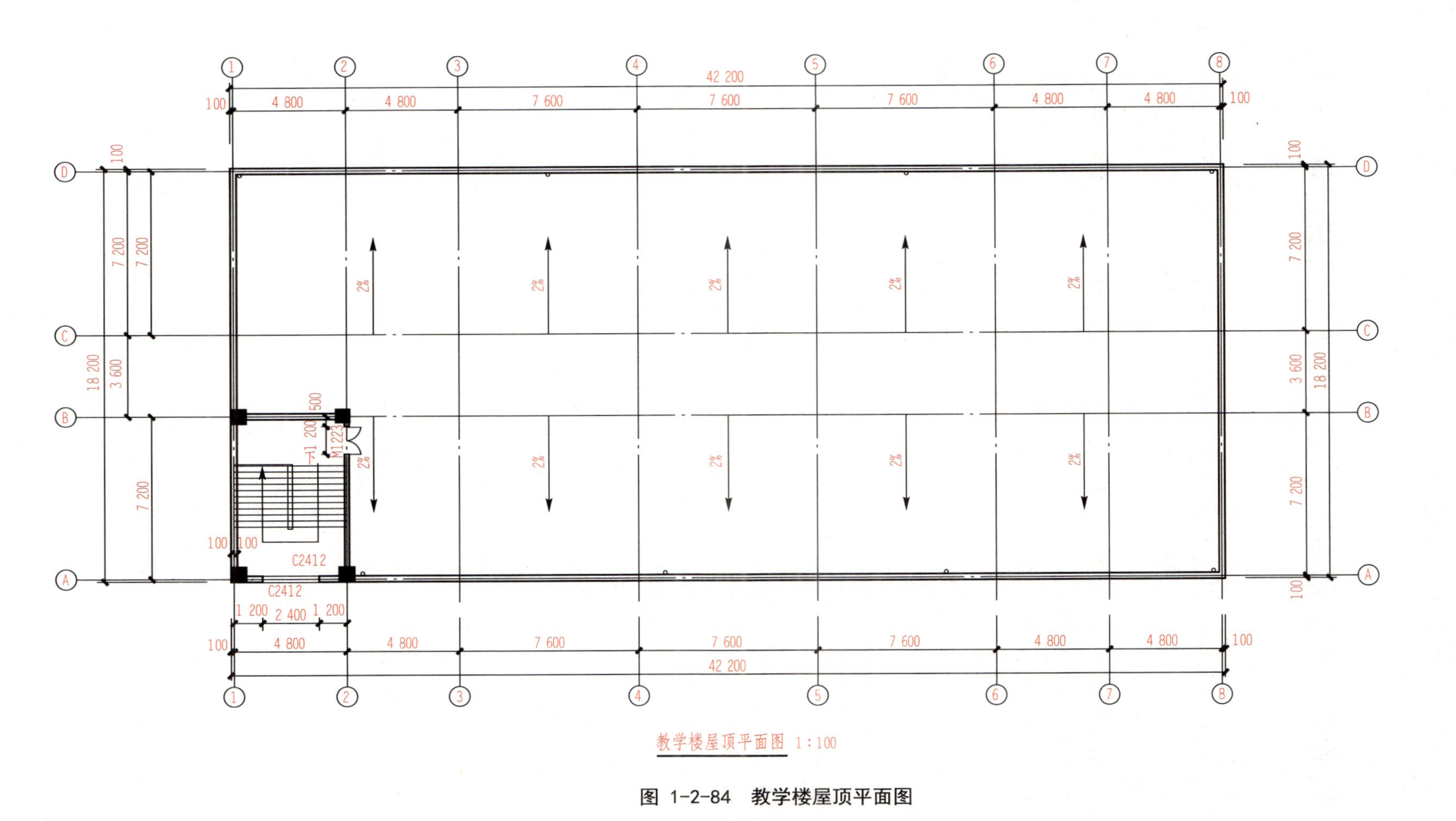

图 1-2-84 教学楼屋顶平面图

任务 3　使用基本绘图与编辑功能绘制建筑立面图

建筑立面图主要是用来表达房屋的外形外貌，反映房屋的高度、层数，屋顶的形式，墙面的做法，门窗大小、形式和位置，以及阳台、雨篷、檐口、勒脚、台阶、外露楼梯等构配件各部位的标高。

建筑立面图主要绘制的内容有墙、柱、门窗、屋顶等构配件的投影线、轴线及其编号、尺寸标注、标高和文字说明等。

建筑立面图的命名一般有以下三种方式。

1. 以建筑物墙面位置命名

通常将建筑物主要出入口所在的墙面的立面图称为正立面图。将其余几个面的立面图相应地称为背立面图和侧立面图。

2. 以建筑物的朝向来命名

建筑物的立面图可以称为东立面图、西立面图、南立面图和北立面图。

3. 以建筑物两端的轴线编号来命名

建筑物的立面图可命名为①～⑧轴立面图、Ⓐ～Ⓓ轴立面图。

绘制建筑立面图应注意以下三点：

(1)绘制立面图时，室外地坪线采用中粗实线绘制，外墙轮廓线和屋脊线采用中粗实线绘制，其他部分采用细实线绘制。

(2)绘制立面图时，一般采用 1∶100 的比例。

(3)在立面图中，只绘制两端的轴线，并且编号应与平面图相对应，以便与平面图对照时确定立面图的看图方向。

数学楼建筑立面图如图 1-3-1 所示。

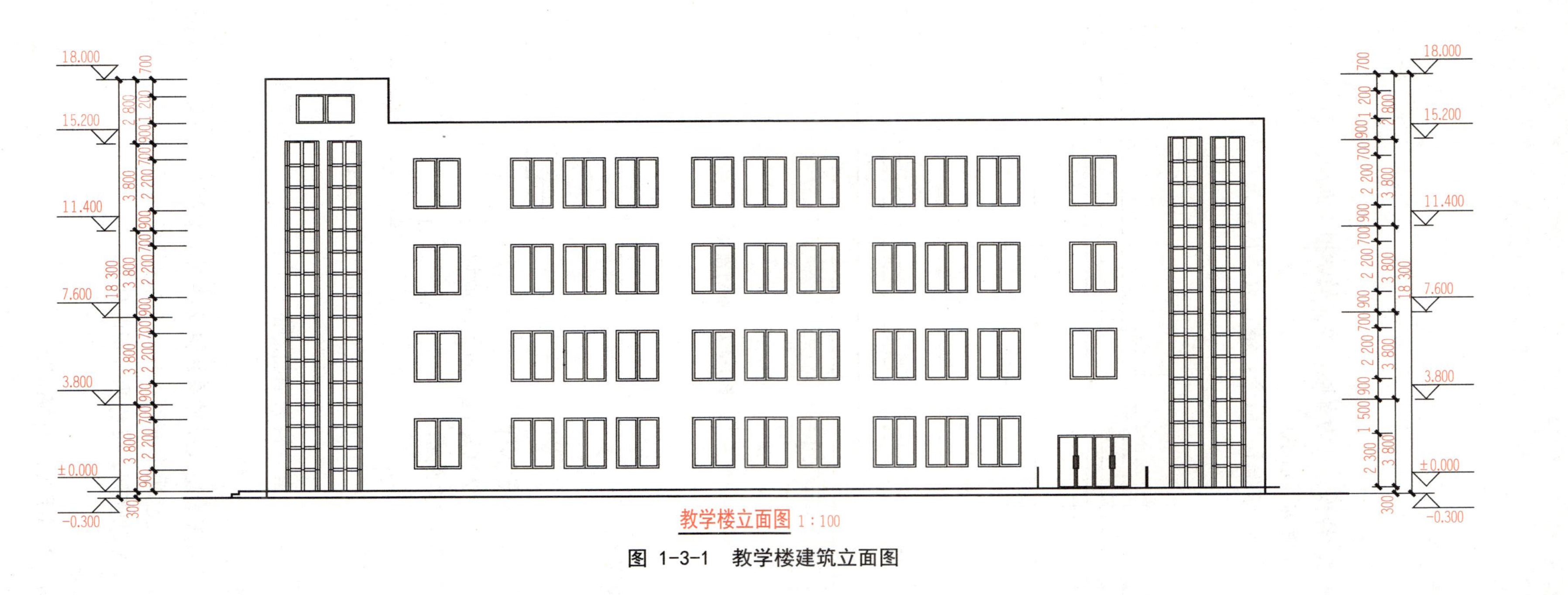

图 1-3-1　教学楼建筑立面图

3.1 绘制辅助线

操作步骤如下：

以任务 2 中创建的样板文件为基础，绘制教学楼立面图。

(1)将当前图层设置为“辅助线”。

(2)执行“直线”命令和“偏移”命令，结合教学楼建筑平面图和建筑立面图，绘制辅助线，如图 1-3-2 所示。

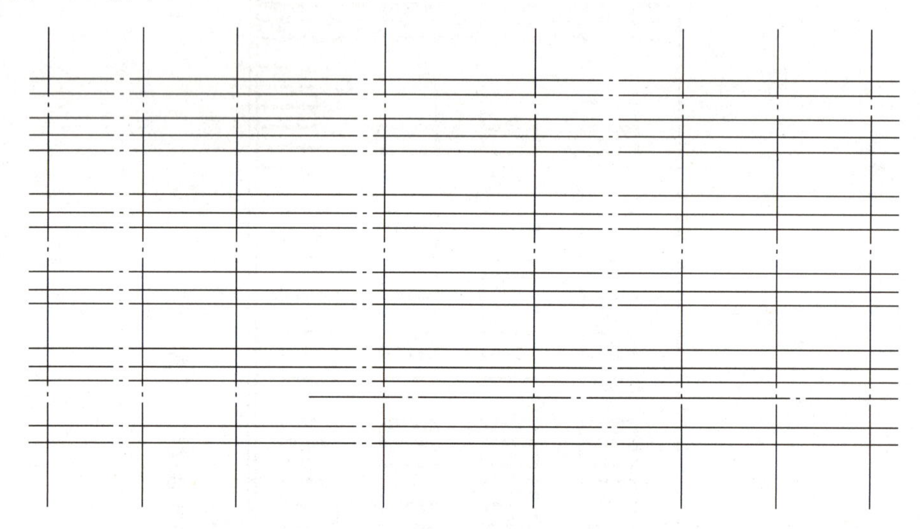

图 1-3-2 绘制辅助线

3.2 绘制轮廓线

操作步骤如下：

(1)将当前图层设置为“轮廓线”。

(2)执行“直线”命令，绘制建筑立面图的地坪线和外墙轮廓线，如图 1-3-3 所示。

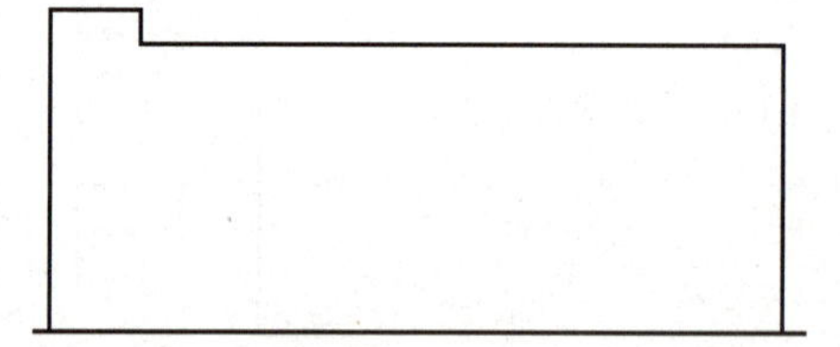

图 1-3-3 绘制地坪线和外墙轮廓线

3.3 绘制门窗

窗是立面图中的主要元素，根据平面图的尺寸，识图后进行窗的立面图绘制。

3.3.1 “阵列”命令

“阵列”命令是指多次重复选择对象并将这些副本按照矩形、路径或环形方式进行排列。将副本按矩形排列称为建立矩形阵列；将副本按照路径排列称为建立路径阵列；将副本按照环形排列称为建立极轴阵列，又称为环形阵列。

命令执行方式如下：

(1)在命令行输入“ARRAY”或“AR”。

(2)在菜单栏中选择“修改”→“阵列”命令。

(3)在“修改”工具栏中单击“阵列”按钮。

(4)在功能区“默认”选项卡“修改”面板中单击“阵列”按钮。

操作说明如下：

(1)执行“阵列”命令后，命令行显示如下：

ARRAY

选择对象：

(2)选择需要阵列的对象，命令行显示如下：

输入阵列类型[矩形(R)/路径(PA)/极轴(PO)]＜矩形＞：

用户根据需要选择相应的阵列类型。

1)矩形(R)。将选定对象的副本分布到行数、列数和层数的任意组合。选择该选项后命令行显示如下：

选择夹点以编辑阵列或[关联(AS)/基点(B)/计数(COU)/间距(S)/列数(COL)/行数(R)/层数(L)/退出(X)]＜退出＞：

2)路径(PA)。沿路径或部分路径均匀分布选择对象的副本。选择该选项后命令行显示如下：

选择路径曲线：

选择夹点以编辑阵列或[关联(AS)/方法(M)/基点(B)/切向(T)/项目(I)/行(R)/层(L)/对齐项目(A)/方向(Z)/退出(X)]＜退出＞：

3)极轴(PO)。在绕中心点或旋转轴的环形阵列中均匀分布对象副本。选择该选项后命令行显示如下：

ARRAY 指定阵列的中心点或[基点(B)旋转轴(A)]：

ARRAY 选择夹点以编辑阵列或[关联(AS)/基点(B)/项目(I)/项目间角度(A)/填充角度(F)/行(ROW)/层(L)/旋转项目(ROT)/退出(X)]＜退出＞：

3.3.2 “镜像”命令

“镜像”命令是指将选择的对象以一条镜像线为对称轴进行复制。镜像操作完成后，可以保留原对象，也可以将其删除。

命令执行方式如下：

(1)在命令行输入“MIRROR”或“MI”。

(2)在菜单栏中选择“修改”→“镜像”命令。

(3)在“修改”工具栏中单击“镜像”按钮。

(4)在功能区“默认”选项卡“修改”面板中单击“镜像”按钮。

操作说明如下：

(1)执行“阵列”命令后，命令行显示如下：

MIRROR

选择对象：

(2)选择需要镜像的对象后，命令行显示如下：

指定镜像线的第一点：

(3)指定镜像线的第一点，命令行显示如下：

指定镜像线的第二点：

(4)指定镜像线的第二点，命令行显示如下：

要删除源对象吗？[是(Y)/否(N)]＜否＞：

(5)选择是否删除源对象。按 Enter 键保留源对象，或者输入“Y”，并按 Enter 键将其删除。

3.3.3 复制命令

命令执行方式如下：

(1)在命令行输入“COPY”或“CO”。

(2)在菜单栏中选择“修改”→“复制”命令。

(3)在“修改”工具栏中单击“复制”按钮。

(4)在功能区“默认”选项卡“修改”面板中单击“复制”按钮。

操作说明如下：

(1)执行“复制”命令后，命令行显示如下：

COPY

选择对象：

(2)选择需要复制的对象，命令行显示如下：

指定基点或[位移(D)/模式(O)]＜位移＞：

命令行中各选项含义如下：

1)指定基点：确定对象复制的基点。

2)位移(D)：通过指定的位移量来复制选中的对象。位移是指在光标引导方向上的移动距离。

3)模式(O)：控制是否自动重复该命令。

(3)用鼠标拾取或者输入坐标的方式指定基点，命令行显示如下：

指定第二个点或[阵列(A)]＜使用第一个点作为位移＞：

(4)指定第二个点，确定对象复制到的位置，单击鼠标右键结束复制命令。

操作步骤如下：

(1)将当前图层设置为“玻璃幕墙”。

(2)按照图 1-3-1 所示的项目，执行“直线”“复制”“镜像”等命令绘制玻璃幕墙，如图 1-3-4所示。

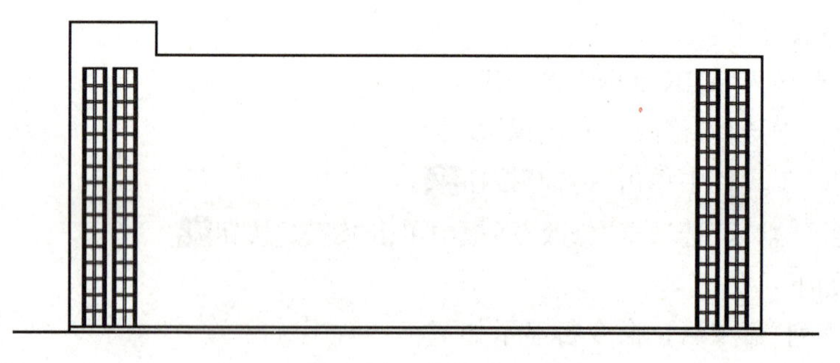

图 1-3-4 幕墙绘制

(3)将当前图层设置为“门窗”。

(4)绘制门窗。执行“矩形”“偏移”“直线”等命令，绘制窗；执行“阵列”命令，按照教学楼建筑立面图依次绘制窗户；执行“直线”命令，绘制门。其绘制结果如图 1-3-5 所示。

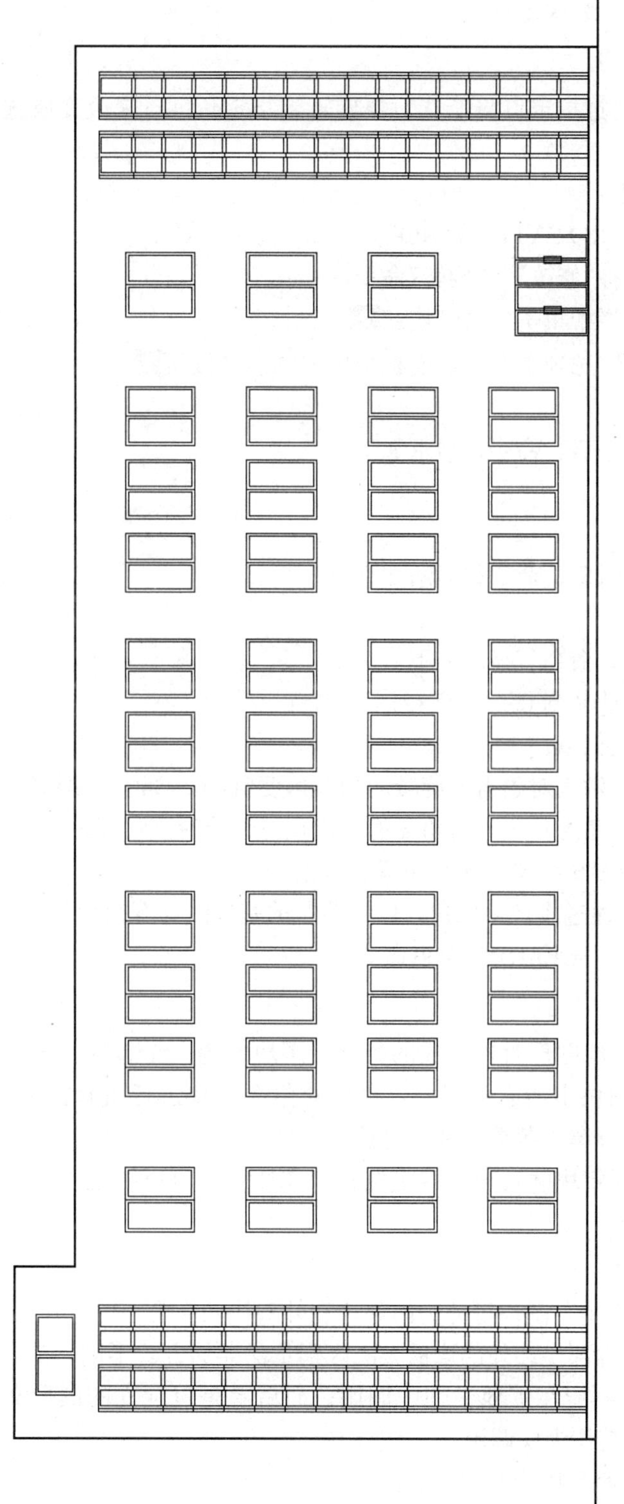

图 1-3-5　门窗绘制

3.4 绘制其他构件和标高注写

3.4.1 “旋转”命令

“旋转”命令是指通过指定点将所选对象旋转到指定角度，来改变所选对象的位置，但其形状不发生改变。

命令执行方式如下：

(1)在命令行输入“ROTATE”或“RO”。

(2)在菜单栏中选择“修改”→“旋转”命令。

(3)在“修改”工具栏中单击“旋转”按钮。

(4)在功能区“默认”选项卡“修改”面板中单击“旋转”按钮。

操作说明如下：

(1)执行“旋转”命令后，命令行显示如下：

ROTATE

选择对象：

(2)选择要旋转的对象，命令行显示如下：

指定基点：

(3)指定旋转基点，命令行显示如下：

指定旋转角度，或[复制(C)/参照(R)]<θ>：

命令行各选项含义如下：

1)指定旋转角度：输入对象需要旋转的相对角度值(0°～360°)。默认状态下，输入正角度值是指逆时针旋转该角度；输入负角度值是指顺时针旋转该角度。

2)复制(C)：是指旋转对象的同时保留源对象。

3)参照(R)：是指通过指定参照角，以参照角的基准线计算旋转角。

(4)输入旋转角度，按 Enter 键结束命令。

3.4.2 “块”命令

块又称图块，是一组图形对象组成的集合。图块作为一个整体，选定图块中任意一个图形对象即可选中此图块中所有的对象，可以对整个图块进行编辑操作，也可以通过“分解”命令把图块炸开，分解成各个单独的对象。

用户可以根据需要将块插入图中指定位置，在插入时可以指定不同的缩放比例和旋转角度。

1. 创建图块

在 AutoCAD 2020 中，图块可分为内部块和外部块两大类，可分别执行“创建块”和“写块”命令来进行创建。内部块和外部块最大的区别是保存的方式不同。前者只能在定义图块的 CAD 文件中调用，不能在其他文件中调用；而后者是以独立的图形文件保存，在其他 CAD 文件中均可以将其作为块调用。

(1)创建内部块。命令执行方式如下：

1)在命令行输入“BLOCK”或“B”。

2)在菜单栏中选择“绘图”→“块”→“创建”命令。

3)在“绘图”工具栏中单击“创建块”按钮。

4)在功能区“默认”选项卡“块”面板中单击“创建”按钮。

操作说明：执行“创建块”命令后，系统会弹出图 1-3-6 所示的“块定义”对话框。该对话框包含“名称”选项组、“基点”选项组、“对象”选项组、“设置”选项组、“方式”选项组、“在块编辑器中打开”复选框和“说明”文本框。

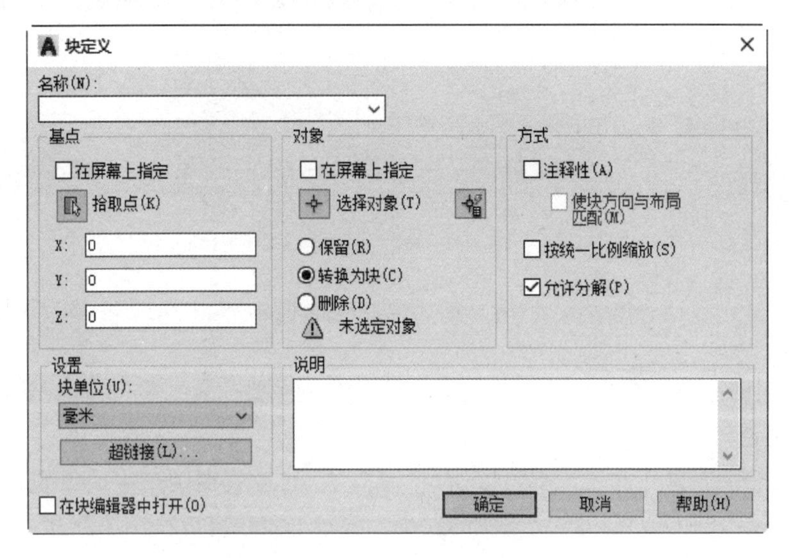

图 1-3-6 “块定义”对话框

1)“名称”选项组：定义图块的名称，单击⌄按钮展开显示已经定义过的图块名称。

2)“基点”选项组：用于确定图块的基点。基点是指插入块时，光标附着在图形中的位置。插入基点的两种方式：第一种方式是单击“拾取点”按钮，系统临时切换到绘图区，利用鼠标拾取图块插入基点；第二种方式是在“X”“Y”“Z”文本框中分别输入基点的坐标值。

3)“对象”选项组：用于确定组成图块的对象和设置图块对象的相关属性。单击按钮，系统会切换到绘图区选择组成图块的对象，或单击按钮进行快速选择。该选项组还包括“保留”“转化为快”和“删除”三个单选按钮，可选取图形对象被创建为图块后对源对象的处理方式。

4)“设置”选项组：“块单位”下拉列表框用于确定图块的单位。单击“超链接”按钮，可打开“插入超链接”对话框，用于插入超链接文档。

5)“在块编辑器中打开”复选框：用于在块编辑器中打开当前的块定义。

6)“方式”选项组：用于指定块的行为。“注释性”复选框用于指定图纸空间中块参照的方向和布局方向匹配；“按统一比例缩放”复选框用于指定是否阻止块参照不按统一比例缩放；“允许分解”复选框用于指定块参照是否被分解。

7)“说明”文本框：用于输入与当前图块有关的文字说明。

(2)创建外部块。命令执行方式如下：

1)在命令行输入“WBLOCK”或“W”。

2)在功能区“插入”选项卡“块定义”面板中单击“写块”按钮。

操作说明：执行“写块”命令后，弹出图 1-3-7 所示的“写块”对话框。

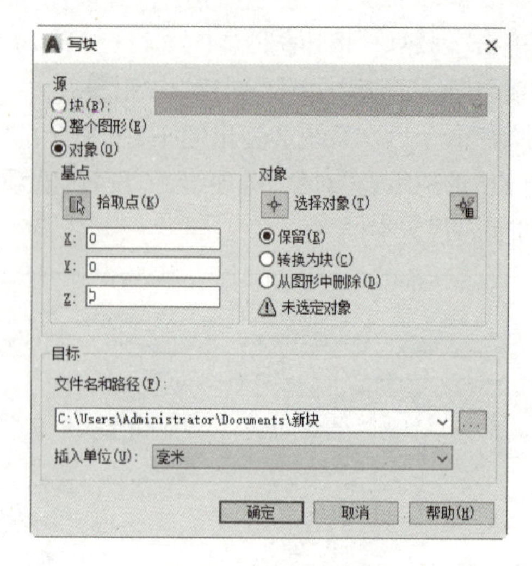

图 1-3-7 “写块”对话框

在“写块”对话框中，可以看出与“块定义”对话框中的主要选项组基本相同，此处不再赘述。

2. 插入图块

无论是内部块还是外部块，都可以通过“插入块”的方式在图形中的指定位置插入已创建的图块，在插入的同时可以改变图块的大小、旋转一定角度或将图块炸开。

命令执行方式如下：

(1)在命令行输入“INSERT”或“I”。

(2)在菜单栏中选择“插入”→“块选项板”命令。

(3)在“插入”工具栏中单击“插入块”按钮或在“绘图”工具栏中单击“插入块”按钮。

(4)在功能区“默认”选项卡“块”面板中单击“插入”按钮或在功能区“插入”选项卡“块”面板中单击“插入”按钮。

操作说明：执行“插入块”命令后，弹出“块”选项板，如图 1-3-8 所示。此选项板包括“当前图形”“最近使用”“其他图形”和“插入选项”四部分。前三部分是选择要插入的图块，单击按钮，系统会弹出图 1-3-9 所示的“选择图形文件”对话框，选择需要插入的图块。“插入选项”部分用来设置插入图块的插入点、比例和旋转角度等。

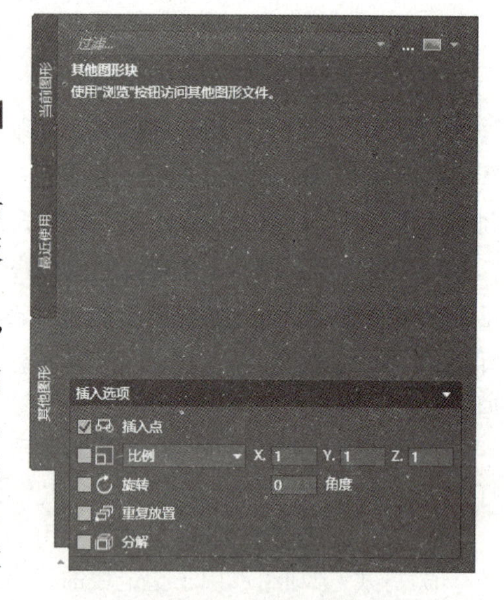

图 1-3-8 “块”选项板

“插入选项”部分中包括“插入点”“比例”“旋转”“重复放置”和“分解”选项组。各选项组的含义如下：

(1)“插入点”选项组：通过勾选“插入点”复选框在绘图区直接指定或通过输入插入点的坐标来确定插入点。

(2)“比例”选项组：通过勾选“比例”复选框或设置在 X、Y、Z 方向的不同比例来确定插入图块时的缩放比例。

(3)“旋转”选项组：设置图块插入时的旋转角度。

(4)“重复放置”选项组：选择是否重复放置。

(5)“分解”选项组：设置是否将插入的图块分解成各自独立的对象。

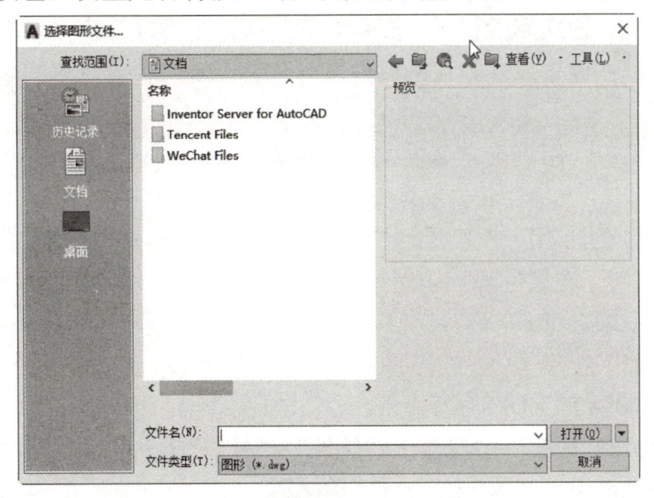

图 1-3-9 “选择图形文件”对话框

3. 图块属性的应用

图块除包含图形对象外，还包含很多参数和文字说明信息。例如，将一把椅子的图形定义为图块后，还可以将椅子的材料、质量、价格及说明等文本信息一并加入图块中。图块所包含的这些附件信息就是图块属性，而具体的信息内容则称为属性值。在插入图块时，AutoCAD 2020 会将图形对象和图块属性一起插入图形中。

(1)定义图块属性。命令执行方式如下：

1)在命令行输入“ATTDEF”或“ATT”。

2)在菜单栏中选择“绘图”→“块”→“定义属性”命令。

3)在功能区“默认”选项卡“块”面板中单击“定义属性”按钮或在功能区“插入”选项卡“块定义”面板中单击“定义属性”按钮。

操作说明：执行“定义属性”命令后，系统会弹出图 1-3-10 所示的“属性定义”对话框。在此对话框中可以定义块的属性，对话框中各选项组的主要功能说明如下：

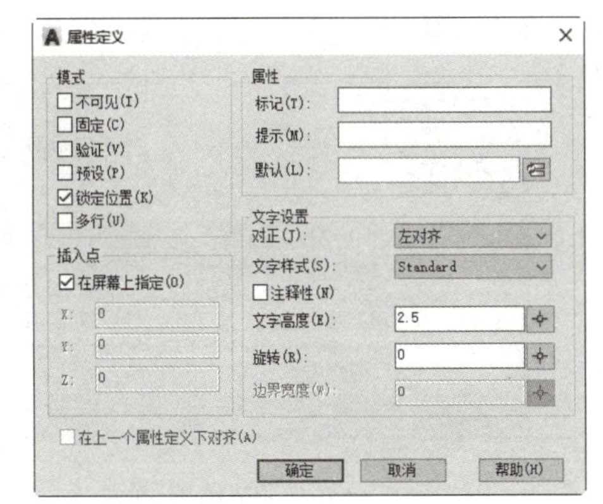

图 1-3-10 “属性定义”对话框

1)“模式”选项组：用于确定属性的模式。

①“不可见”复选框：在插入块对象时，用于确定是否显示属性值。

②“固定”复选框：用于确定是否赋予属性固定值。勾选后，属性提示将不显示。

③“验证”复选框：在插入块对象时，控制是否检验此属性值的有效性。

④“预设”复选框：在插入包含默认属性值的块对象时，控制是否将属性值设置为预设值。

⑤“锁定位置”复选框：在插入块对象时，控制是否锁定属性值的位置。

⑥“多行”复选框：在插入块对象时，控制是否创建多行文字属性。

2)“属性”选项组：用于确定属性值。

①“标记”复选框：输入属性标记。

②“提示”复选框：输入属性提示。属性提示是插入图块时系统要求输入属性值的提示。

③“默认”复选框：设置属性默认的属性值。可以将使用次数较多的属性值作为默认值，也可以不设默认值。

3)“插入点”选项组：用于确定属性文本的位置。可以通过“在屏幕上指定”或输入坐标的方式确定。

4)“文字设置”选项组：用于设置属性文本的对齐方式、文本样式、文字高度和旋转角度等。

(2)编辑图块属性。在属性块插入图形后，如果想修改图块中的文字属性值，可以通过“编辑图块属性”命令来进行。

命令执行方式如下：

1)在命令行输入“ATTEDIT”或“ATE”。

2)在菜单栏中选择“修改”→“对象”→“属性”→“单个”命令。

3)在“修改”工具栏中，单击“编辑属性”按钮。

4)在功能区“默认”选项卡“块”面板中单击“编辑属性”按钮。

操作说明：执行“编辑属性”命令后，系统会弹出图 1-3-11 所示的“增强属性编辑器”对话框。

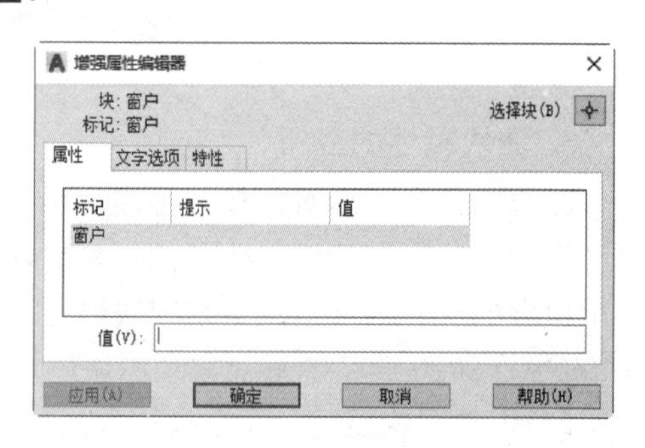

图 1-3-11 “增强属性编辑器”对话框

该对话框包括“属性”“文字选项”和“特征”三个选项卡。在“属性”选项卡中，可以修改属性值，如图 1-3-11 所示；在“文字选项”选项卡中，可以设置“文字样式”“高度”，如图 1-3-12 所示；在“特性”选项卡中，可以设置“图层”“线型”“颜色”“线宽”等选项，如图 1-3-13 所示。单击右上角的“选择块”按钮，可以从当前图形中重新选择属性块添加到“增强属性编辑器”对话框中进行修改。

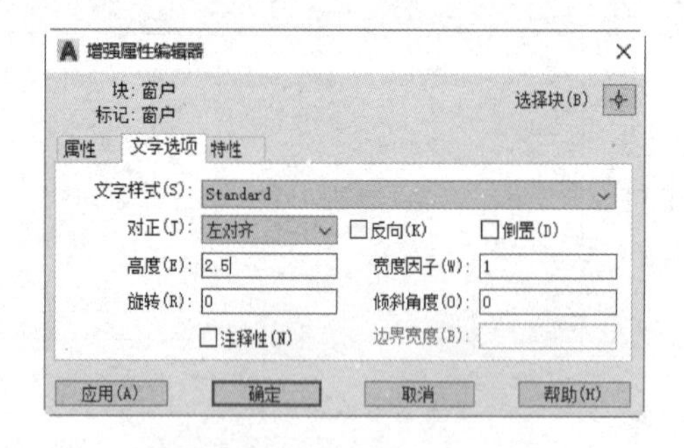

图 1-3-12 “文字选项”选项卡

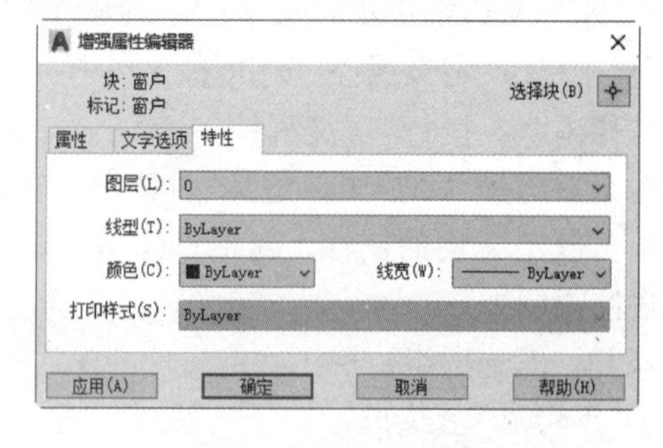

图 1-3-13 “特性”选项卡

项目操作步骤如下：

1)将当前图层设置为“台阶”。

2)绘制台阶，如图 1-3-14 所示。

3)将当前图层设置为“其他”。

4)绘制扶手，如图 1-3-15 所示。

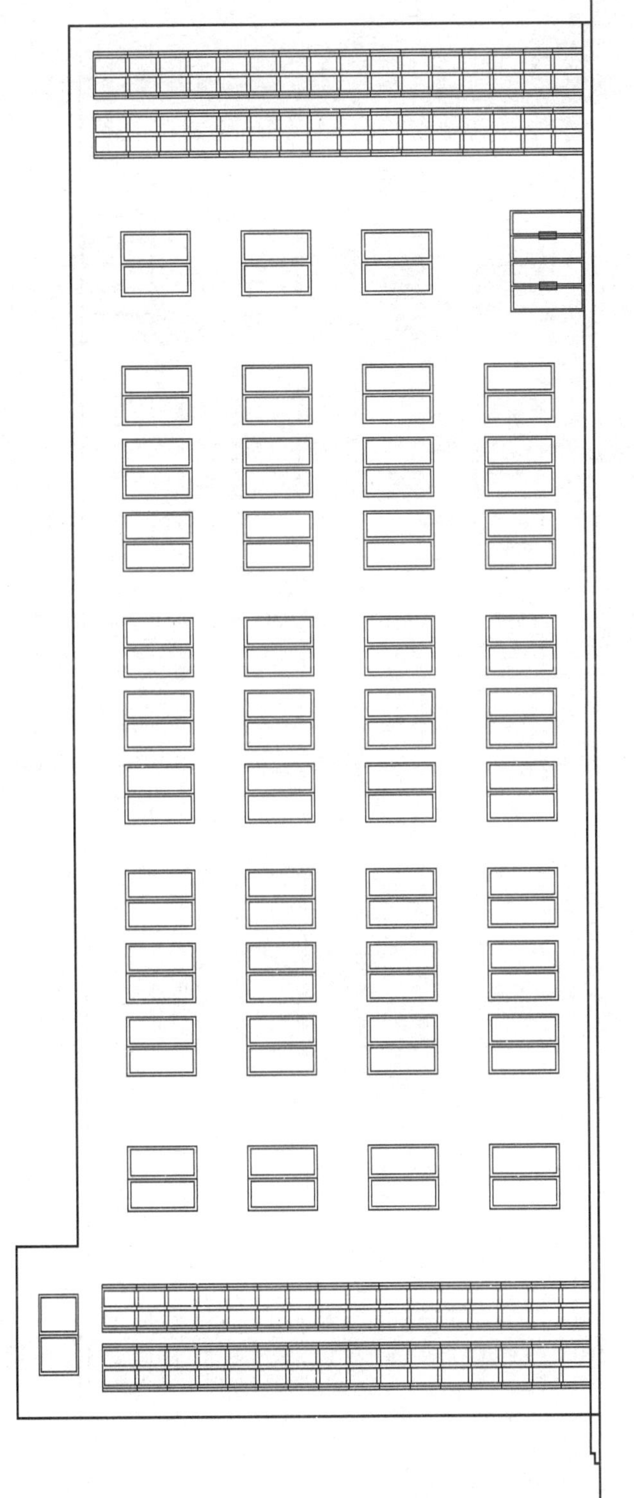

图 1-3-14 绘制台阶

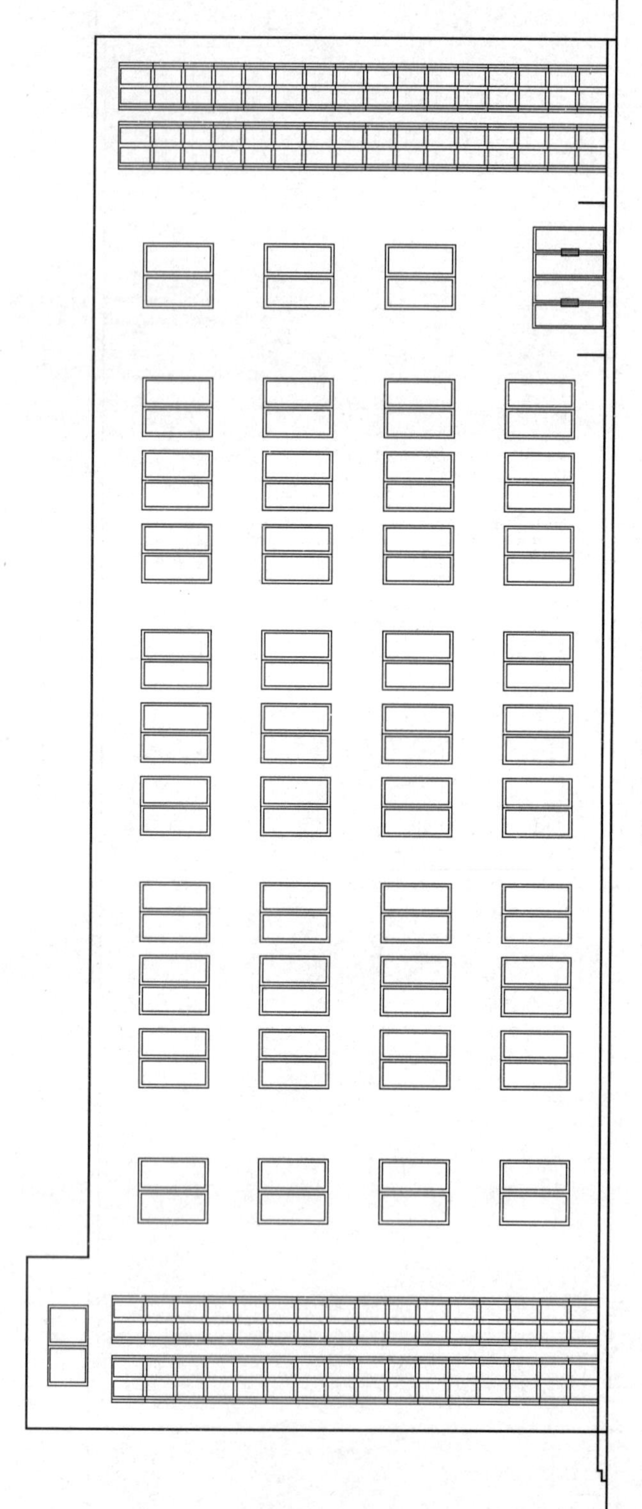

图 1-3-15　绘制扶手

5)将当前图层设置为“符号”。

6)绘制标高符号。

①绘制出标高符号，执行“定义属性”命令，系统会弹出图 1-3-16 所示的“属性定义”对话框。在此对话框中设置参数。

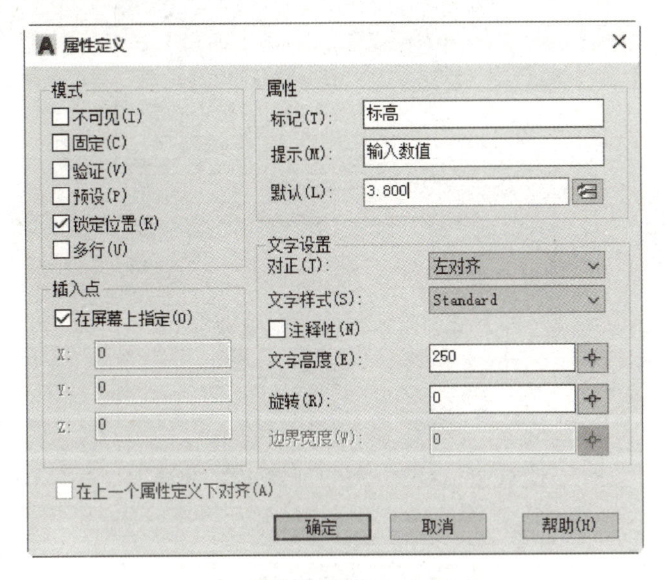

图 1-3-16　“属性定义”对话框

②设置完成后单击“确定”按钮，命令行会提示指定起点，拾取图形起点为文字插入点，如图 1-3-17 所示。

图 1-3-17　创建属性

③将标高标注创建为图块，如图 1-3-18 所示。

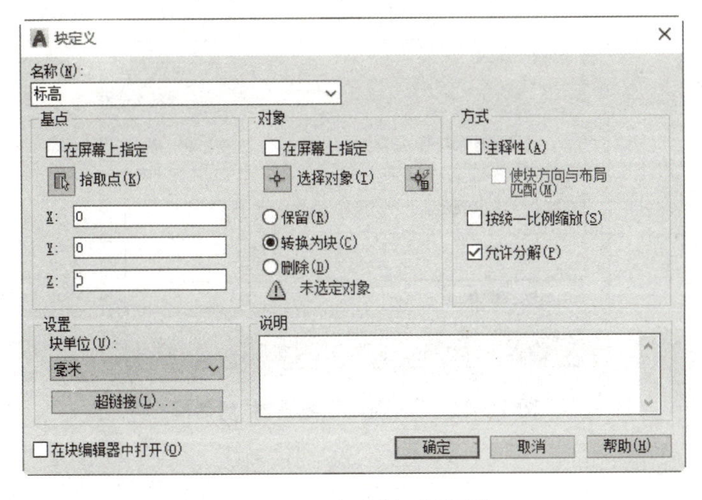

图 1-3-18　创建“标高”图块

④单击“确定”按钮，系统会弹出图 1-3-19 所示的“编辑属性”对话框，单击“确定”按钮，完成“标高”图块的创建，如图 1-3-20 所示。

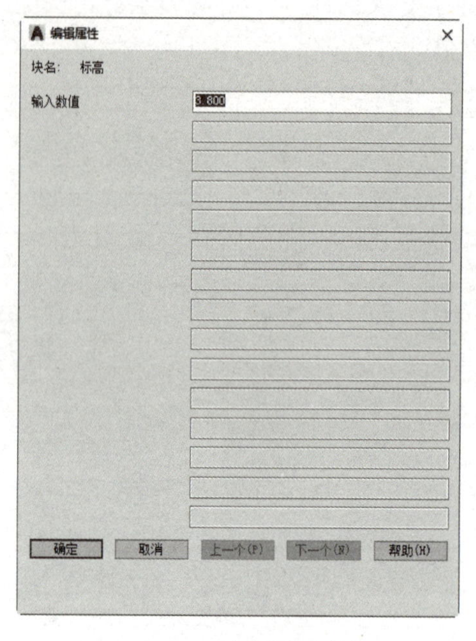

图 1-3-19 “编辑属性”对话框

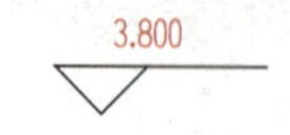

图 1-3-20 完成“标高”图块的创建

⑤双击属性值，在弹出的“增强属性编辑器”对话框(图 1-3-21)中修改选项设置，修改成立面图中所需要的标高。最终标高的绘制结果如图 1-3-22 所示。

7)绘制尺寸标注、图名等，如图 1-3-23 所示。

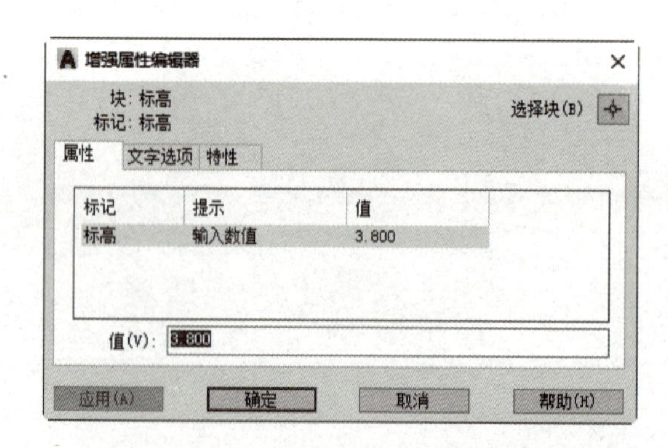

图 1-3-21 “增强属性编辑器”对话框

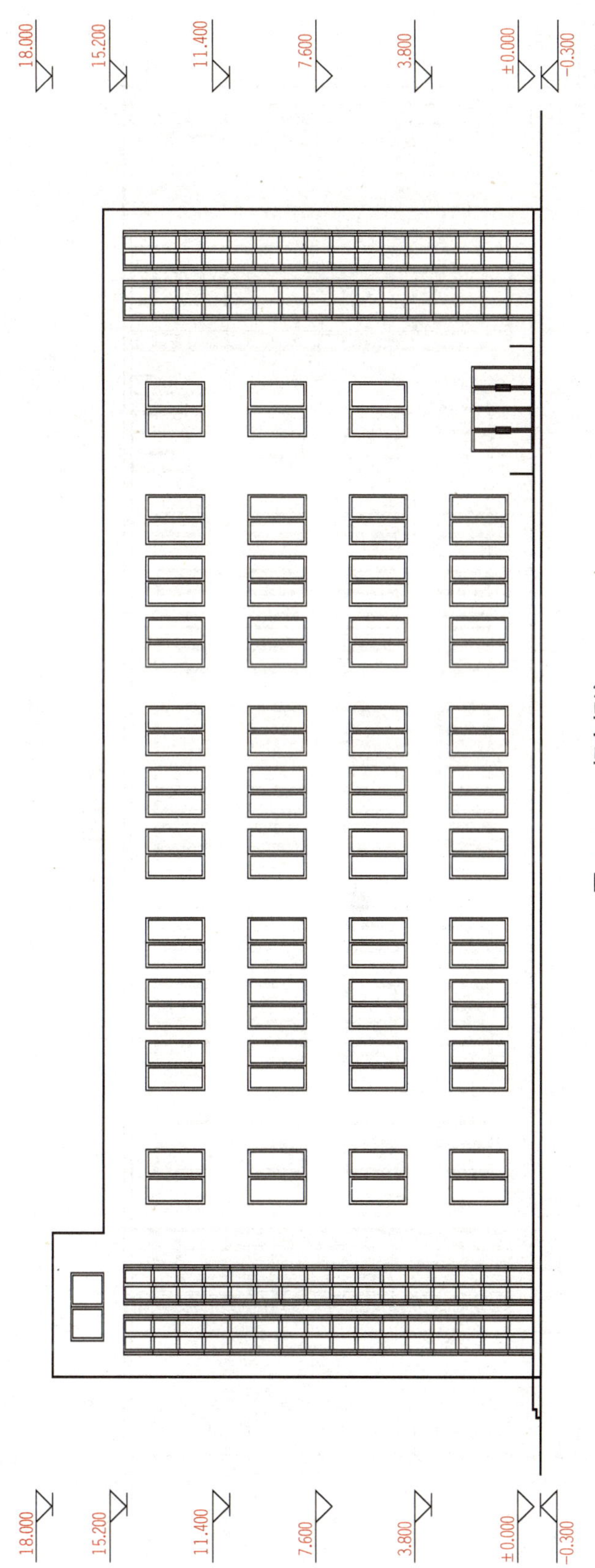

图 1-3-22 标高标注

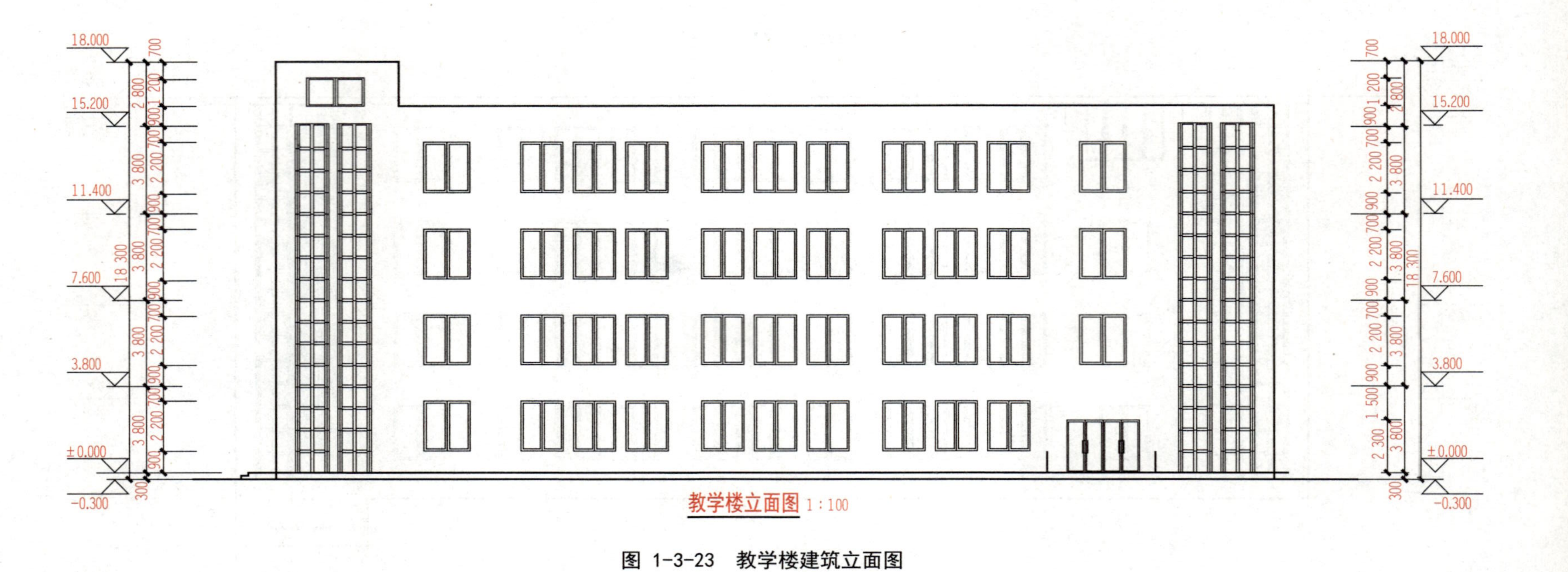

图 1-3-23 教学楼建筑立面图

任务 4　使用基本绘图与编辑功能绘制建筑剖面图

为了显示出建筑的内部结构，可以假想一个竖直剖切平面，将房屋剖开，移去剖开平面与观察者之间的部分，并作出剩余部分的正投影图，此时得到的图样称为建筑剖面图。

建筑剖面图用以表示房屋内部的结构或构造形式、分层情况和各部位的联系、高度等，是与平面图、立面图相互配合不可缺少的重要图样之一。

建筑剖面图的命名应与平面图上所标注剖切符号的编号一致，如 1—1 剖面图、2—2 剖面图等。

绘制建筑剖面图应注意的事项有以下三点：

(1)凡是被剖切到的建筑构件的轮廓线一般采用粗实线，没有被剖切到的建筑构件采用细实线绘制。

(2)绘制建筑剖面图时，一般采用 1∶100 的比例。

(3)建筑剖面图应标注建筑物外部、内部尺寸和标高。外部尺寸一般应标注出室外地坪、窗口等处的标高和尺寸，与建筑立面图一致；若建筑物两侧对称时，可只在一边标注。内部尺寸应标注出底层地面、各层楼面和楼梯平台面的标高，室内其余部分如门窗等应标注出其位置和大小的尺寸。

本教学楼 1—1 剖面图(图 1-4-1)以任务 2 中创建的样板文件为基础进行绘制，主要步骤为绘制辅助线→绘制轮廓线→绘制墙体、柱、楼板→绘制门窗→绘制楼梯和扶手→绘制台阶→尺寸标注和其他。楼梯是建筑剖面图中较为复杂的部分，在此对其进行单独的介绍，其他绘制步骤不再赘述。

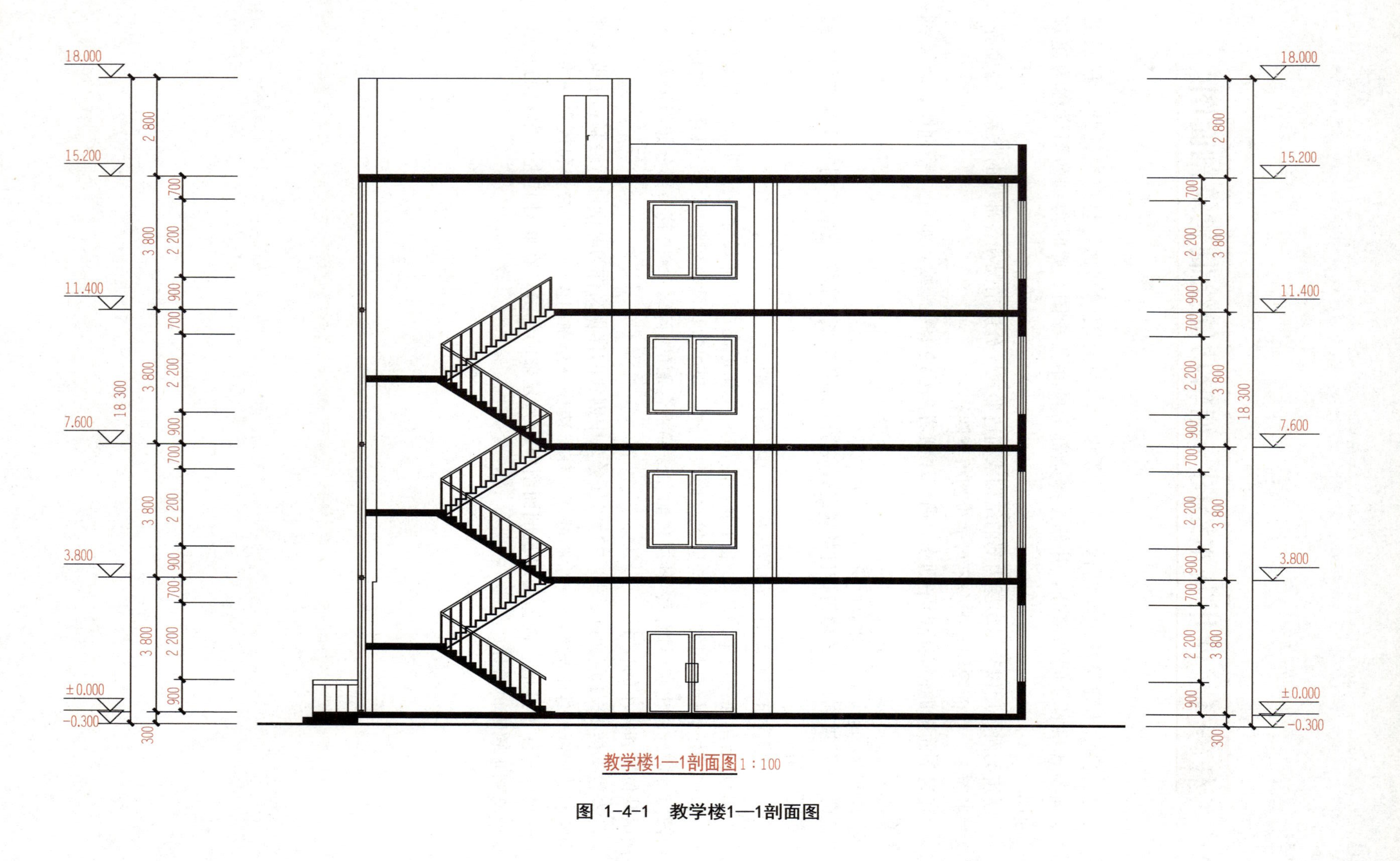

图 1-4-1　教学楼1—1剖面图

4.1 绘制楼梯

4.1.1 绘制楼梯踏步

(1)执行“直线”“复制”命令，连续复制出第一跑梯段上的剩余踏步，如图 1-4-2 所示。

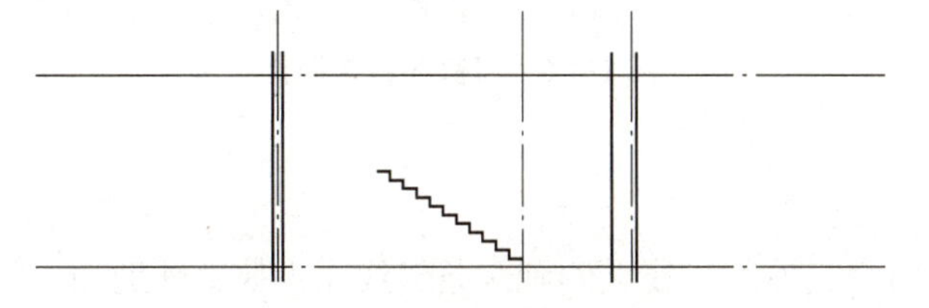

图 1-4-2 绘制第一跑梯段上的踏步

(2)执行“镜像”命令，生成第二跑梯段上的踏步，如图 1-4-3 所示。

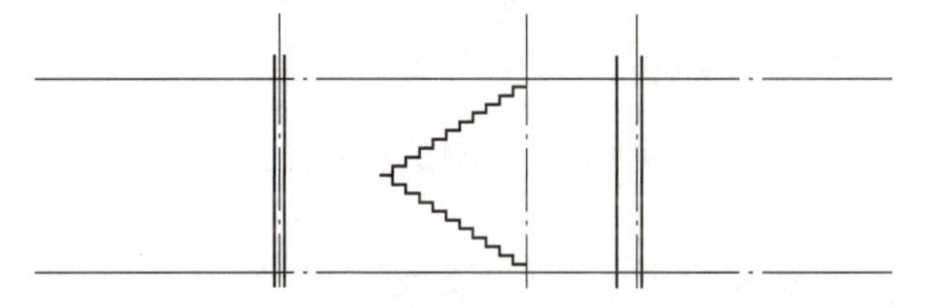

图 1-4-3 绘制第二跑梯段上的踏步

(3)执行“延伸”命令，将休息平台线延长。

4.1.2 绘制楼板和楼梯板

(1)执行“直线”命令，沿踏步线下侧绘制两条斜线作为梯段板辅助线，如图 1-4-4 所示。

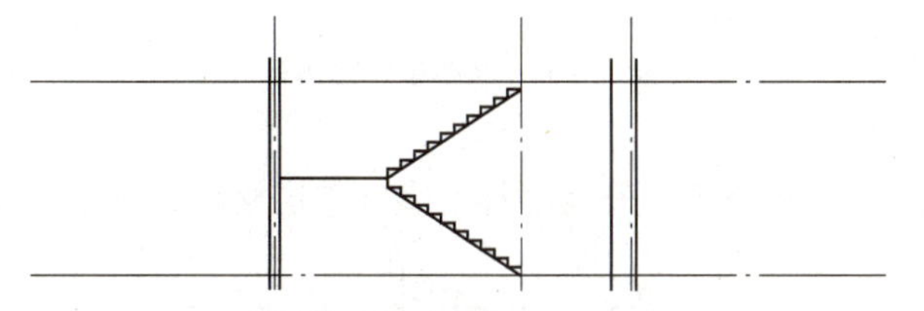

图 1-4-4 绘制梯段板辅助线

(2)执行“偏移”命令，将楼面线、梯段板辅助线和休息平台分别向下偏移“120”“100”“120”，如图 1-4-5 所示。

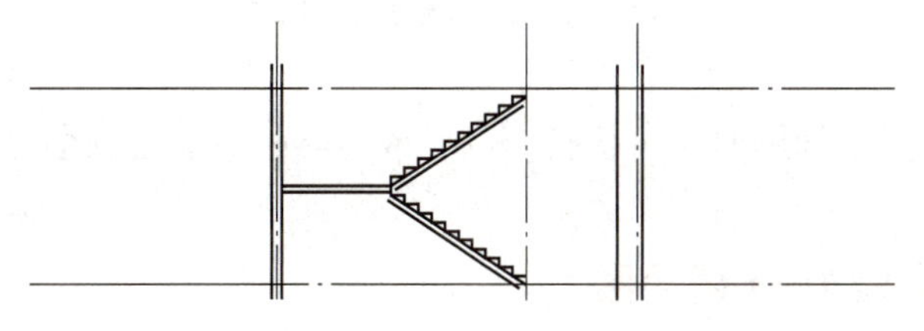

图 1-4-5 偏移操作

(3)执行“修剪”“延伸”命令，修剪出楼板、梯段板和休息板，删除辅助线，如图 1-4-6 所示。

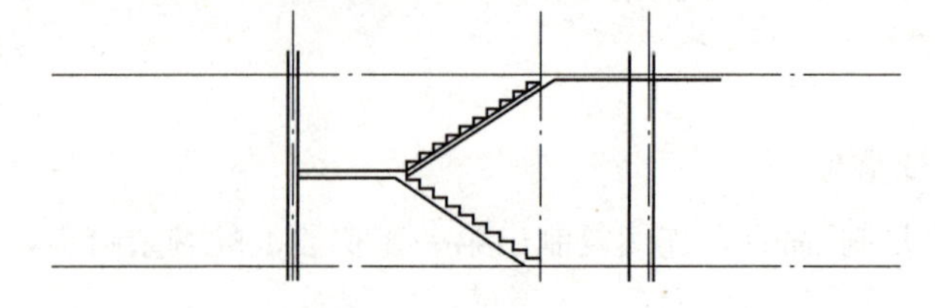

图 1-4-6　修剪和延伸操作

4.1.3　绘制栏杆

(1)执行“直线”命令，沿踏步线上侧画两条斜线作为扶手辅助线，如图 1-4-7 所示。

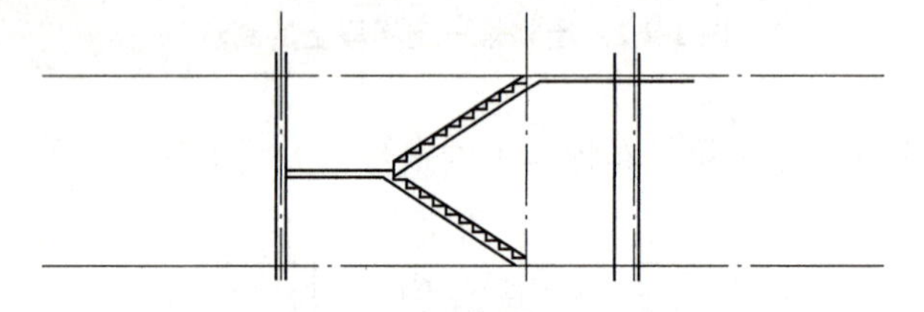

图 1-4-7　绘制扶手辅助线

(2)执行“移动”命令和“偏移”命令，将扶手辅助线向上移动“900”，并向下偏移“60”，形成扶手。执行“直线”命令在一个踏面绘制栏杆，修剪后再将其连续复制到各踏步，如图 1-4-8所示。

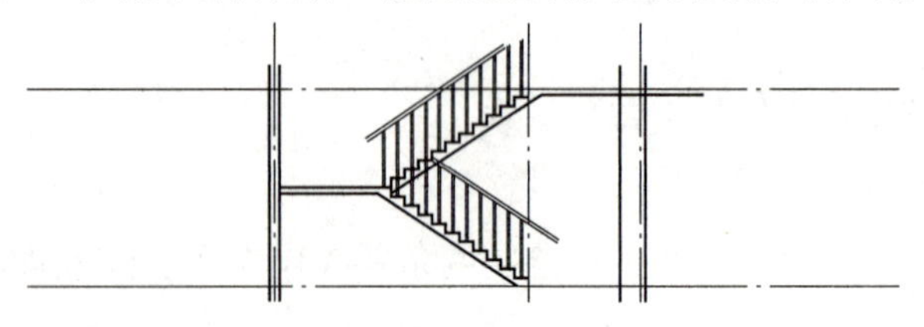

图 1-4-8　移动和偏移操作

(3)执行“修剪”“延伸”等命令，修剪楼梯，最终首层楼梯绘制结果如图 1-4-9 所示。

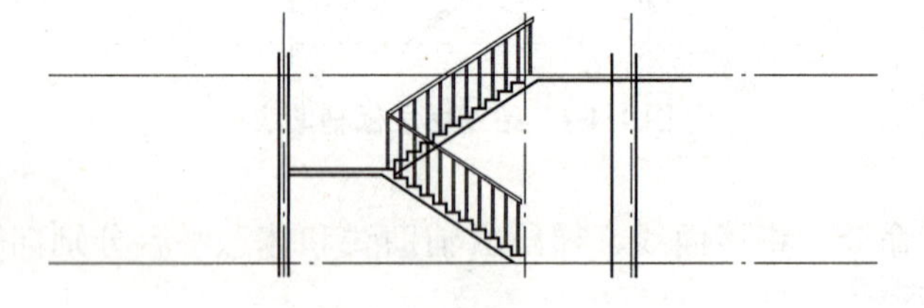

图 1-4-9　首层楼梯绘制结果

在绘制教学楼楼梯剖面图时，可执行“复制”或“阵列”命令生成全部楼梯。

4.2　绘制教学楼 1—1 剖面图

依据教学楼平面图和立面图，进行墙体、板、柱子和门窗绘制，尺寸标注等，最终完成教学楼 1—1 剖面图，如图 1-4-10 所示。

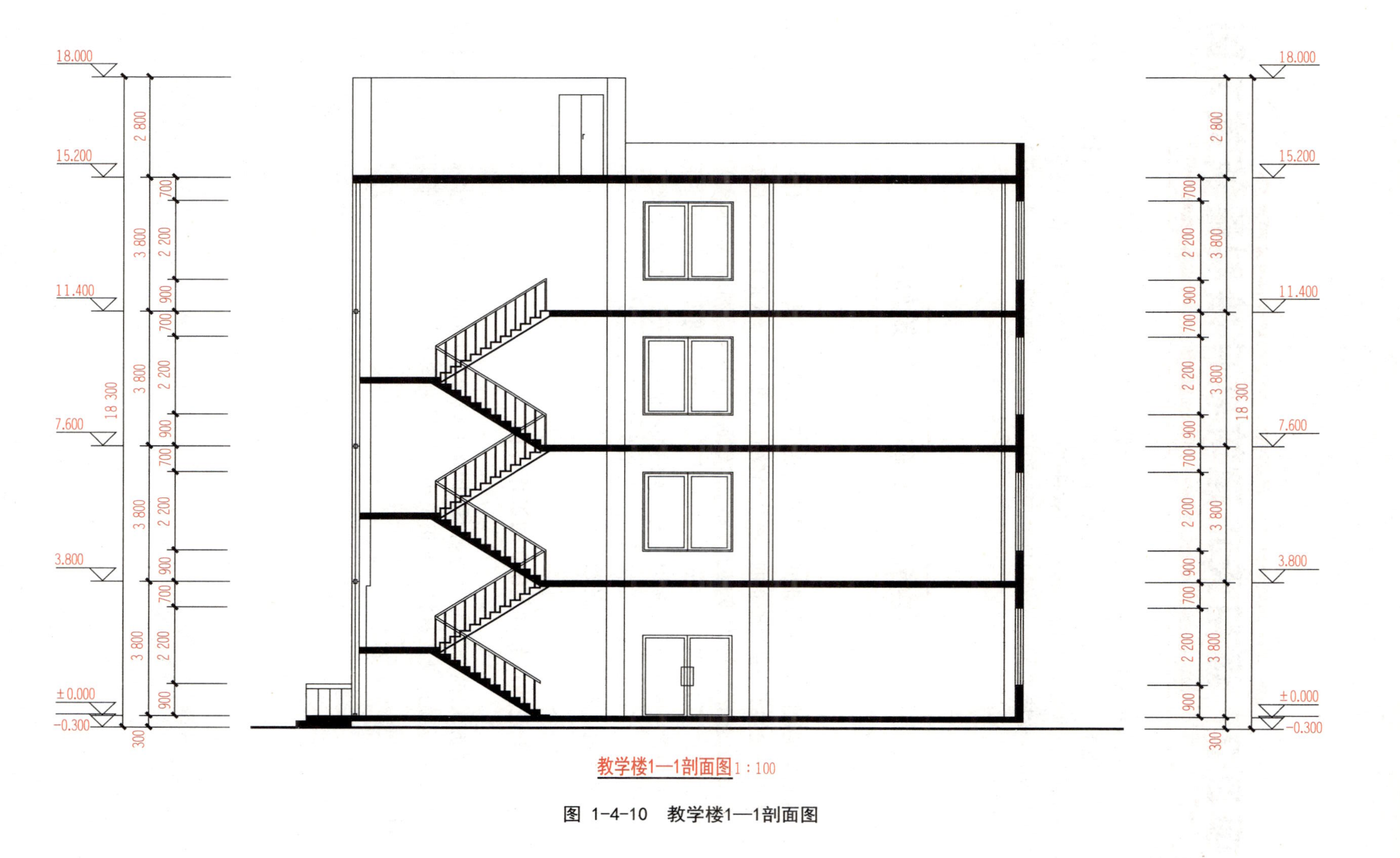

图 1-4-10　教学楼1—1剖面图

项目 2　运用天正建筑软件绘制建筑施工图

天正建筑是北京天正公司在 AutoCAD 平台上开发的建筑设计专业软件，随着 AutoCAD版本的不断提升，天正建筑软件也在不断优化、改进，其绘制建筑施工图的能力越来越强大。本书将以 T20 天正建筑软件 V6.0 为例介绍建筑施工图的绘制方法。天正建筑软件 V6.0 支持 32 位 AutoCAD 2010～2016、2018、2019 及 64 位 AutoCAD 2010～2020 图形平台。

任务 1　了解天正建筑软件

天正建筑软件提出了分布式工具集的建筑 CAD 软件思路，彻底摒弃流程式的工作方式，为用户提供了一系列独立的、智能高效的绘图工具。天正建筑软件的主要作用就是使 AutoCAD 由通用绘图软件变成了专业化的建筑绘图软件。利用 AutoCAD 图形平台开发的最新一代 T20 天正建筑软件 V6.0，继续以先进的建筑对象概念服务于建筑施工图设计，将绘图过程中常用的命令分类提取出来，使同类功能以选项板的形式呈现在二维草图和注释模式下。用户可在选项板上直接单击按钮激活相关命令，无须反复点选多级菜单寻找命令，更方便快捷地完成工程图纸的绘制工作。

1.1　天正建筑软件 V6.0 的工作界面

天正建筑软件 V6.0 的工作界面(图 2-1-1)与 AutoCAD 2020 相比，主要多了折叠式屏幕菜单、预定义工具栏、天正工程管理界面图纸集、天正工程管理界面楼层集等窗口。

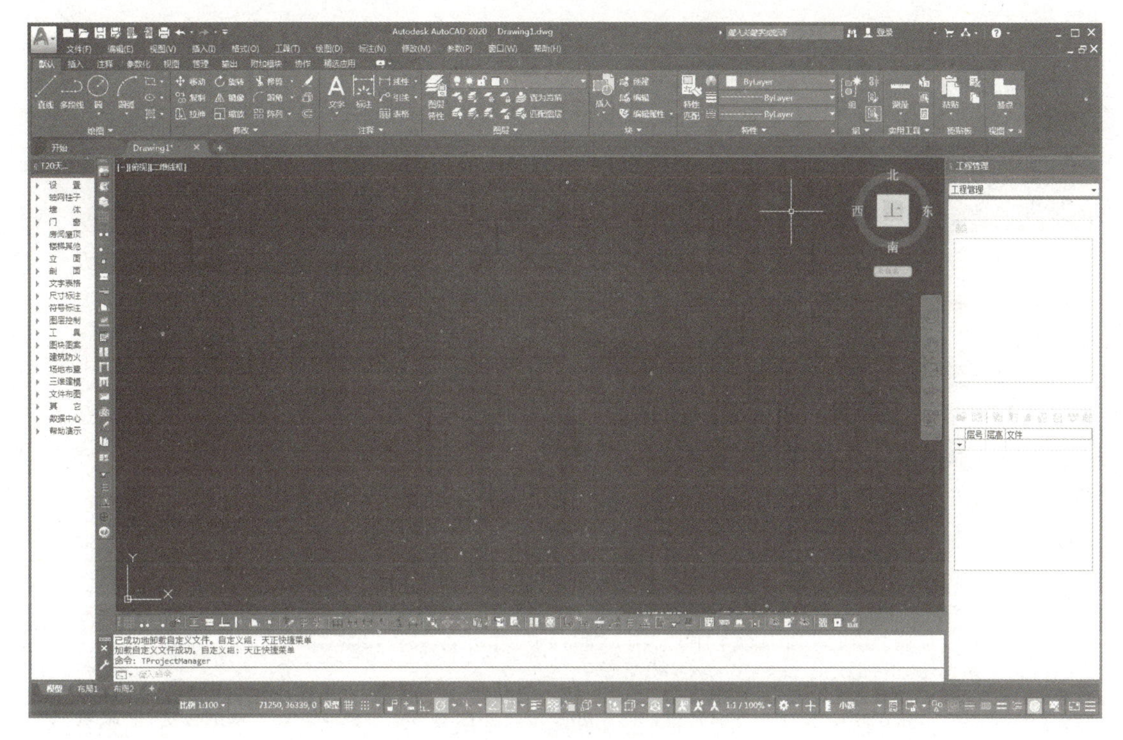

图 2-1-1 天正建筑软件用户界面

天正建筑软件的折叠式屏幕菜单默认位于 AutoCAD 绘图区的左侧，单击菜单右上角的 ✖ 按钮可以关闭屏幕菜单，也可以用 Ctrl+“+”组合键控制显示或关闭屏幕菜单。

1.2 天正选项设置

天正选项是为修改工程制图的有关参数而设计的，单击天正屏幕菜单的“设置”→“天正选项”命令或在命令行输入“TZXX”即可弹出“天正选项”对话框，如图 2-1-2 所示。“天正选项”对话框包括“基本设定”“加粗填充”和“高级选项”三个选项卡。其中，“基本设定”选项卡包含“图形设置”“符号设置”和“圆圈文字”选项组。这些参数仅与当前图形有关，不影响新建图形中的同类参数。“加粗填充”选项卡用于墙体与柱子的填充，提供各种填充图案和加粗线宽等。“高级选项”选项卡用于控制天正建筑全局变量的用户自定义参数的设置，这里定义的参数保存在初始参数文件中，不仅可用于当前图形，对新建的文件也起作用。

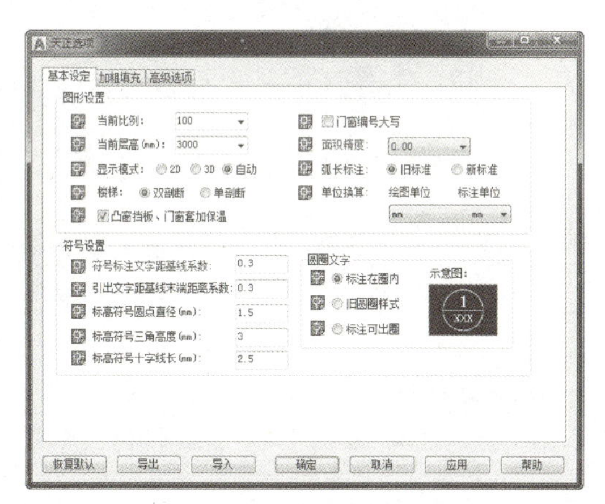

图 2-1-2 “天正选项”对话框

本项目将以四层教学楼项目为例，按照设计流程，使用 T20 天正建筑软件 V6.0，讲解建筑平面图、立面图和剖面图的绘制过程。

任务 2　绘制项目建筑平面图

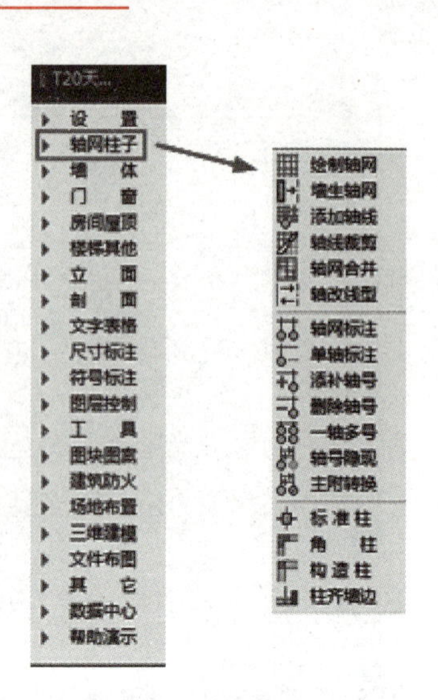

图 2-2-1　“轴网柱子”子菜单

2.1　轴网与柱

在绘制建筑平面图之前，首先要绘制轴网。轴网是由两组到多组轴线与轴号、尺寸标注组成的平面网格，是建筑物单体平面布置和墙柱构件定位的依据。在天正建筑软件中，提供了便捷的轴网、轴号、尺寸标注和柱子的绘制方法。

2.1.1　绘制轴网

轴网可分为直线轴网和弧线轴网。用户通过执行屏幕菜单中的“轴网柱子”→“绘制轴网”命令(图 2-2-1)，或在命令行输入“HZZW”，即可弹出“绘制轴网”对话框，如图 2-2-2 所示。

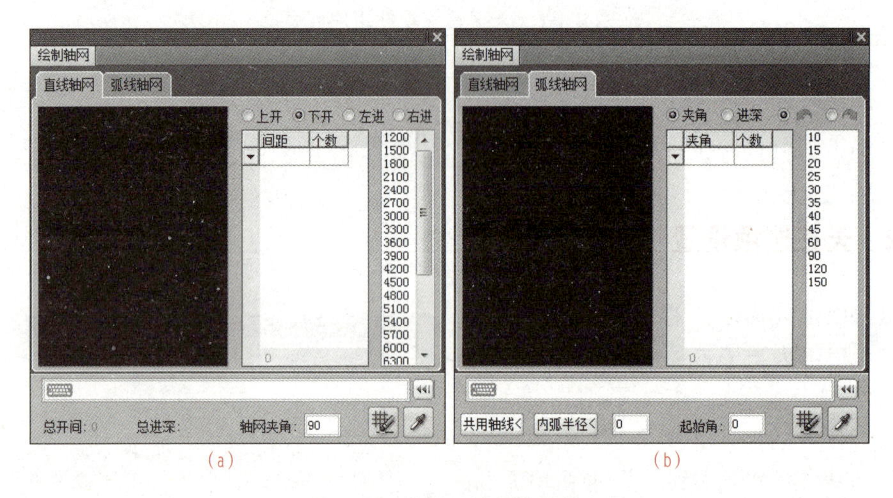

(a)　(b)

图 2-2-2　“绘制轴网”对话框

(a)“直线轴网”选项卡；(b)“弧线轴网”选项卡

1. 直线轴网

在“绘制轴网”对话框的“直线轴网”选项卡中可以设定开间和进深尺寸，如图 2-2-2(a)所示。依次勾选“上开”“下开”“左进”和“右进”单选按钮可分别在电子表格中输入上、下开间和左、右进深方向的轴间距与个数，也可在键入栏内直接输入轴网数据，每个数据之间用 Space 或英文逗号隔开。需要拾取图中已有轴网数据时，可以单击“拾取轴网参数”按钮 ，在已有的标注轴网中拾取尺寸对象获得轴网数据。

轴网数据设定完毕，在左方预览区域预览无误后，即可在屏幕的绘图区域中单击确定直线轴网的位置。

2. 弧线轴网

弧线轴网由一组同心弧线和不过圆心的径向直线组成，常与直线轴网相接。在“绘制轴网”对话框的“弧线轴网”选项卡中可以设定夹角和进深，如图 2-2-2(b)所示。分别勾选“夹角”和“进深”单选按钮即可设定开间方向的角度与个数和进深方向的尺寸及个数，也可在键入栏内输入轴网数据，每个数据之间用 Space 或英文逗号隔开。

2.1.2 轴网标注

轴网标注包括轴号标注和尺寸标注。执行屏幕菜单中的“轴网柱子”→“轴网标注”命令，或在命令行输入“ZWBZ”即可弹出图 2-2-3 所示的“轴网标注”对话框。

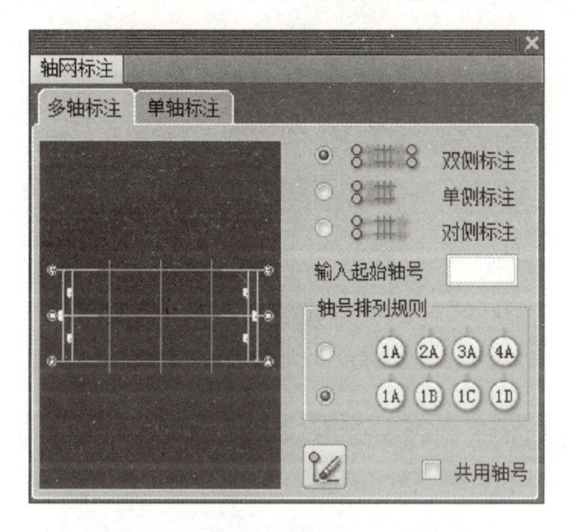

图 2-2-3 “轴网标注”对话框

在“多轴标注”选项卡中，用户可以选择“双侧标注”“单侧标注”或“对侧标注”的不同轴网标注形式。默认的“起始轴号”在选择起始和终止轴线后自动给出，水平方向为 1，垂直方向为 A，用户可在文本框中自行给出其他轴号，也可删空以标注空白轴号的轴网。在“轴号排列规则”选项组中，用户可以选择使用字母和数字的组合表示分区轴号的两种情况，变前项或变后项，默认变后项。

在“单轴标注”选项卡中，可对单个轴线标注轴号，轴号独立生成，不与已经存在的轴号系统和尺寸系统发生关联。该选项卡常用于立面与剖面、详图等个别单独的轴线标注。

2.1.3 柱子

柱子在建筑设计中主要起到结构支撑作用，有些时候也仅作为装饰。天正建筑软件以自定义对象来表示柱子，但各种柱子对象定义不同。标准柱用底标高、柱高和柱截面参数描述其在三维空间的位置和形状，构造柱和角柱仅有截面形状而没有三维数据描述，只服务于施工图。

1. 标准柱

使用此命令可在轴线的交点或任何位置插入矩形柱、圆柱、正多边形柱和异形柱。执行屏幕菜单中的“轴网柱子”→“标准柱”命令，或在命令行输入“BZZ”即可弹出图 2-2-4 所示的“标准柱/异形柱”对话框。在对话框中可以设置柱子的参数，包括柱子的截面类型、截面尺寸和材料，在对话框下方的工具栏图标中选择柱子的定位方式。

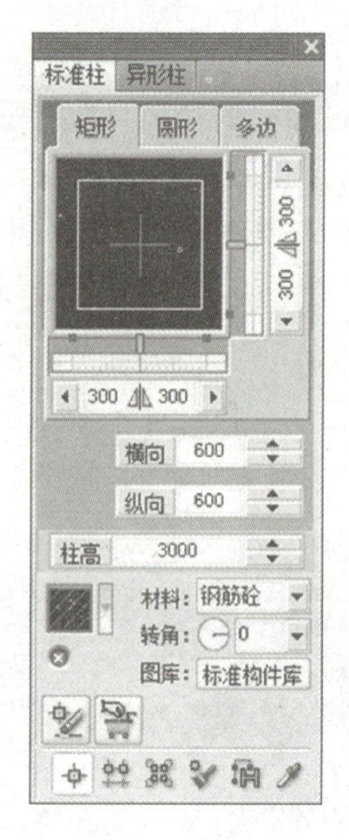

图 2-2-4 “标准柱/异形柱”对话框

2. 角柱

角柱通常是在墙角插入的轴线和形状与墙一致的框架柱。角柱的插入只能在已绘制完成的墙体上完成。执行屏幕菜单中的“轴网柱子”→“角柱”命令，或者在命令行输入“JZ”，选取墙角位置，在弹出的“转角柱参数”对话框(图 2-2-5)中设置参数后，单击“确定”按钮即可插入角柱。

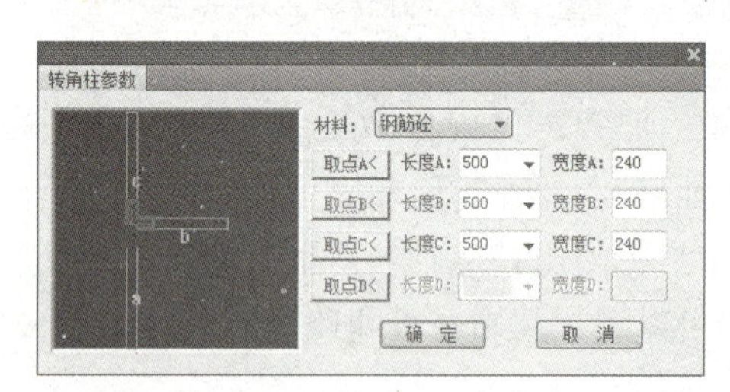

图 2-2-5 “转角柱参数”对话框

3. 构造柱

本命令可在墙角交点处或墙体内插入构造柱，同样只能在已绘制完成的墙体上完成。执行屏幕菜单中的“轴网柱子”→“构造柱”命令，或在命令行输入“GZZ”即可弹出图 2-2-6 所示的“构造柱参数”对话框。依照所选择的墙角形状为基准，在对话框中输入构造柱的具体尺寸，指出对齐方向。

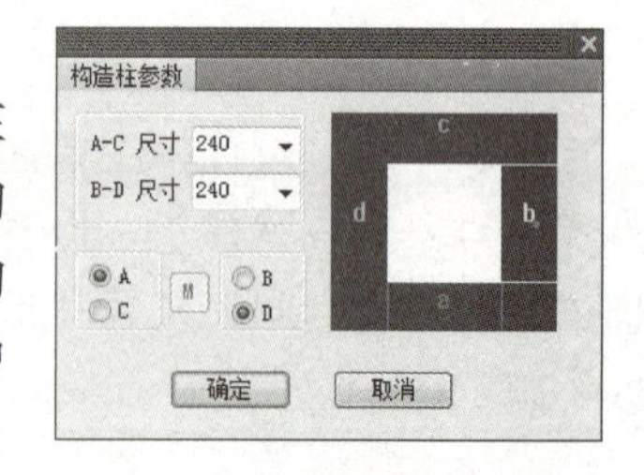

图 2-2-6 “构造柱参数”对话框

2.1.4 轴网柱子的绘制

在绘图前先设置基本参数，执行屏幕菜单中的“设置”→“天正选项”命令，在弹出的“天正选项”对话框中选择“基本设定”选项卡，将“当前比例”设置为 100，“当前层高”设置为 3800，如图 2-2-7 所示；在“加粗填充”选项卡中勾选“对墙柱进行图案填充”复选框，如图 2-2-8 所示。

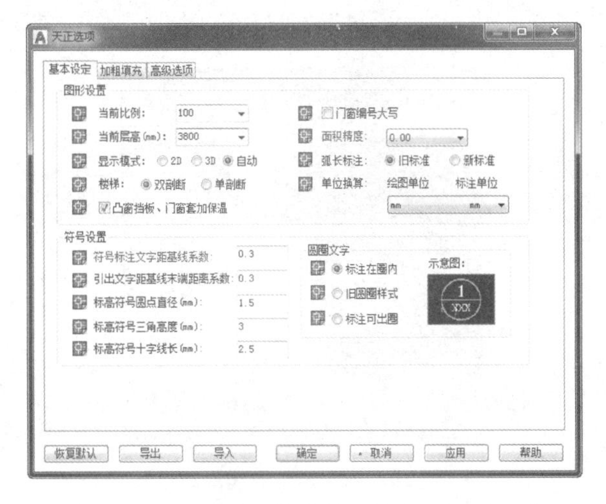

图 2-2-7 “天正选项”对话框“基本设定”选项卡

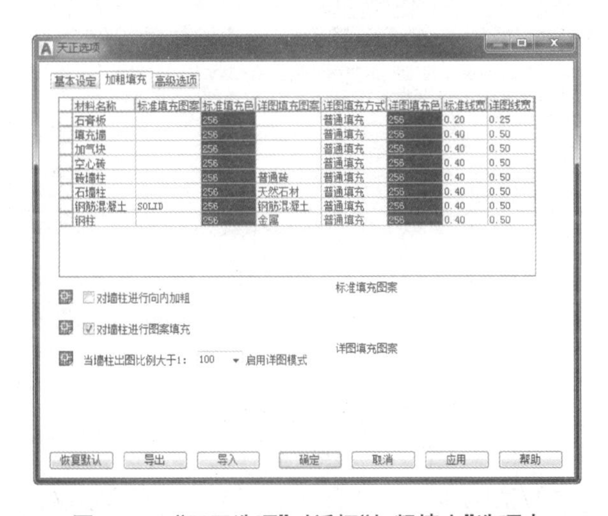

材料名称	标准填充图案	标准填充色	详图填充图案	详图填充方式	详图填充色	标准线宽	详图线宽
石膏板		256		普通填充	256	0.20	0.25
填充墙		256		普通填充	256	0.40	0.50
加气块		256		普通填充	256	0.40	0.50
空心砖		256		普通填充	256	0.40	0.50
砖墙柱		256	普通砖	普通填充	256	0.40	0.50
石墙柱		256	天然石材	普通填充	256	0.40	0.50
钢筋混凝土	SOLID	256	钢筋混凝土	普通填充	256	0.40	0.50
钢柱		256	金属	普通填充	256	0.40	0.50

图 2-2-8 “天正选项”对话框“加粗填充”选项卡

(1)执行屏幕菜单中的“轴网柱子”→“绘制轴网”命令，在“绘制轴网”对话框中选择“直线轴网”选项卡，如图 2-2-9 所示设置“下开”轴间距，设置“轴网夹角”为 90。

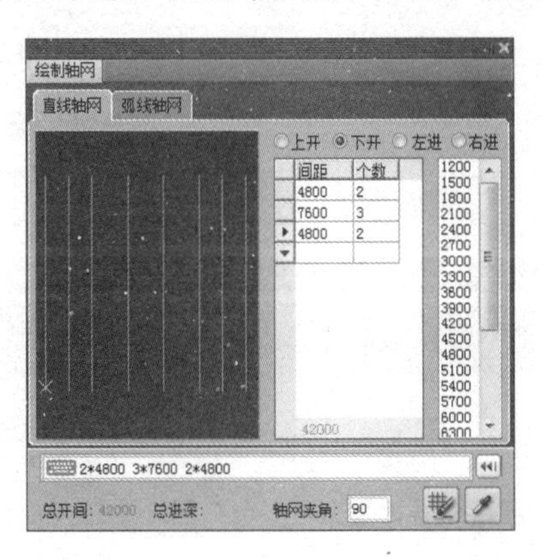

图 2-2-9 纵向定位轴线间距设置

继续在“直线轴网”选项卡中设置“右进”的轴间距，如图 2-2-10 所示。

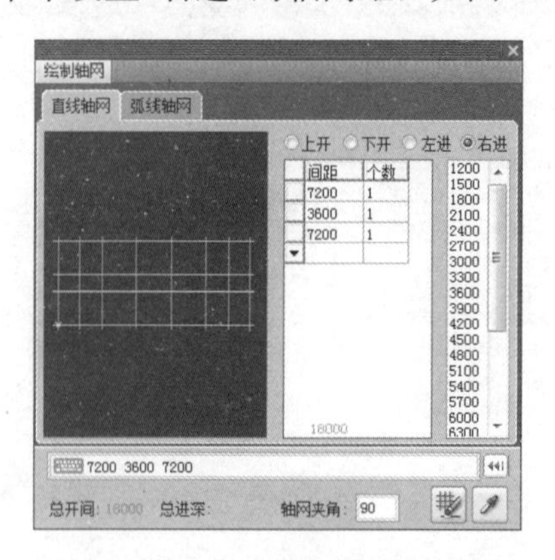

图 2-2-10　横向定位轴线间距设置

在对话框左侧预览窗口可以看到绘制完成的定位轴网，根据命令行的提示，在绘图区域中放置轴网，如图 2-2-11 所示。按 Esc 键完成定位轴线的绘制。

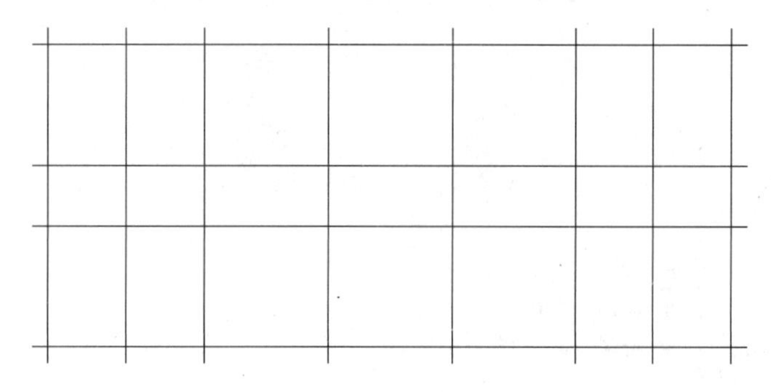

图 2-2-11　定位轴线

(2)执行屏幕菜单中的“轴网柱子”→“轴网标注”命令，在“轴网标注”对话框中选择“多轴标注”选项卡，如图 2-2-12 和图 2-2-13 所示，分别设置纵向定位轴线的起始轴号为“1”、横向定位轴线的起始轴号为“A”。根据命令行的提示完成轴号及定位轴线的尺寸标注，如图 2-2-14 所示。

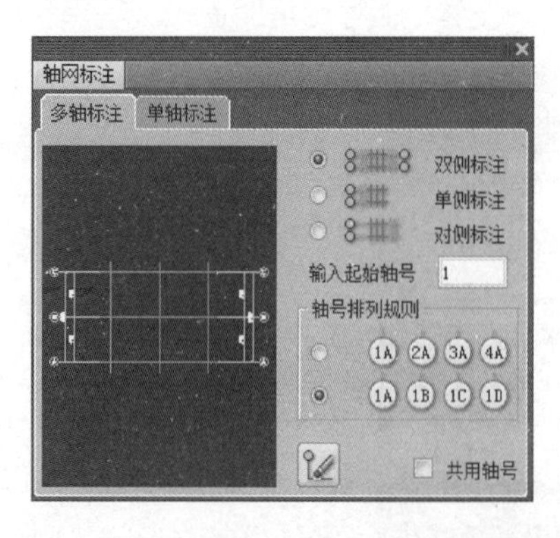

图 2-2-12　纵向定位轴线起始轴号设置

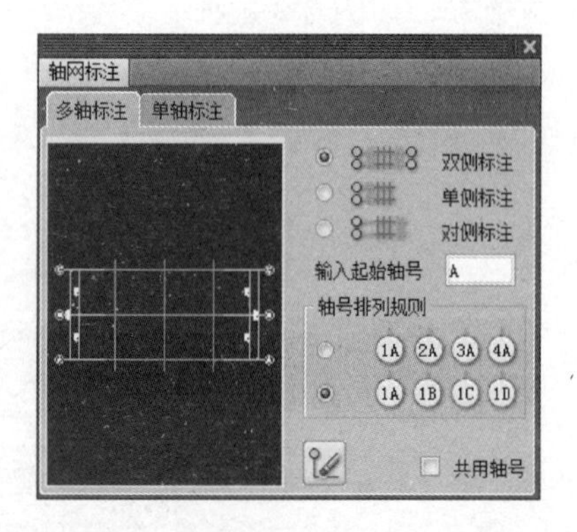

图 2-2-13　横向定位轴线起始轴号设置

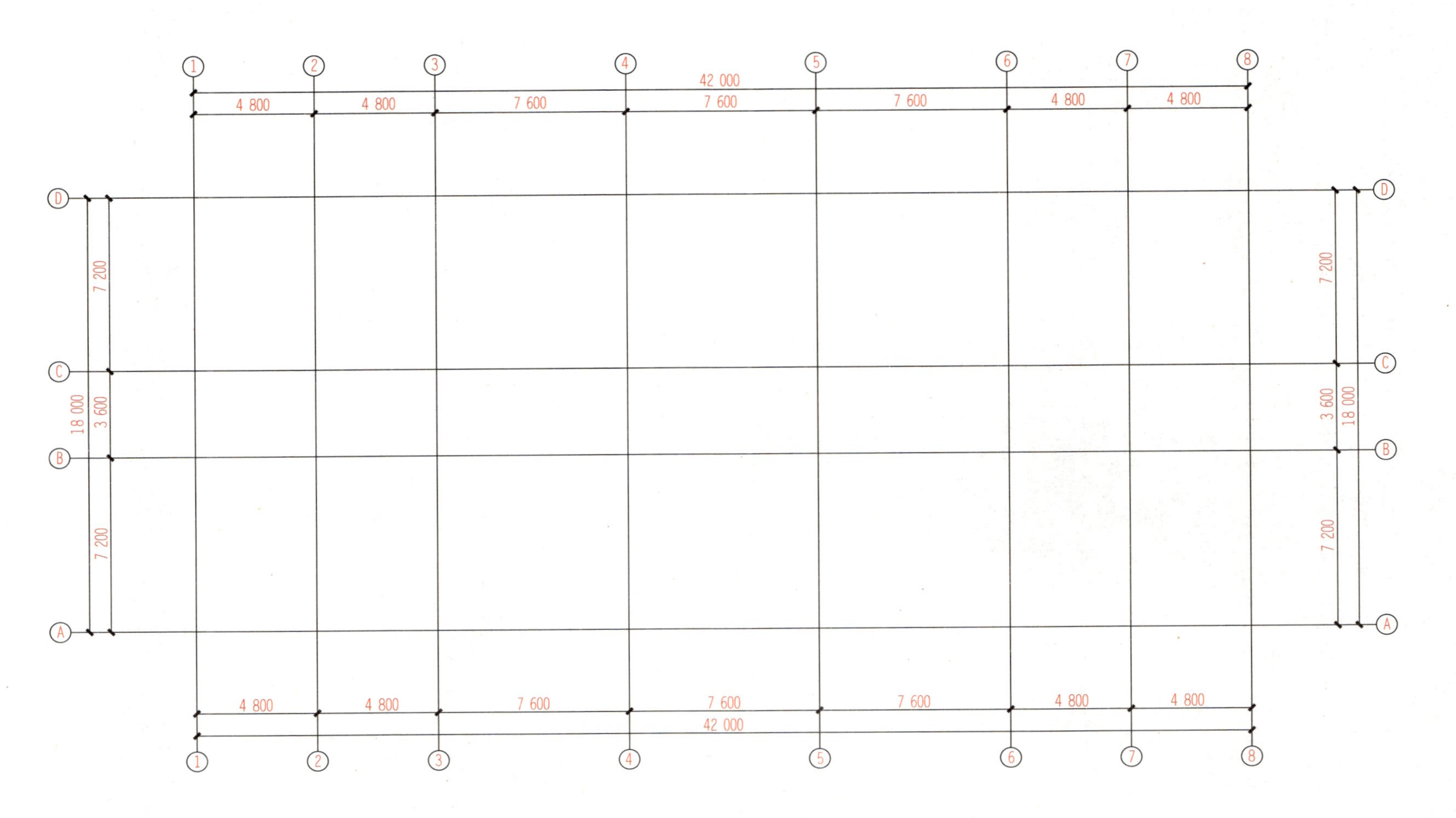

图 2-2-14 轴号和定位轴线的尺寸标注

(3)执行屏幕菜单中的“轴网柱子”→“标准柱”命令，在“标准柱/异形柱”对话框中选择“矩形”选项卡，设置“横向”和“纵向”尺寸均为600，形状和材料等参数设置如图2-2-15所示。单击对话框下方相应按钮选择柱子的插入方式，在绘图区域中依照图2-2-16所示插入柱子。

设置“横向”和“纵向”尺寸均为500，如图2-2-17所示插入柱子。

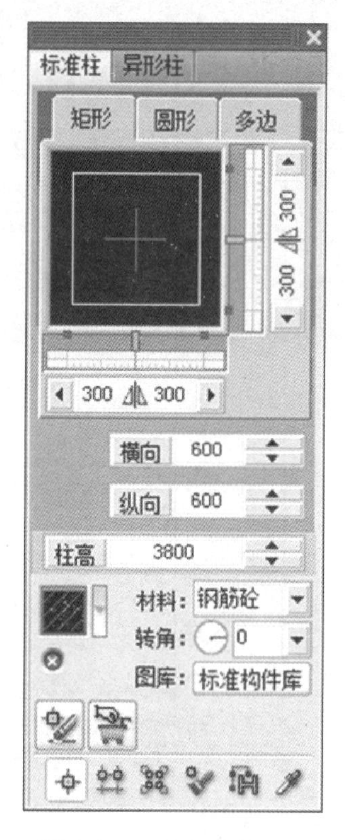

图 2-2-15　柱子参数设置

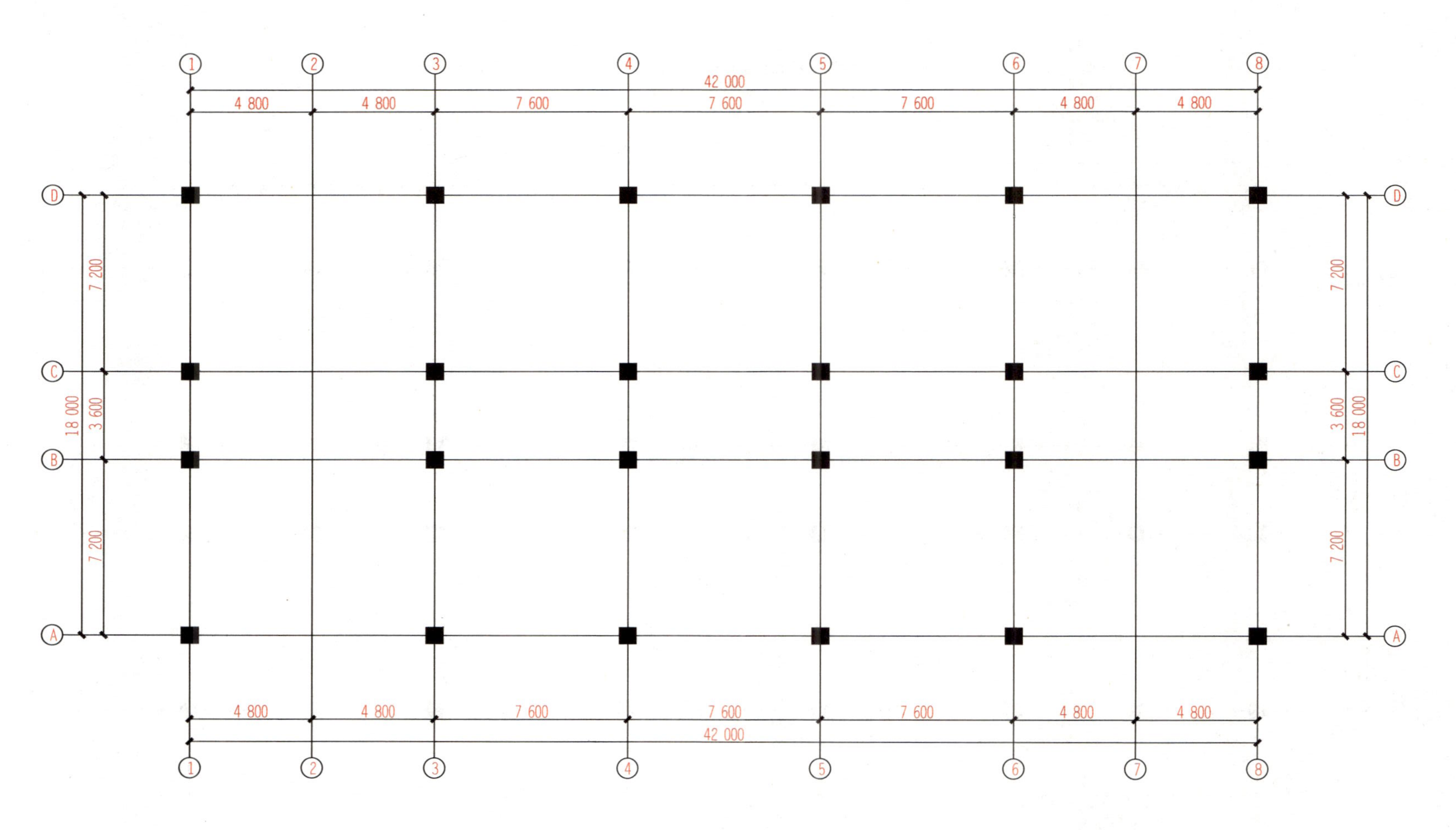

图 2-2-16　绘制600×600柱子

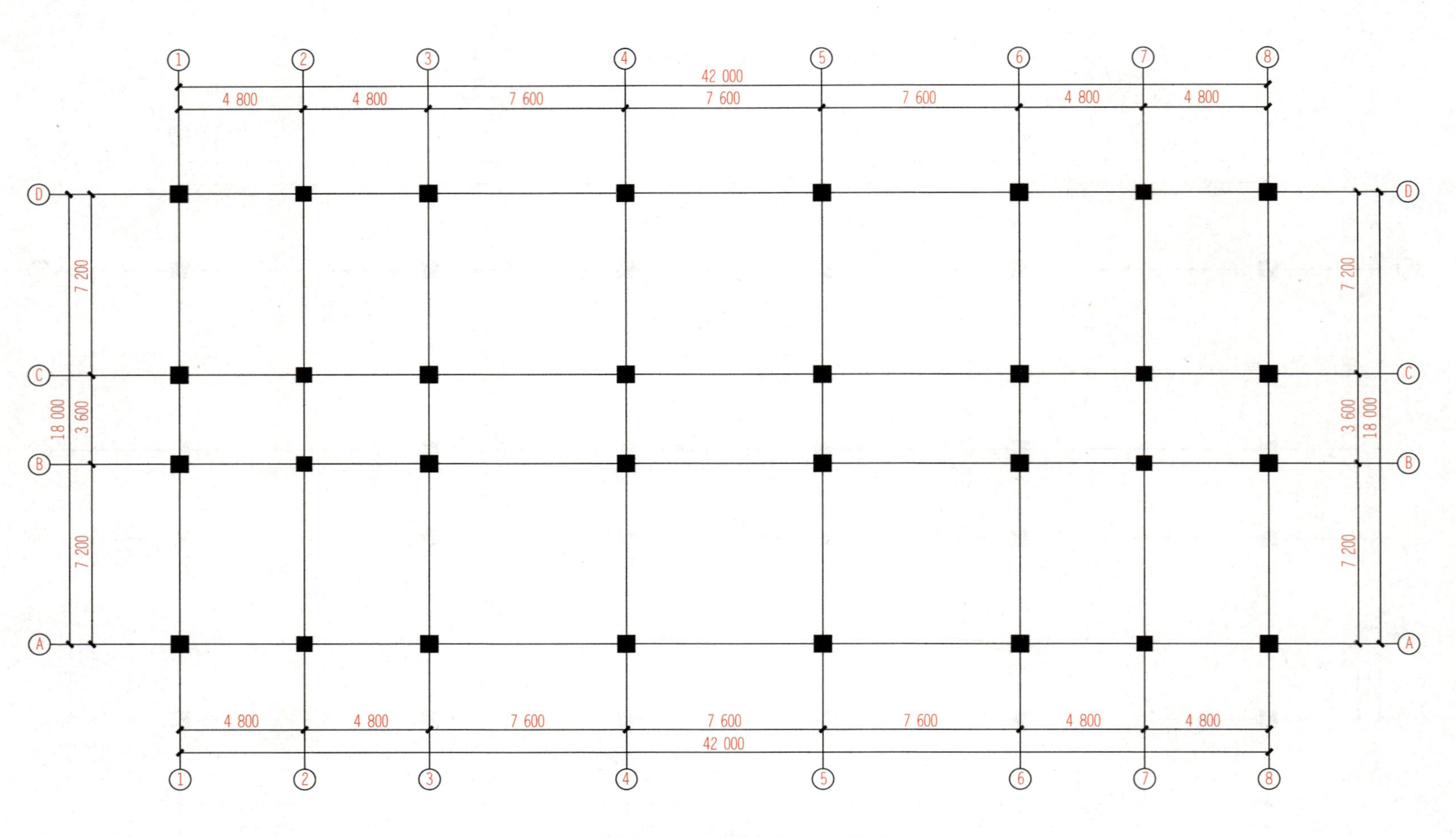

图 2-2-17　绘制500×500柱子

2.2 墙体和门窗

墙体是天正建筑软件中的核心对象，它是模拟实际墙体的专业特性构建而成的，因此可实现墙角的自动修剪、墙体之间按材料特性连接、与柱子和门窗互相关联等智能特性。墙对象不仅包含位置、高度、厚度这样的几何信息，还包括墙类型、材料、内外墙这样的内在属性。

2.2.1 绘制墙体

“绘制墙体”命令可以绘制普通墙体和玻璃幕墙。执行屏幕菜单中的“墙体”→“绘制墙体”命令，或在命令行输入“HZQT”即可弹出“墙体/玻璃幕”对话框，如图 2-2-18 所示。

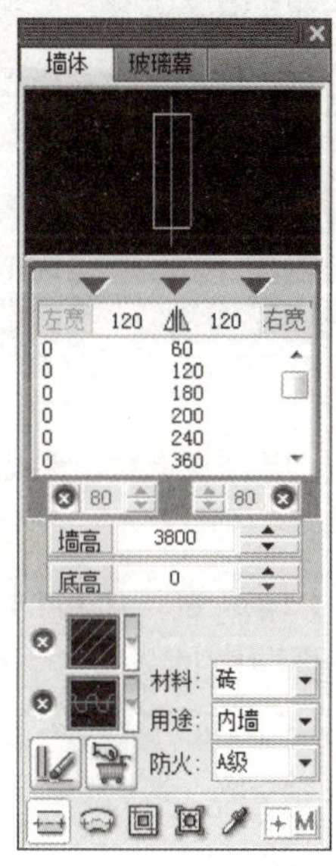

图 2-2-18 “墙体/玻璃幕”对话框

在“墙体/玻璃幕”对话框“墙体”选项卡中可以设置墙宽、墙高、底高、材料、用途等参数。用户可以使用“直墙”“弧墙”和“矩形布置”三种方式绘制墙体对象，墙线相交处自动处理。在“玻璃幕”选项卡中可对玻璃幕墙的横梁、立柱参数进行设置，设置完成后可直接绘制出相关参数的幕墙。

2.2.2 绘制门窗

天正建筑软件中的门窗是一种附属于墙体并需要在墙上开启洞口、带有编号的AutoCAD自定义对象。门窗和其他自定义对象一样可以用 AutoCAD 的命令和夹点编辑修改。

执行屏幕菜单中的“门窗”→“门窗”命令，系统会弹出图 2-2-19 所示的“门/窗”对话框。该对话框中提供输入门窗的所有参数，包括编号、几何尺寸和定位参考距离等。通过单击“插门”或“插窗”按钮切换门、窗参数设置及插入门或插入窗。

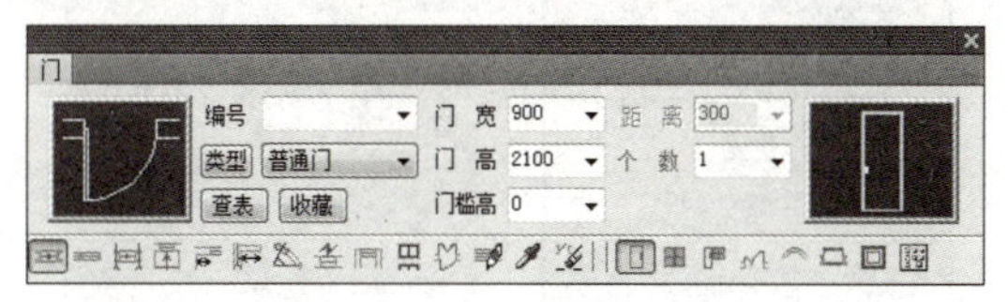

图 2-2-19 “门/窗”对话框

普通门窗的二维视图和三维视图都是用图块来表示的，单击“门/窗”对话框中的平面预览图和立面预览图，系统会弹出图 2-2-20 所示的“天正图库管理系统”对话框，用户可以从门窗图库中分别挑选门窗的二维形式和三维形式。

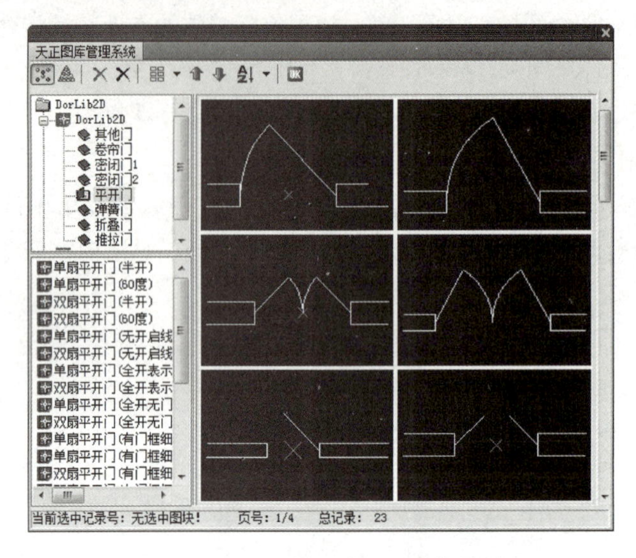

图 2-2-20 “天正图库管理系统”对话框

除普通门窗外，天正建筑还提供了门连窗、子母门、弧窗、凸窗等门窗类型。

门窗插入的方法有自由插入、沿墙顺序插入等。用户可以根据插入门窗的类型和需要选择不同的门窗插入方法。

2.2.3 墙体和门窗的绘制

(1)执行屏幕菜单的“墙体”→“绘制墙体”命令，在“墙体/玻璃幕”对话框中选择“墙体”选项卡，分别设置并绘制图 2-2-21(a)和图 2-2-21(b)所示的墙体。

墙体绘制完成效果如图 2-2-22 所示。

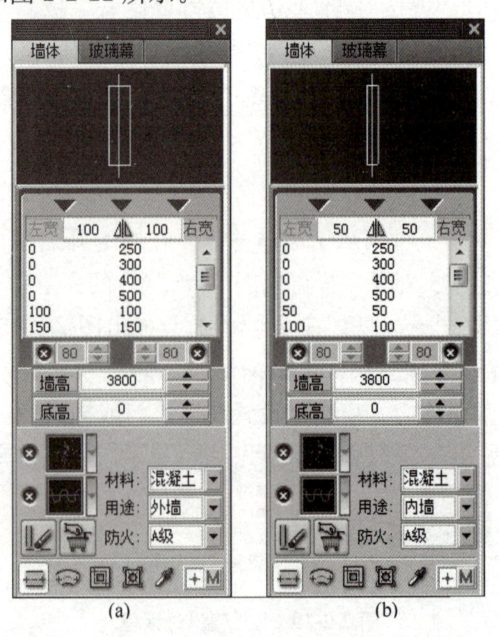

图 2-2-21 墙体参数设置

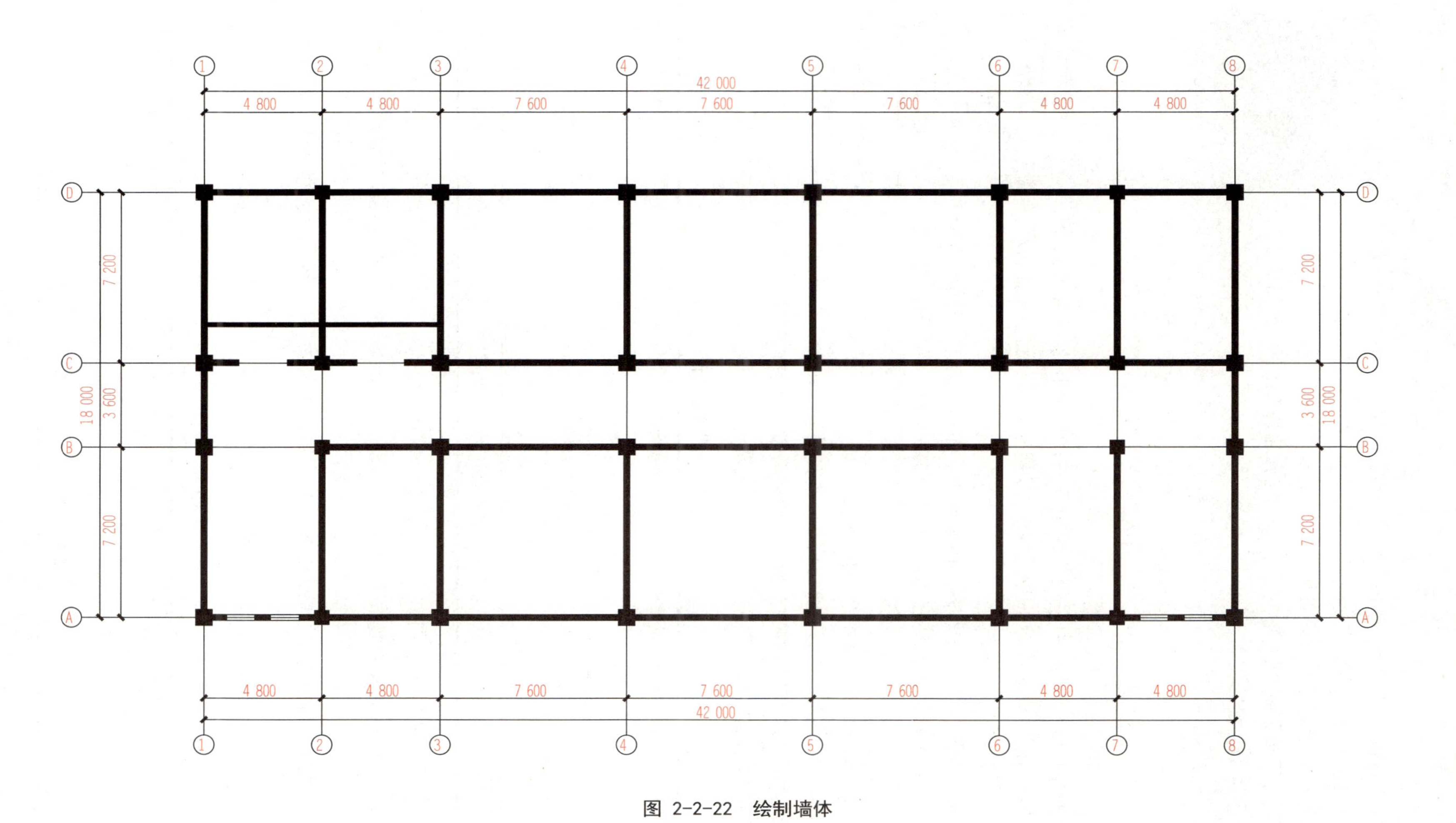
1
2
3
4
5
6
7
8
42 000
4 800
4 800
7 600
7 600
7 600
4 800
4 800
D
C
B
A
7 200
3 600
18 000
7 200

图 2-2-22　绘制墙体

(2)执行屏幕菜单的“墙体”→“绘制墙体”命令，在“墙体/玻璃幕”对话框中选择“玻璃幕”选项卡，如图 2-2-23 所示设置玻璃幕墙。

玻璃幕墙绘制完成效果如图 2-2-24 所示。

(3)执行屏幕菜单的“轴网柱子”→“柱齐墙边”命令，如图 2-2-25 所示调整柱子与墙的位置。

(4)执行屏幕菜单的“门窗”→“门窗”命令，在弹出的“门/窗”对话框中单击“插门”按钮，插入方式选择“依据点取位置两侧的轴线进行等分插入”。如图 2-2-26 所示，输入“编号”为“M2423”、“门宽”为“2400”、“门高”为“2300”、“个数”为“1”。

单击“门/窗”对话框中左侧平面预览图，在弹出的“天正图库管理系统”对话框中双击选择平开门中的“双扇平开门(有门框细节)”，如图 2-2-27 所示。

单击“门/窗”对话框中右侧立面预览图，在弹出的“天正图库管理系统”对话框中双击选择平开门中的“不锈钢双扇门 4”，如图 2-2-28 所示。

插入门“M2423”，如图 2-2-29 所示。

(5)在“门/窗”对话框中修改门参数，设置“M1523”“M1123”“M1023”“M0923”各项参数，见表 2-2-1，选择合理的插入方式按图 2-2-30 所示插入门。

图 2-2-23　玻璃幕墙参数设置

表 2-2-1　门参数设置表

编号	门宽	门高	平面类型	立面类型
M1523	1 500	2 300	双扇平开门(有门窗细节)	不锈钢双扇门 4
M1123	1 100	2 300	单扇平开门(全开表示门厚)	玻璃工艺门
M1023	1 000	2 300	单扇平开门(全开表示门厚)	玻璃工艺门
M0923	900	2 300	单扇平开门(全开表示门厚)	玻璃工艺门

(6)执行屏幕菜单的“门窗”→“门窗”命令，在弹出的“门/窗”对话框中单击“插窗”按钮，插入方式选择“在点取的墙段上等分插入”。如图 2-2-31 所示，输入“编号”为“C1822”、“窗宽”为“1800”、“窗高”为“2200”、“个数”为“1”、“窗台高”为“900”。光标在Ⓓ轴线上的③、④号轴线之间的墙体上单击，输入插入窗的个数为“3”，按 Enter 键确认，如图 2-2-32 所示。

(7)设置“C2022”“C2422”各项参数见表 2-2-2，如图 2-2-33 所示补齐所有窗。

表 2-2-2　窗参数设置表

编号	窗宽	窗高	窗台高
C2022	2 000	2 200	900
C2422	2 400	2 200	900

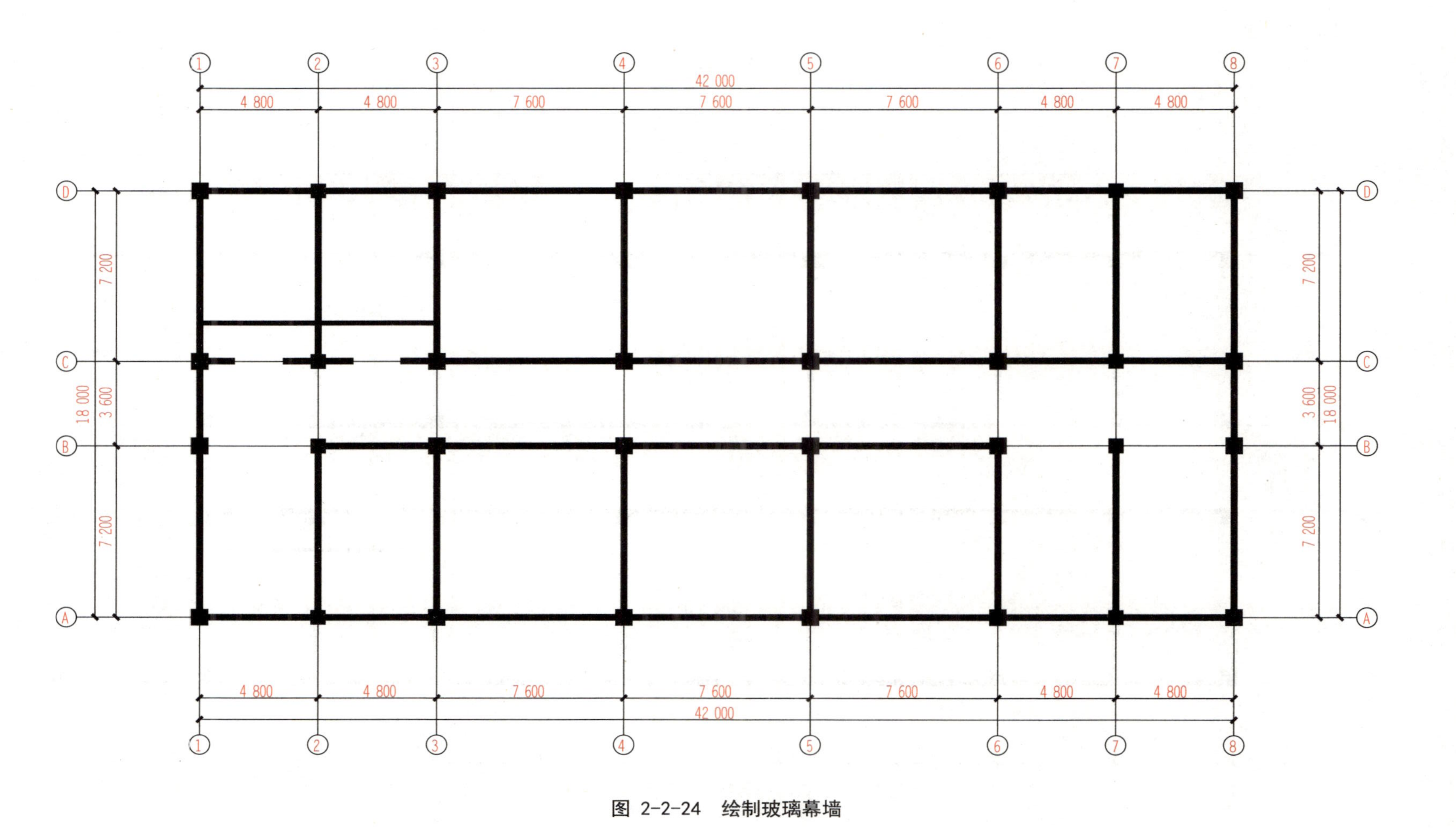

图 2-2-24 绘制玻璃幕墙

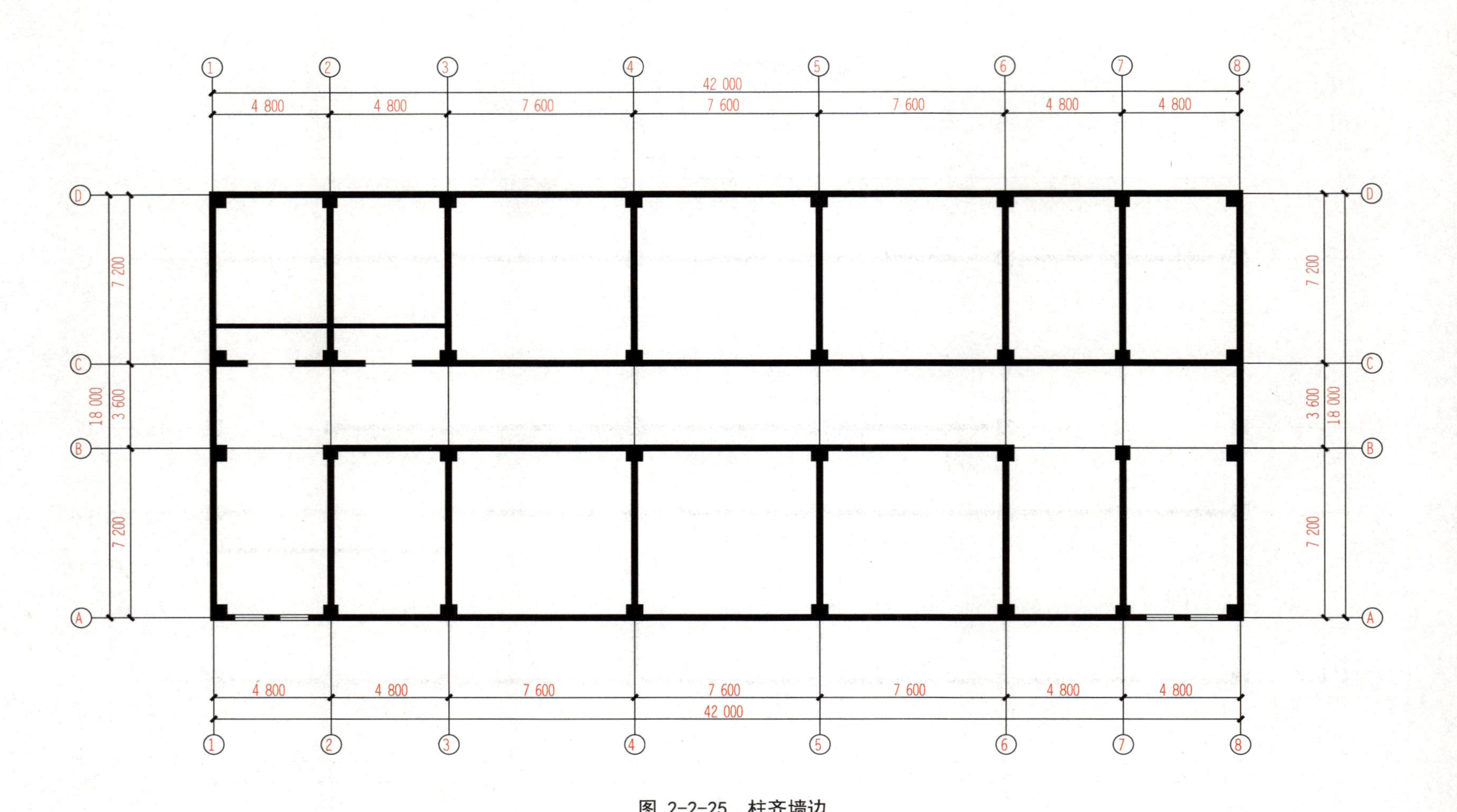

1
2
3
4
5
6
7
8
42 000
4 800
4 800
7 600
7 600
7 600
4 800
4 800
D
C
B
A
7 200
3 600
7 200
18 000

图 2-2-25　柱齐墙边

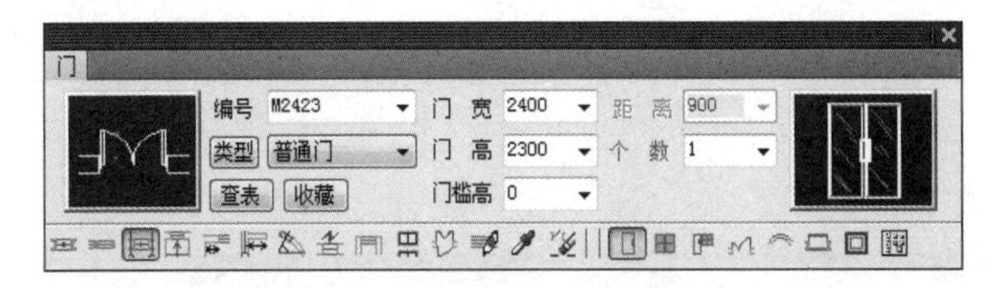

图 2-2-26 “M2423”门参数设置

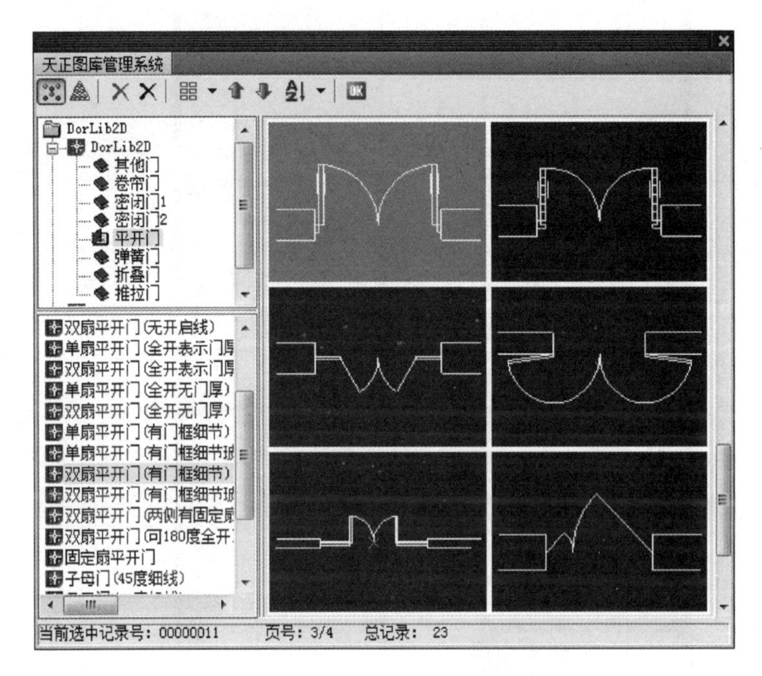

图 2-2-27 “M2423”门平面样式

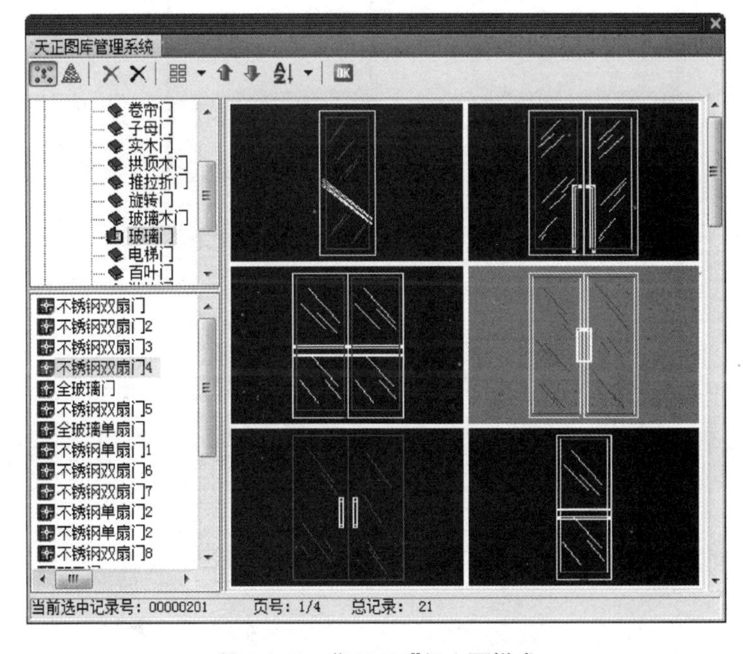

图 2-2-28 “M2423”门立面样式

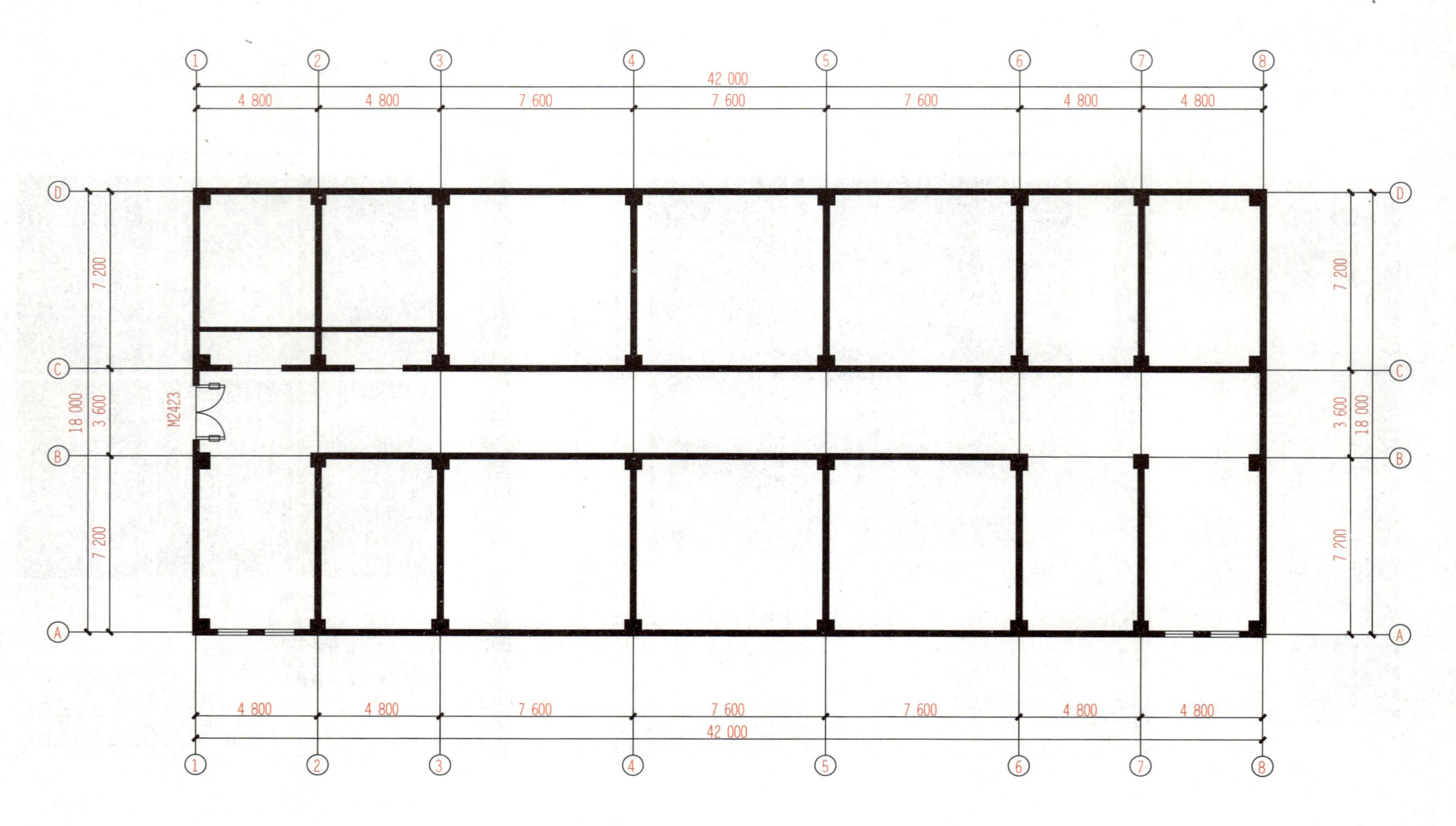

图 2-2-29 插入门“M2423”

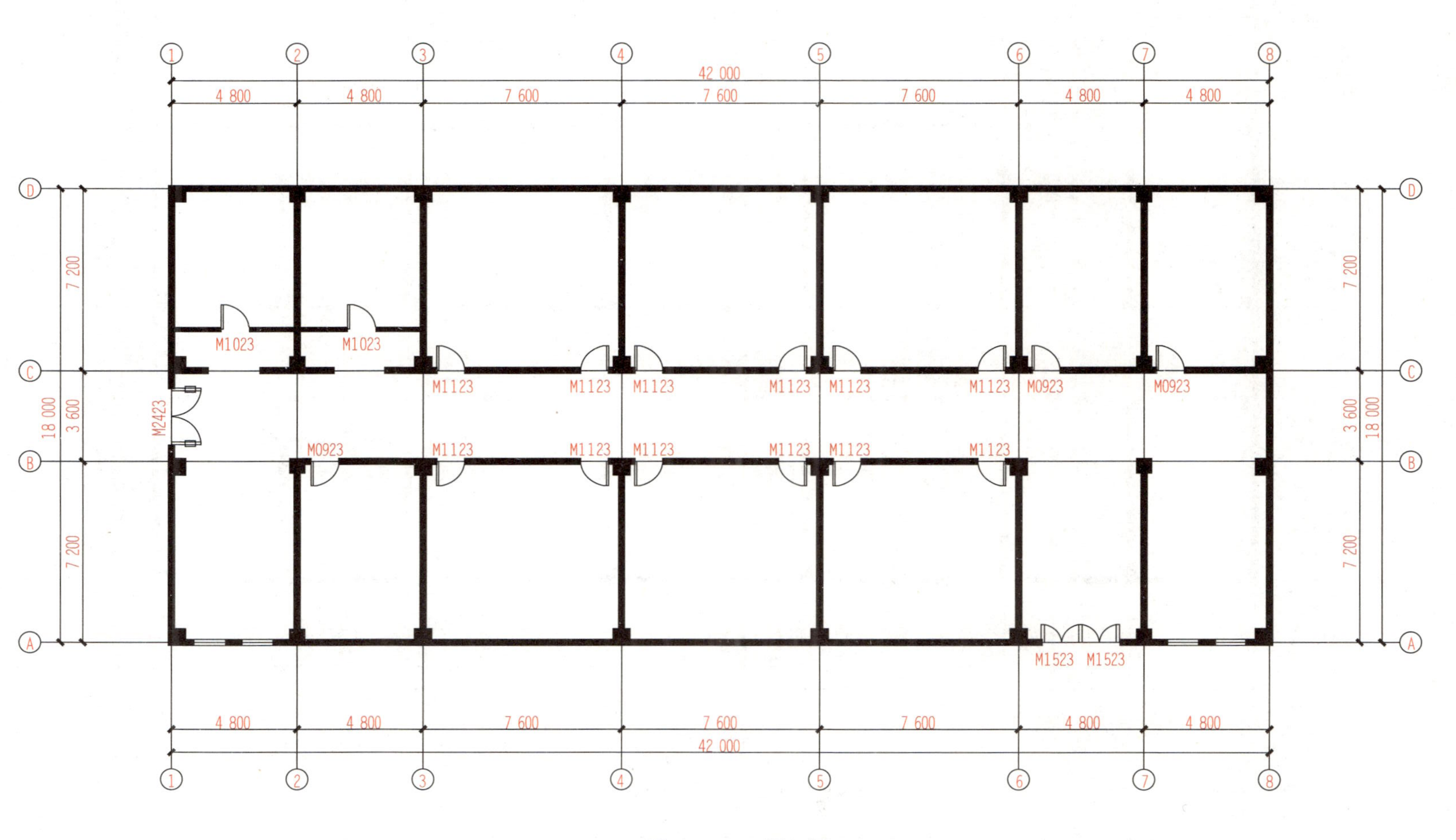
1
2
3
4
5
6
7
8
42 000
4 800
4 800
7 600
7 600
7 600
4 800
4 800
A
B
C
D
7 200
3 600
7 200
18 000
M1023
M1023
M2423
M0923
M1123
M1123
M1123
M1123
M1123
M1123
M1123
M1123
M1123
M1123
M1123
M0923
M0923
M1523
M1523

图 2-2-30 插入门

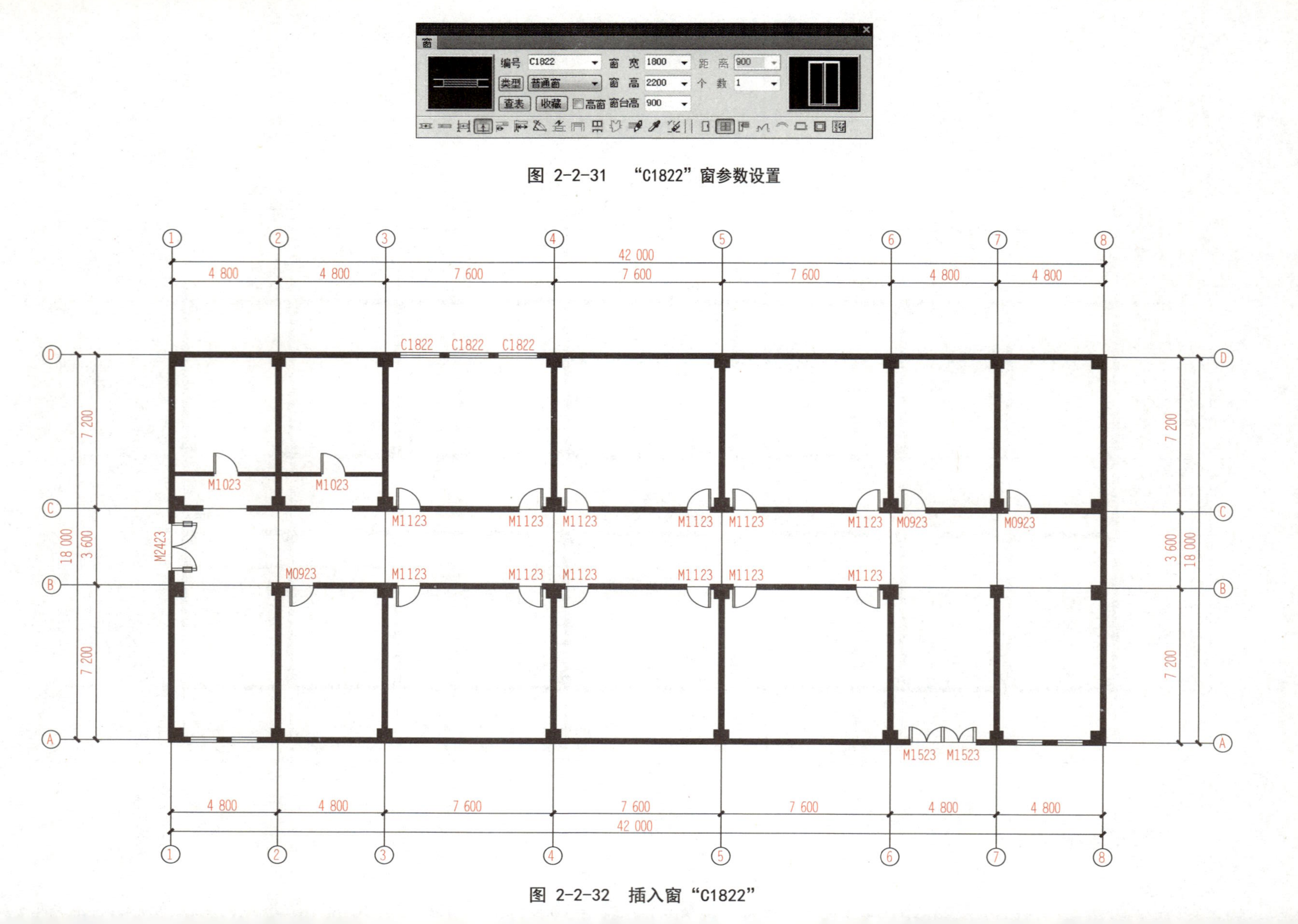

图 2-2-31 “C1822”窗参数设置

图 2-2-32 插入窗“C1822”

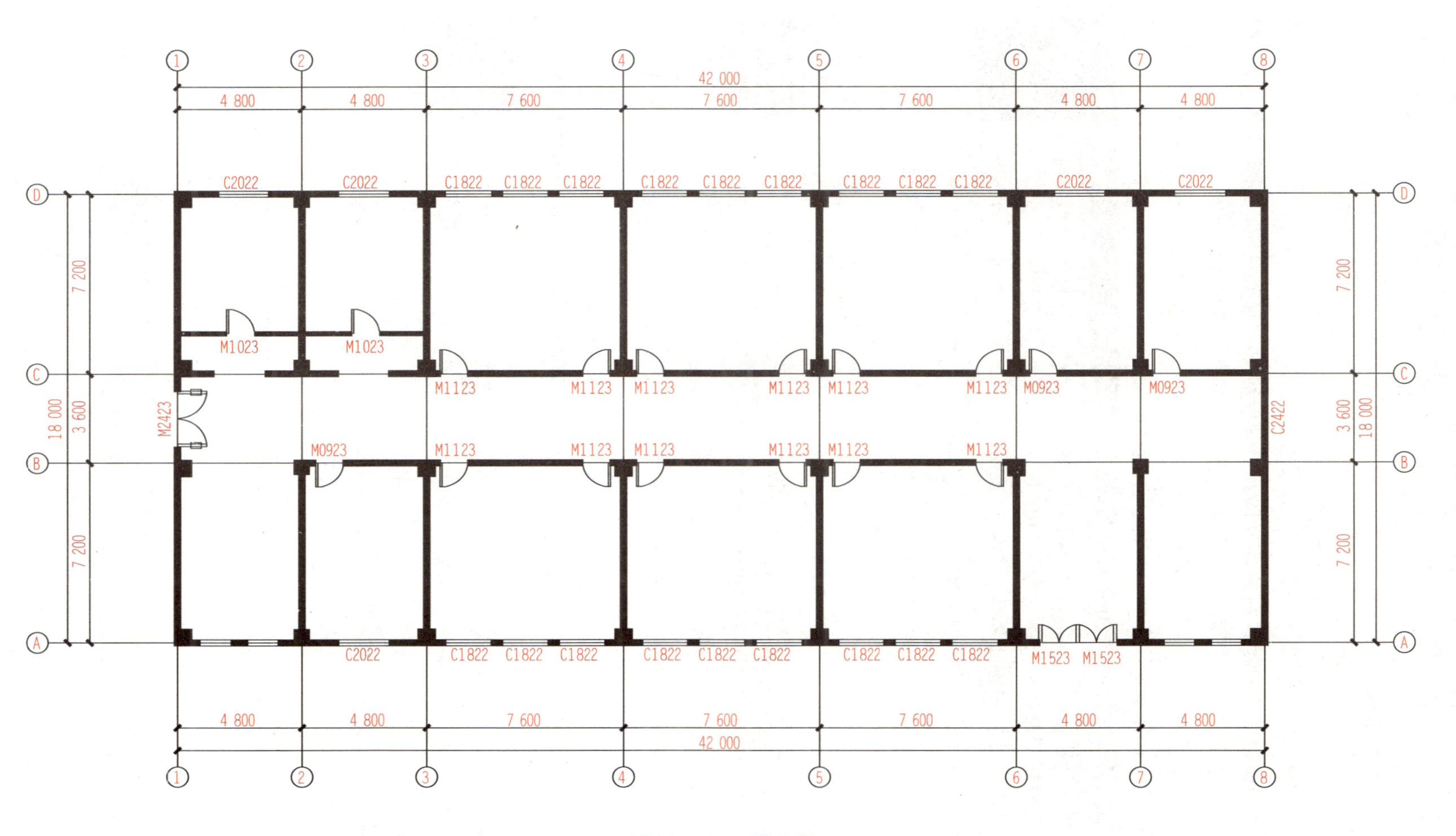

1
2
3
4
5
6
7
8
A
B
C
D
42 000
4 800
7 600
18 000
7 200
3 600
C2022
C1822
C2422
M1023
M1123
M0923
M1523
M2423

图 2-2-33 插入窗

2.3 室内外设施

2.3.1 楼梯的绘制

天正建筑提供了由自定义对象建立的基本梯段对象，包括直线、圆弧与任意梯段等单个元素，又由多个梯段元素组成了常用的双跑楼梯对象、多跑楼梯对象。

天正屏幕菜单中的“楼梯其他”命令包含了多种形式的楼梯样式创建子命令，包括“直线梯段”“圆弧梯段”“任意梯段”“双跑楼梯”“多跑楼梯”等。

(1)直线梯段。执行天正屏幕菜单的“楼梯其他”→“直线梯段”命令，系统会弹出图2-2-34所示的“直线梯段”对话框。本命令可以在对话框中输入梯段参数绘制直线梯段，也可以单独使用或用于组合复杂的楼梯与坡道。

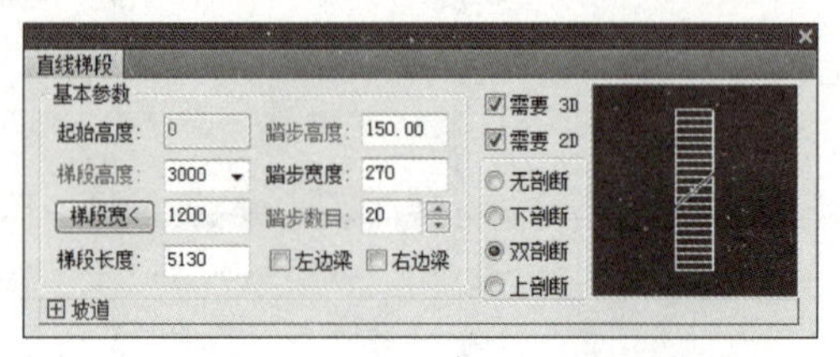

图 2-2-34 “直线梯段”对话框

(2)圆弧梯段。“圆弧梯段”命令可以创建单段弧线形梯段，适合单独的圆弧楼梯，也可与直线梯段组合创建复杂楼梯和坡道。选择天正屏幕菜单的“楼梯其他”→“圆弧梯段”命令，系统会弹出图 2-2-35 所示的“圆弧梯段”对话框。可以根据右侧的动态显示窗口调整对话框中楼梯的参数。

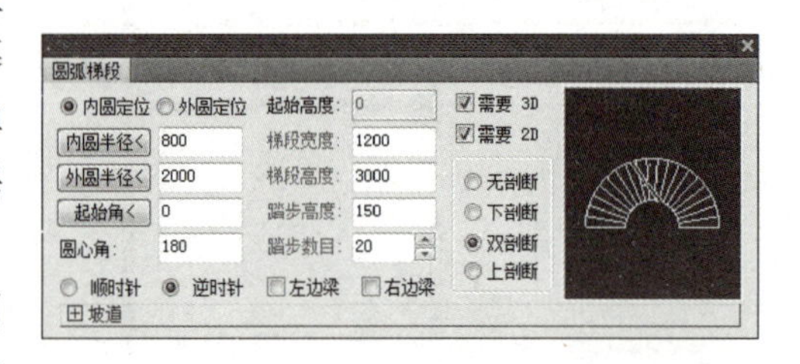

图 2-2-35 “圆弧梯段”对话框

(3)任意梯段。“任意梯段”命令以用户预先绘制的直线或弧线作为梯段两侧边界，在对话框中输入踏步参数，创建形状多变的梯段。

(4)双跑楼梯。双跑楼梯是最常见的楼梯形式，是由两跑直线梯段、一个休息平台、一个或两个扶手和一组或两组栏杆构成的自定义对象。选择天正屏幕菜单的“楼梯其他”→“双跑楼梯”命令，系统会弹出图 2-2-36 所示的“双跑楼梯”对话框。在对话框中确定楼梯参数和类型后即可将光标移至绘图区单击插入楼梯。

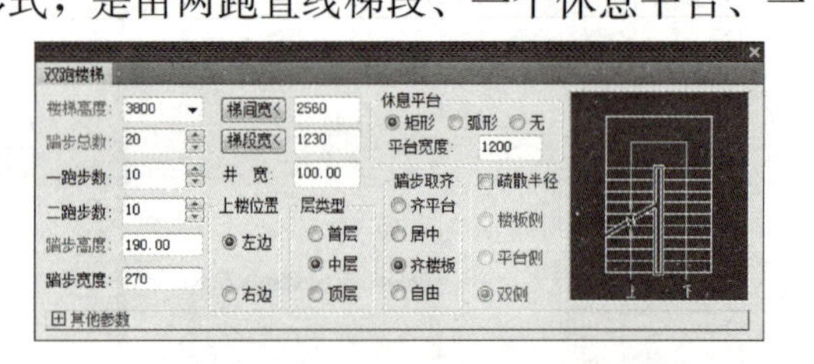

图 2-2-36 “双跑楼梯”对话框

双跑楼梯为自定义对象，可以通过拖动夹点进行编辑，也可以双击楼梯，进入对象编辑重新设定参数。

(5)多跑楼梯。“多跑楼梯”命令可以创建由梯段开始且以梯段结束、梯段和休息平台交替布置、各梯段方向自由的多跑楼梯。选择天正屏幕菜单的“楼梯其他”→“多跑楼梯”命令，系统会弹出图 2-2-37 所示的“多跑楼梯”对话框。首先，在对话框中确定“基线在左”或“基线在右”的绘制方向，其次在绘制梯段过程中实时显示当前梯段步数、已绘制步数及总步数，便于确定梯段起止位置。

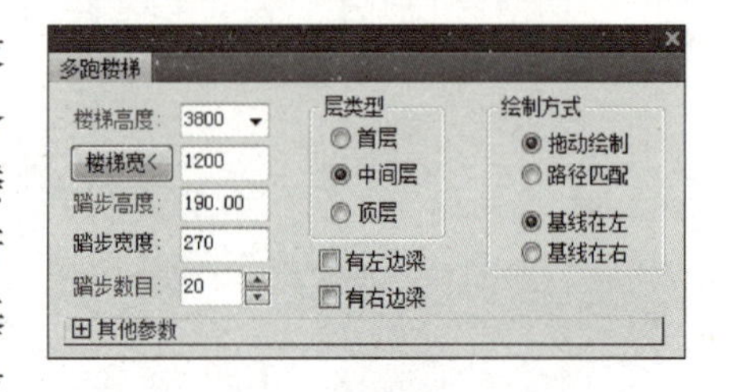

图 2-2-37 “多跑楼梯”对话框

2.3.2 阳台的绘制

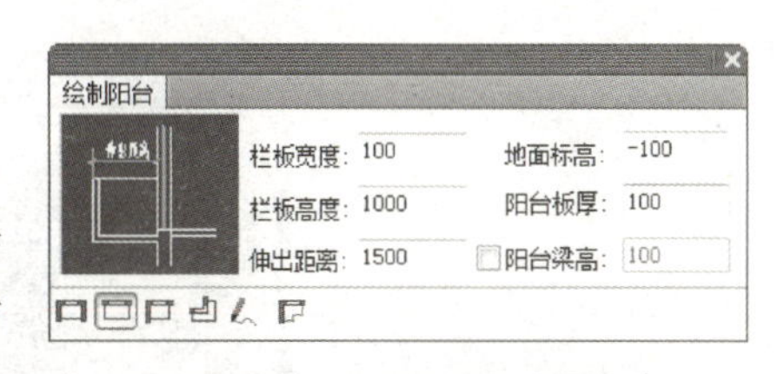

图 2-2-38 “绘制阳台”对话框

“阳台”命令可以使用几种预定样式绘制阳台，也可以选择预先绘制好的路径转成阳台，以任意绘制方式创建阳台。阳台可以自动遮挡散水，阳台对象可以被柱子、墙体局部遮挡。选择天正屏幕菜单的“楼梯其他”→“阳台”命令，系统会弹出图 2-2-38 所示的“绘制阳台”对话框。

“阳台”命令可以绘制简单的雨篷。

2.3.3 台阶的绘制

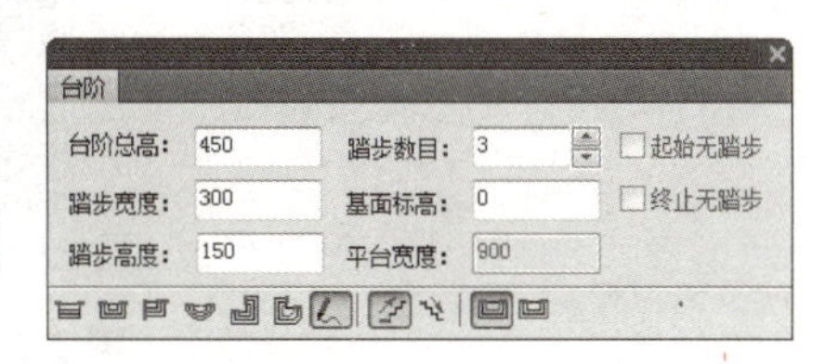

图 2-2-39 “台阶”对话框

“台阶”命令可以绘制矩形单面台阶、矩形三面台阶、阴角台阶、沿墙偏移等预定样式的台阶，或将预先绘制好的路径转成台阶、直接绘制平台创建台阶等。

选择天正屏幕菜单的“楼梯其他”→“台阶”命令，系统会弹出图 2-2-39 所示的“台阶”对话框。

台阶可以自动遮挡之前绘制的散水。

2.3.4 坡道的绘制

“坡道”命令通过参数构造单跑的入口坡道，多跑、曲边与圆弧坡道可以由“楼梯”命令中的“作为坡道”选项创建。坡道也可以遮挡之前绘制的散水。

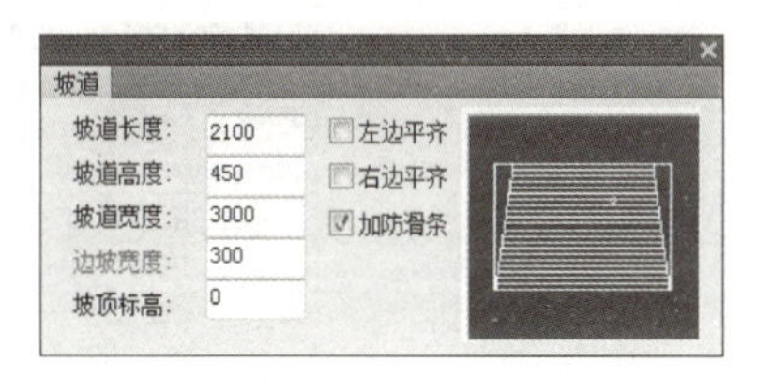

图 2-2-40 “坡道”对话框

选择天正屏幕菜单的“楼梯其他”→“坡道”命令，系统会弹出图 2-2-40 所示的“坡道”对话框。在对话框中修改坡道相关参数，即可以直接在绘图区域插入坡道。

2.3.5 散水的绘制

“散水”命令通过自动搜索外墙线绘制散水对象，可以自动被凸窗、柱子等对象裁剪，也可以通过勾选复选框或对象编辑，使散水绕壁柱、落地阳台生成。选择天正屏幕菜单的“楼梯其他”→“散水”命令，系统会弹出图 2-2-41 所示的“散水”对话框。

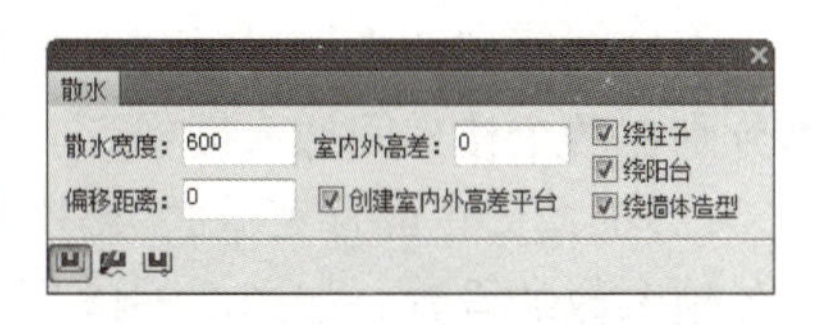

图 2-2-41 “散水”对话框

散水每一条边宽度可以不同，开始按统一的全局宽度创建，通过夹点和对象编辑单独修改各段宽度，也可以再修改为统一的全局宽度。

2.3.6 卫生间布置

在天正屏幕菜单的“房间布置”命令中提供了多种工具命令，适用于卫生间的各种不同洁具布置。选择天正屏幕菜单的“房间屋顶”→“房间布置”→“布置洁具”命令，系统会弹出图 2-2-42 所示的“天正洁具”对话框。可以选取不同类型的洁具，沿天正建筑墙对象和单墙线布置卫生洁具等设施。

选择天正屏幕菜单的“房间屋顶”→“房间布置”→“布置隔断”命令，可以通过两点选取已经插入的洁具，布置卫生间隔断。“布置隔断”命令需要先布置洁具才能执行，隔板与门采用了墙对象和门窗对象，支持对象编辑。

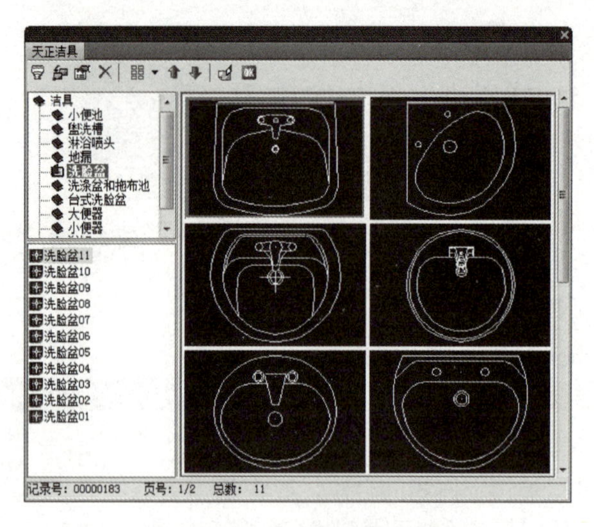

图 2-2-42 “天正洁具”对话框

2.3.7 室内外设置的绘制

(1)选择天正屏幕菜单的“楼梯其他”→“双跑楼梯”命令，系统会弹出“双跑楼梯”对话框。在对话框中进行各项参数设置，如图 2-2-43 所示。

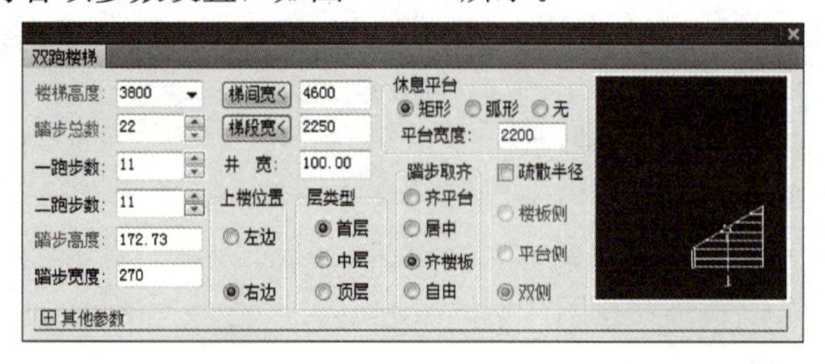

图 2-2-43 双跑楼梯参数设置

在绘图区域插入楼梯时可以输入“S”和“D”进行左右翻和上下翻的调整。如图 2-2-44 所示分别在两个楼梯间插入楼梯。

(2)选择天正屏幕菜单的“楼梯其他”→“台阶”命令，弹出“台阶”对话框。在对话框中进行各项参数的设置，如图 2-2-45 所示。

如图 2-2-46 所示，分别插入两个室外楼梯，并使用“直线”命令绘制台阶边缘和平台边缘。

选择天正屏幕菜单的“楼梯其他”→“添加扶手”命令，分别选择⑥号轴线和⑦号轴线室外台阶平台的两条边缘线，设置扶手宽度、高度和对齐方式，添加室外台阶平台扶手。

(3)执行天正屏幕菜单的“楼梯其他”→“台阶”命令，弹出“台阶”对话框。在“台阶”对话框中进行各项参数设置，如图 2-2-47 所示。在如图 2-2-48 所示的位置插入室外坡道。

(4)选择天正屏幕菜单的“楼梯其他”→“散水”命令，弹出“散水”对话框。在“散水”对话框中进行各项参数的设置，如图 2-2-49 所示。选中整个建筑图，单击鼠标右键即可绘制如图 2-2-50 所示的散水。

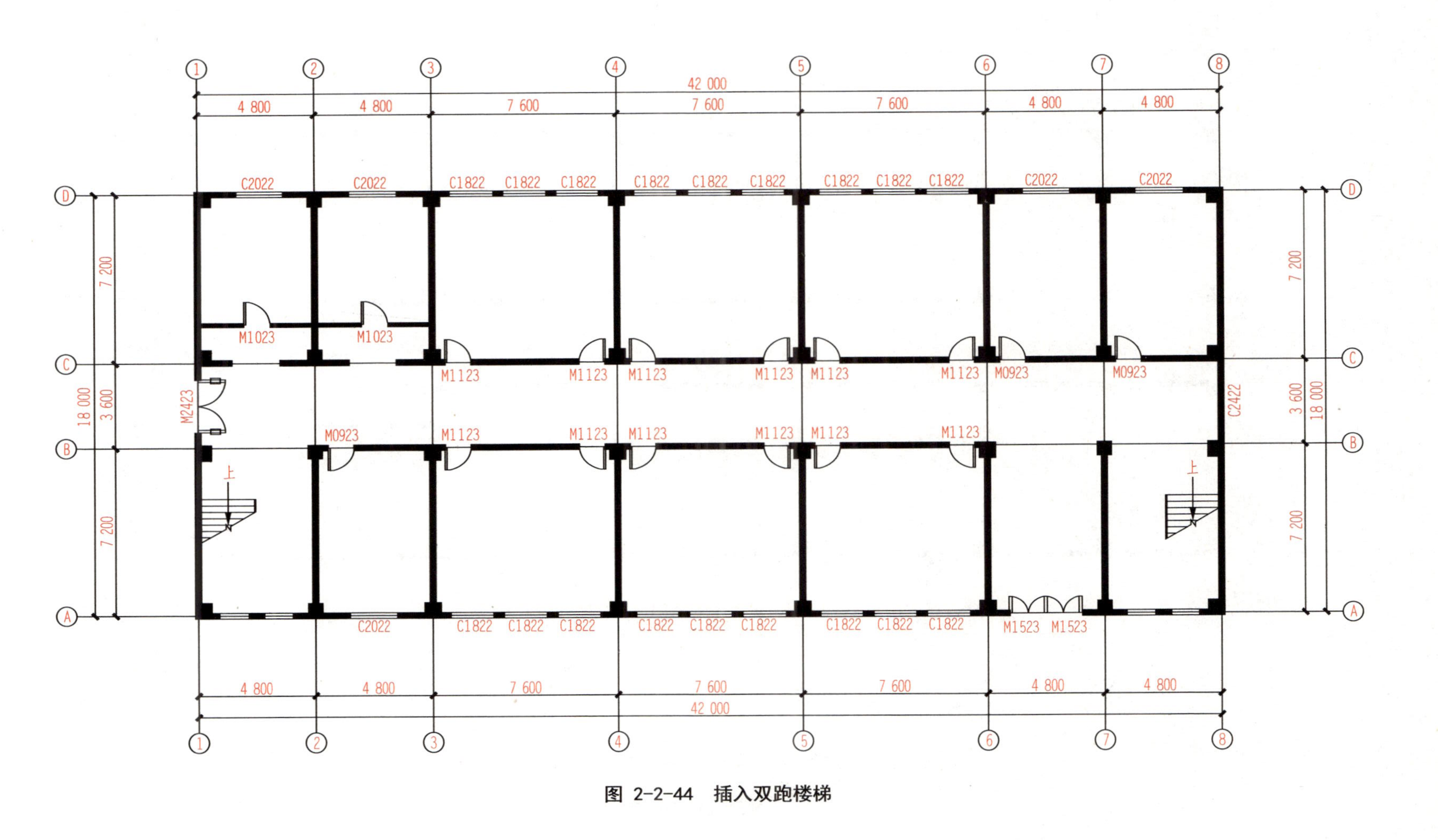

图 2-2-44　插入双跑楼梯

台阶

台阶总高：300　踏步数目：2　起始无踏步

踏步宽度：300　基面标高：0　终止无踏步

踏步高度：150　平台宽度：1200

图 2-2-45　室外台阶参数设置

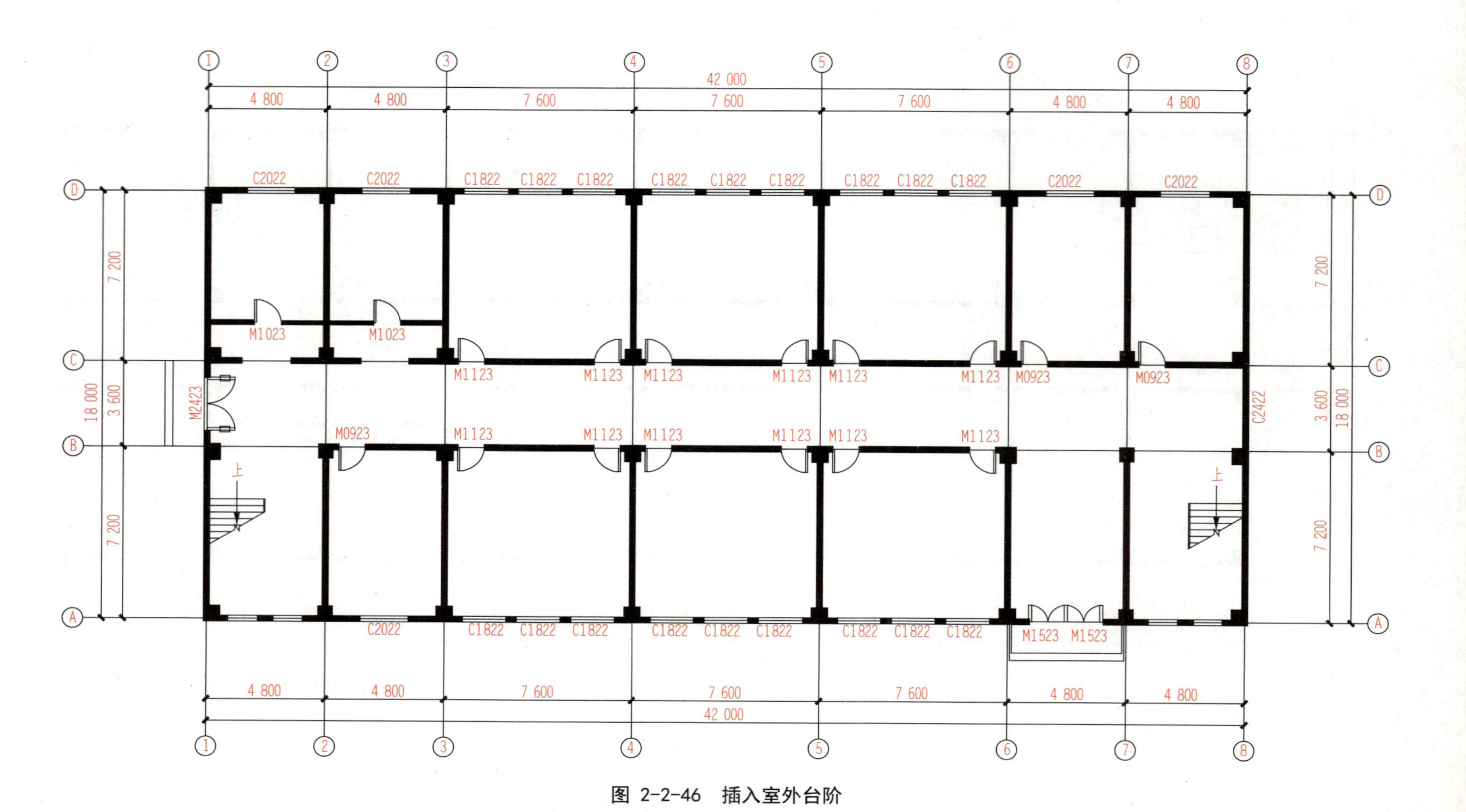

图 2-2-46　插入室外台阶

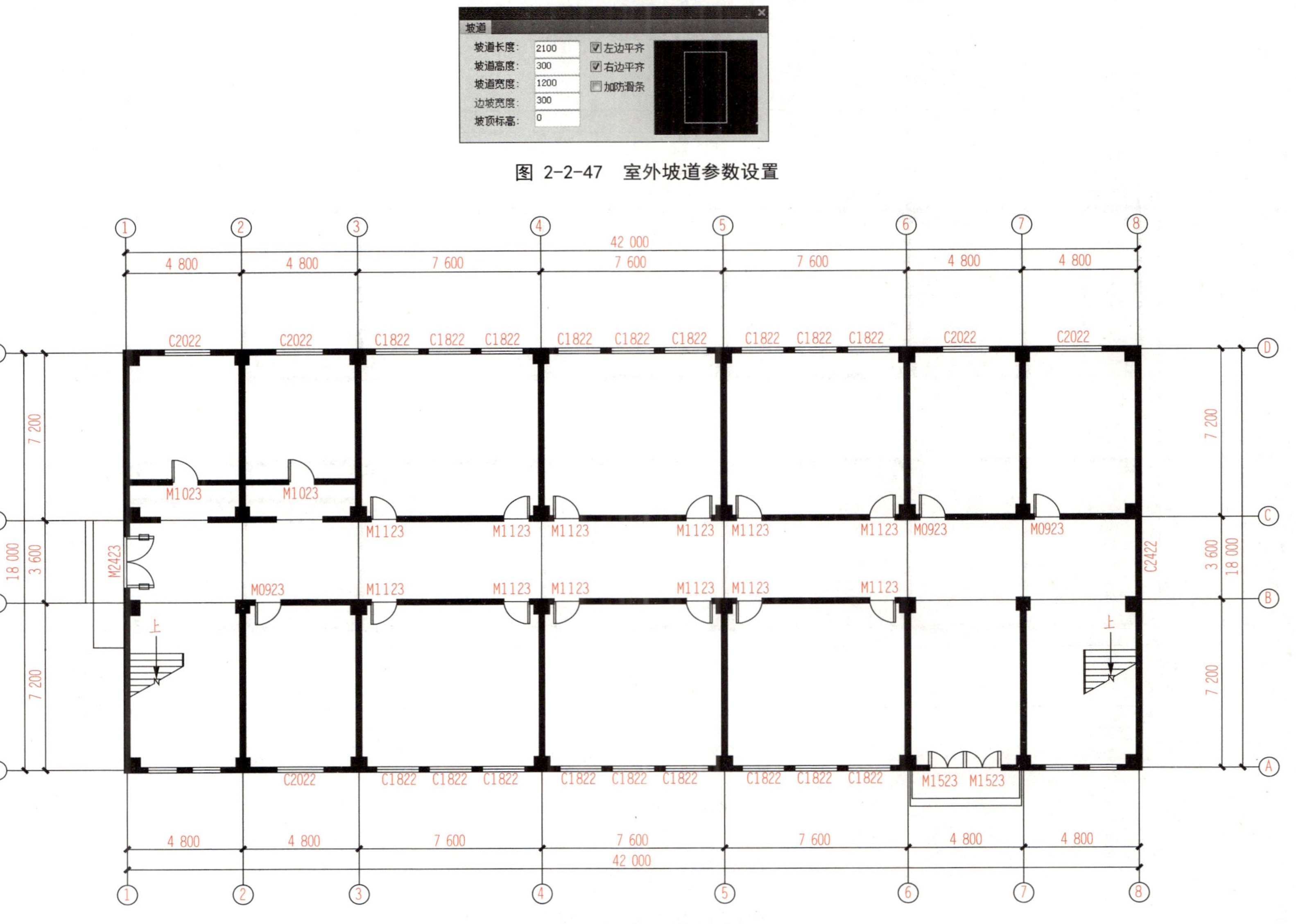

图 2-2-47 室外坡道参数设置

图 2-2-48 插入室外坡道

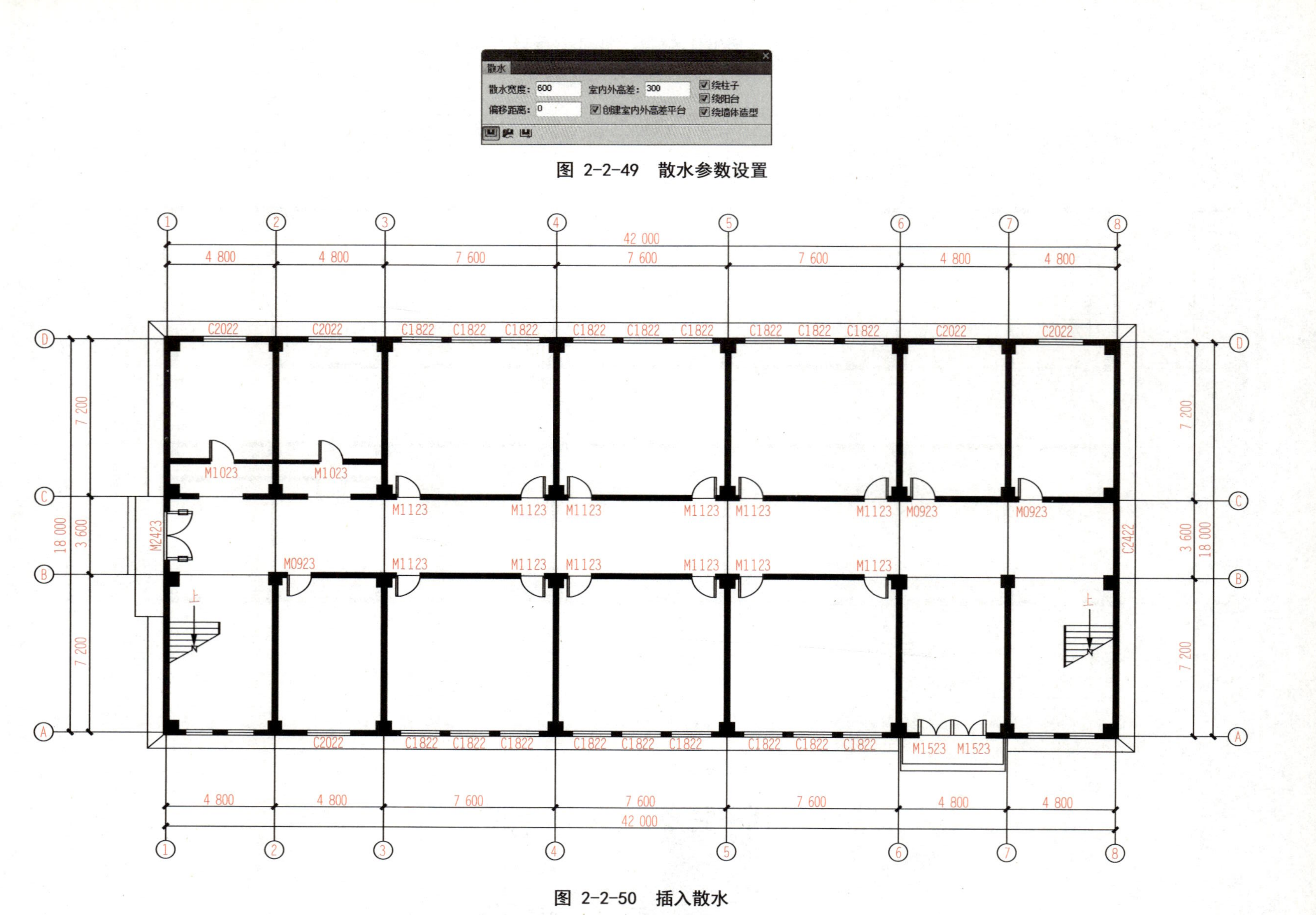

图 2-2-49　散水参数设置

图 2-2-50　插入散水

(5)选择天正屏幕菜单的“房间屋顶”→“房间布置”→“布置洁具”命令，系统会弹出图 2-2-51 所示的“天正洁具”对话框。在“天正洁具”对话框中双击选择“洁具”→“大便器”→“蹲便器(感应式)”选项，弹出图 2-2-52 所示的“布置蹲便器(感应式)”对话框，选择卫生间一侧墙壁依次布置，可以使用 CAD 编辑命令进行位置调整。

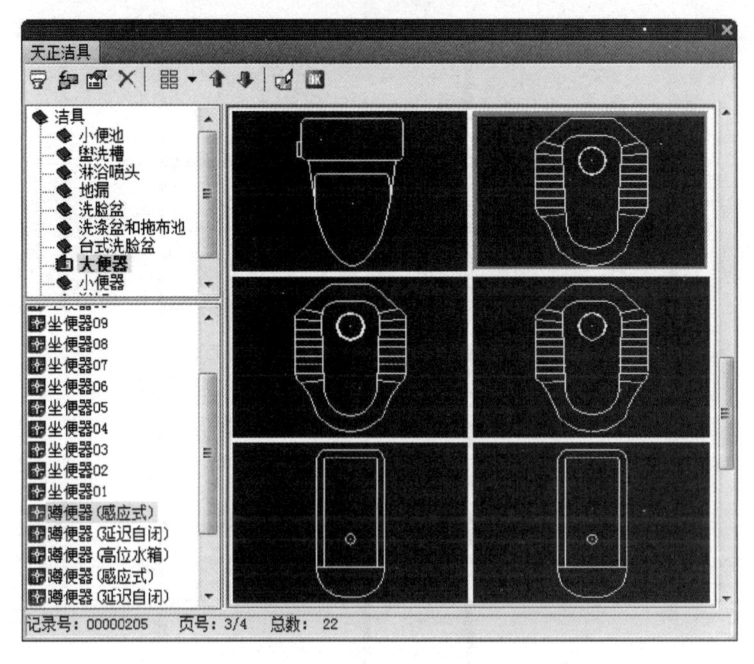

图 2-2-51 “天正洁具”对话框

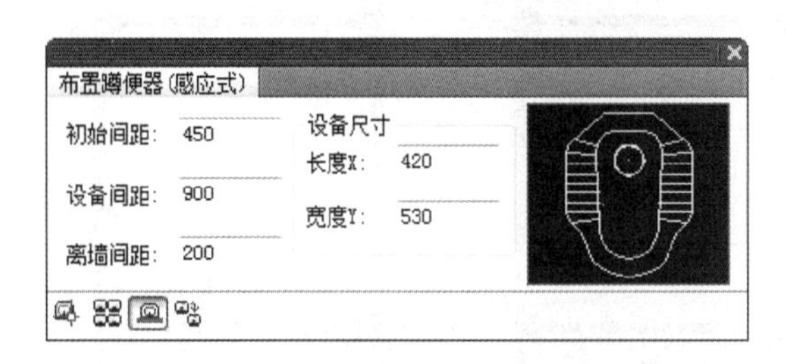

图 2-2-52 “布置蹲便器(感应式)”对话框

选择天正屏幕菜单的“房间屋顶”→“房间布置”→“布置隔断”命令，将绘制好的洁具使用一条直线全部选中，设置隔板长度和门宽。

选择天正屏幕菜单的“房间屋顶”→“房间布置”→“布置洁具”命令，弹出“天正洁具”对话框，在“天正洁具”对话框中双击选择“洁具”→“小便池”→“小便池”选项，在男厕添加长度为“4800”的小便池。

选择天正屏幕菜单的“房间屋顶”→“房间布置”→“布置洁具”命令，弹出“天正洁具”对话框，在“天正洁具”对话框中双击选择“洁具”→“盥洗槽”→“盥洗槽”选项，在卫生间添加盥洗槽。

布置好洁具和隔断后的平面图，如图 2-2-53 所示。

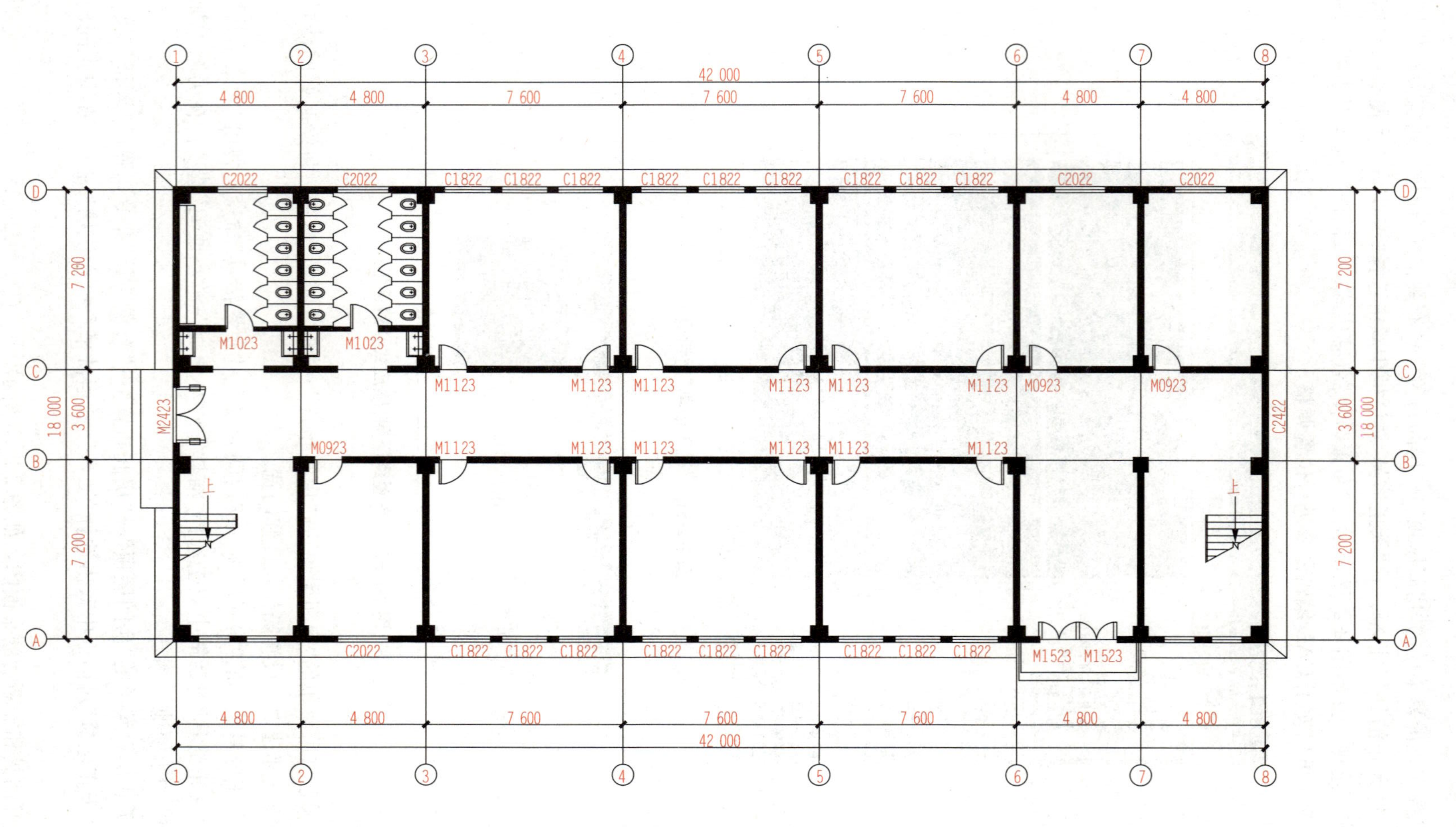

图 2-2-53　布置洁具和隔断

2.4 编辑文字与标注

天正开发的自定义文字对象，可方便地书写和修改中西文混合文字。可使组成天正文字样式的中西文字体有各自的宽高比例，方便地输入和变换文字的上标、下标。天正建筑软件在文字对象中还提供了多种特殊符号，如钢号、加圈文字、上标、下标等处理，以满足《建筑制图标准》(GB/T 50104—2010)规定的一些特殊文字符号的注写要求。

2.4.1 房间标注

房间的信息可以直接由天正建筑软件自动绘制而成，如房间面积、房间编号等。

选择天正屏幕菜单的“房间屋顶”→“搜索房间”命令，系统会弹出图 2-2-54 所示的“搜索房间”对话框。在对话框中输入相应的选择项目。

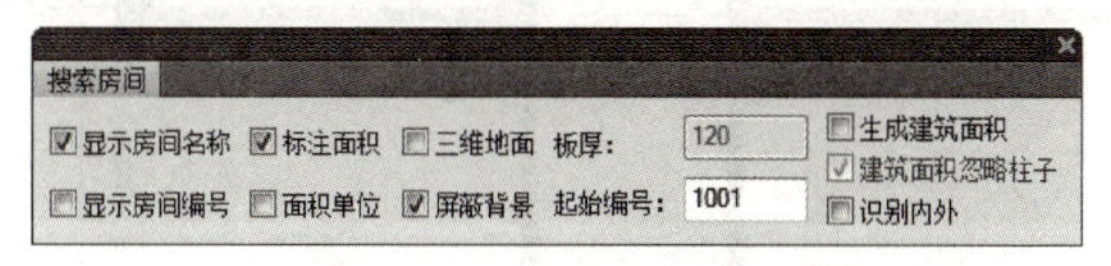

图 2-2-54 “搜索房间”对话框

在绘图区域根据命令行提示框选建筑物所有墙体，单击鼠标右键确定，生成房间标注的信息。房间名称可以通过在位编辑修改，双击即可修改房间的名称。

2.4.2 尺寸标注

天正建筑软件提供了专用于建筑工程设计的尺寸标注对象，这些标注对象按照《建筑制图标准》(GB/T 50104—2010)的标注要求，对 AutoCAD 的通用尺寸标注进行了简化与优化，并提供了灵活的夹点编辑操作功能。选择天正屏幕菜单的“尺寸标注”命令，用户可以根据需要选择门窗标注、墙厚标注、内门标注、楼梯标注等尺寸标注功能。

尺寸标注对象是天正自定义对象，支持“裁剪”“延伸”“打断”等编辑命令，使用方法与 AutoCAD 尺寸对象相同。除此之外，天正建筑软件还提供了专用尺寸编辑命令。选择天正屏幕菜单的“尺寸标注”→“尺寸编辑”命令，用户可以根据需要选择文字复位、文字复值、裁剪延伸、取消尺寸、连接尺寸、尺寸打断等尺寸编辑功能。

2.4.3 符号标注

按照建筑制图的国际工程符号规定画法，天正建筑软件提供了一整套的自定义工程符号对象，这些符号对象可以方便地绘制剖切号、指北针、引注箭头，绘制各种详图符号、引出标注符号。这些标注符号可以从天正屏幕菜单“符号标注”中找到。

操作步骤如下：

(1)选择天正屏幕菜单的“房间屋顶”→“搜索房间”命令，系统会弹出“搜索房间”对话框。在该对话框中进行各项参数设置，如图 2-2-55 所示。选中绘图区域中建筑物的所有墙体，单击鼠标右键确定。通过在位编辑修改房间名称，如图 2-2-56 所示。

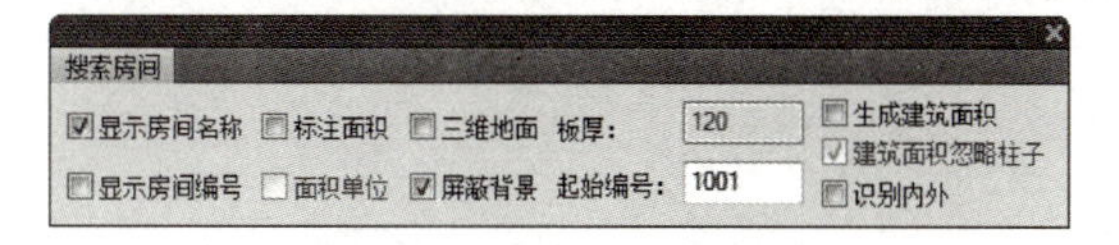

图 2-2-55 “搜索房间”对话框参数设置

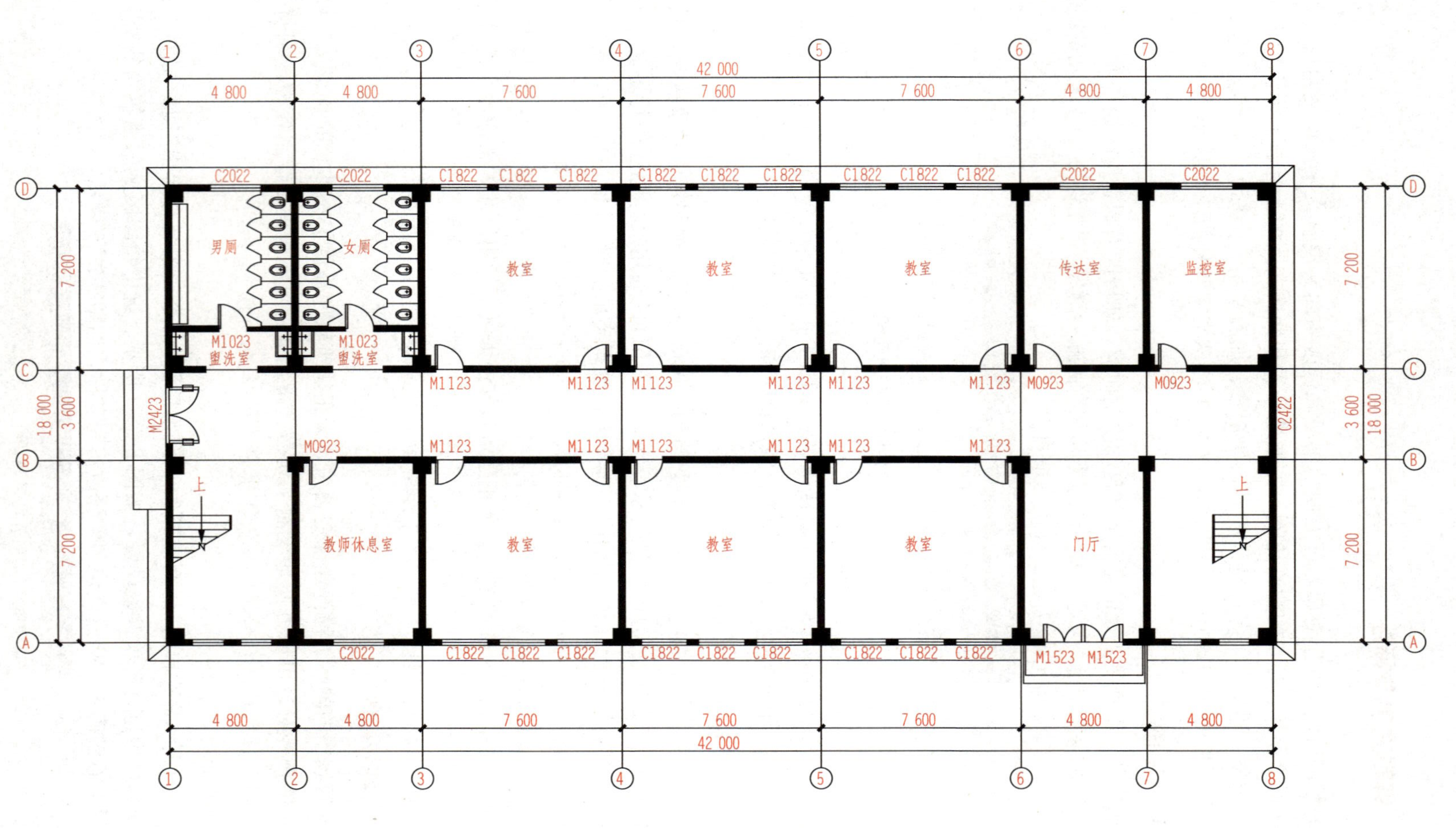

图 2-2-56 房间名称修改

(2)选择天正屏幕菜单的“尺寸标注”→“门窗标注”命令，根据命令行提示线选尺寸标注的门窗所在的墙线和第一道、第二道标注线，自动生成一段墙体外侧的门窗标注，选择同侧其余墙体，生成教学楼一侧墙体的门窗标注。教学楼最终门窗标注如图 2-2-57 所示。

选择天正屏幕菜单的“尺寸标注”→“墙厚标注”命令，根据命令行提示线选需要标注厚度的墙体。选择天正屏幕菜单的“尺寸标注”→“内门标注”命令，根据命令行提示线选需要标注的内门。

选择天正屏幕菜单的“尺寸标注”→“尺寸编辑”→“增补尺寸”命令，分别将外墙厚度增补至第二道轴网标注的位置处。选择天正屏幕菜单的“尺寸标注”→“尺寸编辑”→“裁剪延伸”命令，将外墙厚度延伸至总尺寸线处。

最终的尺寸标注，如图 2-2-58 所示。

(3)选择天正屏幕菜单的“符号标注”→“标高标注”命令，系统会弹出图 2-2-59 所示的“标高标注”对话框，在对话框中勾选“手工输入”复选框，并输入室内标高为“0”，在绘图区域教学楼内单击即可插入标高“±0.000”。

在“标高标注”对话框中输入“－0.300”，在教学楼外侧插入室外标高，如图 2-2-60 所示。

(4)选择天正屏幕菜单的“符号标注”→“剖切符号”命令，系统会弹出图 2-2-61 所示的“剖切符号”对话框，在⑦轴线与⑧轴线之间绘制 1—1 剖面剖切线，如图 2-2-62 所示。

选择天正屏幕菜单的“符号标注”→“画指北针”命令，在绘图区域合适位置插入指北针。

选择天正屏幕菜单的“符号标注”→“图名标注”命令，系统会弹出“图名标注”对话框，在“天正图名标注输入”处输入“教学楼首层平面图”，如图 2-2-63 所示，在绘图区域插入图名和比例。

(5)绘制完成的平面图形如图 2-2-64 所示，将文件保存为“教学楼首层平面图.dwg”。

(6)根据前文讲述的方法及步骤，绘制教学楼标准层平面图、教学楼顶层平面图、教学楼屋顶平面图，分别如图 2-2-65～图 2-2-67 所示，并保存文件分别命名为“教学楼标准层平面图.dwg”“教学楼顶层平面图.dwg”“教学楼屋顶平面图.dwg”。

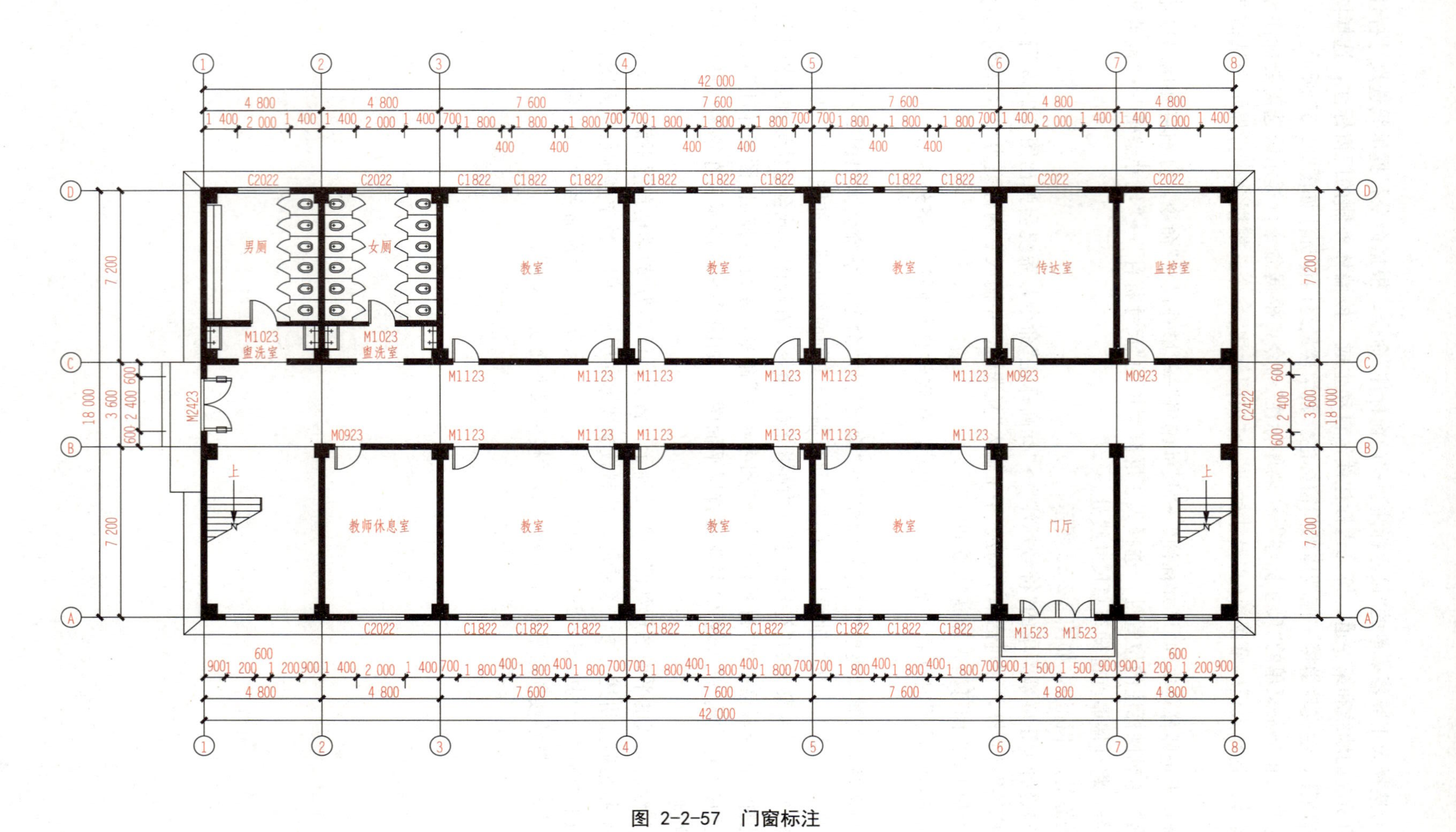
男厕
女厕
盥洗室
教室
传达室
监控室
教师休息室
门厅
上
M1023
M1123
M0923
M1523
M2423
C2022
C1822
C2422
42 000
18 000
7 600
7 200
4 800
3 600

图 2-2-57 门窗标注

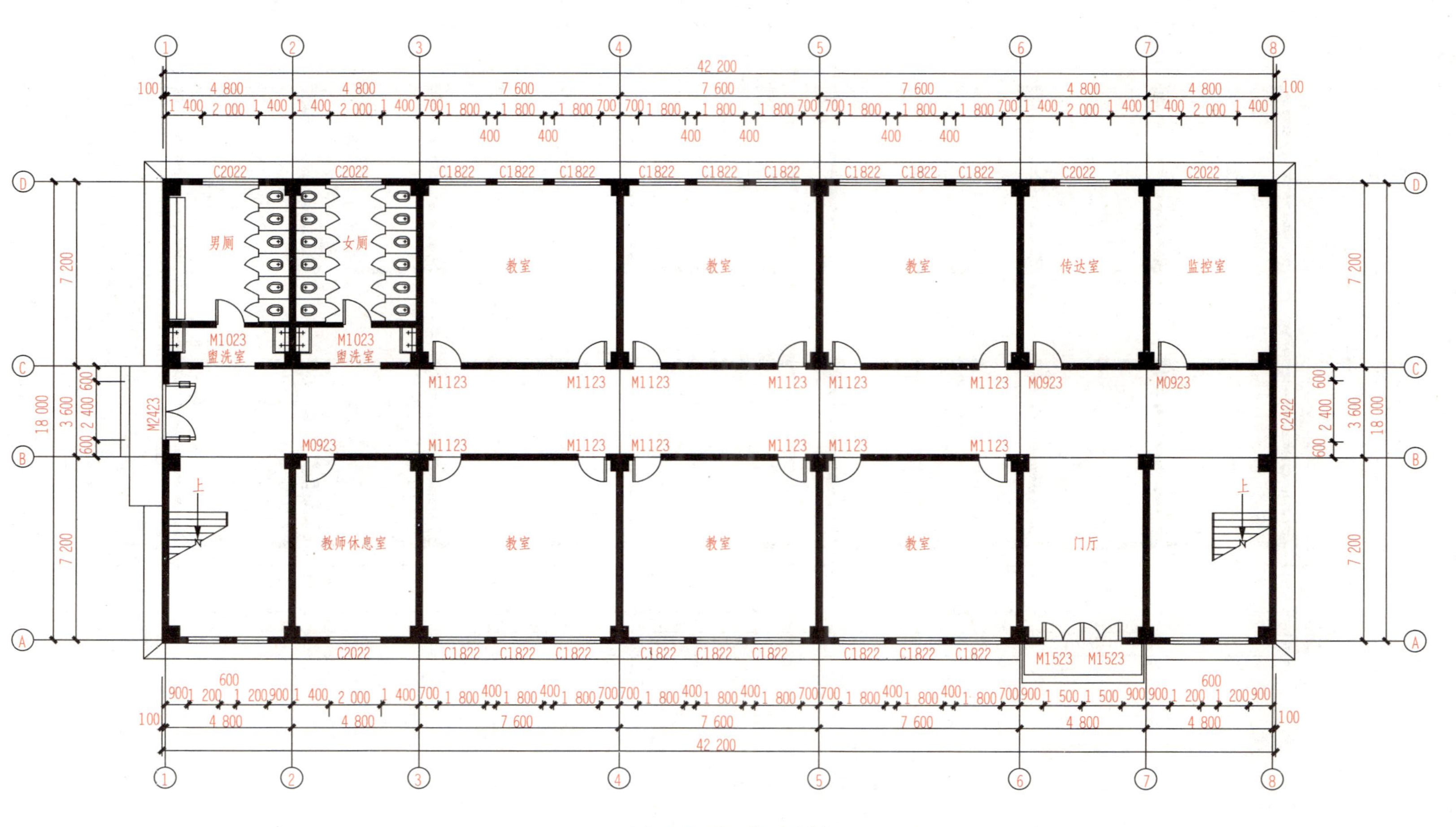

男厕
女厕
M1023
盥洗室
教室
传达室
监控室
教师休息室
门厅
M1123
M0923
M2423
M1523
C2022
C1822
C2422
上
42 200
18 000
7 200
3 600
7 600
4 800

图 2-2-58　尺寸标注

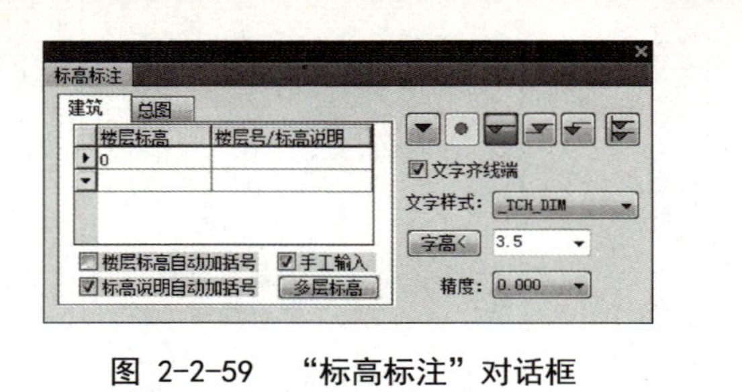

图 2-2-59 “标高标注”对话框

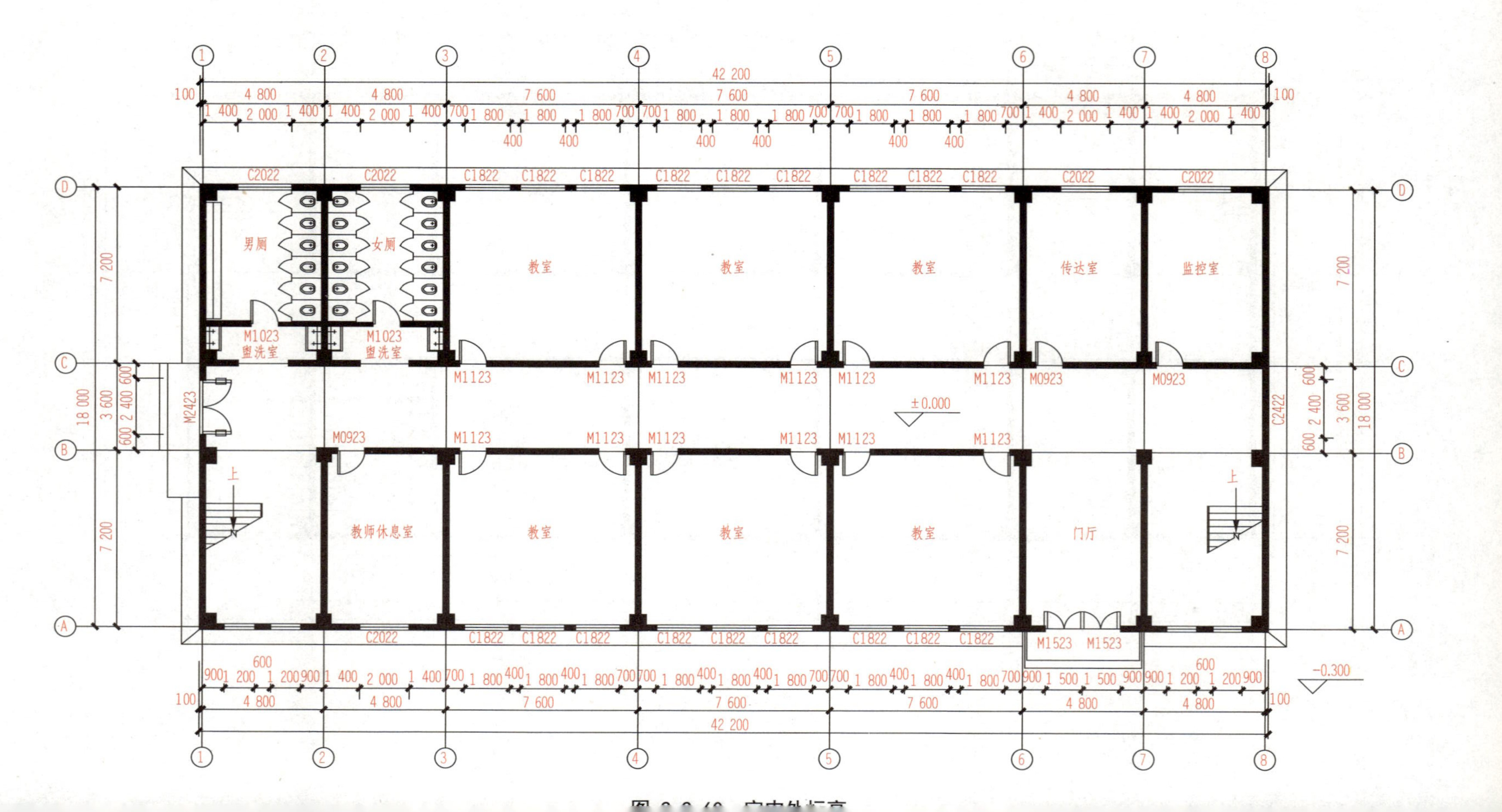

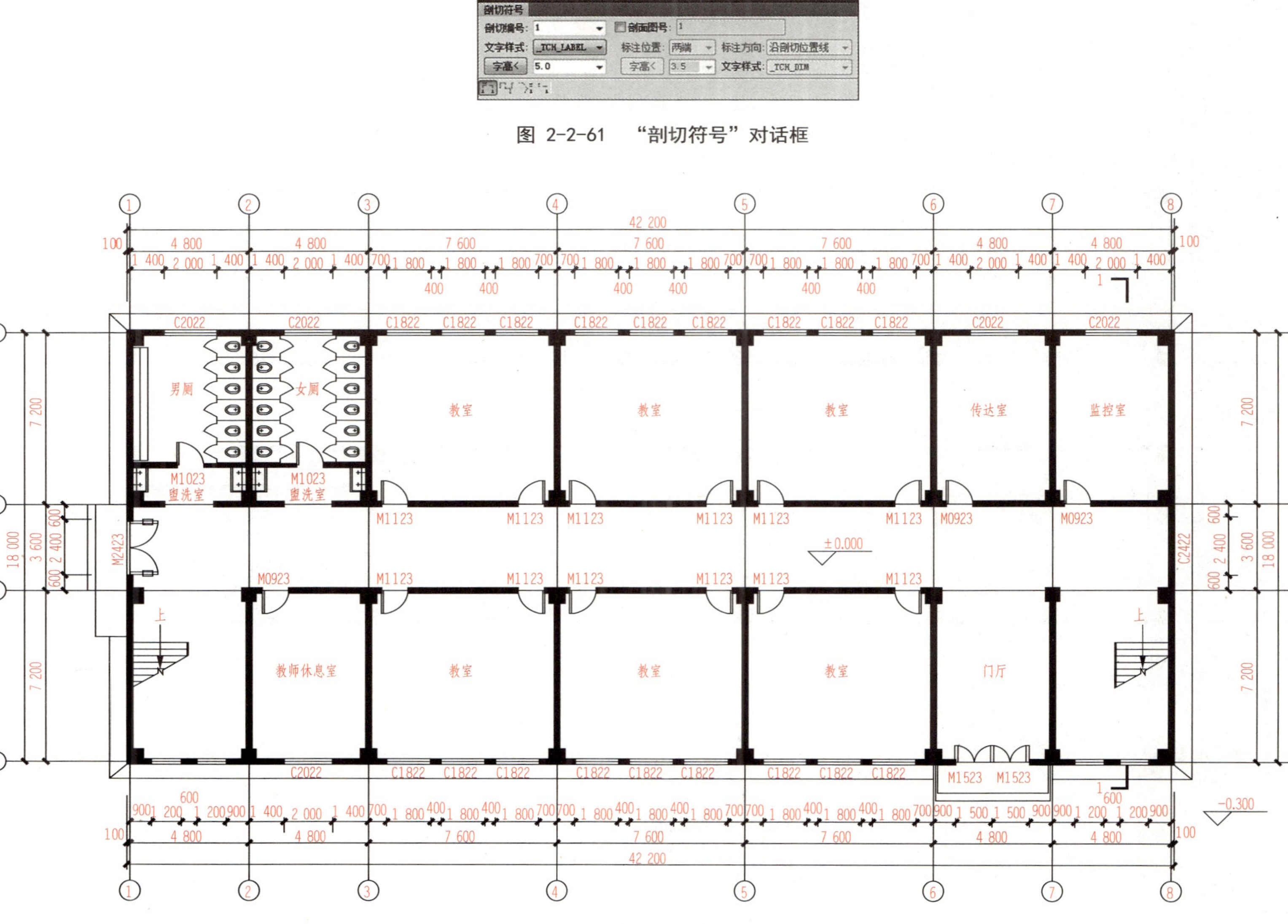

图 2-2-61 “剖切符号”对话框

图 2-2-62 1—1剖面剖切线

图 2-2-63 “图名标注”对话框

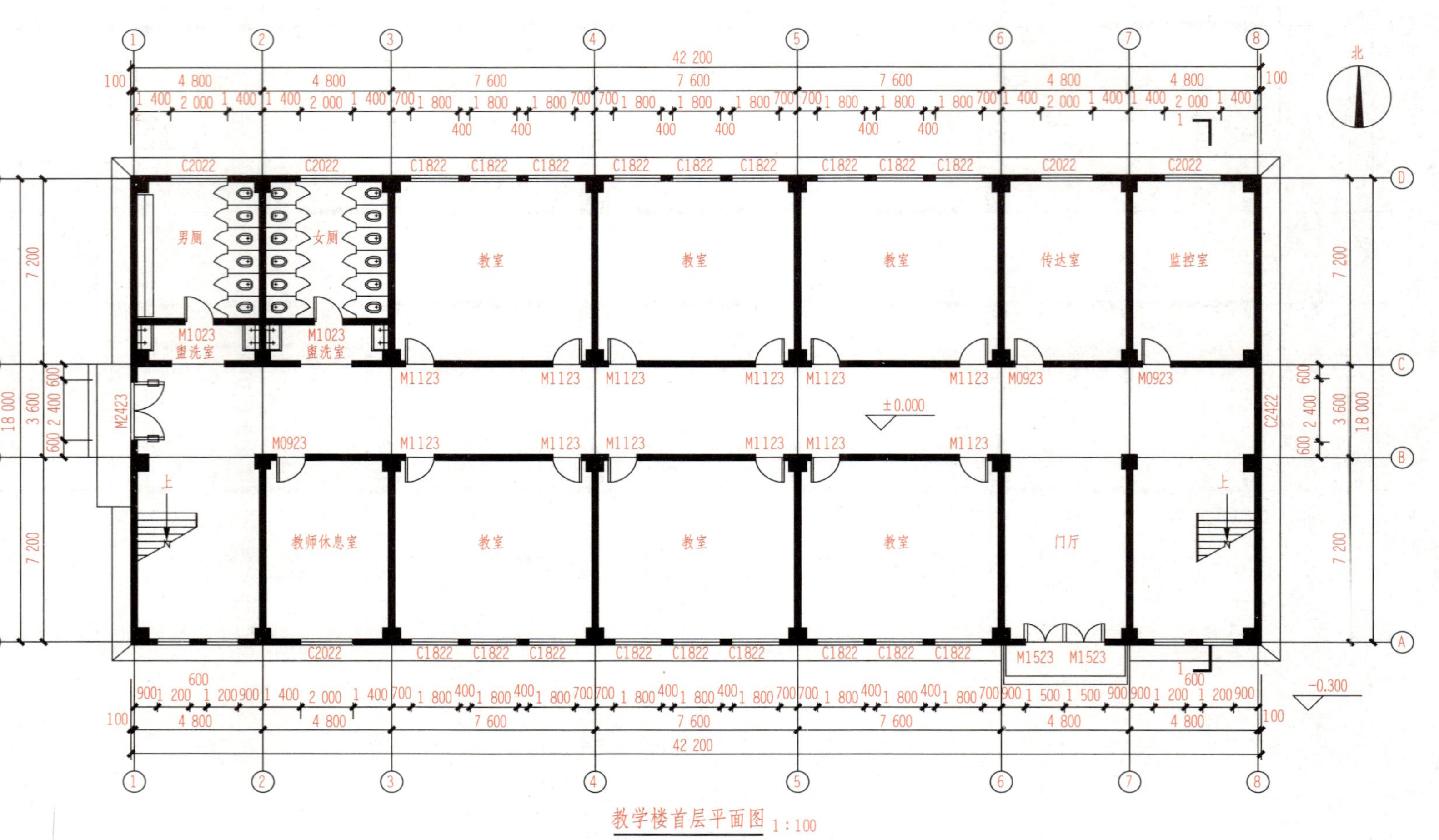

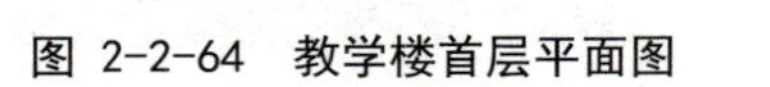

图 2-2-64 教学楼首层平面图

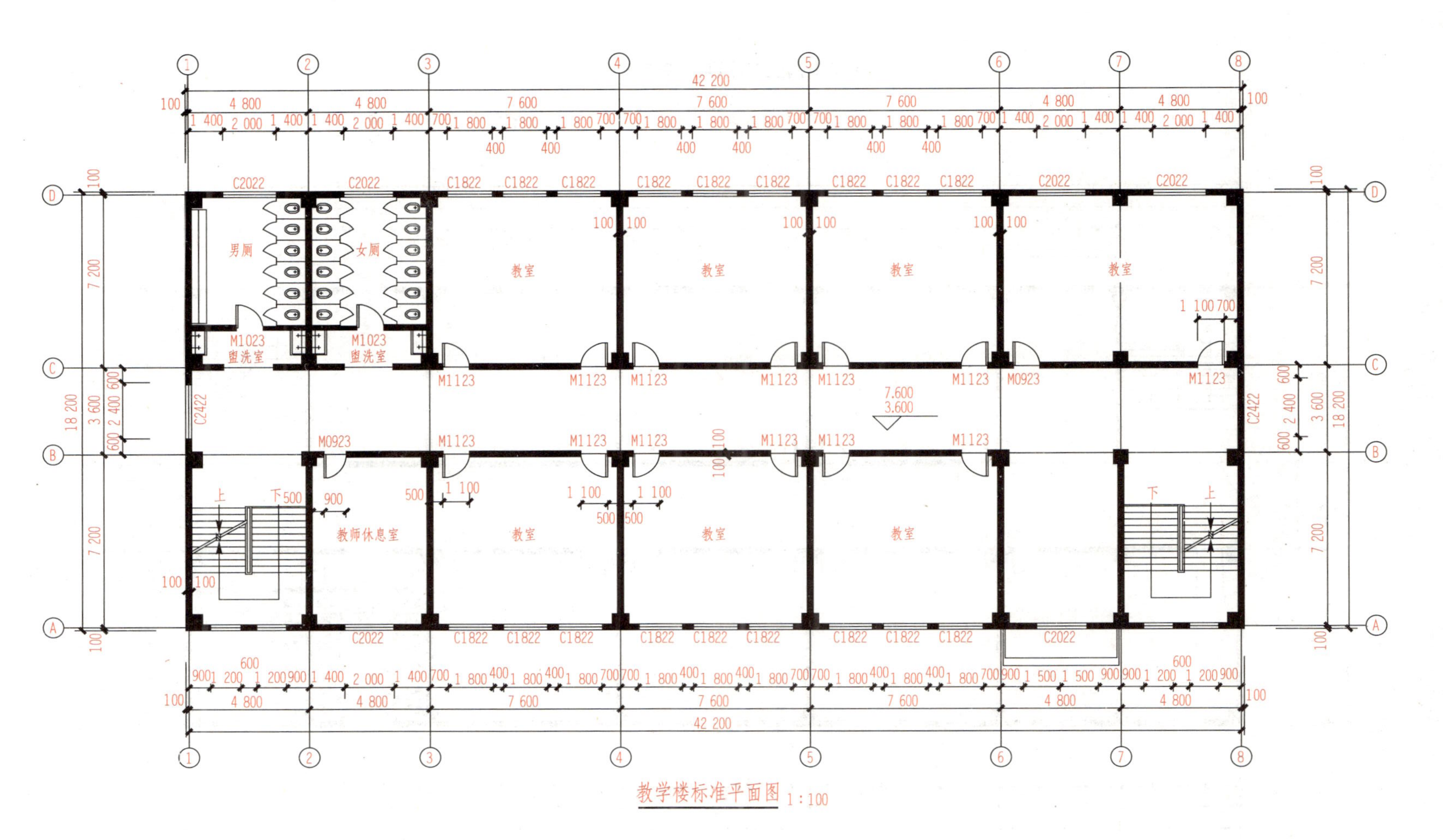

图 2-2-65 教学楼标准层平面图

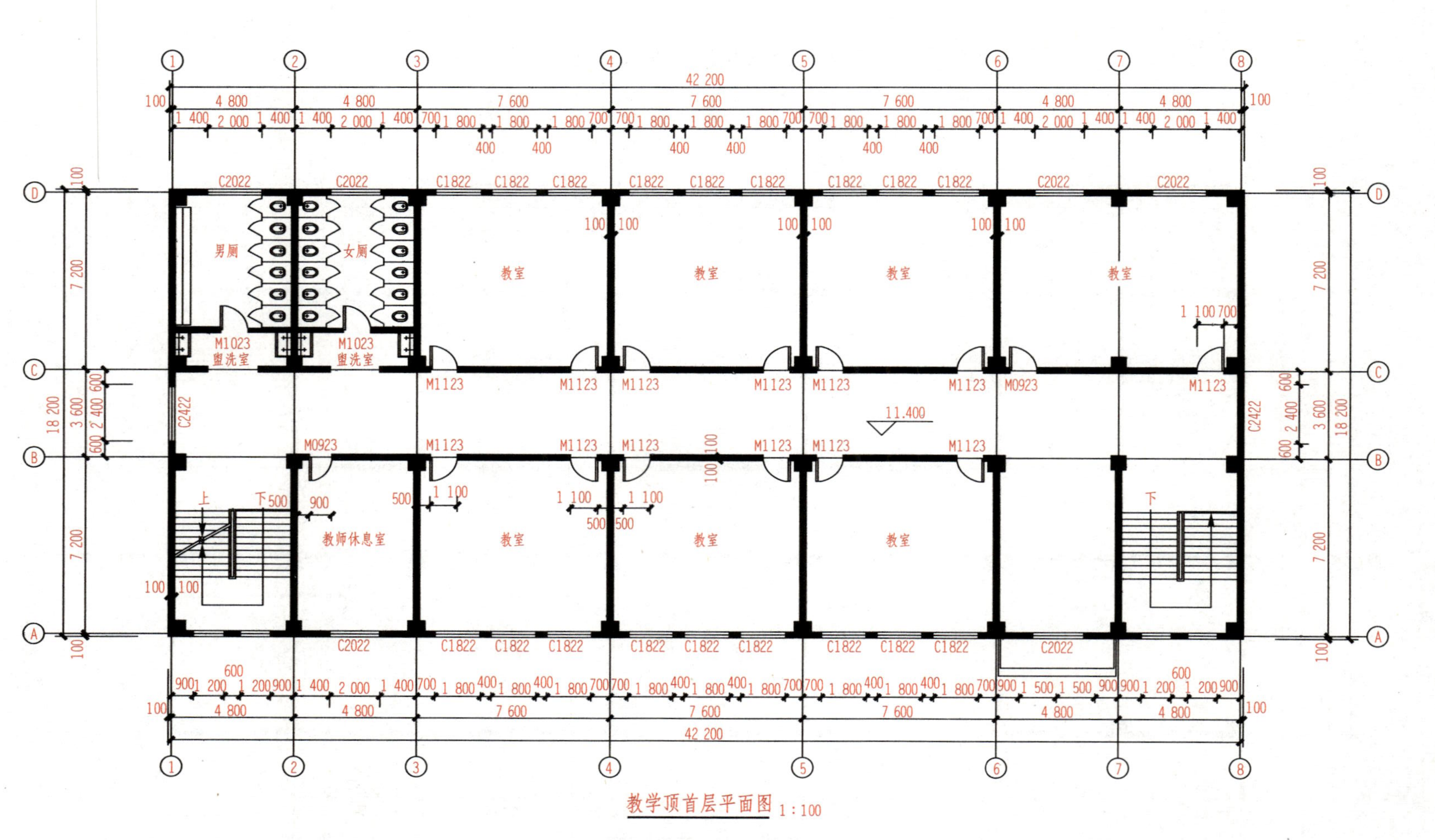

图 2-2-66 教学楼顶层平面图

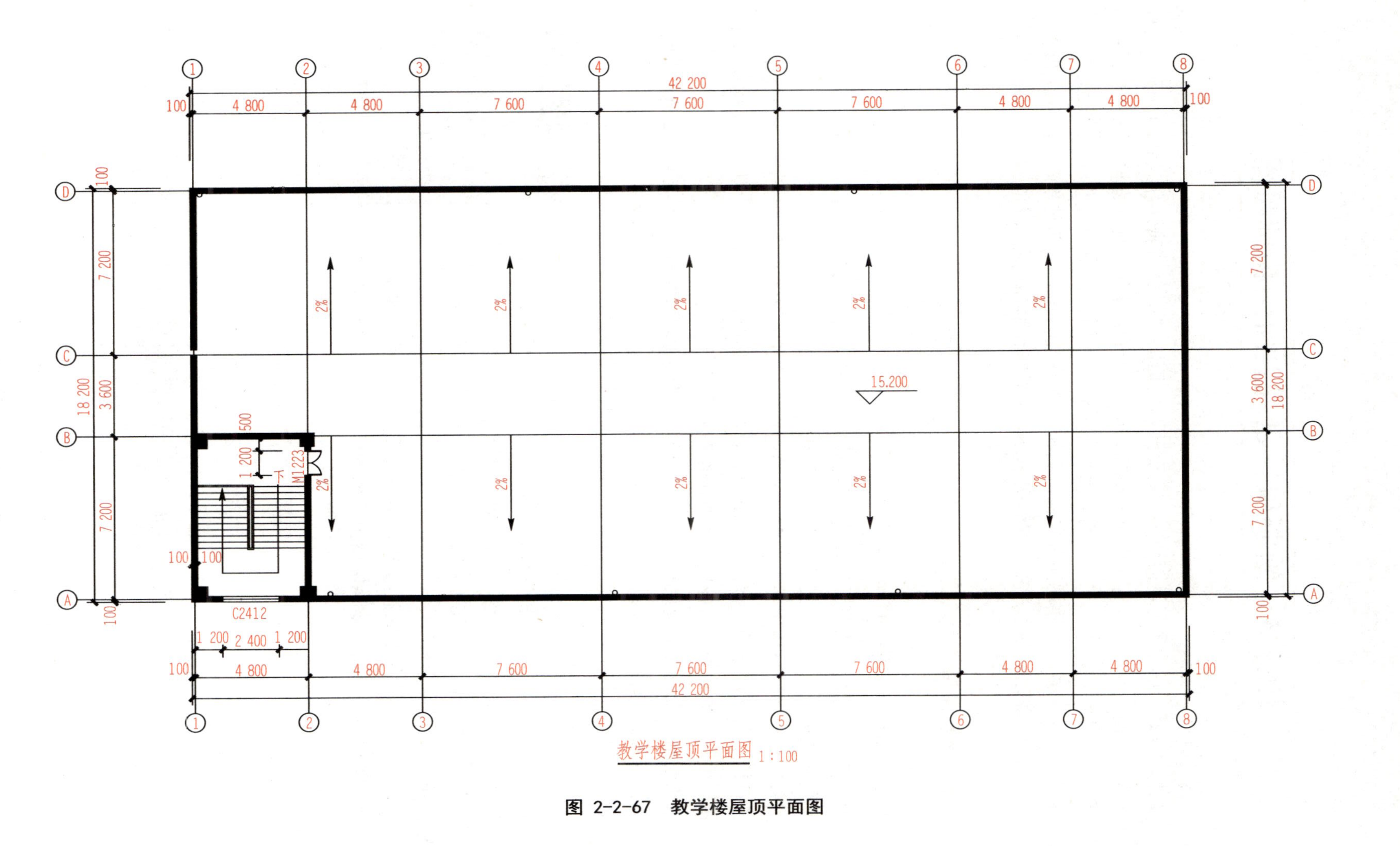

图 2-2-67 教学楼屋顶平面图

任务 3　绘制项目建筑立面图和剖面图

设计好一套工程的各层平面图后，需要绘制立面图和剖面图表达建筑物的立面、剖面设计细节，立面、剖面表现的是建筑三维模型的一个投影视图。受三维模型细节和视线方向建筑物遮挡的影响，天正立面、剖面图形是通过平面图构件中的三维信息进行消隐获得的二维图形，除符号与尺寸标注对象及门窗阳台图块是天正自定义对象外，其他图形构成元素都是 AutoCAD 的基本对象。剖面图中提供了对墙线的加粗和填充命令。

3.1　项目工程管理

3.1.1　项目工程管理介绍

天正工程管理是将用户所设计的大量图形文件按“工程”或“项目”区别，用户将同属于一个工程的文件放在同一个文件夹下进行管理。

工程管理允许用户使用一个 DWG 文件通过楼层范围保存多个楼层平面，通过楼层范围定义自然层与标准层关系，也可以用一个 DWG 文件保存一个楼层平面，定义楼层范围，通过楼层范围中的对齐点将各楼层平面对齐并组装起来。

天正建筑还支持部分楼层平面在一个 DWG 文件，而其他一些楼层在其他 DWG 文件的混合保存方式。

通过建立相应的工程，可快速生成建筑立面图和剖面图。

3.1.2　设置项目工程管理

（1）选择天正屏幕菜单的“文件布图”→“ 工程管理”命令，单击“工程管理”面板右上方的下拉列表按钮，可以打开“工程管理”菜单，如图 2-3-1 所示，单击“新建工程”按钮，建立一个新的工程，选择保存路径并命名为“教学楼”。

（2）将已经绘制完成的教学楼首层平面图、教学楼标准层平面图、教学楼顶层平面图、教学楼屋顶平面图分别导入到“楼层”面板中，如图 2-3-2 所示。

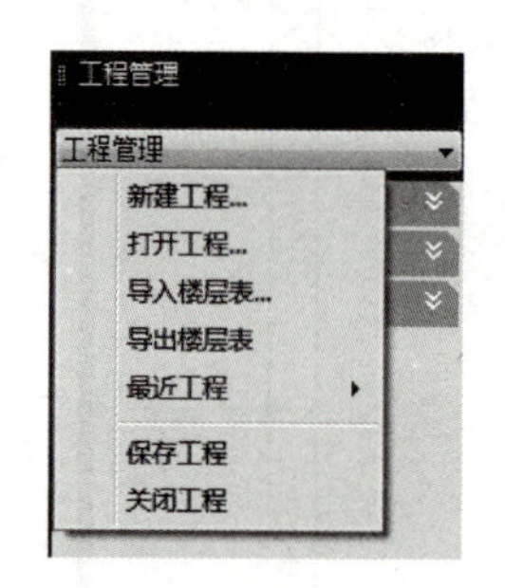

图 2-3-1　“工程管理”菜单

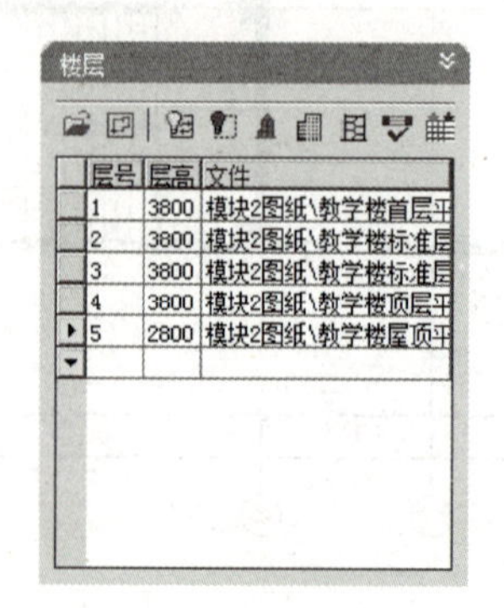

图 2-3-2　“楼层”面板

3.2 建筑立面图的创建

3.2.1 建筑立面

建筑立面可以通过“工程管理”命令中的楼层表格数据，一次生成多层。使用前需要打开或新建一个工程管理项目，并在工程数据库中建立楼层表。

选择天正屏幕菜单的“立面”→“建筑立面”命令，根据命令行的提示输入需要生成立面的方向和选择需要出现在立面图上的轴线，并弹出图 2-3-3 所示的“立面生成设置”对话框。设置对话框中的参数，单击“生成立面”按钮，弹出“输入要生成的文件”对话框，选择立面图的保存位置并输入生成的立面图形文件名称，单击“保存”按钮即可生成建筑立面图。

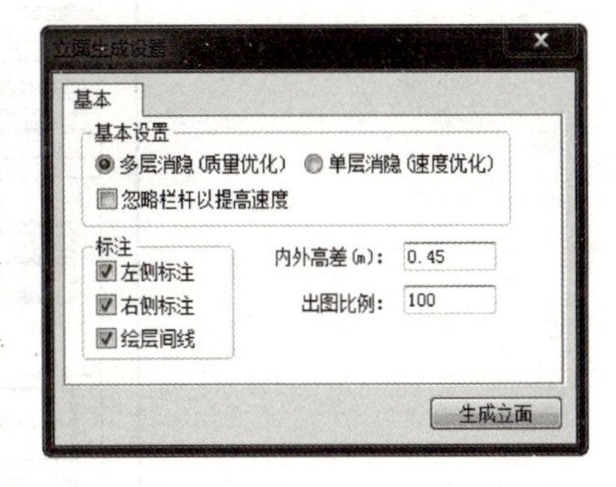

图 2-3-3 “立面生成设置”对话框

“建筑立面”命令虽然可以快速的生成建筑立面图，但此命令对平面图的摆放位置、参数精度要求较高，且生成的立面较为死板。因此，在建筑立面图生成之后，还需要配合其他命令进行编辑修改。

3.2.2 构件立面

“构件立面”命令用于生成当前楼层、门窗等局部构件或三维图块对象在选定方向上的立面图。

选择天正屏幕菜单的“立面”→“构件立面”命令，根据命令行的提示输入需要生成立面的方向和选择要生成立面的建筑构件，点取位置放置生成的构件立面。

3.2.3 编辑立面图

立面图创建完成后，可以用“立面门窗”“立面阳台”“立面屋顶”等命令对立面图形进行编辑，也可以使用 AutoCAD 的修改命令对图形进行编辑。

3.2.4 建筑立面图的绘制

(1)在“工程管理”面板中选择“教学楼”工程，选择天正屏幕菜单的“立面”→“建筑立面”命令。

根据命令行的提示输入立面方向，以正立面为例，输入“F”。

选择立面图上的轴线时按 Enter 键，立面不标注轴号。

如图 2-3-4 所示设置“立面生成设置”对话框，单击“生成立面”按钮，在弹出的“输入要生成的文件”对话框中选择立面图形的保存位置并输入文件名为“教学楼立面图”，单击“保存”按钮，生成如图 2-3-5 所示的立面图。

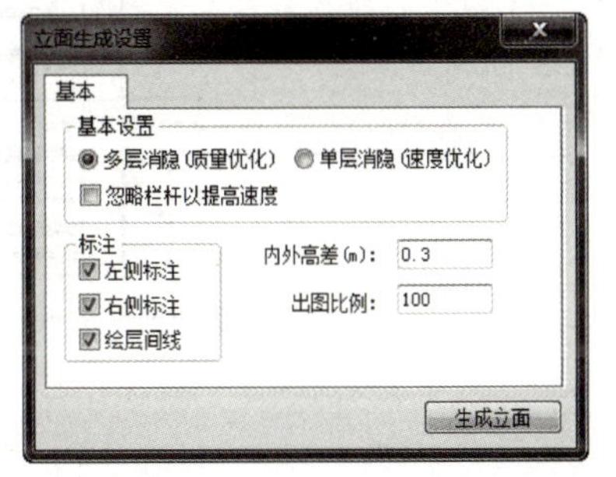

图 2-3-4 “立面生成设置”对话框

(2)使用编辑命令对立面图形进行修改完善，最终绘制完成的教学楼立面图，如图 2-3-6 所示。

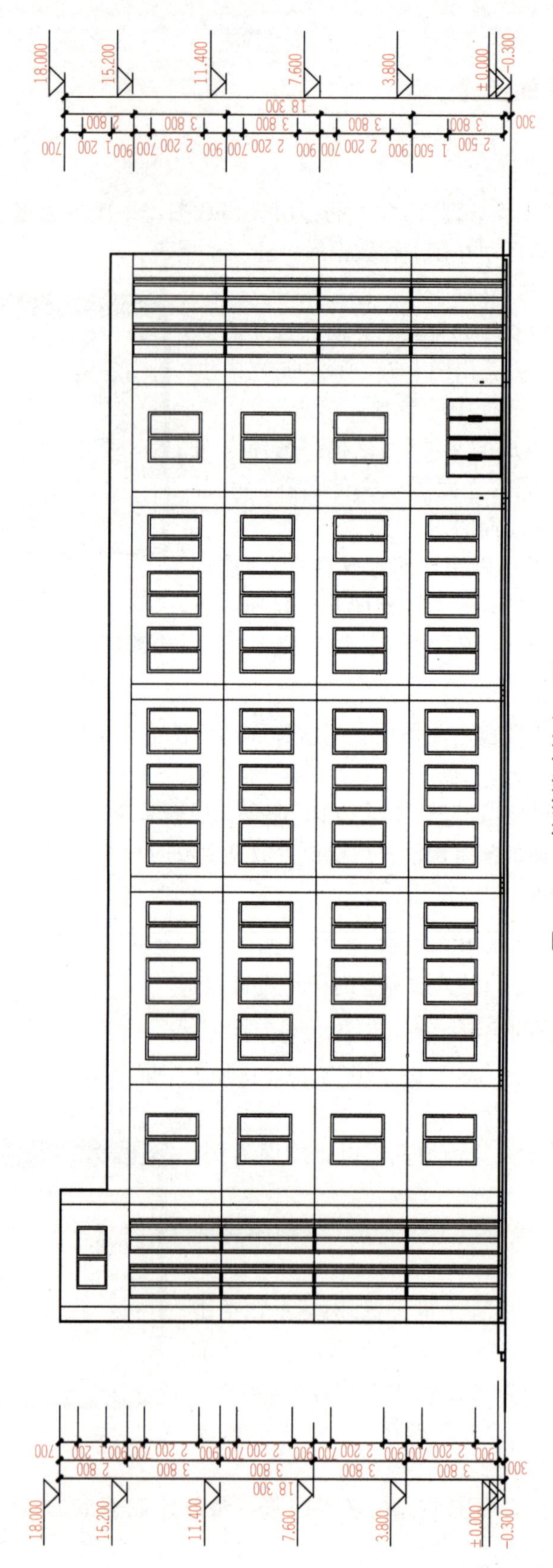

图 2-3-5 教学楼建筑立面图

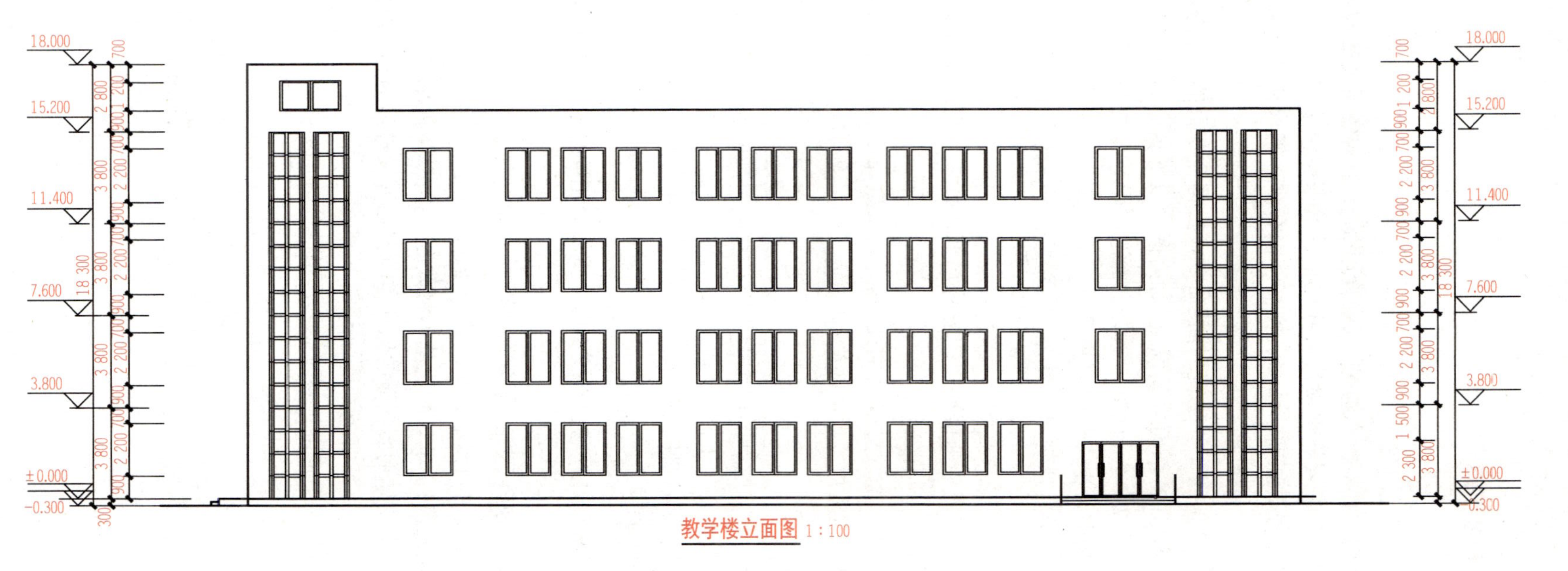

图 2-3-6　教学楼建筑立面图绘制完成

3.3 建筑剖面图的创建

3.3.1 建筑剖面

建筑剖面与建筑立面一样，可以通过“工程管理”命令中的楼层表格数据一次生成多层。使用前需要打开或新建一个工程管理项目，并在工程数据库中建立楼层表。这种方法需要在绘制平面图时准确定义楼层高度、墙高、窗高、窗台高、阳台栏板高和台阶踏步高等竖向参数。

选择天正屏幕菜单的“剖面”→“建筑剖面”命令，根据命令行的提示选择剖切线及出现在剖面图上的轴线。在弹出的“剖面生成设置”对话框中设置相应的参数，单击“生成剖面”按钮，弹出“输入要生成的文件”对话框，选择剖面图的保存位置并输入生成的剖面图形文件名称，单击“保存”按钮即可生成建筑剖面图。

使用“建筑剖面”命令生成建筑剖面图后，同样需要配合其他命令进行编辑修改。

3.3.2 构件剖面

“构件剖面”命令用于生成当前楼层、门窗等局部构件或三维图块对象在选定方向上的剖面图。

选择天正屏幕菜单的“剖面”→“构件剖面”命令，根据命令行的提示选择剖切线及要生成剖面的建筑构件，点取位置放置生成的构件剖面。

3.3.3 绘制剖面

天正建筑软件提供了直接绘制剖面图的命令，先绘制剖面墙、双线楼板，然后在剖面墙上插入剖面门窗，在双线楼板上添加剖面梁等构件，利用“参数楼梯”命令和“参数栏杆”命令可以直接绘制楼梯剖面与栏杆、栏板。

3.3.4 剖面图的绘制

(1)在“工程管理”面板中选择“教学楼”工程，选择天正屏幕菜单的“剖面”→“建筑剖面”命令。

1)根据命令行的提示选择图 2-2-64 中所示的 1—1 剖切线。

2)选择剖面图上的轴线时可点取首末轴线或按 Enter 键不要轴线。

3)弹出“剖面生成设置”对话框，设置基本参数后，单击“生成剖面”按钮，在弹出的“输入要生成的文件”对话框中选择剖面图形的保存位置并输入文件名为“教学楼剖面图”，单击“保存”按钮生成剖面图。

(2)使用编辑命令对剖面图形进行修改完善，最终绘制的教学楼 1—1 剖面图如图 2-3-7 所示。

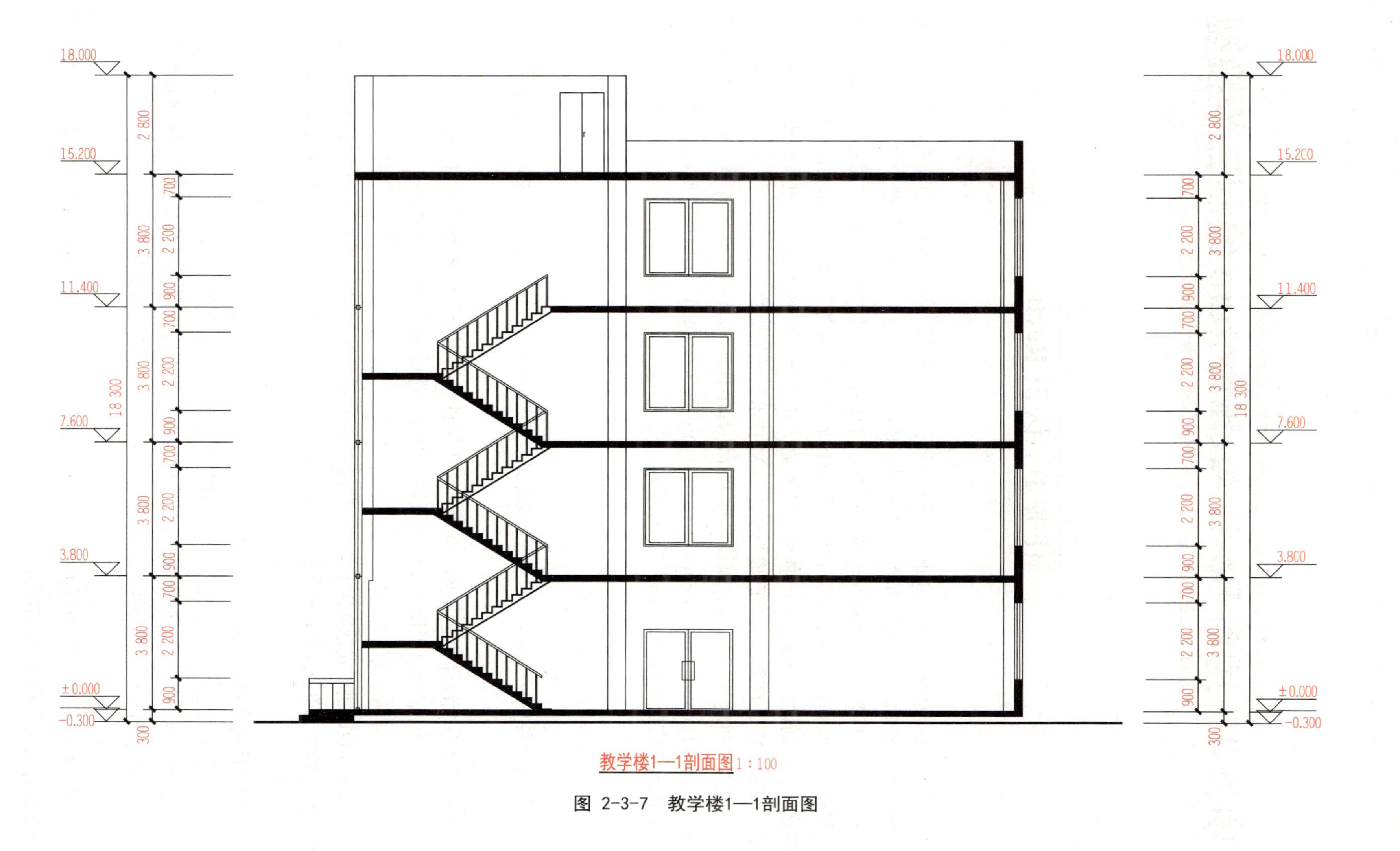

图 2-3-7 教学楼1—1剖面图

项目 3　运用 Revit Architecture 绘制三维模型

任务 1　认识 Revit

建筑信息模型(Building Information Modeling，BIM)是以建筑工程项目的各项相关信息数据作为基础，建立起三维的建筑模型。其将工程项目在全生命周期中各个不同阶段的工程信息、过程和资源集成在建筑模型中，方便被工程各参与方使用。通过三维数字技术模拟建筑物所具有的真实信息，为工程设计和施工提供相互协调、内部统一的信息模型，使该模型达到设计与施工的一体化，各专业协同工作，从而能够有效地节约成本、提高效率、缩短工期。目前，我国已成为全球 BIM 技术发展最快的国家之一。

市场上创建 BIM 模型的软件多种多样，其中比较具有代表性的有 Autodesk Revit 系列、Gehry Technologies、Bentley Architecture 系列和 DRAPHISOFT ArchiCAD 等，在我国应用比较广泛的是 Autodesk Revit 系列。

1.1　Revit 基本术语

Revit 软件中有一些独特的术语，要想完全掌握软件操作，必须先了解这些术语的含义。

1. 项目

项目是单个设计信息数据库模型。这些信息包括用于设计模型的构件(如墙、门、窗、管道、设备等)、项目视图和设计图纸等。项目文件后缀名为“*.rvt”。

2. 项目样板文件

新建项目时需要先选择样板文件，类似 CAD 样板文件(DAT 文件)，样板文件中包含了预设的线型、线宽、单位制等，还有载入的常用族，方便使用。项目样板文件的后缀名为“*.rte”。

3. 图元

图元是构成模型的最小单位，Revit 包含以下 3 种图元：

(1)基准图元：定义项目上下文，如轴网、标高、参照平面等。

(2)视图专用图元：对模型进行描述或归档，如楼层平面图、尺寸标注、明细表等。

(3)模型图元：建筑的实体几何图形，如楼板、墙体、机械设备等。

4. 类别

用于对设计建模或归档的一组图元。例如，模型图元类别包括屋顶和楼板等；注释图元包括标记符号和文字注释等。

5. 族

族(Family)是模型中图元的专业术语，族是组成项目的构件，同时是参数信息的载体。族根据参数(属性)集的共用、使用上的相同和图形表示的相似来对图元进行分组。一个族中不同图元的部分或全部属性可能有不同的值，但是属性的设置(其名称与含义)是相同的。例如，“推拉门”作为一个族可以有不同的尺寸和材质。族文件的后缀名为“ * . raf”。

族的分类如下：

(1)可载入族：使用族样板在项目外创建的 RAF 文件，可以载入到项目中，具有高度可自定义的特征，因此，可载入族是用户最经常创建和修改的族。

(2)系统族：已经在项目中预定义并只能在项目中进行创建和修改的族类型(如墙、楼板、天花板等)。它们不能作为外部文件载入或创建，但可以在项目和样板之间复制和粘贴或传递系统族类型。

(3)内建族：在当前项目中新建的族，它与之前介绍的可载入族的不同是只能存储在当前的项目文件里，不能单独保存为 RAF 文件，也不能用在别的项目文件中。

6. 族样板文件

新建族时需要先选择族样板文件，不同的族样板文件设置了不同的族类型、基本参数类型等，建族前要正确选择族样板文件。族样板文件的后缀名为“ * . rft”。

7. 类型

族可以分为多个类型，不同的类型有不同的属性值(参数值)。例如，窗族“上下推拉窗”包含“400×1200”“600×1500”“900×1500”三种不同的类型(图 3-1-1)。

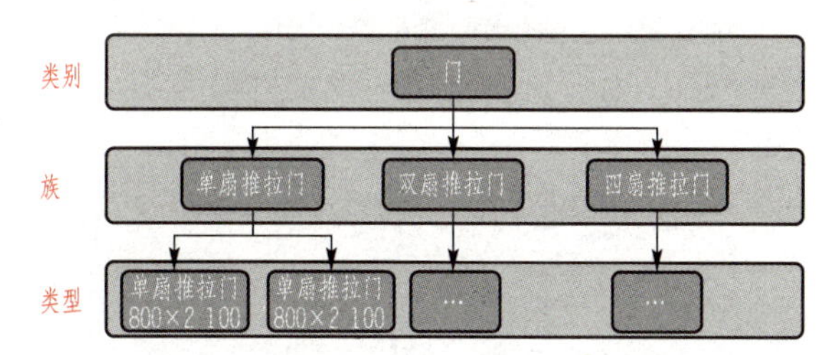

图 3-1-1　类别、族、类型之间的相互关系

8. 实例

实例是放置在项目中的实际图元(族)，在模型中都有特定和唯一的位置，完整的三维模型中包含了许多不同的实例。

9. 体量

体量是建模所用的三维形状，用于概念设计、三维模型创建和族的创建。体量没有构件的性质，只是三维的形状。Revit 提供了以下两种方式创建体量：

(1)概念体量(可载入体量)：作为外部文件，可以被多个项目或族样板所使用。以单独形式存在，保存之后可以载入项目文件或族样板中进行重复使用。

(2)内建体量：作为项目的一部分，存在于项目中可编辑构件形状，随项目一起保存，不能单独作为族文件保存。

10. 参照平面

参照平面在创建族时是一个非常重要的部分。参照平面会显示在为模型所创建的每个平面视图中，以用作设计准则。

1.2 Revit 2020 界面

打开 Revit 2020，进入图 3-1-2 所示的开始界面。当 Revit 第一次启动时，会显示建筑样例项目、结构样例项目、系统样例项目和建筑样例族、结构样例族、系统样例族。之后在该界面中，Revit 会按时间顺序依次列出最近使用的项目文件和族文件的缩略图及名称。本节以新建 Revit 建筑项目文件为例来介绍 Revit 2020 的工作界面及新建文件的步骤。

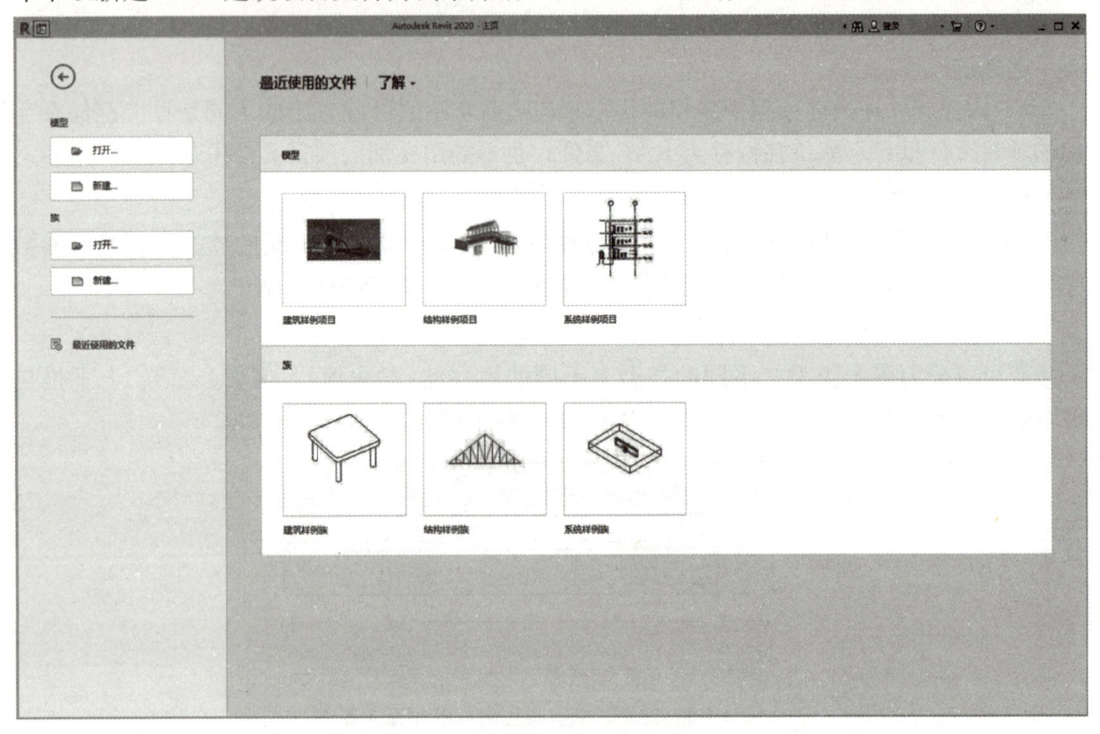

图 3-1-2　Revit 2020 开始界面

选择“模型”→“新建”命令，系统会弹出如图 3-1-3 所示的“新建项目”对话框。在“样板文件”选项组下拉列表中选择“构造样板”，也可以单击“浏览”按钮，选择需要的样板，在“新建”选项组中勾选“项目”单选按钮。单击“确定”按钮，创建一个新的建筑项目文件，并进入 Revit 2020 的工作界面，如图 3-1-4 所示。

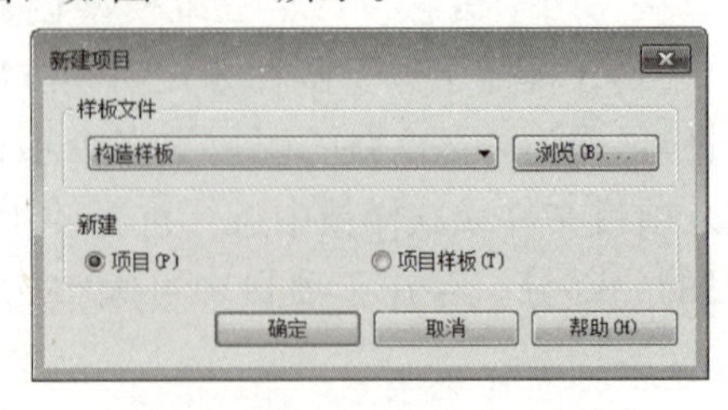

图 3-1-3　“新建项目”对话框

Revit 2020 的工作界面主要包括文件程序菜单、快速访问工具栏、选项卡、功能面板、绘图工具栏、选项栏、“属性”选项板、项目浏览器、显示与工作区、状态栏、视图控制栏、工作集状态、ViewCube(三维视图状态)、导航栏等。

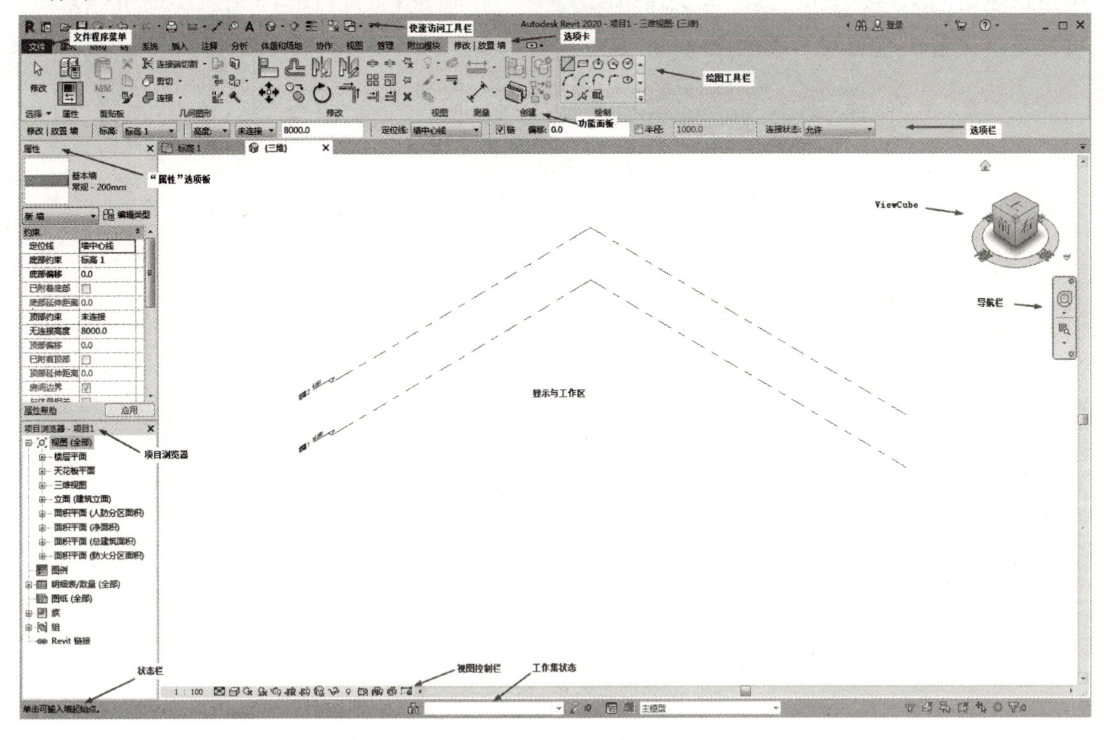

图 3-1-4 Revit 2020 工作界面

1. 文件程序菜单

文件程序菜单提供了常用文件操作命令，如“新建”“打开”“保存”“另存为”“导出”“打印”等。选择“文件”命令，打开程序菜单，如图 3-1-5 所示。文件程序菜单无法在功能区中移动。

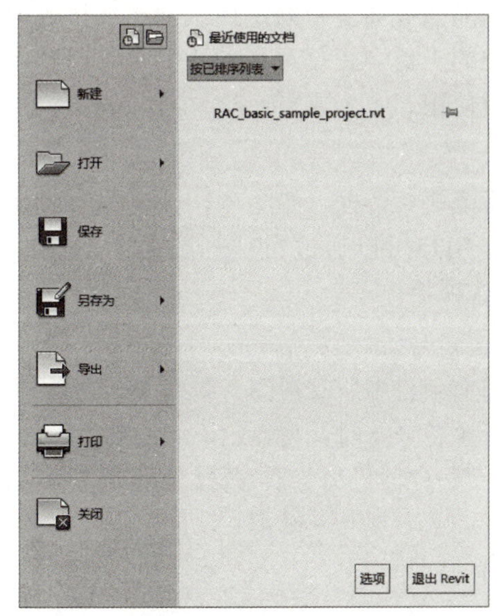

图 3-1-5 文件程序菜单

2. 快速访问工具栏

快速访问工具栏如图 3-1-6 所示，显示用于对文件保存、撤销、粗细线切换等的按钮。单击快速访问工具栏上的“自定义快速访问工具栏”按钮，打开图 3-1-7 所示的下拉菜单，可以自行设置快速访问工具栏。

图 3-1-6　快速访问工具栏

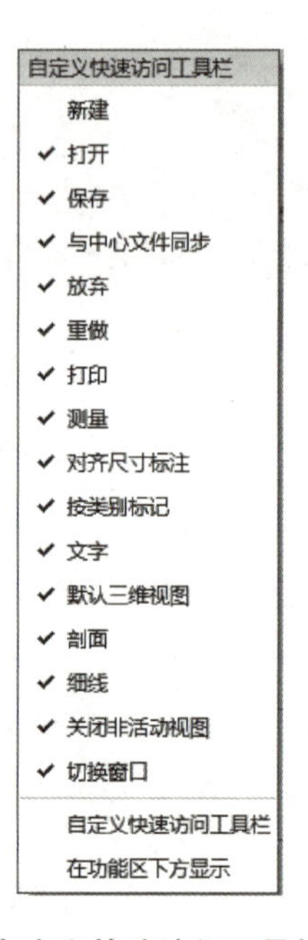

图 3-1-7　“自定义快速访问工具栏”下拉菜单

3. 选项卡及功能面板

创建或打开文件时，功能面板会显示系统提供创建项目或族所需要的全部工具。调整窗口的大小时，功能面板中的工具会根据可用的空间自动调整大小。每个选项卡都集成了相关的操作工具，方便用户使用。

4. “属性”选项板

“属性”选项板是一个无模式对话框，如图 3-1-8 所示，通过该对话框可以对选择对象的各种信息进行查看和修改。用户可以通过“视图”选项卡→“用户界面”→“属性”或快捷键 Ctrl＋1 打开和关闭“属性”选项板。

5. 项目浏览器

项目浏览器用于显示当前项目中所有视图、明细表、图纸、组和其他部分的逻辑层次，以方便用户管理。展开和折叠各分支时，将显示下一层项目，如图 3-1-9 所示。用户可以通过“视图”选项卡→“用户界面”→“项目浏览器”选择显示或隐藏项目浏览器。

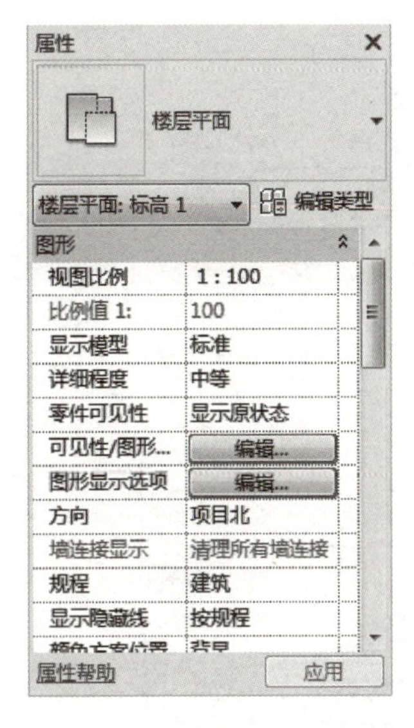

图 3-1-8 “属性”选项板

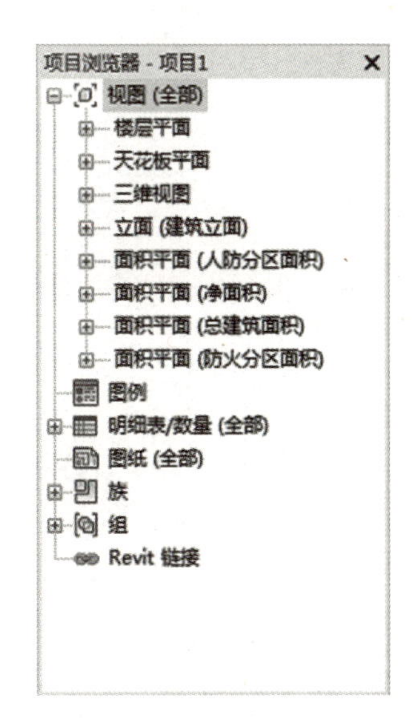

图 3-1-9 项目浏览器

6. 视图控制栏

视图控制栏位于视图窗口的底部，状态栏的上方，用于调整视图的属性。其包含“比例”“详细程度”“视觉样式”“打开/关闭日光路径”“ 打开/关闭阴影”“ 显示/隐藏‘渲染’对话框”“剪裁视图”等按钮，如图 3-1-10 所示。

图 3-1-10 视图控制栏

1.3 Revit 2020 基本操作

1. 视图操作

视图可以通过项目浏览器进行快速切换。Revit 2020 提供了多种视图导航和控制工具，包括鼠标、ViewCube 和视图导航栏等，可对视图进行放大、缩小、平移、旋转等操作。

当鼠标位于显示与工作区时，向上滚动鼠标滚轮可放大视图，向下滚动鼠标滚轮可缩小视图。按住鼠标滚轮不放，可上下左右平移视图。在三维视图中，同时按住 Shift 键和鼠标滚轮，左右移动光标，可以旋转视图中的模型。

在三维视图中，单击图 3-1-11 所示视图导航栏中的“导航控制盘”按钮，打开导航控制盘，如图 3-1-12 所示。移动光标，将指针放置到“缩放”按钮上，“缩放”按钮会高亮显示，按住鼠标左键，控制盘消失视图中会出现绿色球型图标，如图 3-1-13 所示，上下左右移动鼠标，可实现视图的缩放。松开鼠标左键，控制盘恢复，同样的操作方法，可以实现视图的平移、动态观察、回放、中心、漫游、环视、向上/向下功能。单击“区域缩放”的下拉三角按钮，如图 3-1-14 所示，可以选择“区域放大”“缩小两倍”“缩放匹配”“缩放全部以匹配”“缩放图纸大小”等操作命令。

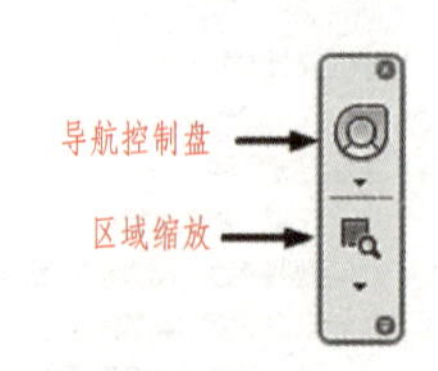

图 3-1-11 视图导航栏

图 3-1-12 导航控制盘

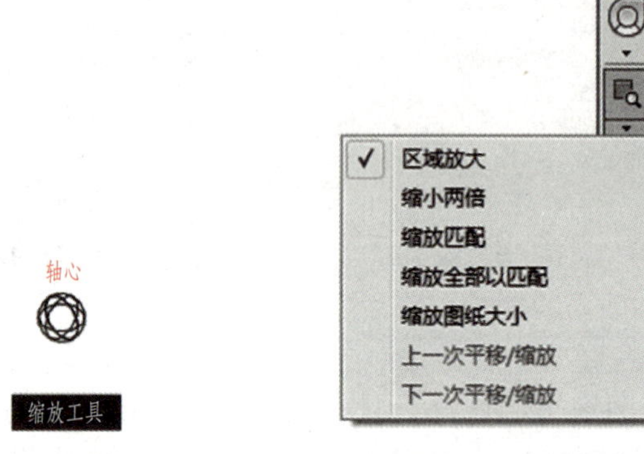

图 3-1-13 使用导航控制盘缩放视图

图 3-1-14 区域缩放

在三维视图中，单击图 3-1-15 所示 ViewCube 工具中的“上”，可以查看顶视图，单击右上方的“旋转”，将视图做 90°旋转，如图 3-1-16 所示。ViewCube 工具中的“前”“后”“左”“右”“下”，以及各个边、角都可以单击，工作区中将根据单击位置显示该方位的视图。单击“指南针”工具中的“东”“南”“西”“北”，可快速切换到相应方向的视图。也可将光标移动到“指南针”工具的圆环上，按住鼠标左键左右拖动光标，视图将随鼠标移动方向旋转。单击“主视图”按钮，视图将返回到主视图界面。

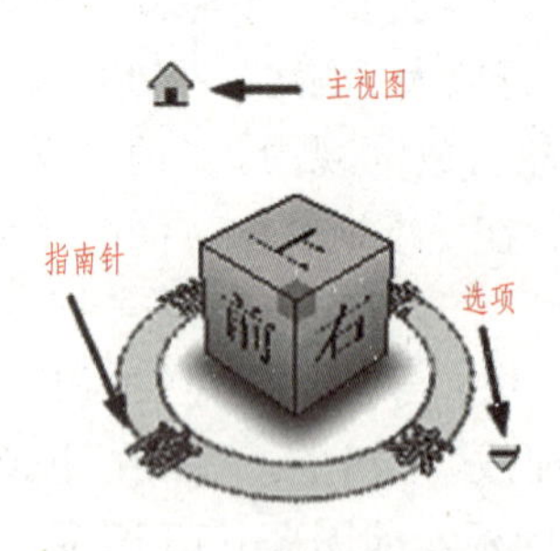

图 3-1-15 ViewCube 工具

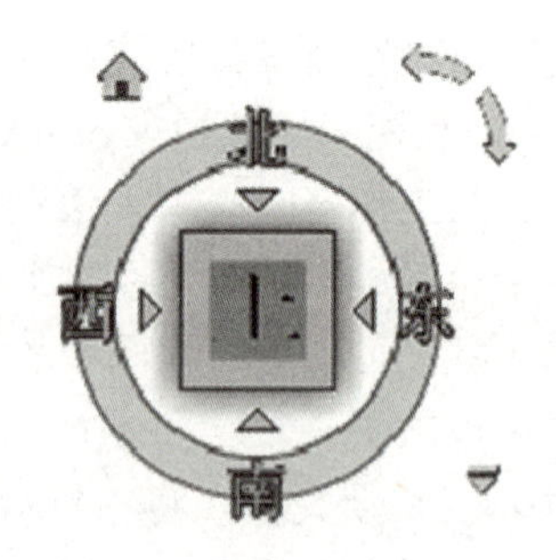

图 3-1-16 使用 ViewCube 工具查看顶视图

2. 选择图元

对任何图元的修改和编辑都要先选择图元，在 Revit 2020 中，选择图元的方式有多种，包括单选、框选、键盘功能键结合鼠标选择、选择相同类型的图元等。

单击选择图元时，按住 Ctrl 键不放，光标会变成带有“＋”的形状，再单击其他图元，可在选择集中添加图元；按住 Shift 键不放，光标会变成带有“－”的形状，再单击已选择的图元，可将该图元从选择集中去除。

框选图元时，从图元左上角按住鼠标左键不放，拖动光标到图元的右下角，会出现一个实线选择框，只有被实线框完全包围的图元才能被选中；从图元右下角按住鼠标左键不放，拖动光标到图元的左上角，会出现一个虚线选择框，包含在虚线框内的图元及与虚线相交的图元都将被选中。

如图 3-1-17 所示，选中一个图元，单击鼠标右键弹出快捷菜单，单击“选择全部实例”→“在视图中可见”或“在整个项目中”命令，将选择在该视图中或整个项目中的相同类型的图元。

选中多个图元，单击窗口右下角“过滤器”按钮，弹出图 3-1-18 所示的“过滤器”对话框，在对话框中将不想选中的图元类别复选框取消勾选，单击“确定”按钮，只有被勾选类别的图元才会被选中。

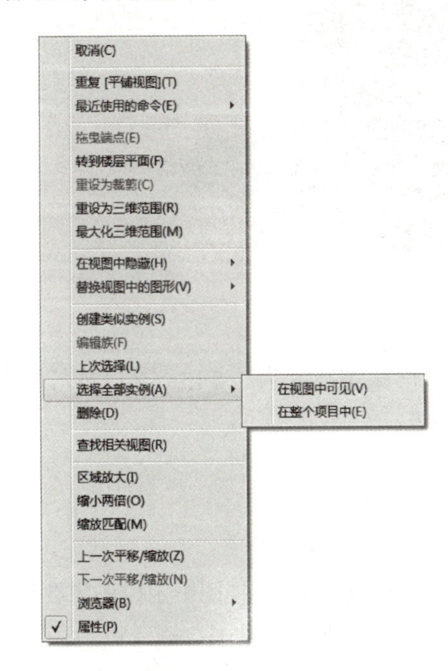

图 3-1-17　选择相同类型的图元

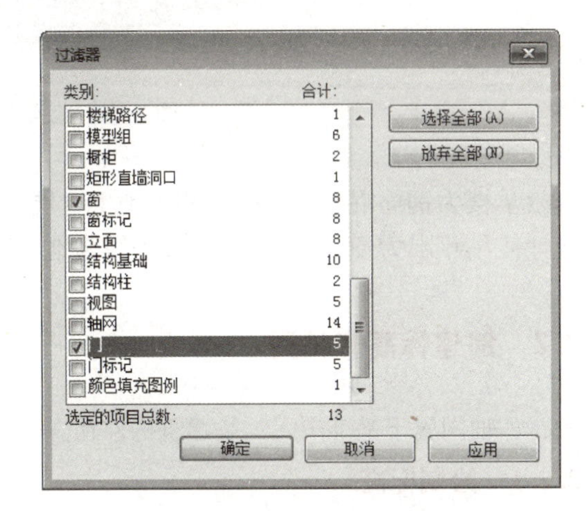

图 3-1-18　“过滤器”对话框

3. 编辑图元

在 Revit 2020 的“修改”面板中提供了大量的图元修改和编辑工具，如图 3-1-19 所示，这些工具与 CAD 软件中的工具功能基本相同，包括对齐、偏移、移动、复制、旋转、阵列、缩放等。

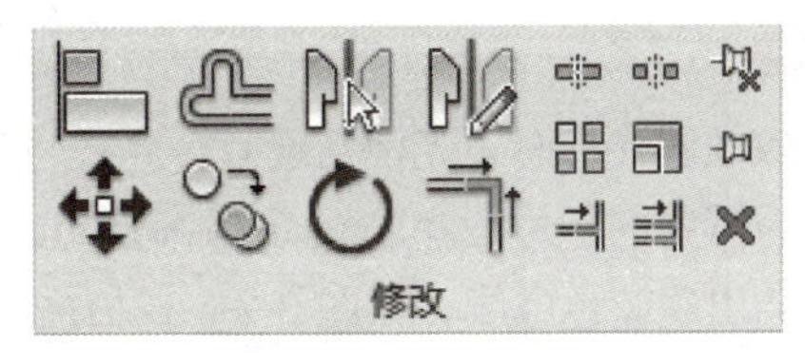

图 3-1-19　“修改”面板

任务 2　使用 Revit 基本功能创建建筑模型

2.1　项目概况

本项目将以图 3-2-1 所示的四层教学楼项目为例，按照设计流程，使用 Revit 2020 版本，详细讲解 Revit Architecture 的建模过程。

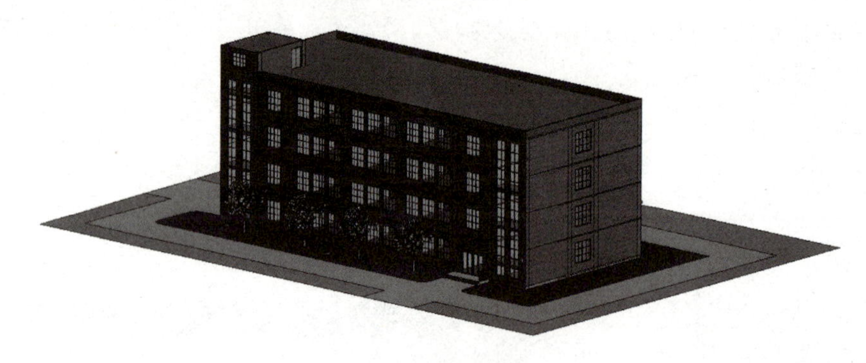

图 3-2-1　教学楼项目

本教学楼为钢筋混凝土框架结构，地上 4 层，每层建筑高度为 3.8 m。其设计等级为二级，设计使用年限为 50 年，工程防火等级为地上二级。

2.2　创建标高和轴网

标高和轴网属于基准图元，是建筑构件在立面图、剖面图和平面视图中定位的重要依据。

2.2.1　绘制标高

标高是建筑物立面高度的定位参照，在 Revit 软件中，楼层平面是基于标高生成的。标高的创建和编辑命令只有在立面图或剖面图中才能使用。因此，绘制与编辑标高前需要事先打开一个立面视图，在项目浏览器中将视图切换至任意立面视图。

单击“建筑”选项卡“基准”面板中的“标高”按钮，选项卡将自动切换为“修改｜放置 标高”。Revit 提供了两种创建标高的工具，即“线”和“拾取线”。在“属性”选项板中的“类型选择器”下拉列表中可以选择标高的类型。

1. 使用“线”工具绘制标高

使用“线”工具，在工作区域放置光标时，光标与现有标高之间会显示一个临时尺寸标注，上下移动光标直至临时尺寸显示为需要的尺寸，单击确定标高起点。如果光标与现有标高标头对齐，则光标与该标高标头之间会出现蓝色虚线，如图 3-2-2 或扫描二维码所示，此时可直接输入尺寸值确定两标高之间的间距，单位为“mm”。水平移动光标，在另外一端标头处单击，完成标高线的绘制，同时生成相应的楼层平面视图。按 Esc 键两次，即可退出“标高”命令。

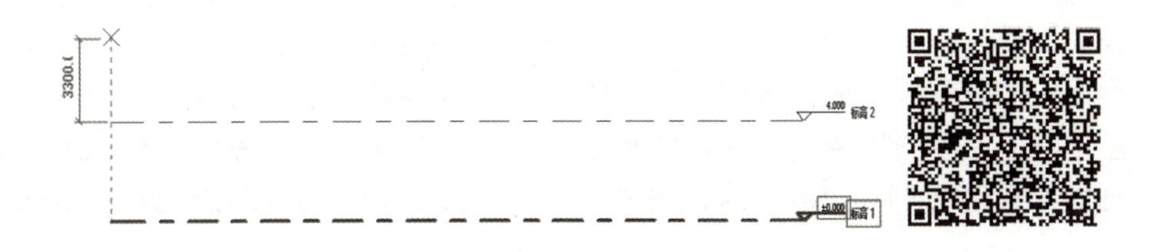

图 3-2-2　对齐标高标头

2. 使用“拾取线”工具绘制标高

利用现有标高，使用“拾取线”工具绘制标高时，在拾取之前，首先要设置选项栏中的偏移量。例如，输入偏移量为 3300，拾取“标高 3”位置，当光标位于“标高 3”上方时，将在“标高 3”上方偏移 3300 的位置处出现即将创建标高的蓝色虚线，如图 3-2-3 或扫描二维码所示；反之，当光标位于“标高 3”下方时，将在“标高 3”下方偏移 3300 的位置处出现即将创建标高的蓝色虚线。单击即可创建标高，并生成相应的楼层平面视图。

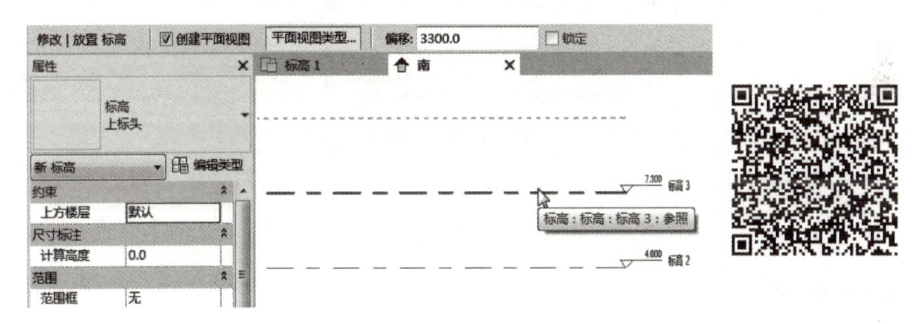

图 3-2-3　“拾取线”工具绘制标高

3. 通过修改命令绘制标高

除使用“线”和“拾取线”工具创建标高外，还可以通过“修改”面板中的“复制”和“阵列”命令来创建标高。

使用“复制”命令创建标高时，先选中需要被复制的标高，单击“修改”面板中的“复制”按钮，在选项栏中，勾选“多个”复选框可复制多个标高，勾选“约束”复选框可将复制标高的角度锁定为 90°。在工作区域指定复制的起点，上下移动光标至临时尺寸显示为需要的尺寸时单击，或者用键盘输入新标高与被复制标高之间的间距，单位为“mm”，按 Enter 键，完成一个标高的复制。重复上述步骤，直至完成所有标高的复制，按 Esc 键退出“复制”命令。

对于很多建筑物的标准层，楼层层高相同，可以通过“阵列”命令创建标高。使用“阵列”命令创建标高与“复制”命令相似，先选中需要被阵列的标高，单击“修改”面板中的“阵列”按钮，输入“项目数”值，设定阵列间距即可。在选项栏中，若勾选“成组并关联”复选框，则阵列的标高会自动创建为一个模型组，修改任意一个标高，其他标高将发生联动修改。设定阵列间距时，选择“移动到：第二个”，表示设定的阵列间距为每一个项目之间的间距；若选择“移动到：最后一个”，则表示设定的阵列间距为第一个项目到最后一个项目之间的总间距。

通过“复制”和“阵列”命令创建的标高，不会生成相应的平面视图，标高标头的颜色是黑色的，而有对应楼层平面视图的标高标头是蓝色的。用鼠标双击蓝色标头可以跳转至相应平面视图，双击黑色标头则不会跳转。如果需要添加相应的楼层平面视图，在“视图”选项卡“创建”面板中单击“平面视图”→“楼层平面”按钮，弹出图 3-2-4 所示的“新建楼层平面”对话框，选中没有生成平面视图的标高，单击“确定”按钮，即可生成相应楼层平面视图。

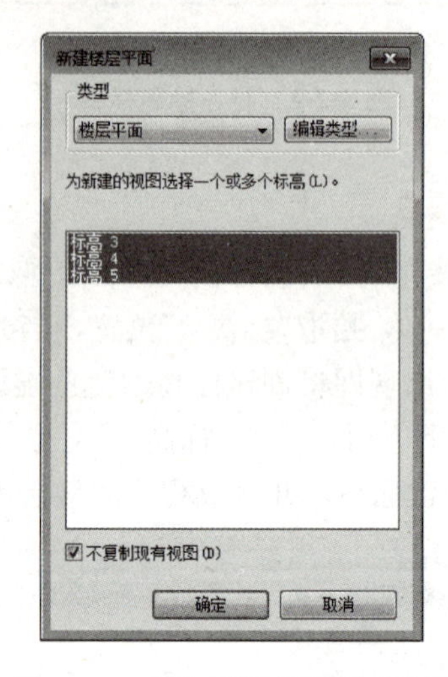

图 3-2-4 “新建楼层平面”对话框

2.2.2 编辑标高

1. 编辑标高类型

选中标高，单击“属性”选项板中的“编辑类型”按钮，弹出图 3-2-5 所示的“类型属性”对话框。在“类型”下拉列表中可以选择不同的标高类型，也可以在“类型参数”选项组中对基面、线宽、颜色、线型图案、符号、标头、端点显示等进行设置。设定好标高类型参数后，单击“确定”按钮，即可关闭“类型属性”对话框。

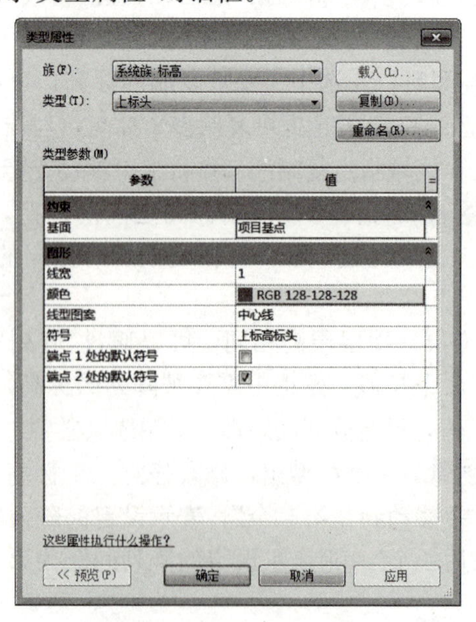

图 3-2-5 “类型属性”对话框

在“类型属性”对话框中，对标高参数的修改会影响所有选择该类型的标高实例。

2. 重命名标高

选中立面图中任一标高，如图 3-2-6 所示，单击标头名称，进入文本编辑状态，删除原有名称，即可重命名标高。重命名后按 Enter 键确认，系统会提示“是否希望重命名相应视图?”选择“是”，则相应视图名称随之更改。

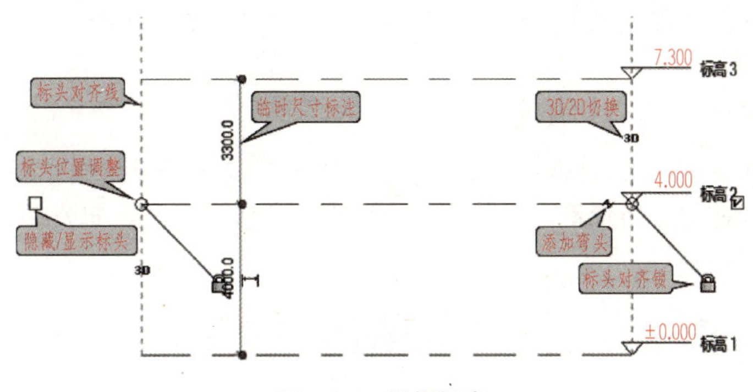

图 3-2-6　编辑标高

3. 标头显示设置

如图 3-2-6 所示，可以通过勾选或取消勾选标高两端的“隐藏/显示标头”复选框控制标头的可见性。

拖曳标头两端的圆圈，可改变标头位置，当标头对齐线起作用时，所有与之对齐的标高线都会随之移动。如果只移动其中一个标头位置，需单击“标头对齐锁”按钮解锁，然后再移动标头位置。同时，当标高处于 3D 模式时，在所有的立面视图中，标头位置都会发生改变。如果只需要在当前立面视图中移动标头位置，需要单击标头处的“3D”按钮，将标头设置为 2D 模式再进行修改，其他视图将不会受到影响。

在标头比较集中位置，为避免标头重叠，可单击“添加弯头”按钮，将标头进行折断移动。

4. 移动标高

如图 3-2-6 所示，选中标高线后，在该标高线与其直接相邻的上下标高线之间，将显示临时尺寸标注。单击临时尺寸标注，重新输入数值，单位为“mm”，并按 Enter 键确认，即可移动标高。也可以直接修改标头处的标高值，单位为“m”，移动标高。

5. 删除标高

拾取需要删除的标高线，在“修改｜标高”选项卡的“修改”面板中单击“删除”按钮 ✖，所选标高和相应的视图均会被删除。

2.2.3　创建轴网

轴网用于平面视图中定位项目图元，标高创建完成后，可切到任意平面视图来创建和编辑轴网。在 Revit 2020 中，轴网只需要在任意一个平面视图中绘制一次，其他平面图、立面图、剖面图中都将自动显示。

在“建筑”选项卡“基准”面板中单击“轴网”按钮，选项卡将自动切换为“修改｜放置 轴网”。可以在“属性”选项板中的“类型选择器”下拉列表中选择轴网的类型。轴网可以是直线、圆弧或多段线。

1. 使用绘制工具绘制轴网

绘制直线轴网时，选中“绘制”面板中的“线”工具，在工作区域中单击确定轴线起点，拖动光标至适当位置，再次单击确定轴线终点，即可完成一条直线轴网的绘制。继续绘制其他轴线，也可以在对齐蓝色虚线出现时直接输入尺寸值确定两轴线之间的间距，单位为“mm”。

绘制弧线轴网及多段线轴网时，操作步骤与 AutoCAD 中的弧线和多段线命令相似，此处不再详细讲述。

2. 使用“拾取线”工具绘制轴网

选中“绘制”面板中的“拾取线”工具，在选项栏中输入“偏移”量，移动光标至现有的轴线附近，在光标相对于所拾取的轴线同侧会出现一条蓝色虚线，如图 3-2-7 或扫描二维码所示，绘制一条新的轴线。

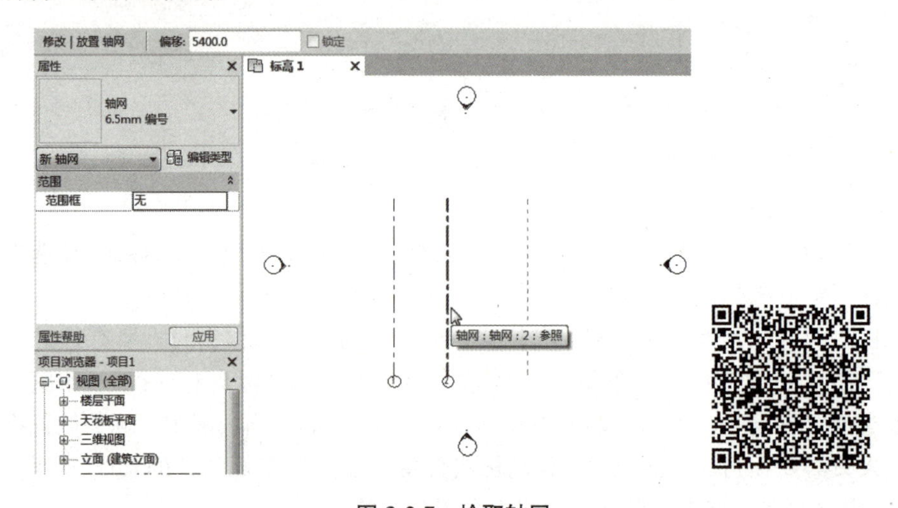

图 3-2-7　拾取轴网

3. 使用已有的 CAD 图纸绘制轴网

在“插入”选项卡“导入”面板中单击“导入 CAD”按钮，在弹出的“导入 CAD 格式”对话框中选择需要导入的 CAD 文件，单击“打开”按钮导入 CAD 文件。选中“绘制”面板中的“拾取线”工具，依次单击 CAD 图纸中的各条轴线，全部拾取完成后按两次 Esc 键，退出“轴网”命令。

4. 通过修改命令绘制轴网

与标高相同，轴网也可以通过“修改”面板中的“复制”和“阵列”命令来创建，其操作方法与标高的复制、阵列相似。

2.2.4　编辑轴网

1. 编辑轴网类型

单击“属性”选项板中的“编辑类型”按钮，弹出图 3-2-8 所示的“类型属性”对话框。在“类型”下拉列表中可以选择不同的轴网类型，也可以在“类型参数”选项组中对基符号、轴线中段、轴线末端宽度、轴线末端颜色、轴线末端填充图案、轴号端点显示、非平面视图符号等进行设置。设定好轴网类型参数后单击“确定”按钮，即可关闭“类型属性”对话框。

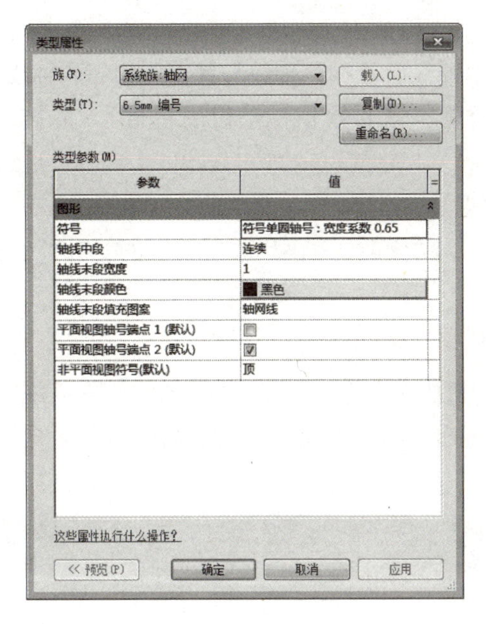

图 3-2-8 “类型属性”对话框

2. 重命名轴号

在 Revit 2020 中以绘制、复制、阵列等方法创建新轴网时，系统会按照数字或字母的排序规则，自动从上一个轴线之后编号，初始轴号为“1”。如需更改轴号，可以双击轴线的轴号，进入文本编辑状态删除原有轴号，输入新的轴网编号后，按 Enter 键确认。

3. 轴线显示设置

如图 3-2-9 所示，可以通过勾选或取消勾选标高两端的“隐藏/显示轴网编号”复选框控制轴网编号的可见性。

拖曳轴线两端的圆圈，可以改变轴线长度，当轴线对齐线起作用时，所有与之对齐的轴线都会随之变化。如果只改变其中一条轴线，需单击“轴线对齐锁”按钮解锁，然后再更改。同时，当轴线处于 3D 模式时，在任何一个平面视图中绘制修改轴线，都会影响其他视图。如果只需要在当前平面视图中改变轴线长度，需单击“3D”按钮，将轴线设置为 2D 模式再进行修改，其他视图将不会受到影响。

在轴线比较集中的位置，为避免轴号重叠，可单击“添加弯头”按钮将轴线端部进行折断移动。

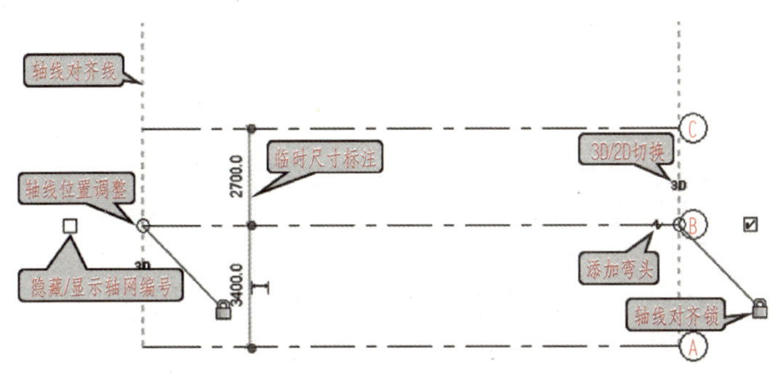

图 3-2-9 编辑轴线

4. 移动轴线

如图 3-2-9 所示，选中轴线后，在该轴线与其直接相邻的轴线之间，将显示临时尺寸标注。单击临时尺寸标注，重新输入数值，单位为“mm”，并按 Enter 键确认，即可移动轴线。

5. 删除轴线

拾取需要删除的轴线，在“修改｜轴网”选项卡中的“修改”面板中单击“删除”按钮✖，即可删除所选轴线。

2.2.5 创建项目的标高与轴网

(1)启动 Revit 2020，新建一个建筑项目文件，单击“保存”按钮，在弹出的“另存为”对话框中指定文件的保存路径，并命名文件为“教学楼-标高轴网”，如图 3-2-10 所示，单击“保存”按钮，关闭对话框。

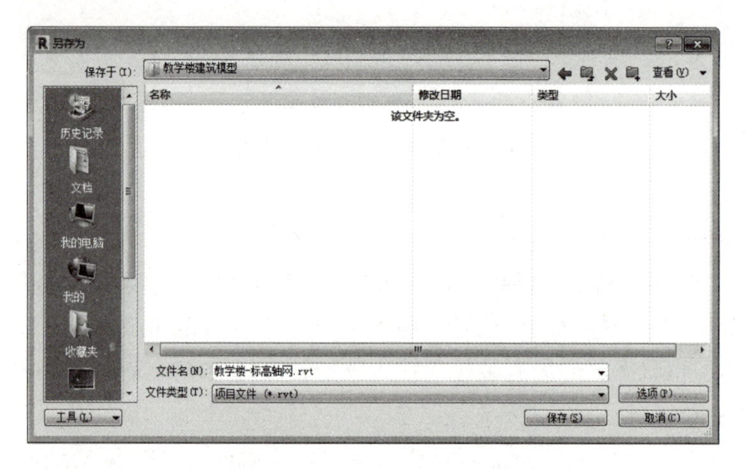

图 3-2-10 “另存为”对话框

(2)双击项目浏览器→“视图”→“立面”→“南”，打开南立面视图，如图 3-2-11 所示。双击“标高 1”重命名为“F1”，系统提示“是否希望重命名相应视图?”时，选择“是”。同样将“标高 2”重命名为“F2”，并修改 F2 的标高值为“3.800”。

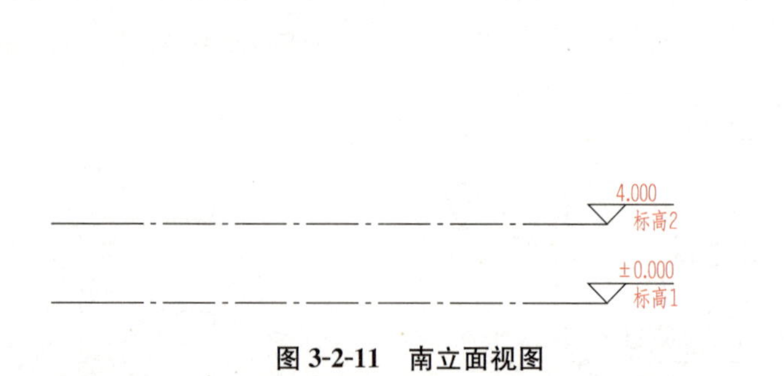

图 3-2-11 南立面视图

(3)在“建筑”选项卡“基准”面板中单击“标高”按钮，在“绘制”工具栏中选择“拾取线”工具，在选项栏中设置偏移量为 3800，光标移至 F2 标高线上方，单击创建 F3 标高，标高值为 7.600。依次创建 F4、F5 标高，标高值分别为 11.400、15.200。

修改偏移量为 2800，光标单击 F5 标高线上方创建 F6 标高，标高值为 18.000。

修改偏移量为 300，光标单击 F1 标高线下方创建室外地坪线标高，修改标高名称为“F0”，标高值为−0.300，并添加弯头。创建好的标高如图 3-2-12 所示。

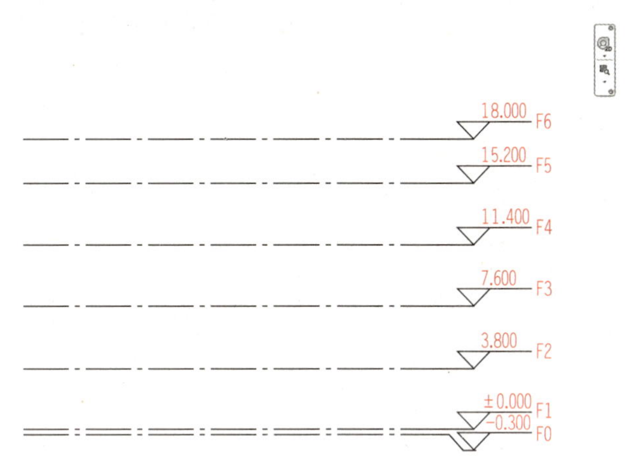

图 3-2-12　教学楼建筑标高

(4)双击项目浏览器→“视图”→“楼层平面”→“F1”，打开一层平面视图，单击“建筑”选项卡“基准”面板中的“轴网”按钮，单击“属性”选项板中的“编辑类型”按钮，在弹出的“类型属性”对话框中“类型”下拉列表中选择“6.5mm 编号”，在“类型参数”选项组中勾选“平面视图轴号端点 1”和“平面视图轴号端点 2”复选框，如图 3-2-13 所示，单击“确定”按钮，关闭对话框。

类型属性

族(F)：系统族：轴网　载入(L)...

类型(T)：6.5mm 编号　复制(D)...

重命名(R)...

类型参数(M)

参数	值
图形	
符号	符号单圈轴号：宽度系数 0.65
轴线中段	连续
轴线末段宽度	1
轴线末段颜色	黑色
轴线末段填充图案	轴网线
平面视图轴号端点 1 (默认)	☑
平面视图轴号端点 2 (默认)	☑
非平面视图符号(默认)	顶

这些属性执行什么操作?

<< 预览(P)　确定　取消　应用

图 3-2-13　“类型属性”对话框

(5)在“绘制”面板中选择“线”工具，将光标移至工作区域，单击左下角空白处，作为轴线的起点，垂直向上移动光标至左上角，单击完成1条轴线的绘制，并自动将该轴线编号为“1”，按Esc键结束命令。

(6)选中①轴线，单击“修改”面板中的“复制”按钮，在选项栏中勾选“约束”和“多个”复选框，光标在工作区域单击，然后水平向右移动，依次输入间距值“4800”“4800”“7600”“7600”“7600”“4800”“4800”，按Esc键退出。至此，垂直轴线绘制完成，如图3-2-14所示。

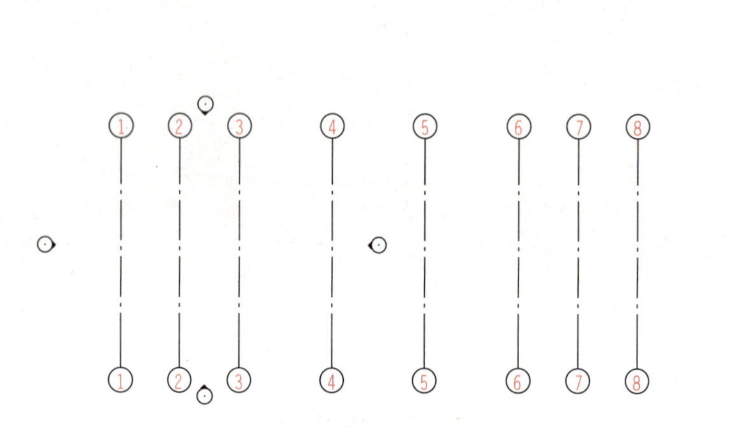

图3-2-14　教学楼垂直轴线

(7)使用“线”工具沿水平方向绘制一条水平轴网，Revit自动按轴线编号累计加1的方式命名该轴线编号为“9”。单击轴线编号，重命名为“A”，按Enter键确认。

(8)再次使用“复制”命令，依次复制间距值为“7200”“3600”“7200”的水平轴线。其结果如图3-2-15所示。

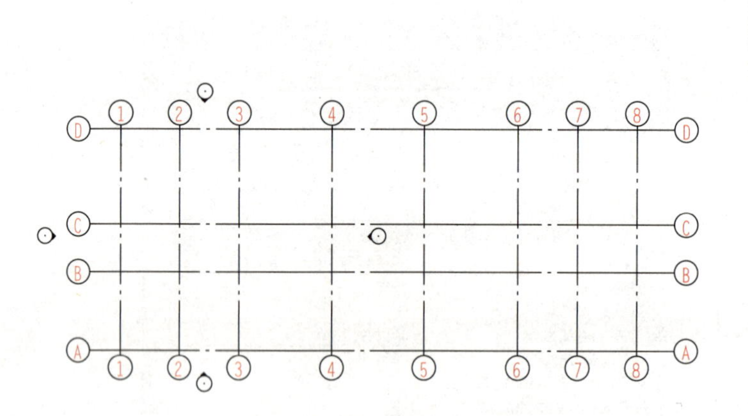

图3-2-15　教学楼水平轴线

(9)调整轴线端点位置至显示合理，并分别框选东、西、南、北四个立面视图符号⊙，将其移动到轴线外面。完成轴网绘制，如图 3-2-16 所示。

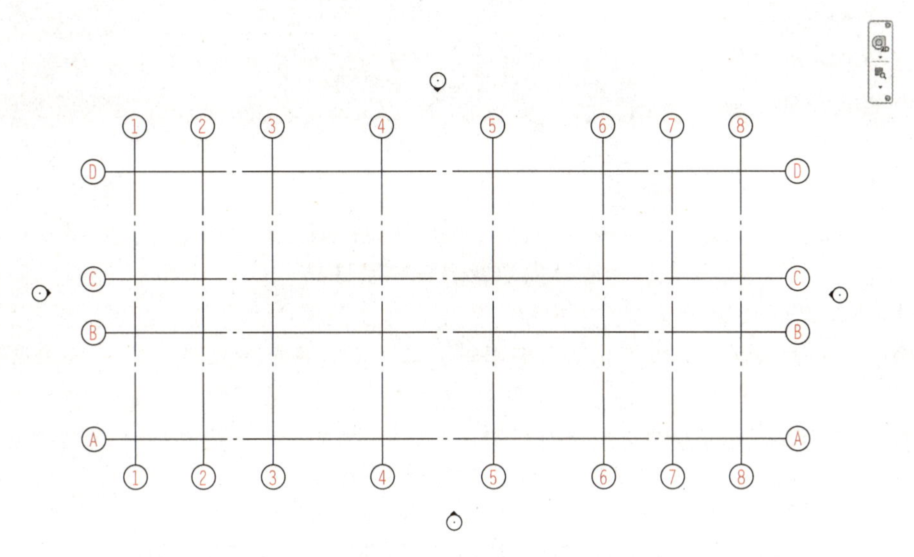

图 3-2-16　教学楼轴网

(10)保存文件。

2.3　创建柱

柱和梁是建筑结构中经常出现的构件。Revit Architecture 中提供了一系列工具用于完成结构模型的创建，如结构柱、梁、结构墙、结构楼板、基础等。本节主要从建筑建模的角度讲解柱、墙、楼板等构件的属性及应用。

在 Revit 2020 中包括结构柱和建筑柱两种柱。结构柱主要用于支撑和承载荷载，能够连接结构图元，如梁、支撑、基础等，结构柱具有一个可用于数据交换的分析模型，可直接导入分析软件进行分析；建筑柱主要起装饰和维护作用，能方便地与相连墙体统一材质，与墙连接后，会与墙融合并继承墙的材质。

2.3.1　放置结构柱

在项目浏览器中将视图切换至任意平面视图，选择“建筑”选项卡“构建”面板“柱”下拉列表框中的“结构柱”选项，选项卡切换到“修改 | 放置 结构柱”。

在“属性”选项板中的“类型选择器”下拉列表中可以选择结构柱的类型。如需载入其他结构柱类型，单击“编辑类型”按钮，弹出如图 3-2-17 所示的“类型属性”对话框，单击“载入”按钮，弹出“打开”对话框，默认进入 Revit 族库文件夹。以载入 600 mm×600 mm 混凝土柱为例，依次打开“结构”文件夹→“柱”文件夹→“混凝土”文件夹，载入路径如图 3-2-18 所示，选中“混凝土-矩形-柱 . rfa”，单击“打开”按钮载入到当前项目中。

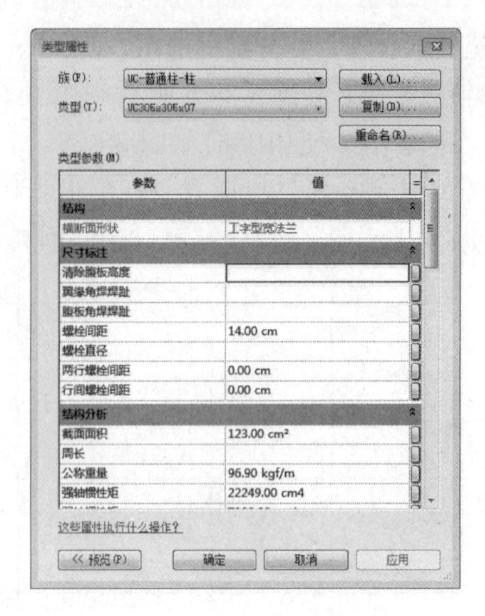

图 3-2-17 “类型属性”对话框

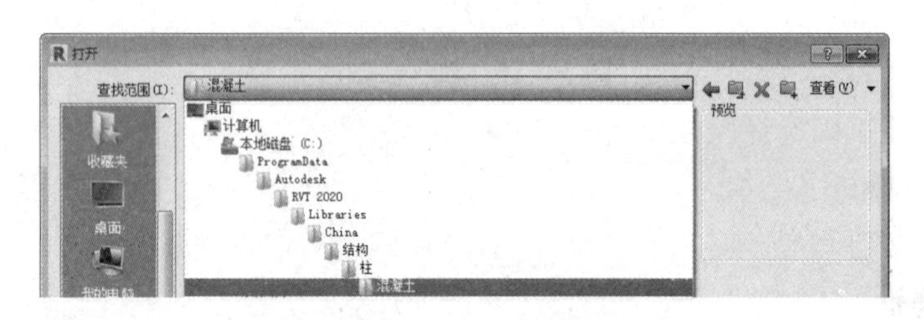

图 3-2-18 载入混凝土柱族的路径

载入“混凝土-矩形-柱 . rfa”后，“类型属性”对话框随之变为如图 3-2-19 所示。单击“复制”按钮，弹出“名称”对话框，输入“600×600mm”，单击“确定”按钮，关闭对话框。在“类型属性”对话框中的“尺寸标注”卷展栏将“b”更改为“600”，“h”更改为“600”。单击“确定”按钮，退出“类型属性”对话框。

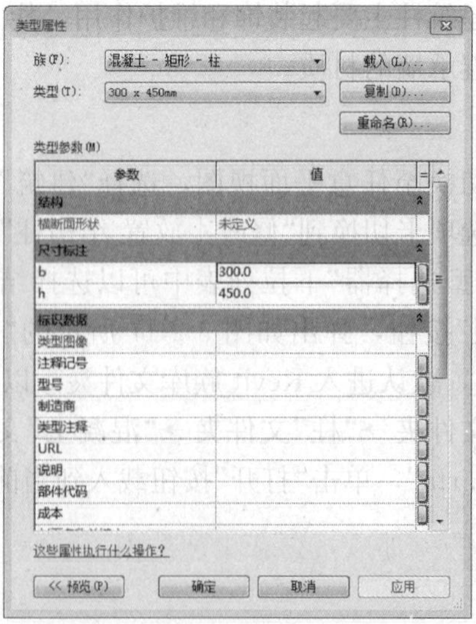

图 3-2-19 “类型属性”对话框

放置垂直结构柱时，Revit 2020 提供了高度和深度两种确定柱高度的方式，用户可以在选项栏中进行设置。其中，高度是指以当前标高为柱底向上延伸；深度是指以当前标高为柱顶向下延伸。结构柱还可以放置斜柱，在选项栏中分别设置“第一次单击”和“第二次单击”来定义柱起点和端点所关联的标高和偏移。斜柱不会出现在图形柱明细表中。

垂直结构柱的放置方式有单击光标放置、在轴网处放置和在建筑柱处放置三种。放置柱时，可以使用 Space 键更改柱的方向。每次按 Space 键，柱将发生旋转，以便于选定位置的相交轴网对齐，在没有对齐轴网的情况下，按 Space 键柱会旋转 90°。用户还可以在放置柱时通过选中或取消选中“修改｜放置 结构柱”选项卡中“标记”面板的“在放置时进行标记”单选按钮，来设置放置结构柱时标记或不标记。

2.3.2 放置建筑柱

建筑柱没有斜柱，且只能单击光标放置。建筑柱的载入、属性编辑、创建和调整与结构柱操作大致相同，此处不再赘述。

2.3.3 创建项目柱

(1)打开“教学楼标高轴网.rvt”文件，单击“视图”选项卡“创建”面板中的“平面视图”→“结构平面”按钮，在弹出图 3-2-20 所示的“新建结构平面”对话框中选择所有标高，单击“确定”按钮，为项目所有标高创建结构平面。

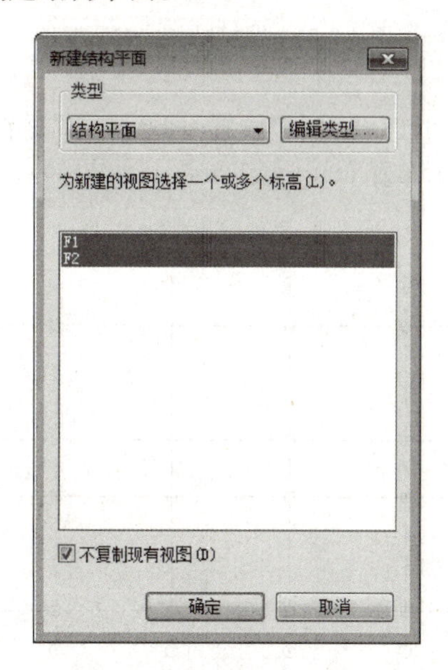

图 3-2-20 “新建结构平面”对话框

(2)双击项目浏览器→“视图”→“结构平面”→“F1”，打开 F1 层结构平面视图，单击“建筑”选项卡“构建”面板中的“柱”→“结构柱”按钮。单击“属性”选项板中的“编辑类型”按钮，在弹出的“类型属性”对话框中，单击“载入”按钮，弹出“打开”对话框，依次打开“结构”文件夹→“柱”文件夹→“混凝土”文件夹，选中“混凝土-矩形-柱.rfa”，单击“打开”按钮载入到当前项目中。返回“类型属性”对话框，单击“复制”按钮，弹出“名称”对话框，输入“600×600mm”，单击“确定”按钮，关闭对话框。在“类型属性”对话框中的“尺寸标注”卷展栏中将“b”更改为“600”，“h”更改为“600”，如图 3-2-21 所示，单击“确定”按钮，关闭对话框。

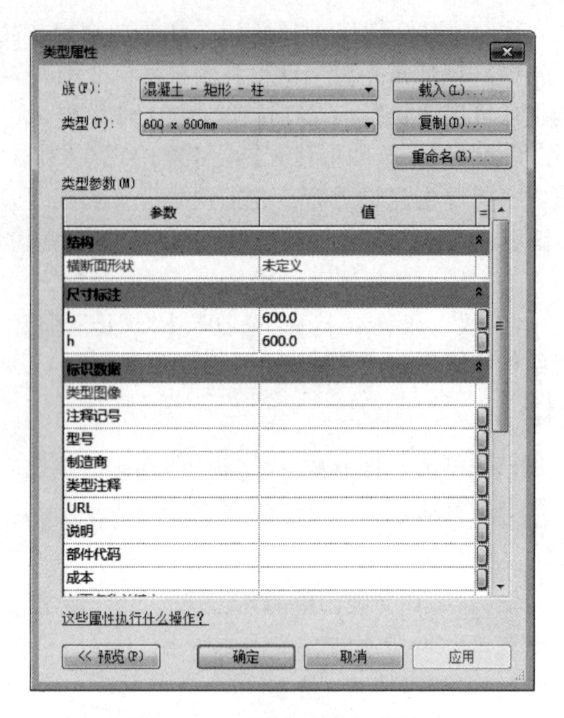

图 3-2-21 “类型属性”对话框

(3)单击“修改 | 放置 结构柱”选项卡“放置”面板中的“垂直柱”按钮，在选项栏中选择“高度”“F2”，按图 3-2-22 所示布置 600 mm×600 mm 结构柱，按 Esc 键结束命令。

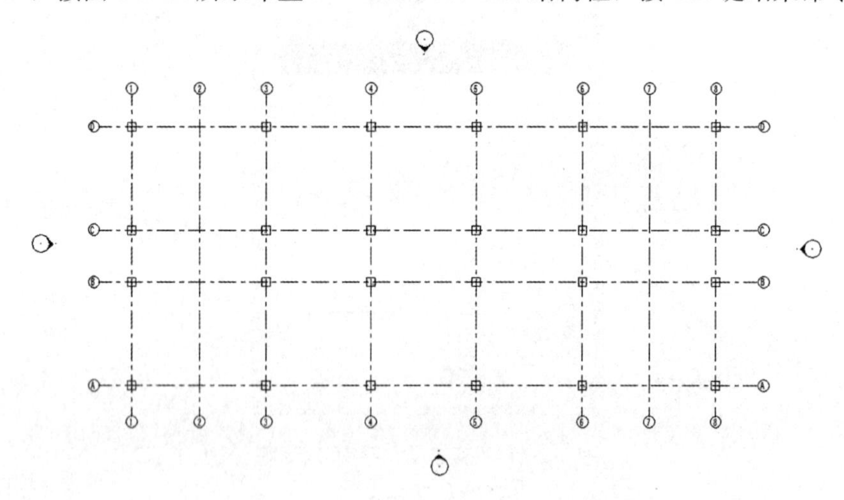

图 3-2-22 600 mm×600 mm 结构柱布置

(4)单击“属性”选项板中的“编辑类型”按钮，在弹出的“类型属性”对话框中单击“复制”按钮，弹出“名称”对话框，输入“500×500mm”，单击“确定”按钮，关闭对话框。在“类型属性”对话框中的“尺寸标注”卷展栏中将“b”更改为“500”，“h”更改为“500”，单击“确定”按钮关闭对话框。

(5)单击“修改 | 放置 结构柱”选项卡“放置”面板中的“垂直柱”按钮，在选项栏中选择“高度”“F2”，按图 3-2-23 所示布置 500 mm×500 mm 结构柱，按两次 Esc 键结束命令。

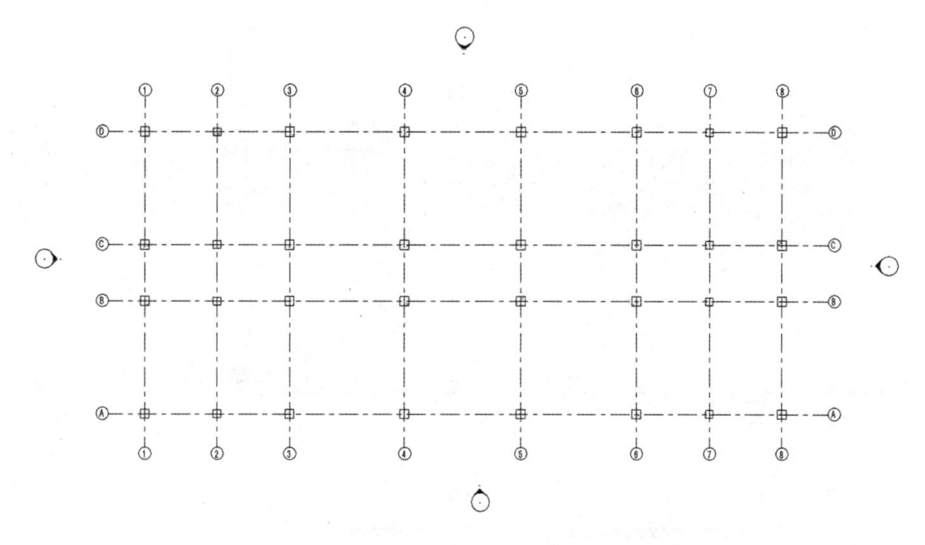

图 3-2-23　500 mm×500 mm 结构柱布置

(6)布置好 F1 层结构柱后，采用链接 CAD 的方式对柱的位置进行修改。单击“插入”选项卡“链接”面板中的“链接 CAD”按钮，在弹出的“链接 CAD 格式”对话框中选择“教学楼首层平面图.dwg”，勾选“仅当前视图”复选框，设置导入单位为“毫米”，如图 3-2-24 所示。单击“打开”按钮将 CAD 图纸链接到当前项目中。选中 CAD 图形，单击“禁止改变图元位置”按钮变为“允许改变图元位置”按钮，单击“修改”面板中的“移动”按钮，将 CAD 图形中的①轴线和Ⓐ轴线交点与当前项目中的①轴线和Ⓐ轴线交点对齐，如图 3-2-25 所示，单击按钮变为按钮，将 CAD 图形位置锁定。

图 3-2-24　“链接 CAD 格式”对话框

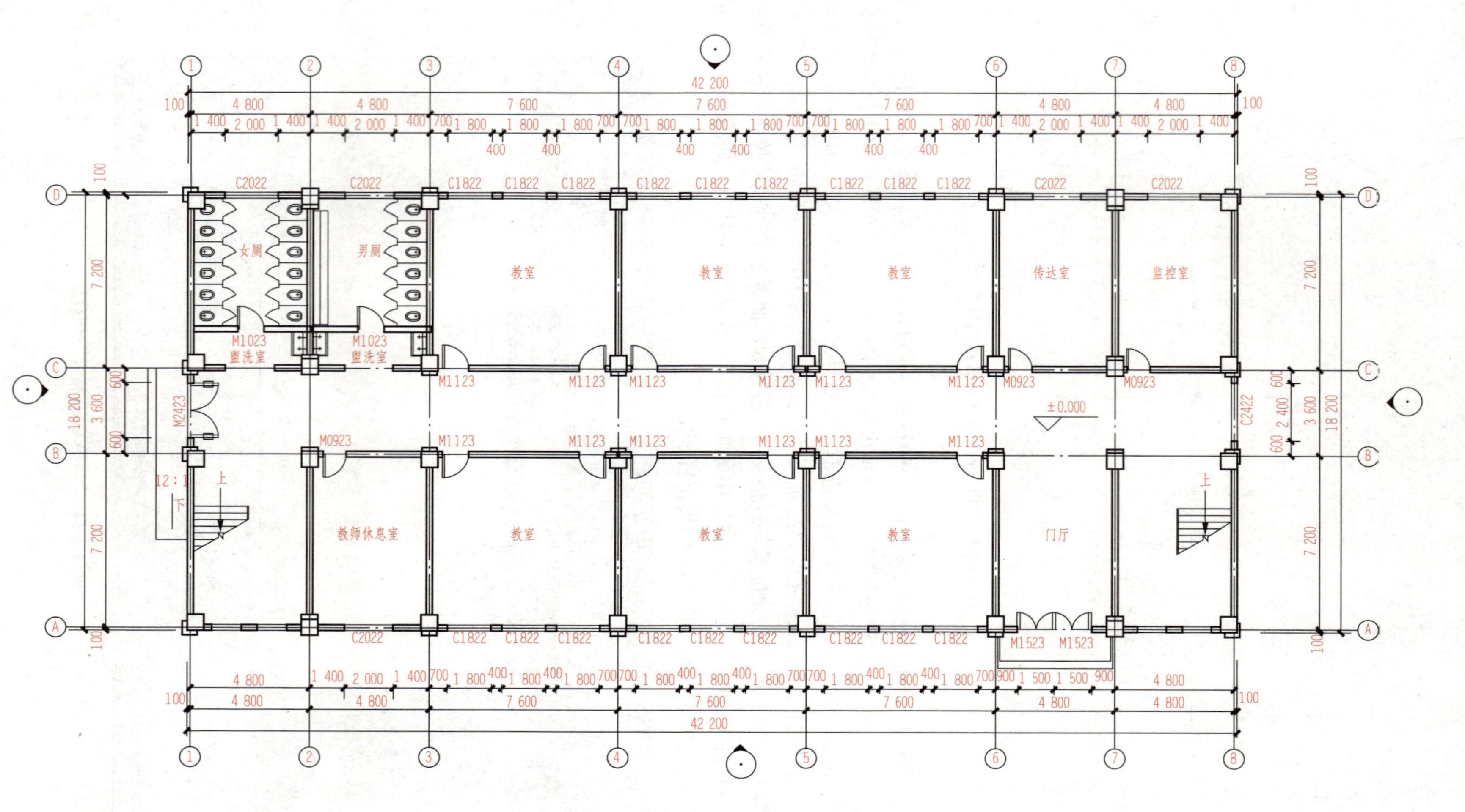

图 3-2-25 链接CAD图纸

(7)使用“移动”或“对齐”命令将项目中的结构柱与 CAD 图纸中的柱对一一齐，全部完成之后，选中 CAD 图纸将文件删除即可，如图 3-2-26 所示。

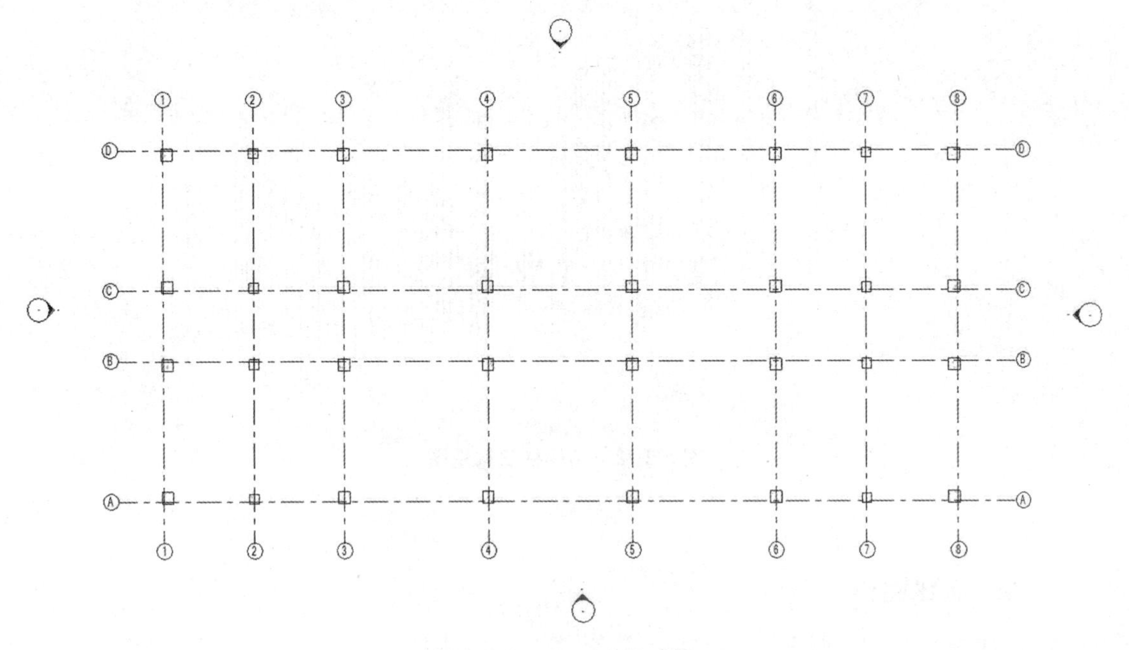

图 3-2-26　F1 结构柱布置

(8)选中 F1 层所有的结构柱，单击“修改 | 放置-结构柱”选项卡“剪贴板”面板中的“复制到剪贴板”按钮，然后选择“粘贴”下拉菜单中的“与选定的标高对齐”命令，弹出“选择标高”对话框，选中“F2”“F3”“F4”，如图 3-2-27 所示，单击“确定”按钮关闭对话框。此时，F1 层的结构柱已经被复制到 F2、F3、F4 层中。

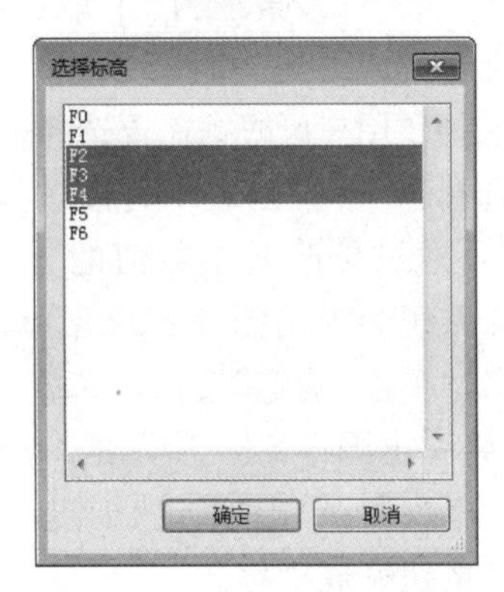

图 3-2-27　“选择标高”对话框

(9)选中 F1 层①轴线、②轴线分别与Ⓐ轴线、Ⓑ轴线交点处的结构柱，复制到 F5 层，并将“属性”选项板中的“顶部标高”设置为“F6”，将“顶部偏移”设置为“0”。

(10)再次选中 F1 层结构柱，在“属性”选项板中更改“底部约束”为“F0”、“底部偏移”为“0”，单击“应用”按钮，将结构柱底部延伸至室外地坪，按 Esc 键退出。完成后的结构柱三维视图如图 3-2-28 所示。另存为文件，命名为“教学楼-结构柱”。

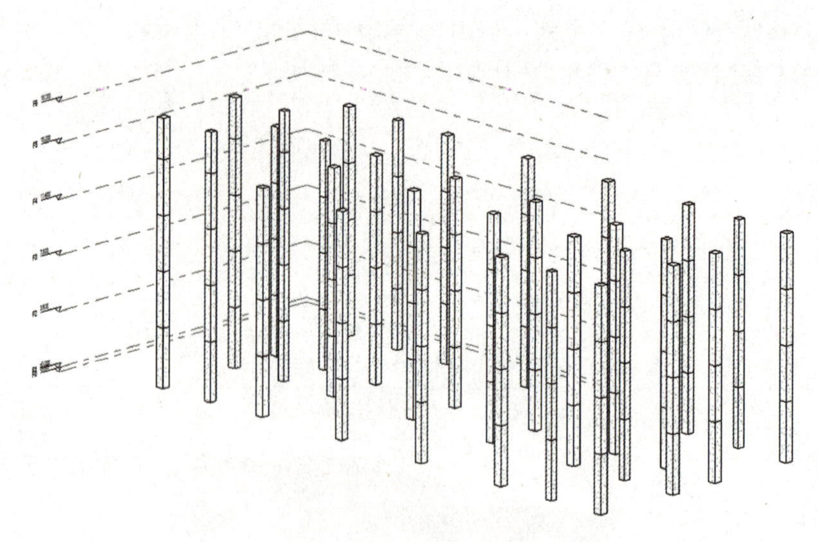

图 3-2-28　结构柱三维视图

2.4　创建墙体

墙是建筑模型中非常重要的构件，墙体不仅是建筑空间的分隔主体，同时也是门窗、墙饰条、分隔条、卫浴、灯具等构件的承载主体。在 Revit 中，墙属于系统族，Revit 2020 提供了基本墙、叠层墙和幕墙三种类型的墙族。所有的墙体类型都是通过这三种系统墙的不同参数和样式设定来建立的。

2.4.1　绘制基本墙

选择“建筑”选项卡“构建”面板“墙”下拉列表框中的“墙：建筑”选项，Revit 2020 会自动切换至“修改｜放置 墙”选项卡，“绘制”面板中有“直线”“矩形”“多边形”“圆形”“弧形”“拾取线”和“拾取面”等多种绘制方式可供选择。用户可根据需要选择合适的墙体绘制方式。

在“属性”选项板中的“类型选择器”下拉列表中可以选择墙的类型。如果需要其他类型的墙体，可以复制已有墙体类型，通过更改其参数值的方式创建新的墙体类型。单击“属性”选项板中的“编辑类型”按钮，系统会弹出图 3-2-29 所示的“类型属性”对话框，单击“复制”按钮，对新的墙体类型重命名，单击“确定”按钮，完成复制返回“类型属性”对话框。单击“结构”参数后的“编辑”按钮，将弹出图 3-2-30 所示的“编辑部件”对话框，用户可以根据需要设置墙体构造层的“材质”和“厚度”，单击“确定”按钮，关闭“编辑部件”对话框返回“类型属性”对话框，再次单击“确定”按钮完成操作。

同时，在“属性”选项板中可以设置墙体的定位线、底部约束、底部偏移、顶部约束和顶部偏移等属性参数。在选项栏中可以设置墙体的放置方式、定位线、偏移量等参数。

因为在 Revit 中墙体可以设置构造层，并且有内外墙之分。所以，Revit 2020 提供了 6 种墙定位方式，即“墙中心线”“核心层中心线”“面层面：外部”“面层面：内部”“核心面：外部”“核心面：内部”，来控制绘制墙体时以哪一构造层来准确定位绘制路径。

在工作区域内，单击鼠标确定墙体的起点、终点。Revit 默认将绘制方向的左侧设置为“外部”，因此，绘制外墙时可采用顺时针方向。

类型属性

族(F)：系统族:基本墙　载入(L)...
类型(T)：常规 - 200mm　复制(D)...
重命名(R)...

类型参数(M)

参数	值
构造	
结构	编辑...
在插入点包络	不包络
在端点包络	无
厚度	200.0
功能	外部
图形	
粗略比例填充样式	
粗略比例填充颜色	黑色
材质和装饰	
结构材质	<按类别>
尺寸标注	
壁厚	
分析属性	
传热系数(U)	

这些属性执行什么操作？

<< 预览(P)　确定　取消　应用

图 3-2-29 “类型属性”对话框

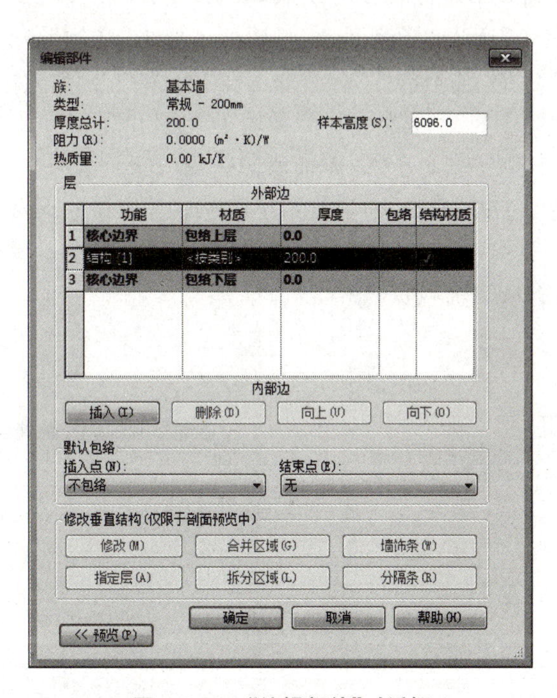

图 3-2-30 “编辑部件”对话框

2.4.2 绘制叠层墙

叠层墙是 Revit 的一种特殊墙体类型，它是在纵向上由若干个不同厚度、材质和构造类型的子墙相互堆叠而组成的墙体，如图 3-2-31 所示。

图 3-2-31　叠层墙

选择“建筑”选项卡“构建”面板“墙”下拉列表框中的“墙：建筑”选项，在“属性”选项板中的“类型选择器”下拉列表中可以选择叠层墙类型。单击“属性”选项板中的“编辑类型”按钮，系统会弹出图 3-2-32 所示的“类型属性”对话框，单击“结构”参数后的“编辑”按钮，系统将会弹出图 3-2-33 所示的“编辑部件”对话框。在“偏移”下拉列表中选择叠层墙的定位线放置位置，“类型”选项组中可以设置叠层墙子墙的类型和高度，其中一段高度必须是“可变”，单击“插入”按钮或“删除”按钮可以添加或删除叠层墙子墙层次。单击“确定”按钮，关闭“编辑部件”对话框返回“类型属性”对话框，单击“确定”按钮完成操作。

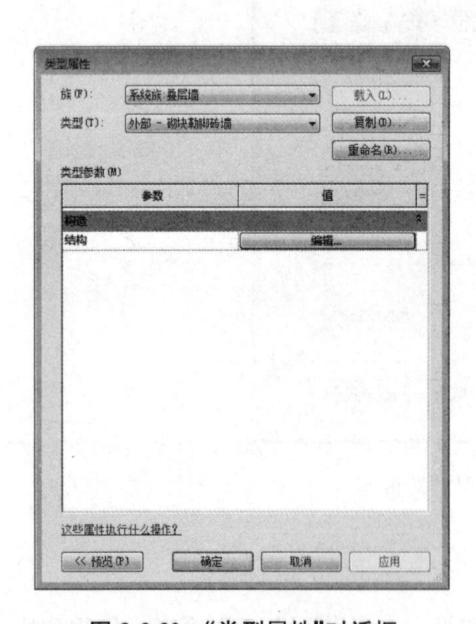

图 3-2-32　“类型属性”对话框

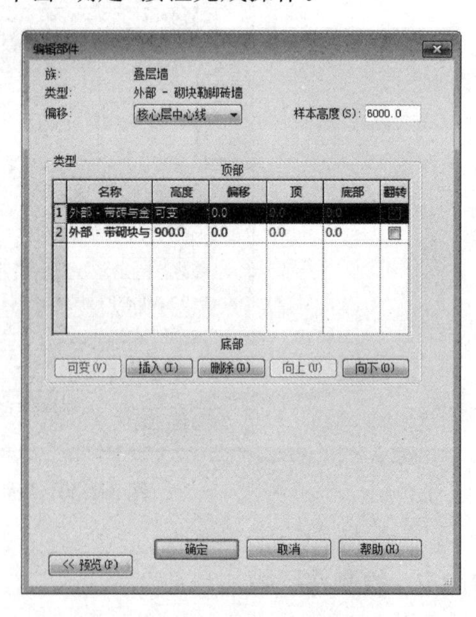

图 3-2-33　“编辑部件”对话框

2.4.3 编辑基本墙和叠层墙

1. 设置墙体实例参数

选中需要修改的墙体，在“属性”选项板中可修改墙体的位置图元属性，以及墙体的结构用途属性等。

2. 设置墙体类型参数

墙体的类型参数包括构造、图形、材质和装饰等参数。

选中需要修改的墙体，单击“属性”选项板中的“编辑类型”按钮，在弹出的“类型属性”对话框中单击“结构”参数后的“编辑”按钮，系统会弹出“编辑部件”对话框，在该对话框中可以修改各构造层的材质、厚度和位置关系。

如图 3-2-34 所示，在“编辑部件”对话框中可以指定各结构层的功能属性，包括“结构[1]”“衬底[2]”“保温层/空气层[3]”“面层 1[4]”“面层 2[5]”“涂膜层” 等几种类型。[]内的数字代表优先级，数字越大，该层的优先级越低。当墙与墙相连时，Revit 会首先连接优先级高的层，然后连接优先级低的层，各结构层的功能如下：

(1)结构[1]：支撑其余墙、楼板或屋顶的层。

(2)衬底[2]：作为其他材质基础的材质(如胶合板或石膏板)。

(3)保温层/空气层[3]：隔绝并防止空气渗透。

(4)面层 1[4]：通常是外层。

(5)面层 2[5]：通常是内层。

(6)涂膜层：通常用于防止水蒸气渗透的薄膜。涂膜层的厚度应该为零。

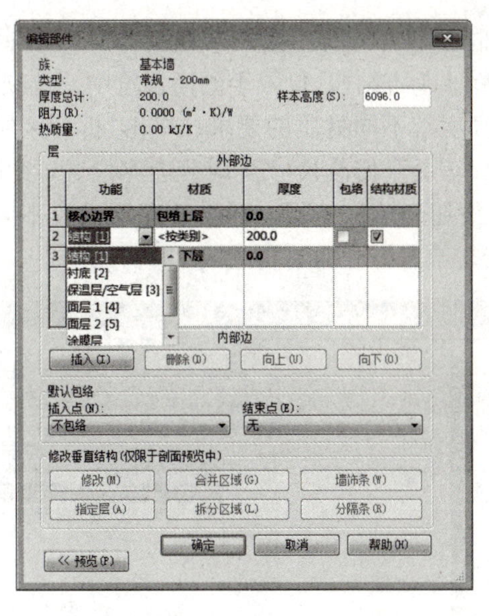

图 3-2-34 “编辑部件”对话框

在“编辑部件”对话框中单击材质属性后面的“浏览”按钮，进入如图 3-2-35 所示的“材质浏览器”对话框。在“项目材质”列表框中显示了当前项目中的材质，选择相应的材质，单击“应用”或“确定”按钮，即可将选定的材质赋予当前构造层。若“项目材质”列表框中没有需要的材质，可单击“创建并复制材质”按钮选择新建材质或复制选定的材质，并在右侧的“标识”“图形”“外观”选项卡中设置材质的名称、颜色、表面填充图案、截面填充图案和渲染图像等各种属性信息。用户还可以选择材质库中的材质，单击或按钮，将材质添加到当前项目中。单击“确定”按钮，完成设置并关闭“材质浏览器”对话框，返回“编辑部件”对话框。

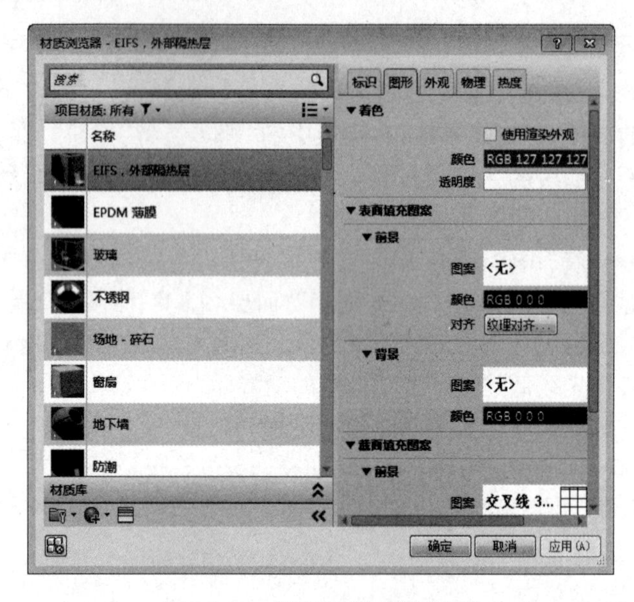

图 3-2-35 “材质浏览器”对话框

单击“编辑部件”对话框左下角“预览”按钮，如图 3-2-36 所示，将“视图”类型改为“剖面：修改类型属性”。在“修改垂直结构(仅限于剖面预览中)”选项组中可以进行墙体的复合结构设置，满足墙在不同高度有不同材质的要求。单击“拆分区域”按钮，可以将一个构造层拆分为几个部分，用“修改”命令修改尺寸及调节边界位置，此时被拆分构造层厚度值变为“可变”。可单击“插入”按钮新建构造层，并给新建层设置不同的材质属性，通过“指定层”按钮将新建的构造层指定给所拆分的不同区域。

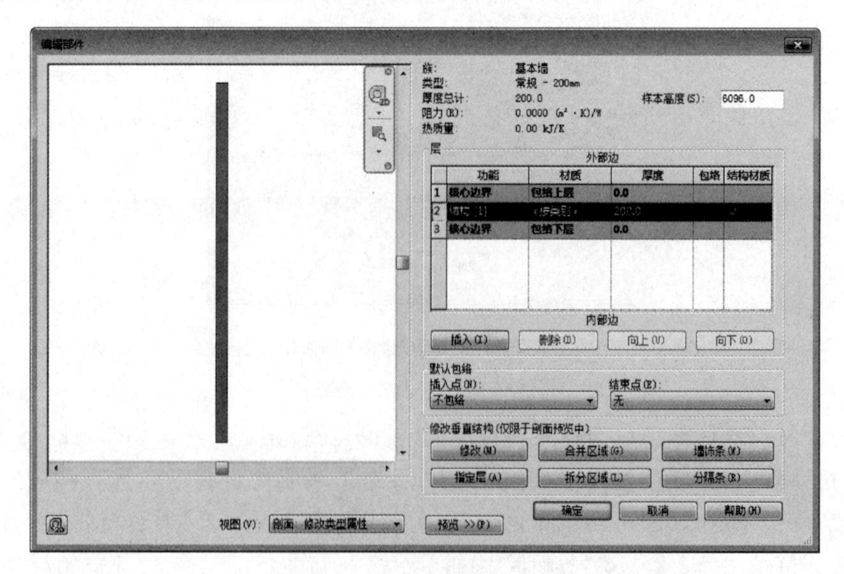

图 3-2-36 “编辑部件”对话框

3. 编辑墙体平面

墙体的平面参数如图 3-2-37 所示，可以通过调整临时尺寸标注、拖曳墙体两端控制夹点修改墙体的位置、长度、高度和内外墙面等。

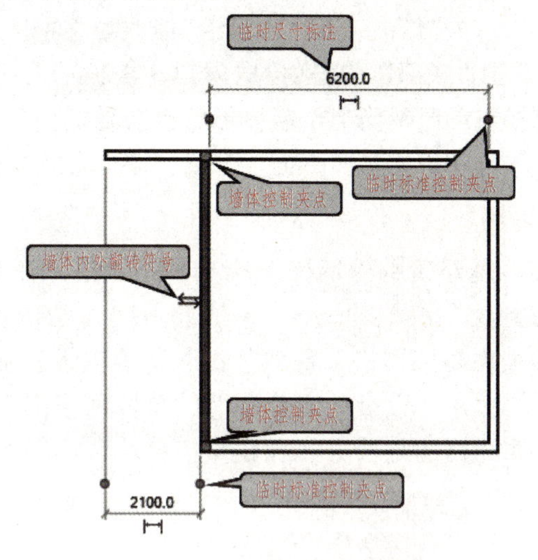

图 3-2-37　墙体平面参数

墙体可以使用常规的编辑命令进行编辑，选中需要编辑的墙体，选项卡将自动切换为“修改｜墙”，用户可以选择“修改”面板中的“对齐”“移动”“偏移”“复制”“镜像”“旋转”“修剪”“延伸”“拆分”“阵列”“删除”等编辑命令对其进行编辑修改。

4. 编辑墙体立面轮廓

在大多数情况下，放置墙时，墙的轮廓为矩形。如果设计要求其他的轮廓形状，或要求墙体中开洞口，可通过编辑墙体立面轮廓完成。选中所要编辑的墙体，单击“修改｜墙”选项卡“模式”面板中的“编辑轮廓”按钮。如果在平面视图中进行此操作，系统会弹出图 3-2-38 所示的“转到视图”对话框，选择任意立面视图进行操作，选项卡将自动切换为[修改｜墙＞编辑轮廓]，进入绘制墙体轮廓草图模式。选择“绘制”面板中的绘制工具，在立面视图中绘制或修改封闭轮廓线。编辑完成后，单击“模式”面板中的“完成编辑模式”按钮 ✔，可生成对应形状的墙体。

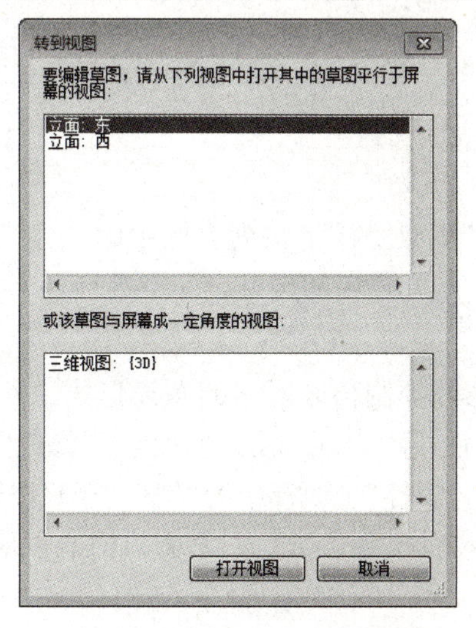

图 3-2-38　“转到视图”对话框

如果需要还原已编辑过轮廓的墙体，则选中墙体，单击“修改｜墙”选项卡“模式”面板中的“重设轮廓”按钮即可。

5. 墙体的附着和分离

选中需要编辑的墙体，单击“修改｜墙”选项卡“修改墙”面板中的“附着顶部/底部”按钮，在选项栏中选择“顶部”或“底部”，光标拾取屋顶、楼板、天花板或参照平面，可将墙连接到屋顶、楼板、天花板或参照平面上，墙体形状也会随之变化。单击“分离顶部/底部”按钮可将墙从屋顶、楼板、天花板或参照平面上分离，墙体形状恢复原状。

2.4.4　绘制和编辑幕墙

幕墙是一种特殊墙体，是建筑的外墙围护结构，不承重。在 Revit 2020 中，有幕墙、外部玻璃和店面三种幕墙类型。

如图 3-2-39 所示，幕墙由幕墙网格、幕墙竖梃和幕墙嵌板三部分组成。幕墙由一块或多块嵌板组成，幕墙嵌板的大小、数量由划分幕墙的幕墙网格决定。在 Revit 2020 中，可以手动或通过参数指定幕墙网格的划分方式和数量。幕墙竖梃即幕墙龙骨，是沿幕墙网格生成的线型构件。

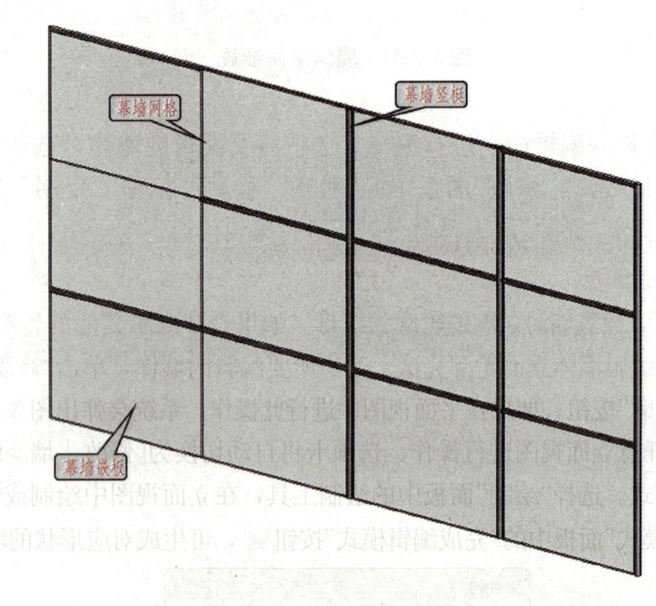

图 3-2-39　幕墙组成

1. 绘制幕墙

选择“建筑”选项卡“构建”面板“墙”下拉列表框中的“墙：建筑”选项，在“属性”选项板中的“类型选择器”下拉列表中选择幕墙的类型，即可进行幕墙的绘制。

2. 参数编辑

对于幕墙的编辑，可用参数控制幕墙网格的布局形式、网格的间距值、对齐和旋转角度及偏移值。选中需要编辑的幕墙，选项卡自动切换至“修改｜墙”，在“属性”选项板中可以编辑幕墙的实例参数。单击“属性”选项板中的“编辑类型”按钮，弹出图 3-2-40 所示的“类型属性”对话框，可以编辑幕墙的类型参数，如幕墙的构造、幕墙网格的布局形式、幕墙竖梃的轮廓形式等。

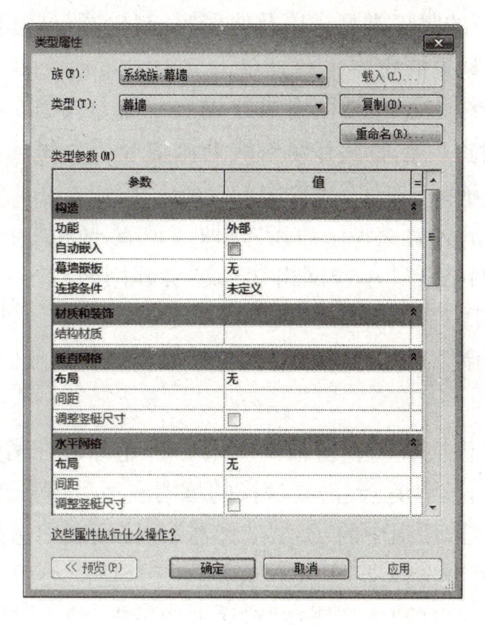

图 3-2-40 “类型属性”对话框

3. 手动编辑

幕墙的网格间距除利用参数控制修改外，也可以手动调整。在三维视图或立面视图中选择幕墙网格(可按 Tab 键切换预选图元)，单击“锁定图元”按钮变为解锁模式，可直接修改网格的临时尺寸来改变网格位置。

同基本墙的编辑一样，幕墙的立面轮廓也可以通过“修改 | 墙”选项卡“模式”面板中的“编辑轮廓”按钮进行修改编辑。

4. 编辑幕墙网格

单击“建筑”选项卡“构建”面板中的“幕墙网格”按钮，选项卡切换至“修改 | 放置 幕墙网格”，在“放置”面板中选择不同的放置方式，可以整体分割或局部细分幕墙嵌板，如图 3-2-41所示。放置方式的功能如下：

(1)全部分段：单击以在出现预览的所有嵌板上添加网格线。

(2)一段：单击以在出现预览的单个嵌板上添加一条网格线。

(3)除拾取外的全部：单击添加一条红色的整条网格线，选择需要删除网格线的嵌板，其余的嵌板将添加网格线。

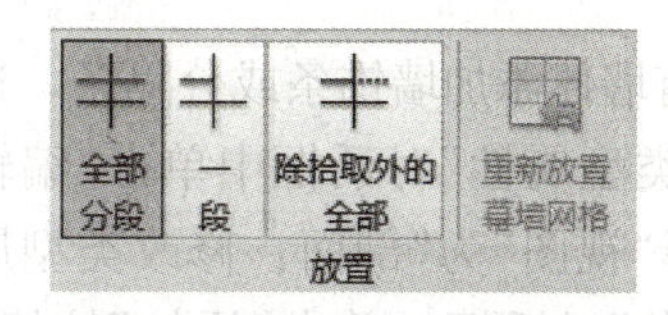

图 3-2-41 幕墙网格“放置”面板

5. 编辑幕墙竖梃

Revit 中竖梃为系统族，有矩形竖梃、圆形竖梃和四种角竖梃(L 形、V 形、四边形和梯形)。用户还可以创建新的竖梃类型，以及使用“公制轮廓一竖梃.rfa”族样板创建竖梃的轮廓，载入到项目中更改竖梃的轮廓。

竖梃放置在幕墙网格线上，有两种添加方式：一种方式是通过“类型属性”对话框设置，自动在有网格线处添加竖梃；另一种方式是单击“建筑”选项卡“构建”面板中的“竖梃”按钮，在“属性”选项板中选择所需的竖梃类型，单击“修改 | 放置 竖梃”选项卡“放置”面板中的“网格线”“单段网格线”或“全部网格线”按钮放置竖梃，如图 3-2-42 所示。

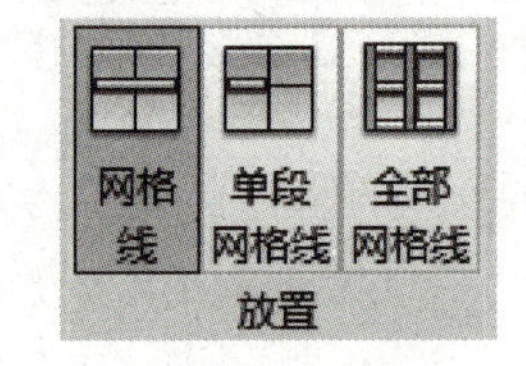

图 3-2-42 竖梃“放置”面板

竖梃可以根据网格线调整尺寸，并自动在与其他竖梃的交点处进行拆分。

6. 幕墙嵌板替换

幕墙的玻璃嵌板可以替换成门、窗或基本墙。将光标放在需要替换的幕墙嵌板边缘，使用 Tab 键进行切换预选，当切换到需要替换的幕墙嵌板后单击选择，使选项卡切换至“修改 | 幕墙嵌板”，在“属性”选项板中的“类型选择器”下拉列表中选择现有幕墙门、幕墙窗或基本墙直接替换。如果“类型选择器”下拉列表中没有合适的类型，可以单击“属性”选项板中的“编辑类型”按钮，在弹出的“类型属性”对话框中单击“载入”按钮从库中载入。

2.4.5 创建墙饰条和分隔条

“墙：饰条”和“墙：分隔条”是依附于墙主体的带状模型，用于沿墙水平方向或垂直方向创建带状墙装饰结构。“墙：饰条”和“墙：分隔条”实际上是预定义的轮廓沿墙水平或垂直方向放样生成的线型模型。为已创建墙体添加饰条或分隔条有以下两种方法：

(1)打开三维视图或者任意立面视图，选中墙体，选择“建筑”选项卡“构建”面板“墙”下拉列表框中的“墙：饰条”或“墙：分隔条”选项。在图 3-2-43 和图 3-2-44 所示的“修改 | 放置 墙饰条”或“修改 | 放置 分隔条”选项卡的“放置”面板中选择方向“水平”或“垂直”。将光标放在墙体上以高亮显示墙饰条或分隔条位置，单击放置墙饰条或分隔条。如需在不同的位置放置墙饰条或分隔条，单击“修改 | 放置 墙饰条”或“修改 | 放置 分隔条”选项卡“放置”面板中的“重新放置墙饰条”或“重新放置分隔条”按钮，即可再次放置墙饰条或分隔条。

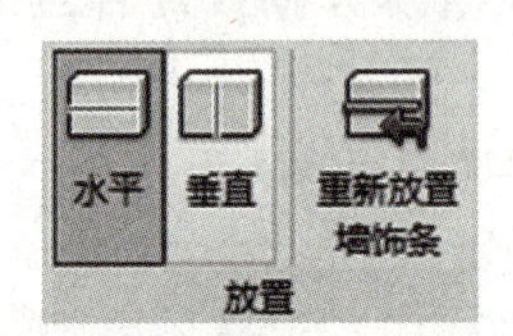

图 3-2-43 墙饰条“放置”面板

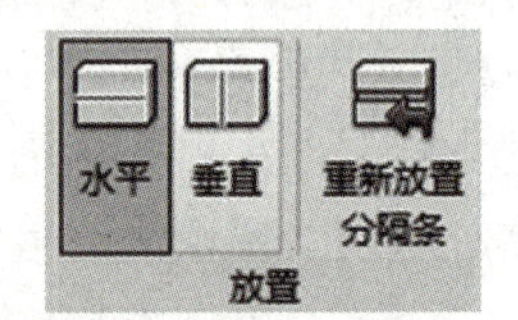

图 3-2-44 分隔条“放置”面板

(2)若需要为某种类型的所有墙体添加墙饰条或分隔条，选择墙体，单击“属性”选项板中的“编辑类型”按钮，在弹出的“类型属性”对话框中单击“编辑”按钮，在弹出的“编辑部件”对话框中单击“预览”按钮，选择“视图”为“剖面：修改类型属性”。单击“编辑部件”对话框中的“墙饰条”按钮，弹出“墙饰条”对话框，单击“添加”按钮，如图 3-2-45 所示。在“轮廓”下拉列表中选择或单击“载入轮廓”按钮选择墙饰条的轮廓，并设置其材质、与墙体的距离和偏移等关系。分隔条的创建与墙饰条相同。

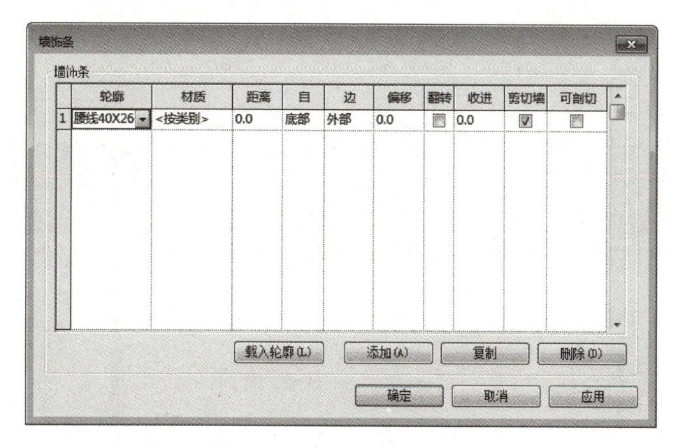

图 3-2-45 “墙饰条”对话框

2.4.6 创建异形墙体

在 Revit 2020 中，使用“墙：建筑”和“墙：结构”命令创建的墙体均垂直于标高。例如，需创建斜墙或异形墙图元，可以内建体量或载入概念体量模型，利用“面墙”命令或“幕墙系统”命令将体量表面转换为墙图元。

2.4.7 创建项目墙体

(1)打开“教学楼-结构柱 . rvt”文件，双击项目浏览器→“视图”→“楼层平面”→“F1”，打开 F1 层楼层平面视图，单击“建筑”选项卡“构建”面板中的“墙”→“墙：建筑”命令。单击“属性”选项板中的“编辑类型”按钮，弹出“类型属性”对话框。

(2)单击“类型属性”对话框中的“复制”按钮，在弹出的“名称”对话框中输入“教学楼外墙”，单击“确定”按钮返回“类型属性”对话框。单击“结构”参数后的“编辑”按钮，打开“编辑部件”对话框，按图 3-2-46 所示设置。单击“确定”按钮返回“类型属性”对话框，设置“功能”参数值为“外部”，单击“确定”按钮关闭对话框。在“属性”选项板中设置“底部约束”为“F1”、“底部偏移”为“0”、“顶部约束”为“F2”、“顶部偏移”为“0”。如图 3-2-47 所示，按顺时针方向绘制 F1 层外墙。

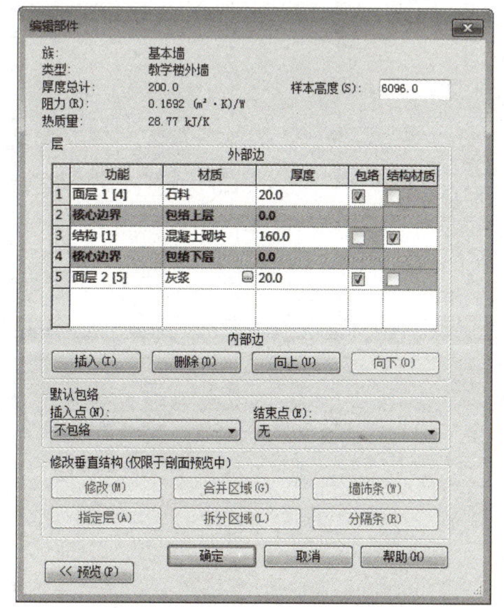

图 3-2-46 “编辑部件”对话框

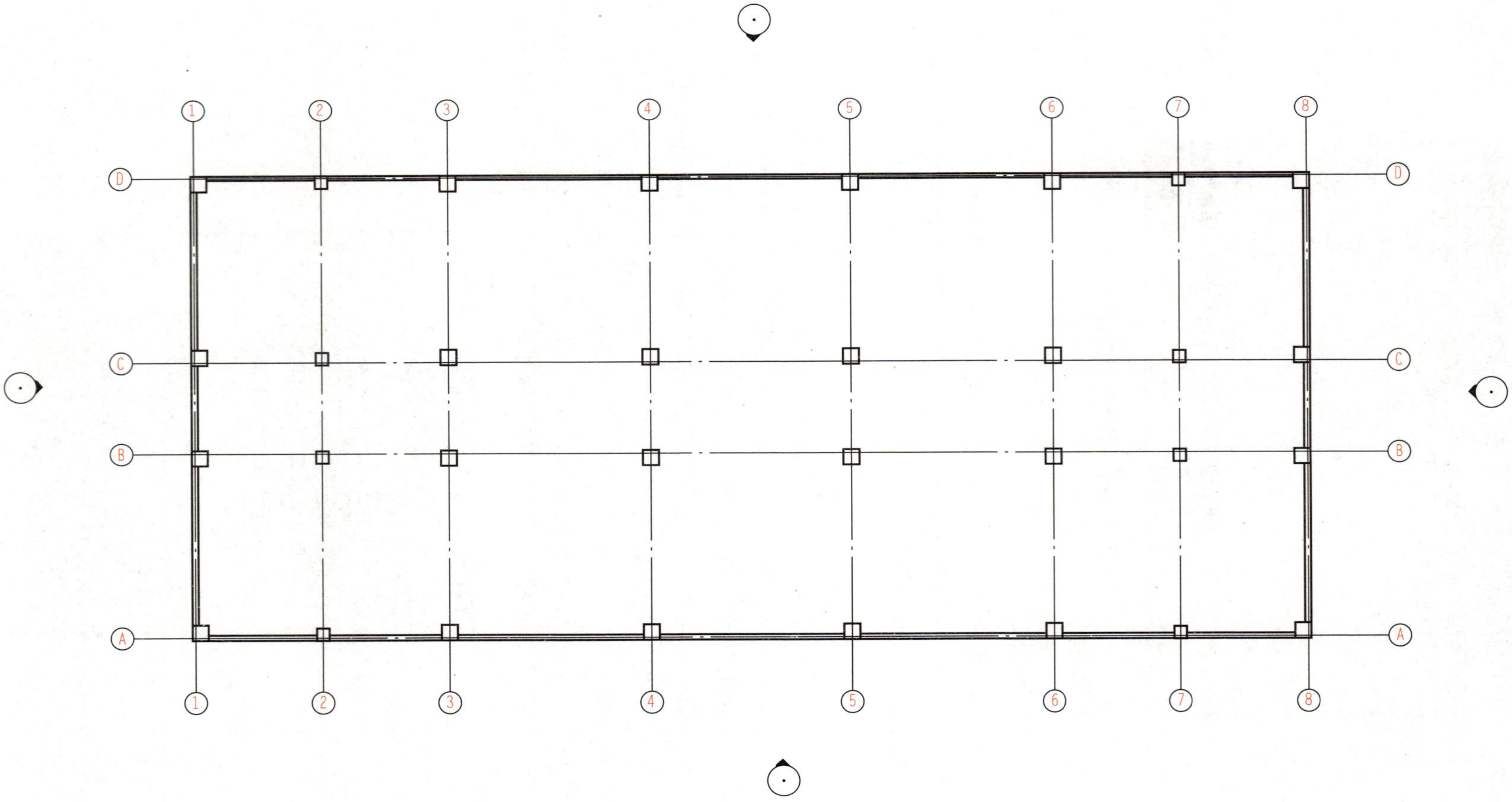

图 3-2-47 F1层外墙

(3)重复上一步操作。如图 3-2-48、图 3-2-49 所示，设置教学楼内墙和教学楼隔墙参数，在“类型属性”对话框中设置“功能”参数值为“内部”，单击“确定”按钮关闭对话框。“属性”选项板中参数设置不变。如图 3-2-50 所示，绘制 F1 层内墙和隔墙。

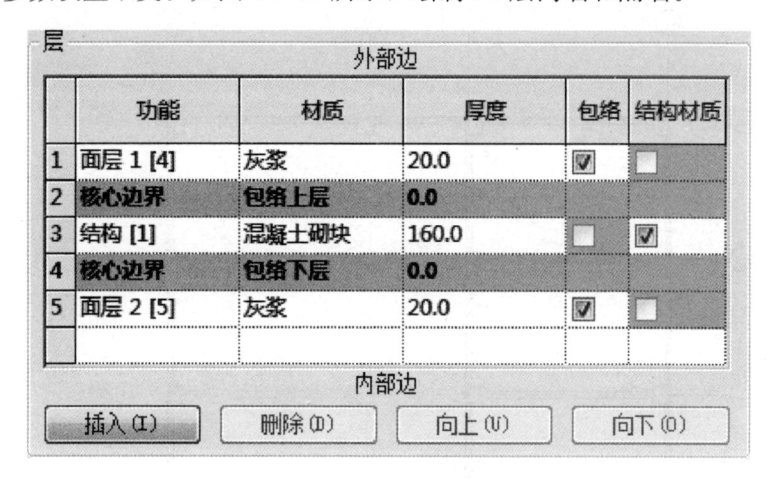
层

外部边

	功能	材质	厚度	包络	结构材质
1	面层 1 [4]	灰浆	20.0	☑	☐
2	核心边界	包络上层	0.0		
3	结构 [1]	混凝土砌块	160.0	☐	☑
4	核心边界	包络下层	0.0		
5	面层 2 [5]	灰浆	20.0	☑	☐

内部边

插入(I) 删除(D) 向上(U) 向下(O)

图 3-2-48　教学楼内墙结构层设置

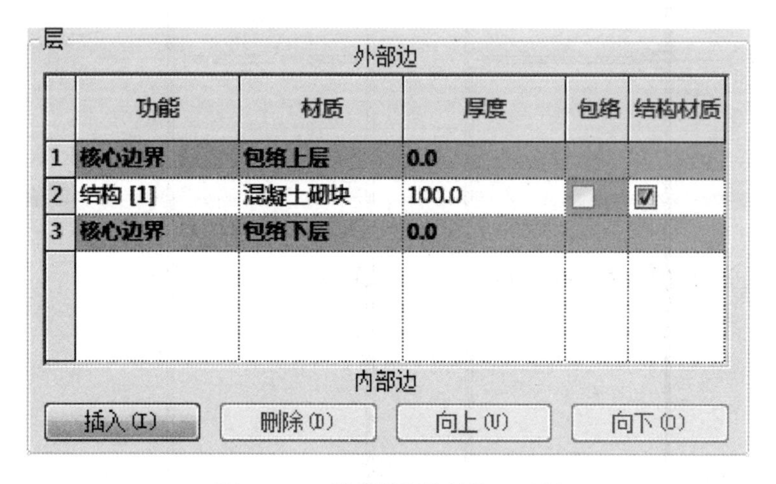
层

外部边

	功能	材质	厚度	包络	结构材质
1	核心边界	包络上层	0.0		
2	结构 [1]	混凝土砌块	100.0	☐	☑
3	核心边界	包络下层	0.0		

内部边

插入(I) 删除(D) 向上(U) 向下(O)

图 3-2-49　教学楼隔墙结构层设置

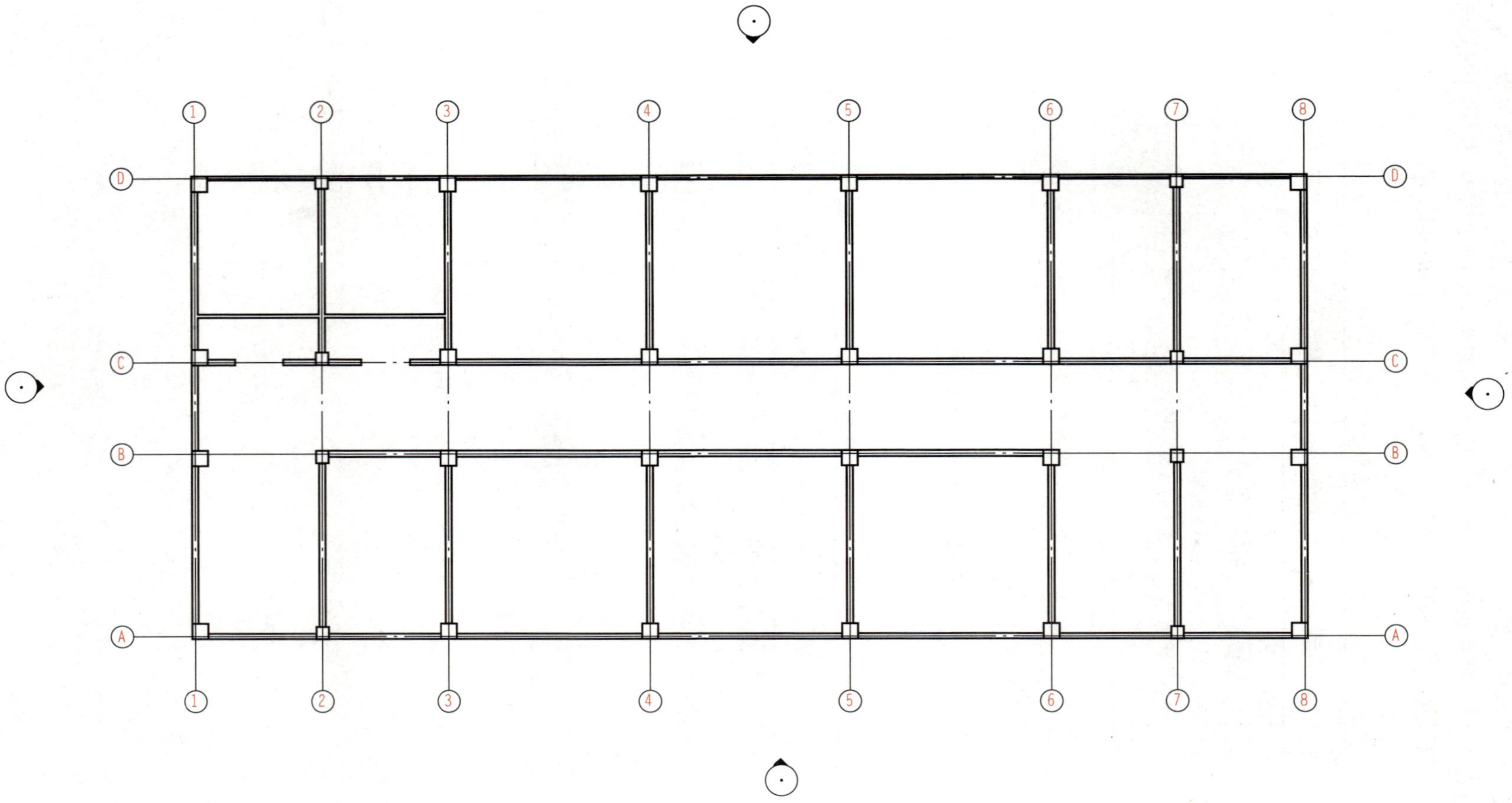

1
2
3
4
5
6
7
8
D
C
B
A

图 3-2-50　F1层墙体设置

(4)选中 F1 层墙体(可以使用“过滤器”工具)，单击“修改｜墙”选项卡“剪贴板”面板中的“复制到剪贴板”按钮，然后选择“粘贴”下拉菜单中的“与选定的标高对齐”命令，弹出“选择标高”对话框，选中“F2”，单击“确定”按钮关闭对话框。

(5)双击项目浏览器→“视图”→“楼层平面”→“F2”，打开 F2 层楼层平面视图，删除⑦轴线与Ⓒ轴线、Ⓓ轴线交点之间的内墙。将 F2 层墙体复制到 F3、F4 层。

(6)返回 F1 层楼层平面视图，选中 F1 层外墙，在“属性”选项板中更改“底部约束”为“F0”、“底部偏移”为“0”，单击“应用”按钮，将外墙底部延伸至室外地坪，按 Esc 键退出。

(7)双击项目浏览器→“视图”→“楼层平面”→“F5”，打开 F5 层楼层平面视图。在“建筑”选项卡“构建”面板中选择“墙”→“墙：建筑”命令。在“属性”选项板的“类型选择器”下拉列表中选择墙体类型为“教学楼外墙”。在“属性”选项板中设置“底部约束”为“F5”、“底部偏移”为“0”、“顶部约束”为“F6”、“顶部偏移”为“0”。如图 3-2-51 所示，按顺时针方向绘制 F5 层外墙。

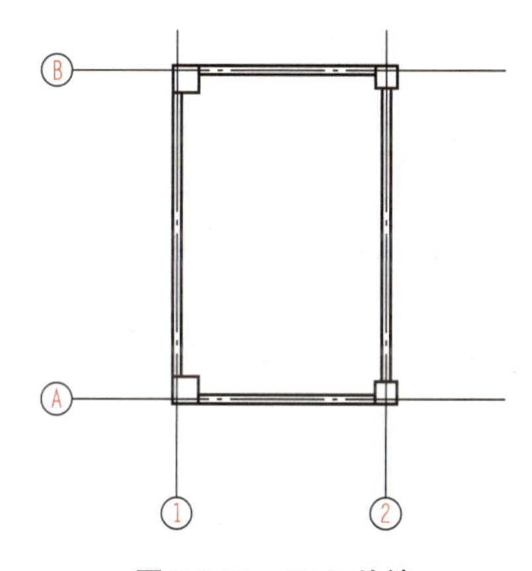

图 3-2-51　F5 层外墙

(8)选择“建筑”选项卡“构建”面板中的“墙”→“墙：建筑”命令。单击“属性”选项板中的“编辑类型”按钮，系统会弹出“类型属性”对话框。单击“复制”按钮，在弹出的“名称”对话框中输入“教学楼女儿墙”，单击“确定”按钮返回“类型属性”对话框。单击“结构”参数后的“编辑”按钮，弹出“编辑部件”对话框，按图 3-2-52 所示设置。单击“确定”按钮返回“类型属性”对话框，设置“功能”参数值为“外部”，单击“确定”按钮关闭对话框。在“属性”选项板中设置“底部约束”为“F5”、“底部偏移”为“0”、“顶部约束”为“未连接”、“无连接高度”为“950”。如图 3-2-53 所示按顺时针方向绘制女儿墙。

层

外部边

	功能	材质	厚度	包络	结构材质
1	核心边界	包络上层	0.0		
2	结构 [1]	砖，空心	200.0	☐	☑
3	核心边界	包络下层	0.0		

内部边

插入(I)　删除(D)　向上(U)　向下(O)

图 3-2-52　教学楼女儿墙结构层设置

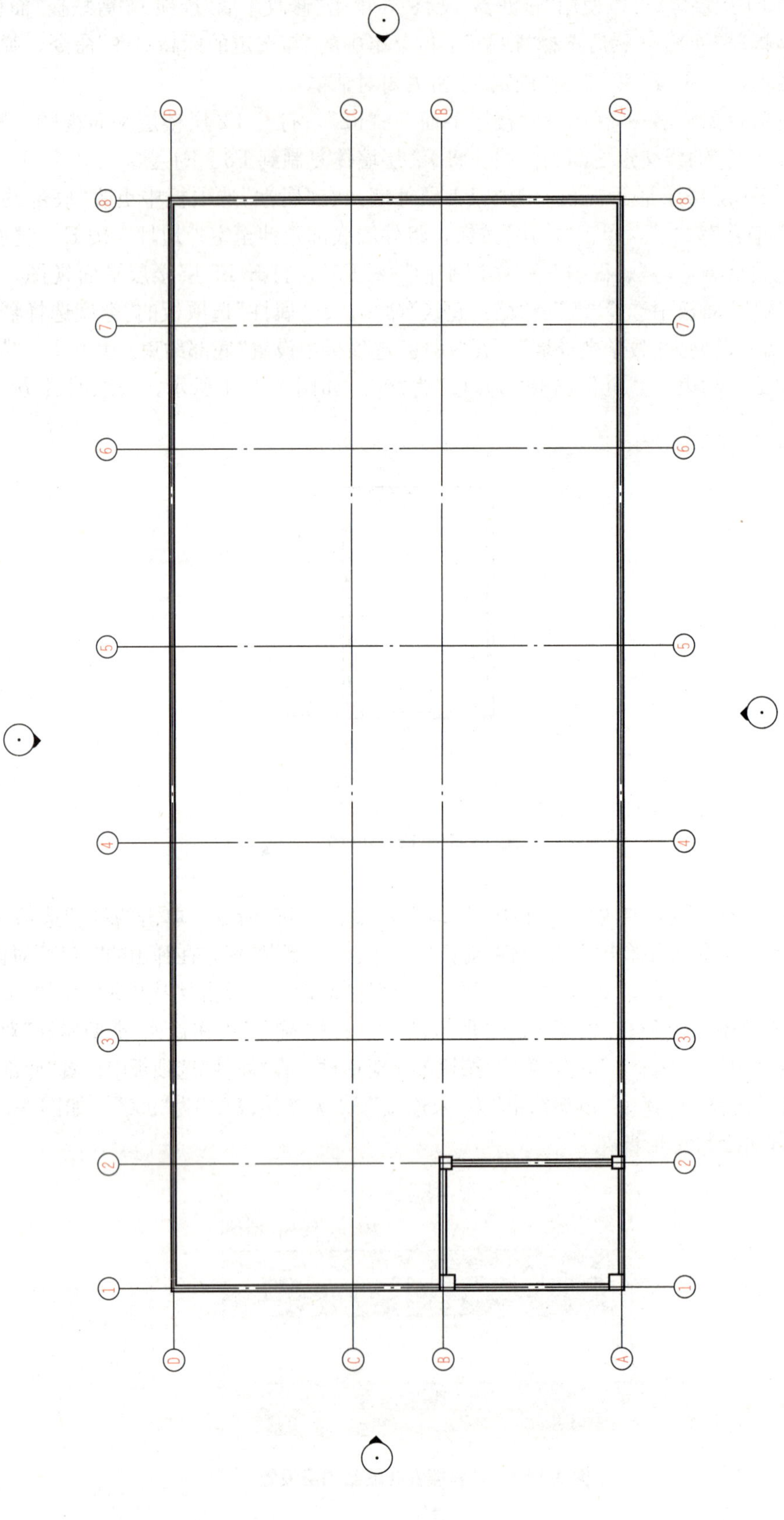

图 3-2-53　教学楼女儿墙

(9)选择“建筑”选项卡“构建”面板中的“墙”→“墙：建筑”命令。在“属性”选项板“类型选择器”下拉列表中选择墙体类型为“幕墙”。单击“属性”选项板中的“编辑类型”按钮，弹出“类型属性”对话框，单击对话框中的“复制”按钮，在弹出的“名称”对话框中输入“楼梯间幕墙”，单击“确定”按钮返回“类型属性”对话框。如图 3-2-54 所示，设置“楼梯间幕墙”参数。单击“确定”按钮关闭对话框。在“属性”选项板中设置“底部约束”为“F1”、“底部偏移”为“600”、“顶部约束”为“F5”、“顶部偏移”为“－600”。如图 3-2-55 所示分别在Ⓐ轴线与①轴线、②轴线交点之间和Ⓐ轴线与⑦轴线、⑧轴线交点之间绘制幕墙。

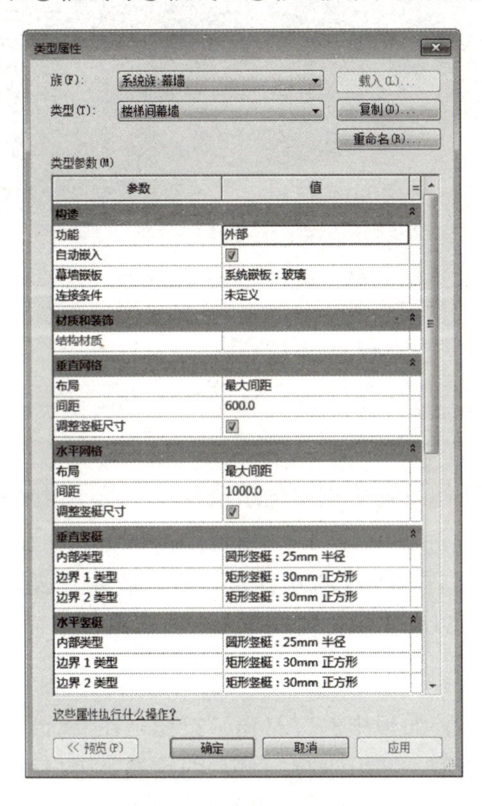

图 3-2-54　楼梯间幕墙参数设置

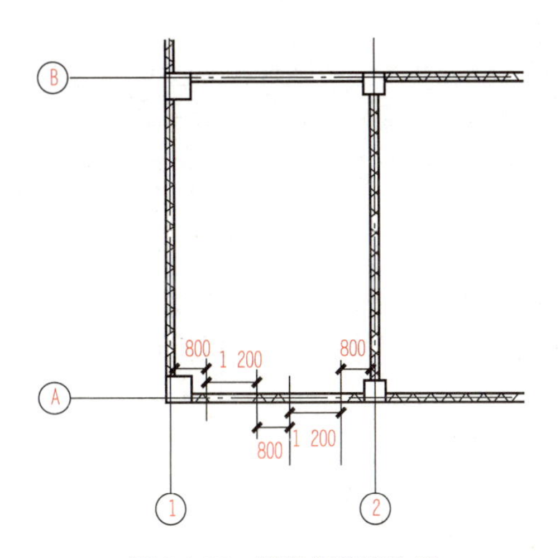

图 3-2-55　楼梯间幕墙位置

(10)所有墙体完成后的三维视图如图 3-2-56 所示。另存为文件，命名为“教学楼-墙”。

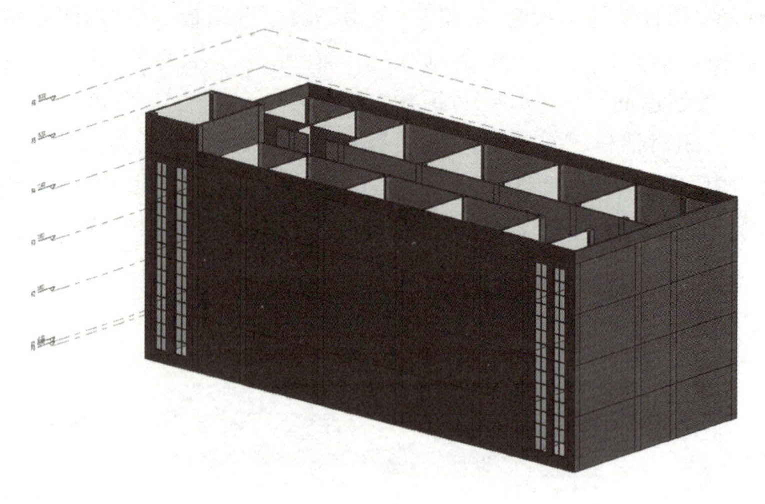

图 3-2-56　墙体三维视图

2.5　创建门、窗

门和窗是建筑物围护结构系统中重要的组成部分。门、窗是基于墙体放置的构件，可以添加到任何类型的墙内，删除墙体，门、窗也随之被删除。在平面、剖面、立面或三维视图中均可添加门窗，添加后 Revit 2020 将自动剪切墙体并放置门窗。在 Revit 2020 中，门、窗是可载入族，用户可以创建门、窗族载入，也可以直接载入系统自带的门、窗族。

2.5.1　门(窗)的放置

单击“建筑”选项卡“构建”面板中的“门(窗)”按钮，在“属性”选项板中的“类型选择器”下拉列表中选择门(窗)的类型，即可进行门(窗)的绘制。用户可将需要用到的门(窗)族提前载入到当前项目中，单击“插入”选项卡“从库中载入”面板中的“载入族”按钮，弹出图 3-2-57 所示的“载入族”对话框。选择“门(窗)”文件夹，找到并选中需要载入的门(窗)族，单击“打开”按钮载入到当前项目中。

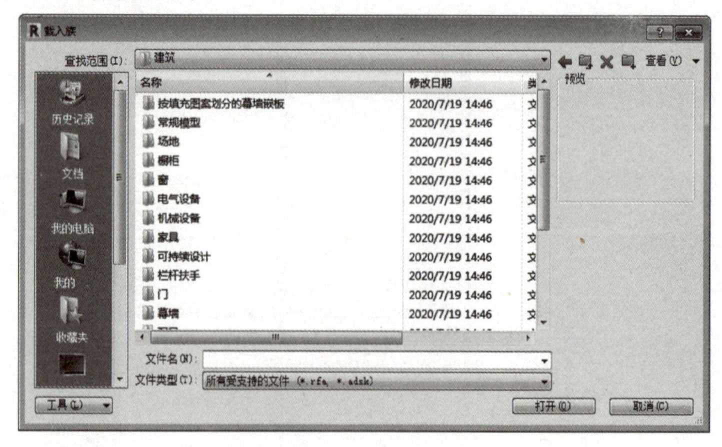

图 3-2-57　“载入族”对话框

如果需要对门(窗)标记，可单击“修改 | 放置 门”选项卡“标记”面板中的“在放置时进行标记”按钮，并设置选项栏中的相关参数。将光标移至墙上可显示门(窗)的预览图像。在平面视图中放置门(窗)时，按 Space 键可调整门(窗)的开启方向，单击以放置门(窗)。

2.5.2 门(窗)的编辑

修改门(窗)实例属性参数时，可以选择创建的门(窗)图元，单击“属性”选项板中的“编辑类型”按钮，在弹出的图 3-2-58 所示的“类型属性”对话框中可修改相应的高度、宽度等参数。还可以单击“载入”按钮，弹出“打开”对话框，默认进入 Revit 族库文件夹。以载入单扇平开门为例，依次打开“建筑”文件夹→“门”文件夹→“普通门”文件夹→“平开门”文件夹→“单扇”文件夹，载入路径如图 3-2-59 所示，选中“单嵌板玻璃门 1. rfa”，单击“打开”按钮载入到当前项目中。若“类型属性”对话框中的“类型”下拉列表中没有所需的门(窗)类型，可以单击“复制”按钮，复制并重命名新的门(窗)类型，然后修改相应的高度、宽度等参数。

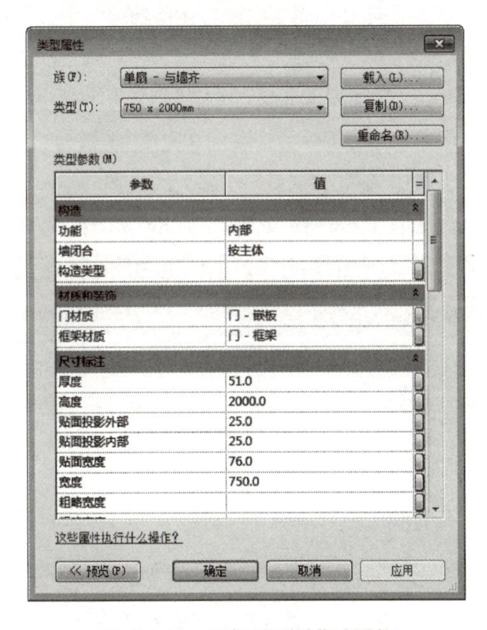

图 3-2-58 “类型属性”对话框

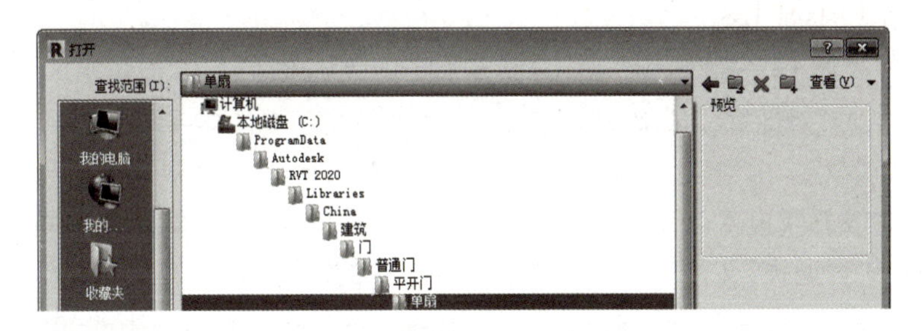

图 3-2-59 载入单扇平开门族的路径

修改单个门(窗)图元时，选中门(窗)单击鼠标右键，可进行翻转开门方向、翻转面等操作。也可直接单击翻转控件符号调整，或按 Space 键调整门(窗)方向。通过修改临时标注的尺寸数值可调整门(窗)的位置，如图 3-2-60 所示。

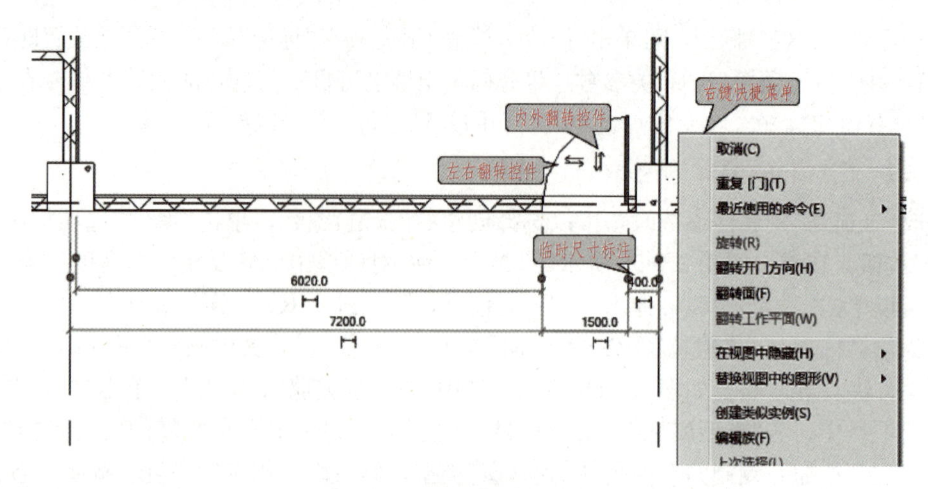

图 3-2-60　门(窗)在位编辑

如果在幕墙中插入门(窗)，需要先绘制好网格线，选中要插入门(窗)位置的玻璃嵌板，单击"属性"选项板中的"编辑类型"按钮，在弹出的"类型属性"对话框中单击"载入"按钮，弹出"打开"对话框，依次打开"建筑"文件夹→"幕墙"文件夹→"门窗嵌板"文件夹，载入路径如图 3-2-61 所示。选中所需的门窗嵌板文件，单击"打开"按钮返回"类型属性"对话框，单击"确定"按钮关闭对话框。幕墙中的玻璃嵌板即变为所选的门窗嵌板。

图 3-2-61　载入门窗嵌板族的路径

2.5.3　创建项目门窗

(1)打开"教学楼-墙 . rvt"文件，单击"插入"选项卡"从库中载入"面板中的"载入族"按钮，系统会弹出"载入族"对话框。依次打开"建筑"文件夹→"门"文件夹→"普通门"文件夹→"平开门"文件夹，分别载入"单扇"文件夹中的"单嵌板玻璃门 1. rfa"和"双扇"文件夹中的"双面嵌板玻璃门 . rfa""双面嵌板木门 1. rfa"，单击"打开"按钮关闭对话框。使用同样的方法，载入"窗"文件夹→"普通窗"文件夹→"推拉窗"文件夹中的"推拉窗 1-带贴面 . rfa"。

(2)单击"建筑"选项卡"构件"面板中的"门"按钮。在"属性"选项板中的"类型选择器"下拉列表中选择"单嵌板玻璃门 1"族中的任意一个类型。单击"编辑类型"按钮，在弹出的"类型属性"对话框中单击"复制"按钮，弹出"名称"对话框，输入"900×2300"，单击"确定"按钮即可返回"类型属性"对话框。修改"高度"参数为"2300"、"宽度"参数为"900"，如图 3-2-62 所示。使用相同的方法复制创建"1000×2300""1100×2300"类型的单嵌板玻璃门，"高度"参数均为"2300"，"宽度"参数分别为"1000""1100"。

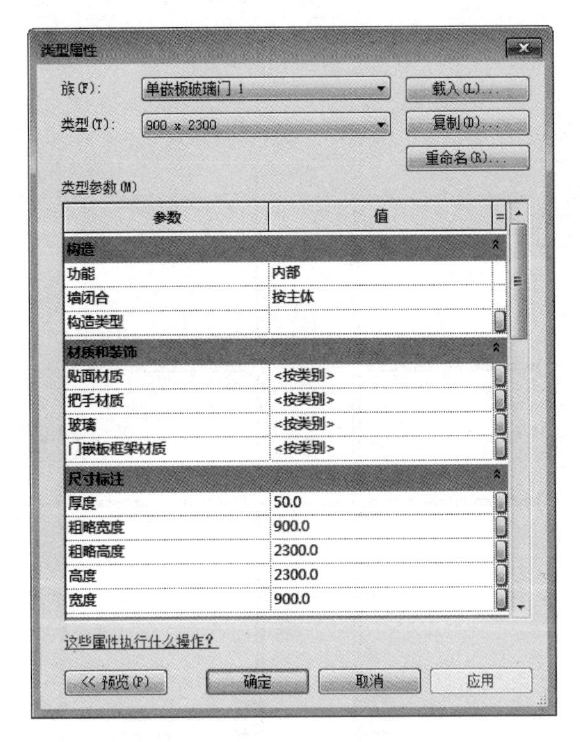

图 3-2-62　门“900×2300”参数设置

(3)在“属性”选项板中的“类型选择器”下拉列表中选择“双面嵌板玻璃门”族中的任意一个类型。单击“编辑类型”按钮，在弹出的“类型属性”对话框中单击“复制”按钮，弹出“名称”对话框，输入“1500×2300”，单击“确定”按钮即可返回“类型属性”对话框。修改“高度”参数为“2300”，“宽度”参数为“1500”。使用相同的方法复制创建“2400×2300”类型的双面嵌板玻璃门，“高度”参数为“2300”，“宽度”参数为“2400”。

(4)单击“建筑”选项卡“构件”面板中的“窗”按钮。在“属性”选项板中的“类型选择器”下拉列表中选择“推拉窗 1-带贴面”窗族。单击“编辑类型”按钮，在弹出的“类型属性”对话框中单击“复制”按钮，弹出“名称”对话框，输入“1800×2200”，单击“确定”按钮即可返回“类型属性”对话框。修改“高度”参数为“2200”、“宽度”参数为“1800”。使用相同的方法复制创建“2000×2200”“2000×1500”“2400×2200”类型的推拉窗，“高度”参数分别为“2200”“1500”“2200”，“宽度”参数分别为“2000”“2000”“2400”。

(5)双击项目浏览器→“视图”→“楼层平面”→“F1”，打开 F1 层楼层平面视图。单击“建筑”选项卡“构件”面板中的“门(窗)”按钮。按图 3-2-63 所示创建 F1 层门和窗。

(6)选中 F1 层门、窗(可以使用“过滤器”工具)，复制到 F2 层。双击项目浏览器→“视图”→“楼层平面”→“F2”，打开 F2 层楼层平面视图。按图 3-2-64 所示修改 F2 层门和窗。

(7)选中 F2 层门、窗，复制到 F3、F4 层。

(8)双击项目浏览器→“视图”→“楼层平面”→“F5”，打开 F5 层楼层平面视图。按图 3-2-65所示位置创建 F5 层门和窗，其中门的约束设置：“标高”为“F5”，“底高度”为“150”。

(9)所有门、窗完成后的三维视图如图 3-2-66 所示。另存为文件，命名为“教学楼-门窗”。

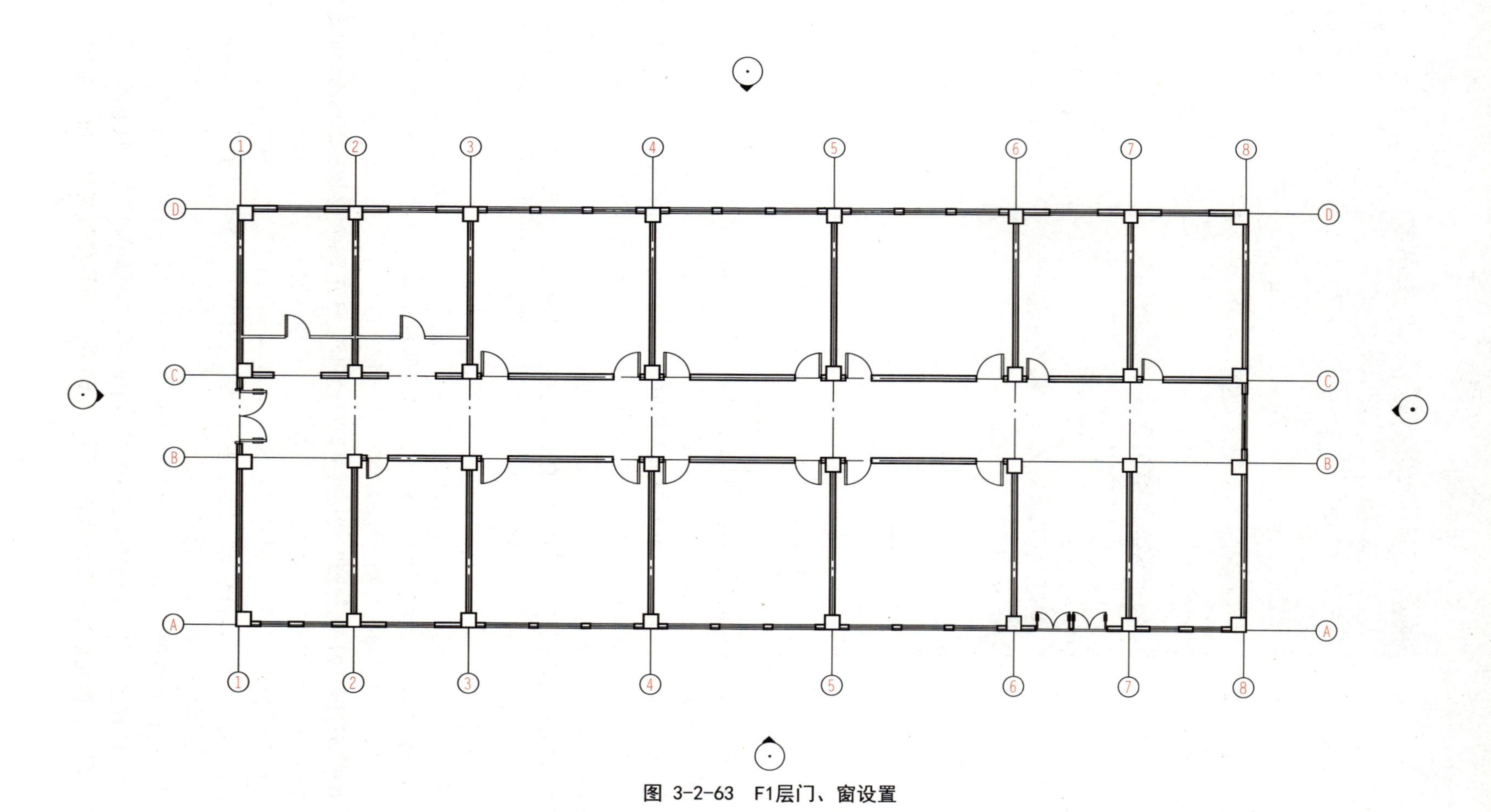

图 3-2-63 F1层门、窗设置

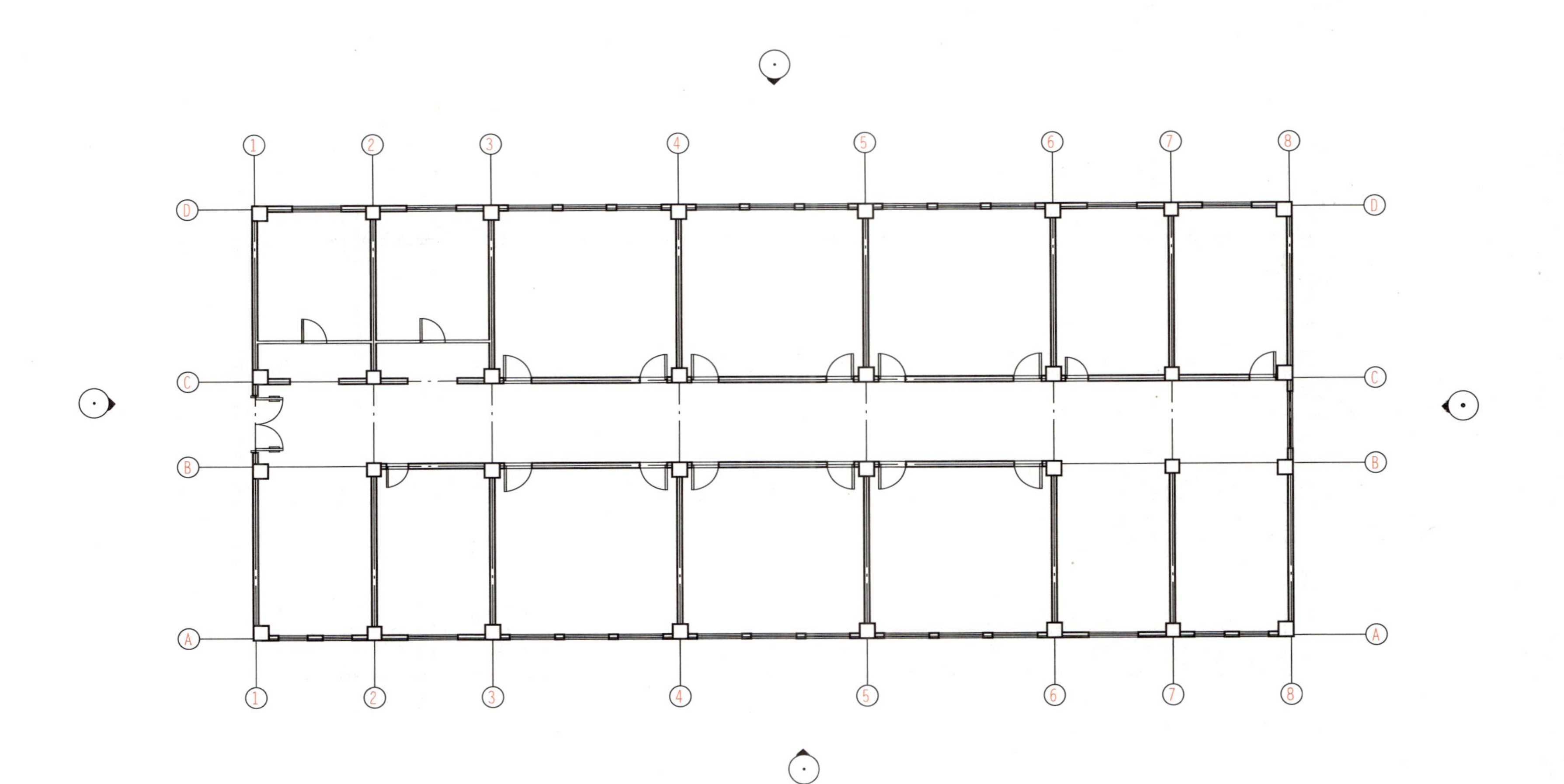

图 3-2-64　F2层门、窗设置

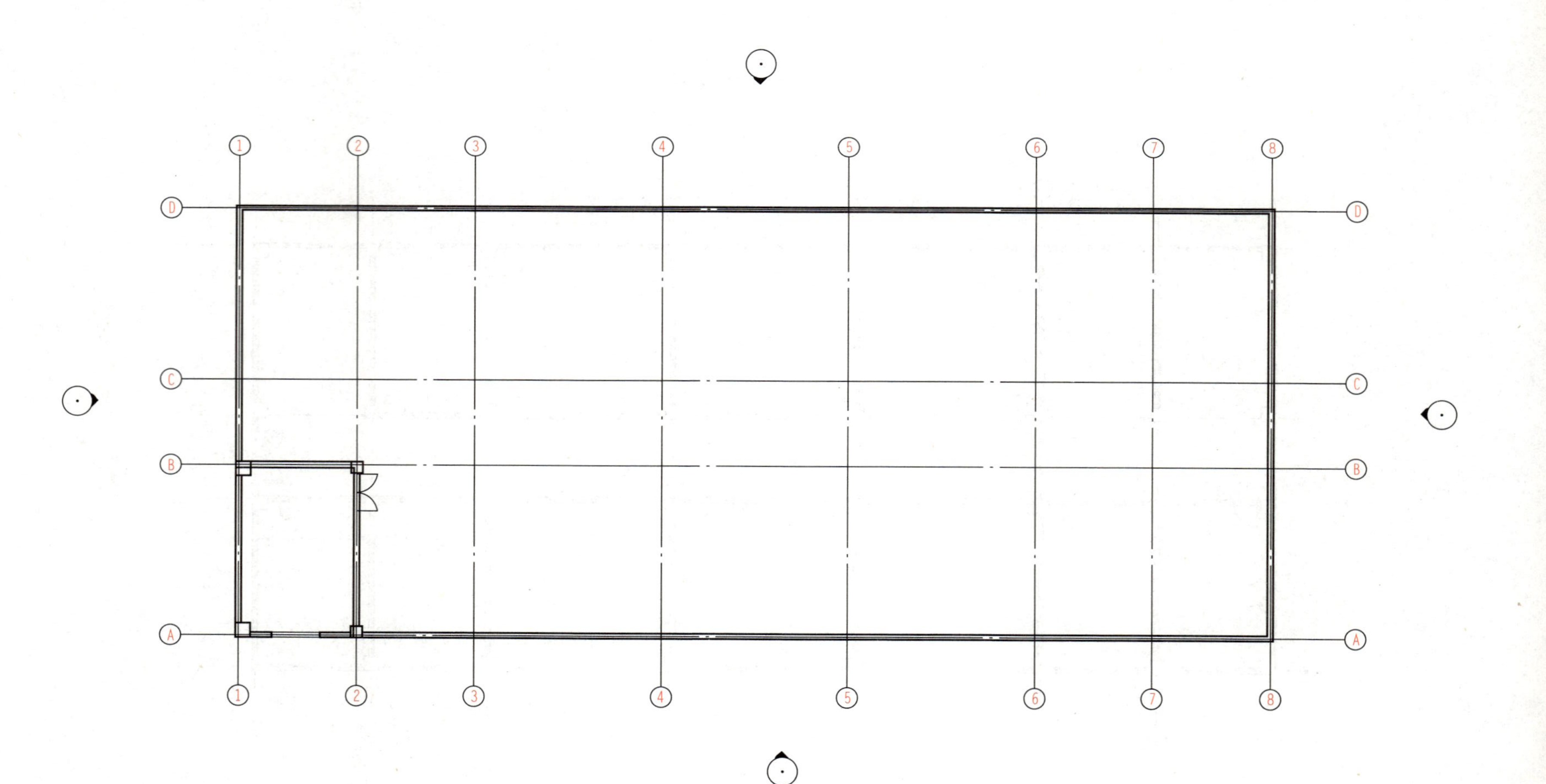

图 3-2-65　F5层门、窗设置

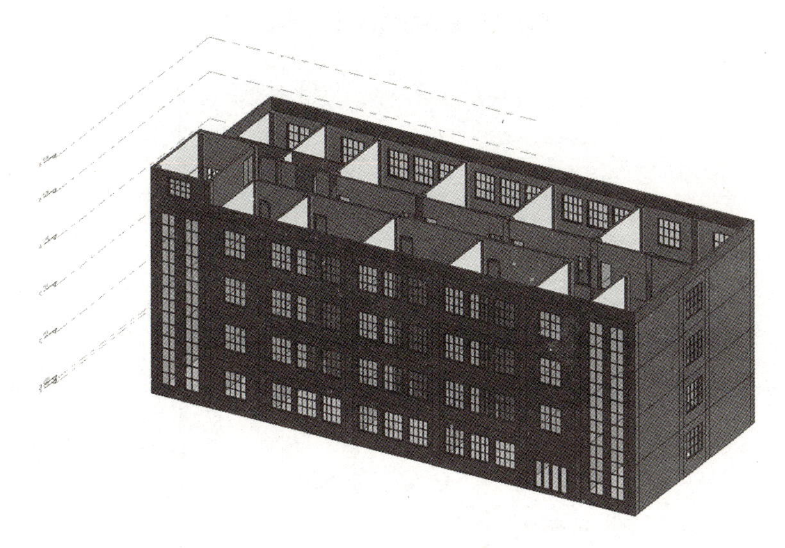

图 3-2-66　门、窗三维视图

2.6　创建楼梯、坡道、栏杆扶手

楼梯和坡道都是建筑中的交通构件。楼梯是房屋各楼层间的垂直交通联系部分，在 Revit 2020 中，可以通过定义楼梯梯段或绘制踢面线和边界线的方式来绘制楼梯。坡道的创建和编辑方法类似楼梯。栏杆扶手常附着到楼梯和坡道上，也可以作为独立构件添加到楼层中。

2.6.1　创建楼梯

楼梯由梯段、平台和栏杆扶手组成，编辑其尺寸和材质可以组合成各式各样的楼梯样式。在 Revit 2020 中，楼梯也属于系统族，Revit 2020 提供了三种楼梯系统族，即组合楼梯、预浇筑楼梯和现场浇筑楼梯。

1. 绘制梯段创建楼梯

单击“建筑”选项卡“楼梯坡道”面板中的“楼梯”按钮，Revit 2020 自动切换至“修改｜创建楼梯”选项卡。在“构件”面板中单击“梯段”工具按钮，用户可以在绘制工具中选择“直梯”、“全踏步螺旋”、“圆心一端点螺旋”、“L 形转角”、“U 形转角”等方式绘制梯段。在选项栏中可以设置楼梯的“定位线”和“实际梯段宽度”，若需要在两个梯段之间自动创建平台可勾选“自动平台”复选框。

在“属性”选项板中的“类型选择器”下拉列表中可以选择不同的楼梯类型。在“属性”选项板中可以设置底部约束、顶部约束、踢面数、实际踏板深度、踏板/踢面起始编号等参数。

单击“属性”选项板中的“编辑类型”按钮，在弹出的“类型属性”对话框中可以设置楼梯的类型属性参数，如踏板、踢面和梯段等的位置、高度、厚度尺寸、材质、文字、楼梯宽度、标高和偏移等参数，如图 3-2-67 所示。不同的楼梯族类型其参数也有所不同。

在工作区域单击捕捉梯段起点和终点位置绘制楼梯梯段。绘制梯段时，光标下方会提示创建了多少踢面，剩余多少踢面，如图 3-2-68 所示。

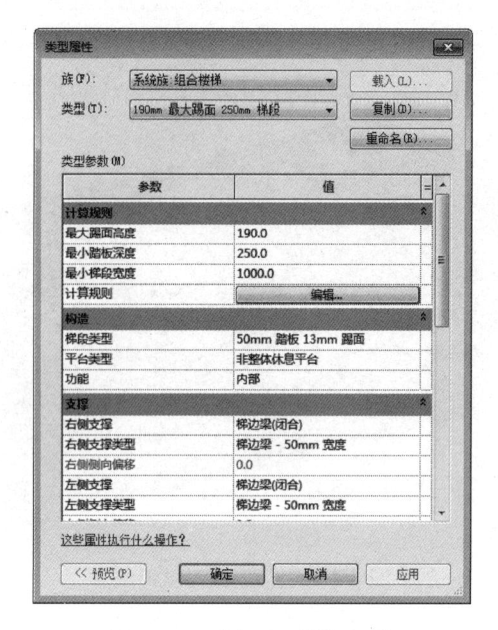

图 3-2-67 “类型属性”对话框

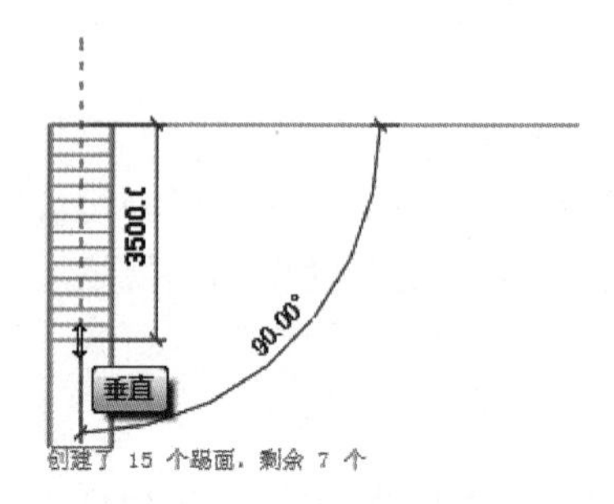

图 3-2-68 绘制楼梯梯段

单击“工具”面板中的“翻转”按钮可以设置楼梯的方向。单击“工具”面板中的“栏杆扶手”按钮，在弹出的图 3-2-69 所示的“栏杆扶手”对话框中，可以设置栏杆扶手的类型及位置。

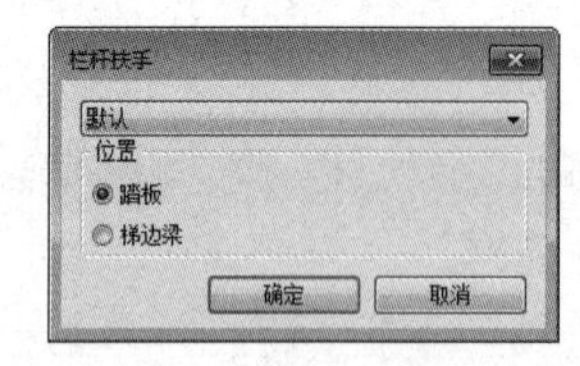

图 3-2-69 “栏杆扶手”对话框

所有设置完成后，单击“模式”面板中的“完成编辑模式”按钮 ✔ 完成楼梯的创建。楼梯扶手自动生成。

创建双跑楼梯时，最好在楼梯绘制之前创建梯段起点和终点的参照线，可借助“工作平面”面板中的“参照平面”工具完成楼梯的绘制，如图 3-2-70 所示。

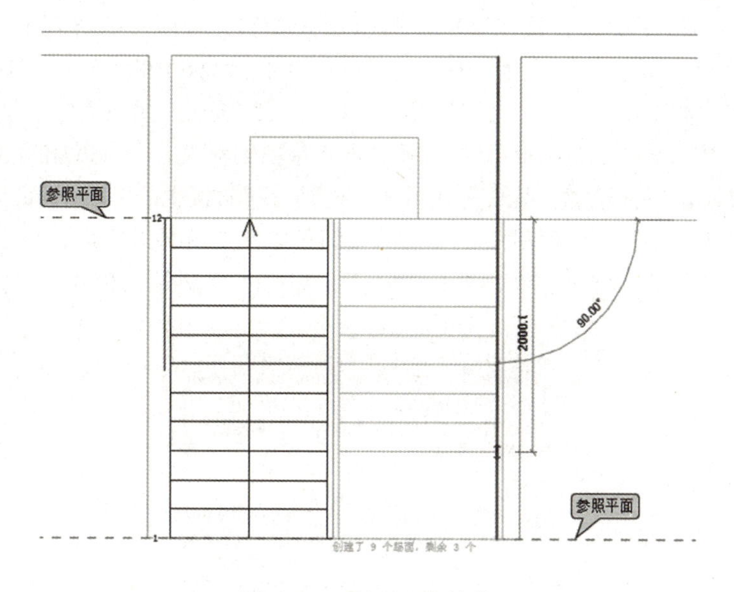

图 3-2-70　绘制双跑楼梯

2. 多层楼梯

多个标高的楼梯完全相同时，可以使用“多层楼梯”功能，通过选择标高生成多层楼梯。

单击“修改｜创建楼梯”选项卡“多层楼梯”面板中的“连接标高”按钮，在“转到视图”对话框中进入任意立面，选择需要添加楼梯的平面标高线，单击“模式”面板中的“完成编辑模式”按钮完成多层楼梯的创建。

3. 创建自定义楼梯

除使用标准梯段创建楼梯外，Revit 还提供了通过创建草图的形式绘制楼梯边界、踢面和楼梯路径来创建自定义形状的楼梯。

单击“建筑”选项卡“楼梯坡道”面板中的“楼梯”按钮，在“构件”面板中单击“梯段”或“平台”工具按钮，在绘制工具中单击“创建草图”按钮，选项卡切换至“修改｜创建楼梯>绘制梯段”或“修改｜创建楼梯>绘制平台”，编辑梯段或平台的边界轮廓及梯段踢面轮廓。在创建草图模式中，工作区域中的绿色线条表示边界，黑色线条表示踢面，蓝色线条表示楼梯路径。

4. 编辑楼梯

楼梯创建完毕后，可以通过对楼梯梯段、平台、栏杆扶手的实例属性和类型属性进行修改，以满足项目中各种楼梯形式的需要。

选中需要编辑的楼梯，单击楼梯图形下方的“向上翻转楼梯的方向”按钮，可以改变楼梯的方向。在“属性”选项板中的“类型选择器”下拉列表中可以改变楼梯的类型。在“属性”选项板中可以改变底部约束、顶部约束、踢面数、实际踏板深度、踏板/踢面起始编号等参数。单击“属性”选项板中的“编辑类型”按钮，在弹出的“类型属性”对话框中可以改变楼梯的类型属性参数。

单击“修改｜楼梯”选项卡“编辑”面板中的“编辑楼梯”按钮，选项卡自动切换为“修改｜创建楼梯”。选中需要编辑的梯段/平台，可以通过调整临时尺寸标注、拖曳梯段/平台边界处的三角符号▼修改梯段/平台的位置和尺寸，也可以通过“修改”面板中的“移动”“复制”“删除”等图元工具进行编辑。单击“修改｜创建楼梯”选项卡“工具”面板中的“转换”按钮，系统会弹出图 3-2-71 所示的“楼梯-转换为自定义”对话框，单击“关闭”按钮关闭对话框。单击“修改｜创建楼梯”选项卡“工具”面板中的“编辑草图”按钮，进入草图编辑模式，可以删除和修改梯段或平台的边界轮廓及梯段踢面轮廓。编辑完成后，单击“模式”面板中的“完成编辑模式”按钮✔退出草图编辑模式。单击“工具”面板中的“翻转”按钮可以改变楼梯的方向，单击“栏杆扶手”按钮可以编辑栏杆扶手的类型及位置。单击“模式”面板中的“完成编辑模式”按钮✔完成楼梯的编辑。

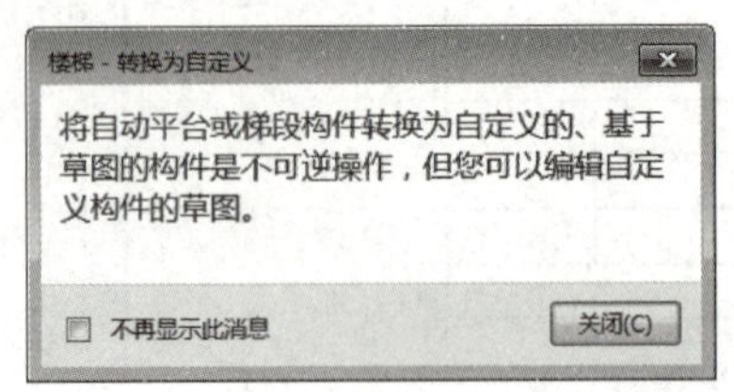

图 3-2-71 “楼梯-转换为自定义”对话框

单击“修改｜楼梯”选项卡“多层楼梯”面板中的“选择标高”按钮，选项卡切换为“修改｜多层楼梯”，单击“多层楼梯”面板中的“连接标高”按钮通过选择标高生成多层楼梯。

2.6.2 创建坡道

单击“建筑”选项卡“楼梯坡道”面板中的“坡道”按钮，Revit 自动切换至“修改｜创建坡道草图”选项卡。

在“属性”选项板中，可以设置坡道宽度、底部约束、顶部约束等参数，系统自动计算坡道长度。单击“属性”选项板中的“编辑类型”按钮，在弹出的“类型属性”对话框中可以设置坡道的类型属性参数，如坡道造型、材质、坡道最大坡度等，如图 3-2-72 所示。坡道造型有结构板和实体两种形式。结构板与倾斜的楼板类似，板厚可以在“厚度”参数中设置，实体显示为坡道底面与地面是完全填充状态。

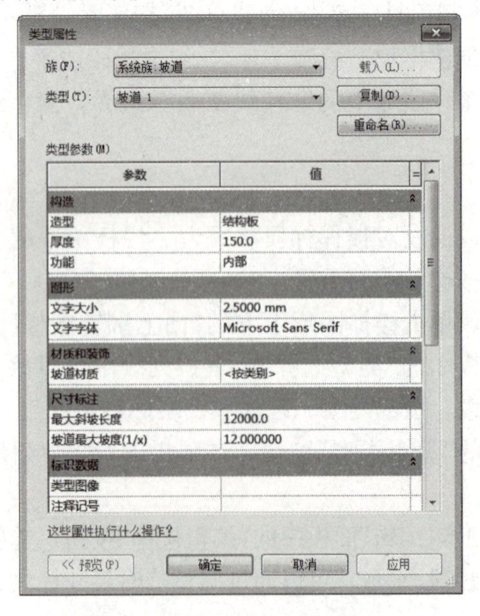

图 3-2-72 “类型属性”对话框

在“绘制”面板中单击“梯段”工具按钮，使用“线”或“圆心一端点弧”工具绘制坡道，工作区域中的绿色线条表示边界，黑色线条表示踢面，蓝色线条表示坡道中心线。单击“工具”面板中的“栏杆扶手”按钮，可以设置栏杆扶手的类型及位置。绘制完成后，单击“模式”面板中的“完成编辑模式”按钮即可创建坡道。

自定义坡道可使用“绘制”面板中的“边界”和“踢面”工具创建，也可以直接在创建好的坡道梯段上编辑边界和踢面。

2.6.3 创建栏杆扶手

栏杆扶手可以单独绘制，也可以附加在楼梯、坡道等主体上。Revit 2020 提供了绘制路径和放置在楼梯/坡道上两种创建栏杆扶手的方法。栏杆扶手主要包括栏杆扶栏、支柱、嵌板等结构构件(图 3-2-73)。

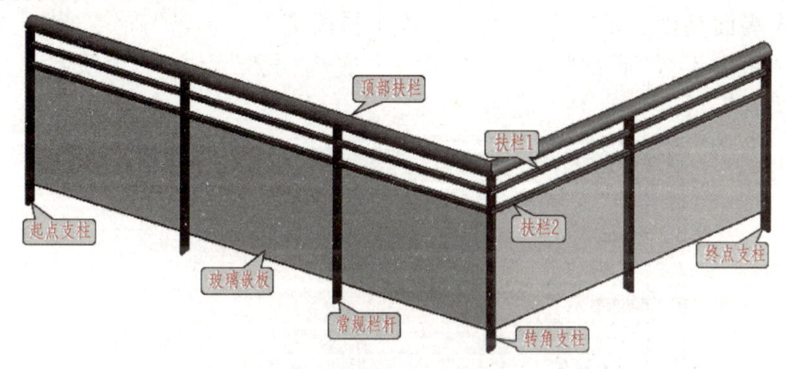

图 3-2-73 栏杆扶手结构

如果在创建楼梯/坡道时，没有指定栏杆扶手，即在图 3-2-69 所示的“栏杆扶手”对话框中选择“无”，或者需要在楼板洞口周边添加栏杆扶手时，可用“栏杆扶手”命令手动创建栏杆扶手。

1. 绘制路径创建栏杆扶手

选择“建筑”选项卡“楼梯坡道”面板“栏杆扶手”下拉列表框中的“绘制路径”选项，选项卡切换到“修改｜创建栏杆扶手路径”。

在选项栏和“属性”选项板中根据需要设置选项、修改实例属性或选择栏杆扶手类型，或单击“属性”选项板中的“编辑类型”按钮，在弹出的“类型属性”对话框中设置或修改类型属性。

选择“绘制”面板中的绘制工具，在工作区域绘制栏杆扶手路径。

如需为栏杆扶手设置主体，可单击“修改｜创建栏杆扶手路径”选项卡“工具”面板中的“拾取新主体”按钮。当光标靠近主体(如楼梯、坡道、墙体、楼板、屋顶或地形表面)时，主体会高亮显示。单击需要放置栏杆扶手的主体，绘制栏杆扶手路径。

单击“修改｜创建栏杆扶手路径”选项卡“工具”面板中的“编辑连接”按钮，可以修改栏杆扶手连接处的连接方式。

编辑完成后，单击“模式”面板中的“完成编辑模式”按钮，完成栏杆扶手编辑。

2. 在楼梯/坡道上放置栏杆扶手

选择“建筑”选项卡“楼梯坡道”面板“栏杆扶手”下拉列表框中的“放置在楼梯/坡道上”选项，选项卡切换到“修改｜在楼梯/坡道上放置栏杆扶手”。

在“位置”面板上，可以选择栏杆扶手的放置位置。在“属性”选项板中的“类型选择器”下拉列表中可以改变栏杆扶手的类型。在“属性”选项板中可以设置底部约束。单击“属性”选项板中的“编辑类型”按钮，在弹出的“类型属性”对话框中设置或修改类型属性。在工作区域中，单击选择相应的楼梯/坡道，即可在楼梯/坡道上放置栏杆扶手。

2.6.4 创建项目楼梯、坡道

(1)打开“教学楼一门窗 .rvt”文件，双击项目浏览器→“视图”→“楼层平面”→“F1”，打开F1层楼层平面视图，单击“建筑”选项卡“楼梯坡道”面板中的“楼梯”按钮。单击“属性”选项板中的“编辑类型”按钮，系统会弹出“类型属性”对话框。

(2)在“类型属性”对话框中“族”下拉列表中选择楼梯族为“系统族：现场浇注楼梯”，单击“复制”按钮，在弹出的“名称”对话框中输入“教学楼楼梯”，并按图3-2-74所示设置最大踢面高度、最小踏板深度和最小梯段宽度。单击“确定”按钮关闭对话框。在“属性”选项板中设置“底部标高”为“F1”、“底部偏移”为“0”、“顶部标高”为“F2”、“顶部偏移”为“0”。

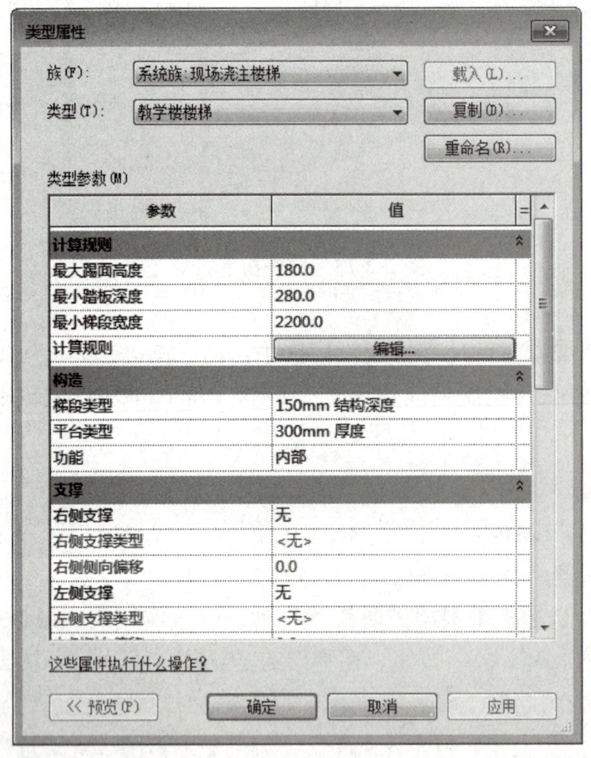

图 3-2-74　教学楼楼梯参数设置

单击“修改 | 创建楼梯”选项卡“工作平面”面板中的“参照平面”按钮，绘制梯段起止点参照线，如图3-2-75所示。

选择“构件”面板中的“梯段”工具，使用“直梯”工具。在选项栏中设置楼梯的“定位线”为“梯段：右”、“偏移”为“0”、“实际梯段宽度”为“2250”，并勾选“自动平台”复选框。光标依次单击图3-2-75中的 *A*、*B*、*C*、*D* 四个点，绘制楼梯草图如图3-2-76所示。

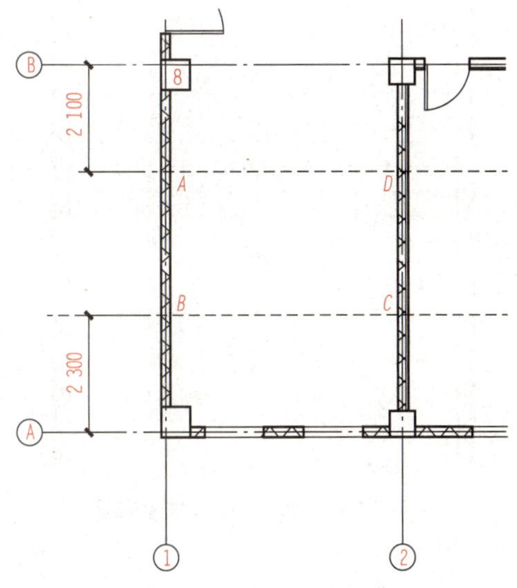

图 3-2-75　梯段起止点参照线(一)

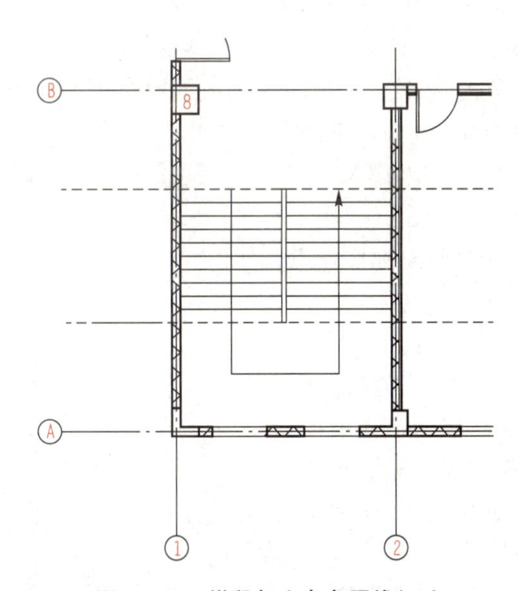

图 3-2-76　梯段起止点参照线(二)

单击“工具”面板中的“栏杆扶手”按钮，在弹出的“栏杆扶手”对话框中的栏杆扶手类型下拉列表中选择“无”，如图 3-2-77所示。

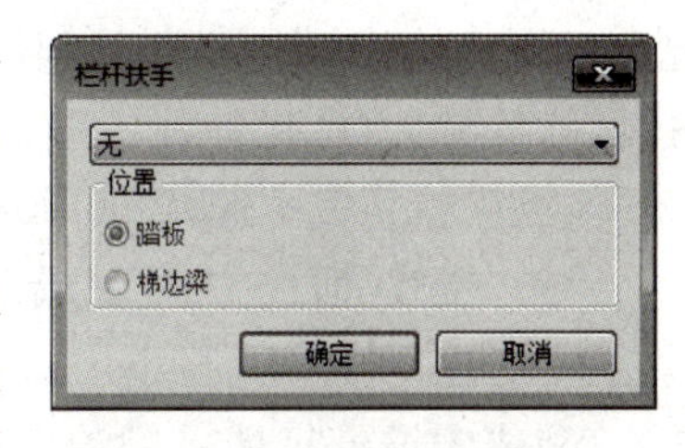

图 3-2-77　“栏杆扶手”对话框

(3)选择“建筑”选项卡“楼梯坡道”面板“栏杆扶手”下拉列表框中的“绘制路径”选项，在“属性”选项板中的“类型选择器”下拉列表中选择栏杆扶手的类型为“玻璃嵌板－底部填充”。

单击“修改｜创建栏杆扶手路径”选项卡“工具”面板中的“拾取新主体”按钮，选择绘制好的楼梯，使用“线”工具，如图 3-2-78 所示，依次绘制 *AB*、*BC*、*CD* 段线段，单击“模式”面板中的“完成编辑模式”按钮，完成栏杆扶手绘制。

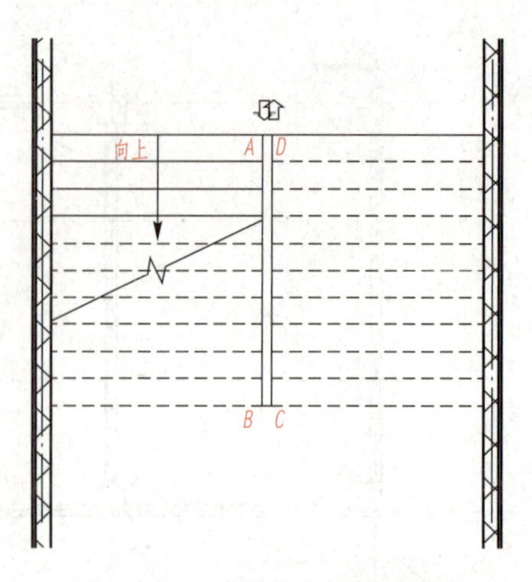

图 3-2-78　楼梯井栏杆扶手草图

(4)选中①、②轴线间的楼梯，复制到⑦、⑧轴线间楼梯间的相应位置。

再次选择①、②轴线间的楼梯，单击"修改｜楼梯"选项卡"多层楼梯"面板中的"选择标高"按钮，转到任意立面或者三维视图。单击"多层楼梯"面板中的"连接标高"按钮，同时选中 F3、F4、F5 层标高，单击"模式"面板中的"完成编辑模式"按钮✔生成多层楼梯。

用相同的方法，选中⑦、⑧轴线间的楼梯，在 F3、F4 层标高处生成多层楼梯。

(5)双击项目浏览器→"视图"→"楼层平面"→"F1"，打开 F1 层楼层平面视图，单击"建筑"选项卡"楼梯坡道"面板中的"坡道"按钮。单击"属性"选项板中的"编辑类型"按钮，在弹出的"类型属性"对话框中，设置"造型"为"实体"、"功能"为"外部"、"坡道最大坡度(1/x)"为"12"。单击"确定"按钮关闭对话框。

在"属性"选项板中，分别设置"底部标高"为"F0"、"底部偏移"为"0"、"顶部标高"为"F1"、"顶部偏移"为"0"、"宽度"为"1200"。

如图 3-2-79 所示，绘制参照线。使用"梯段"工具，绘制坡道。单击"工具"面板中的"栏杆扶手"按钮，在"栏杆扶手"对话框中的栏杆扶手类型下拉列表中选择"900 mm 圆管"。

单击"模式"面板中的"完成编辑模式"按钮✔生成坡道。

(6)选中坡道靠墙一侧的栏杆扶手，单击"修改"面板中的"删除"按钮✖删除。

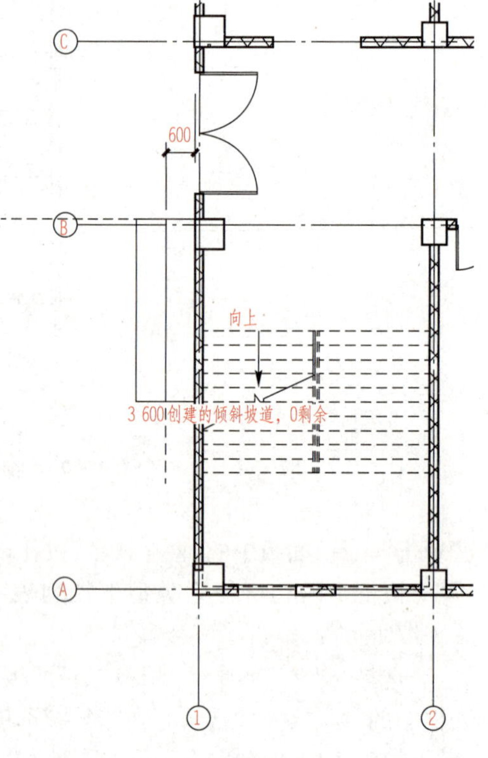

图 3-2-79　绘制坡道

选中坡道，单击"向上翻转楼梯的方向"↑按钮，调整坡道方向。坡道创建完成。

(7)单击"建筑"选项卡"楼梯坡道"面板中的"楼梯"按钮。在"属性"选项板中设置"底部标高"为"F0"、"底部偏移"为"0"、"顶部标高"为"F1"、"顶部偏移"为"0"、"实际踏板深度"为"300"。

使用“参照平面”命令绘制参照线，如图 3-2-80 所示。

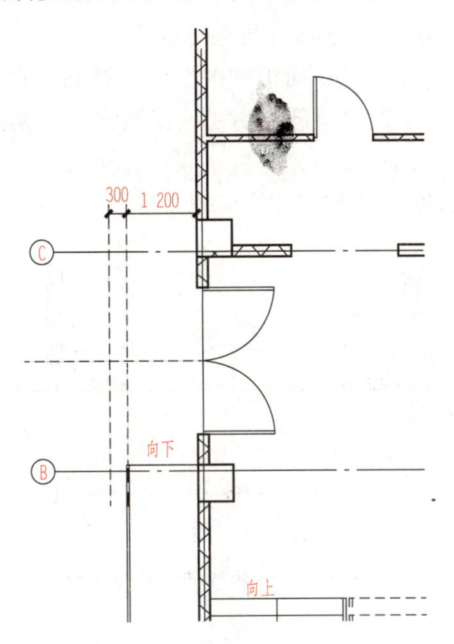

图 3-2-80　Ⓑ、Ⓒ轴线间室外台阶参照线

选择“构件”面板中的“梯段”工具，使用“直梯”工具，在选项栏中设置楼梯的“定位线”为“梯段：中心”、“实际梯段宽度”为“3400”，绘制室外台阶。单击“工具”面板中的“栏杆扶手”按钮，在“栏杆扶手”对话框中的栏杆扶手类型下拉列表中选择“无”。

选择“构件”面板中的“平台”工具，使用“创建草图”工具，如图 3-2-81 所示，绘制室外台阶平台。

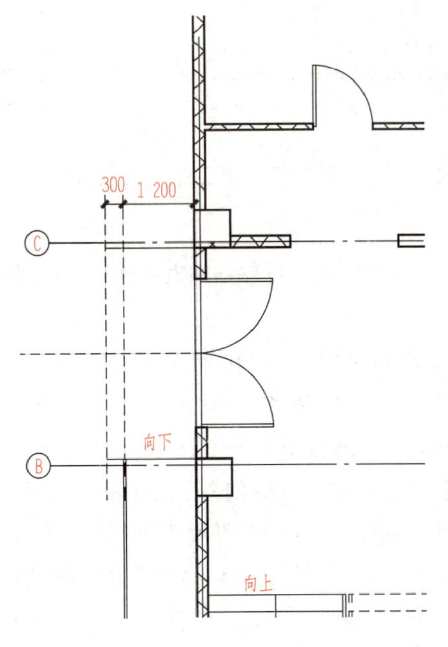

图 3-2-81　Ⓑ、Ⓒ轴线间室外台阶平台草图

单击“模式”面板中的“完成编辑模式”按钮✔完成平台编辑。再次单击“模式”面板中的“完成编辑模式”按钮✔生成Ⓑ、Ⓒ号轴线间室外台阶。

(8)单击“建筑”选项卡“楼梯坡道”面板中的“楼梯”按钮。在“属性”选项板中设置“底部标高”为“F0”、“底部偏移”为“0”、“顶部标高”为“F1”、“顶部偏移”为“0”、“实际踏板深度”为“300”。

使用“参照平面”命令绘制参照线，如图 3-2-82 所示。

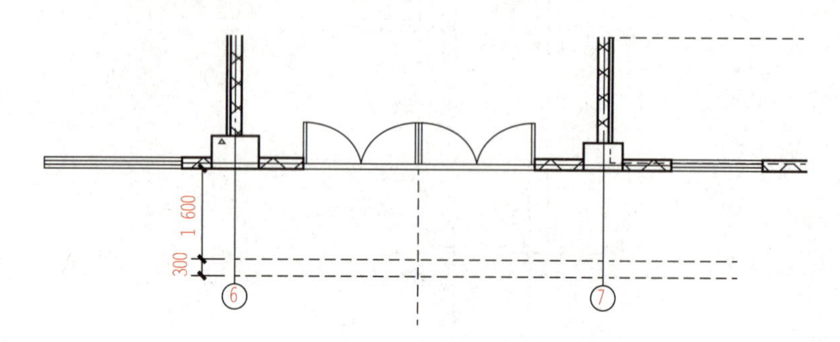

图 3-2-82　⑥、⑦轴线间室外台阶参照线

选择“构件”面板中的“梯段”工具，使用“直梯”工具，在选项栏中设置楼梯的“定位线”为“梯段：中心”、“实际梯段宽度”为“4800”，绘制室外台阶。单击“工具”面板中的“栏杆扶手”按钮，在“栏杆扶手”对话框中的栏杆扶手类型下拉列表中选择“无”。

选择“构件”面板中的“平台”工具，使用“创建草图”工具，如图 3-2-83 所示，绘制室外台阶平台。

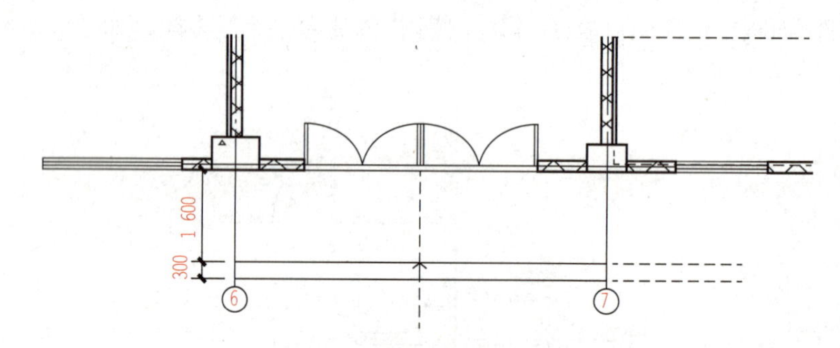

图 3-2-83　⑥、⑦轴线间室外台阶平台草图

单击“模式”面板中的“完成编辑模式”按钮✔完成平台编辑。再次单击“模式”面板中的“完成编辑模式”按钮✔生成⑥、⑦轴线间室外台阶。

选择“建筑”选项卡“楼梯坡道”面板“栏杆扶手”下拉列表框中的“绘制路径”选项，在“属性”选项板中的“类型选择器”下拉列表中选择栏杆扶手的类型为“1100mm”。

单击“修改｜创建栏杆扶手路径”“工具”面板中的“拾取新主体”按钮，选择⑥、⑦轴线间室外台阶，如图 3-2-84 所示，使用“线”工具，绘制⑥轴线处室外台阶栏杆扶手，单击“模式”面板中的“完成编辑模式”按钮✔，完成栏杆扶手绘制。相同的步骤绘制⑦号轴线处室外台阶栏杆扶手。

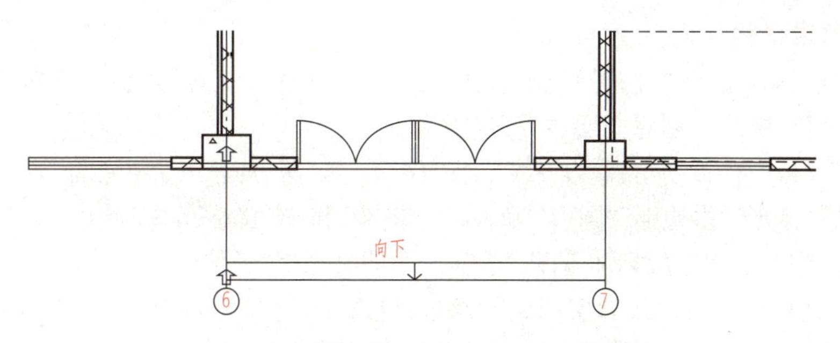

图 3-2-84　⑥轴线间室外台阶栏杆扶手草图

(9)楼梯坡道完成后的三维视图如图 3-2-85 所示。另存为文件，命名为“教学楼-楼梯坡道”。

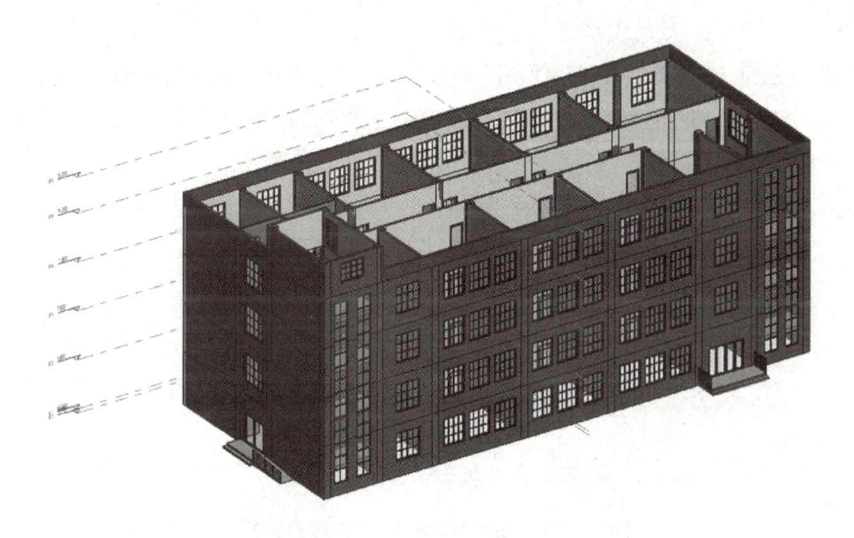

图 3-2-85　楼梯坡道三维视图

2.7　创建楼板、屋顶、洞口

Revit 2020 提供了灵活的楼板、屋顶创建工具，可以在项目中创建任意形式的楼板和屋顶。与墙类似，楼板和屋顶都属于系统族，可以根据草图轮廓及类型属性中定义的结构生成相应结构和形状的楼板、屋顶。

2.7.1　创建楼板

楼板是建筑物中的水平构件，用于分割建筑各层空间。在 Revit 2020 中，提供了绘制楼板的三种方式，即建筑楼板：常用于建筑建模时室内外楼板的创建；结构楼板：为方便在楼板中布置钢筋、进行受力分析等结构专业应用而设计，提供了钢筋保护层厚度等参数，其他用法与建筑楼板相同；面楼板：用于将概念体量模型的楼层面转换为楼板模型图元，该方式只能在从体量创建楼板模型时使用。

1. 创建普通楼板

选择“建筑”选项卡→“构建”面板→“楼板”下拉列表框中的“楼板：建筑”选项，Revit 2020 自动切换至“修改｜创建楼层边界”选项卡。

在“绘制”面板中楼板创建有“边界线”“坡度箭头”和“跨方向”三个功能命令。其中，“边界线”有“直线”“矩形”“多边形”“圆形”“弧形”“拾取线”和“拾取墙”等多种绘制方式可供选择。

选择栏中可以设置楼边缘的“偏移”值和拾取墙时是否“延伸到墙中(至核心层)”。

在“属性”选项板中可以设置实例属性及选择楼板的类型。单击“属性”选项板中的“编辑类型”按钮，在弹出的“类型属性”对话框中设置或修改类型属性。

编辑完成楼板轮廓后，单击“模式”面板中的“完成编辑模式”按钮，退出楼板编辑命令。

2. 创建斜楼板

斜楼板与平楼板的区别在于是否有坡度，Revit 2020 中可以通过设置“坡度箭头”“边界线属性”和“修改子图元”来完成斜楼板的绘制。

在楼板边界编辑模式下，单击“绘制”面板中的“坡度箭头”按钮，绘制坡度箭头，如图 3-2-86 所示。在“属性”选项板中可以设置“指定”参数为“尾高”或“坡度”，完成编辑模式后即可生成斜楼板。

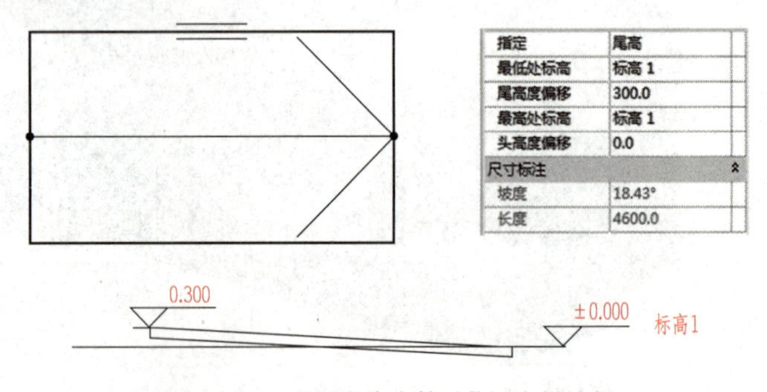

图 3-2-86 使用“坡度箭头”创建斜楼板

除设置“坡度箭头”创建斜楼板外，在楼板边界编辑模式下，还可以通过设置“边界线属性”创建斜楼板。选中楼板的边界线，在“属性”选项板中勾选“定义固定高度”复选框，并设置约束“标高”和“相对基准的偏移”，如图 3-2-87 所示。楼板两端边线须同时设置，否则设置无效。

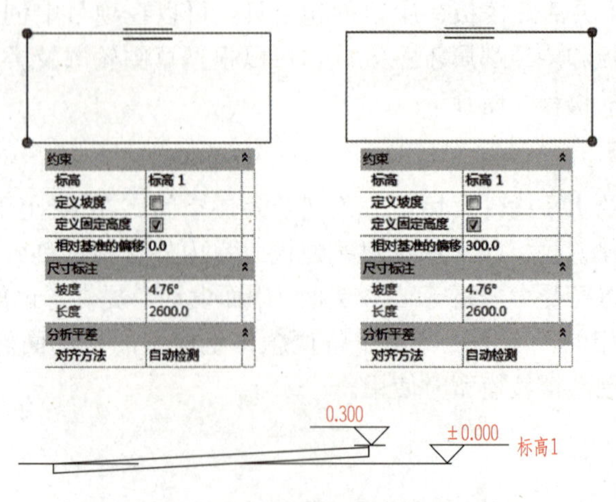

图 3-2-87 使用“边界线属性”创建斜楼板

通过设置“修改子图元”创建斜楼板不需要在楼板边界编辑模式下操作。单击需要设置斜楼板的楼板，单击“修改｜楼板”选项卡“形状编辑”面板中的“修改子图元”按钮，楼边边界线变为绿色虚线，交点变为绿色方点。单击边界线或交点，旁边会出现数值，直接修改其值，即可改变其相对约束标高的偏移值，如图 3-2-88 或扫描二维码所示。

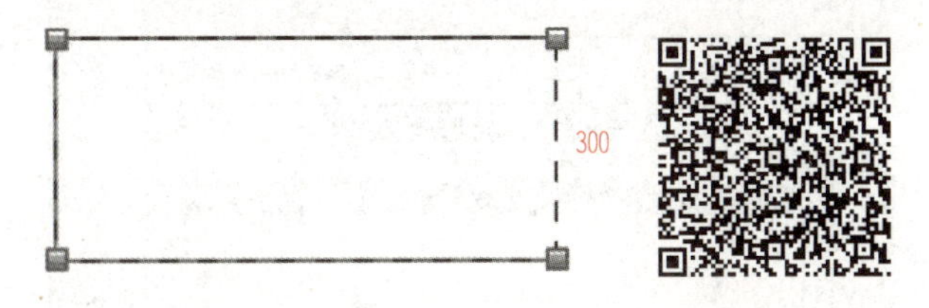

图 3-2-88　使用“修改子图元”创建斜楼板

3. 编辑楼板

选中需要编辑的楼板，单击“属性”选项板中的“编辑类型”按钮，在弹出的“类型属性”对话框中可以选中楼板的类型及修改设置楼板的类型属性参数，如图 3-2-89 所示。单击“结构”参数的“编辑”按钮，在弹出的“编辑部件”对话框中可以对楼板结构进行编辑。楼板的结构编辑同墙相似，Revit 2020 提供了 7 种楼板层功能，可以增加或删除面层，更改面层的功能、材质及厚度等，如图 3-2-90 所示。

单击“修改｜楼板”选项卡“模式”面板中的“编辑边界”按钮。选项卡自动切换为“修改｜楼板>编辑边界”，进入绘制楼板轮廓草图模式。楼板边界草图修改完成后，单击“模式”面板中的“完成编辑模式”按钮，退出编辑楼板边界命令。

类型属性

族(F)：系统族：楼板　　载入(L)...

类型(T)：常规 - 150mm　　复制(D)...

重命名(R)...

类型参数(M)

参数	值
构造	
结构	编辑...
默认的厚度	150.0
功能	内部
图形	
粗略比例填充样式	
粗略比例填充颜色	黑色
材质和装饰	
结构材质	<按类别>
分析属性	
传热系数(U)	
热阻(R)	
热质量	
吸收率	0.700000
粗糙度	3

这些属性执行什么操作？

<< 预览(P)　确定　取消　应用

图 3-2-89　“类型属性”对话框

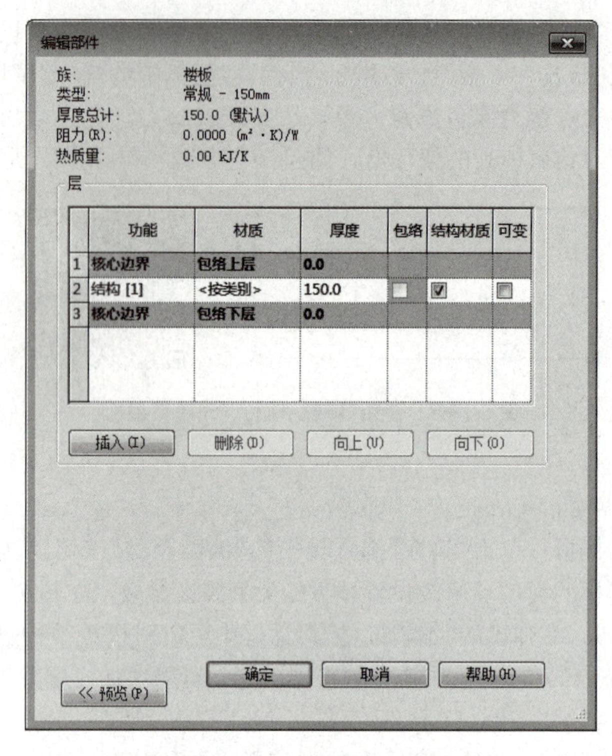

图 3-2-90　“编辑部件”对话框

4. 楼板边

楼板边同墙体的墙饰条和分隔条一样，属于主体放样，其放样的主体为楼板。阳台板下的滴檐、建筑分层装饰条、檐沟、室外台阶等都可以用楼板边绘制。

选择“建筑”选项卡“构建”面板“楼板”下拉列表框中的“楼板：楼板边”选项，在“属性”选项板中可以设置“垂直轮廓偏移”“水平轮廓偏移”“钢筋保护层”“角度”等实例属性。

单击“属性”选项板中的“编辑类型”按钮，在弹出的“类型属性”对话框中可以设置或修改“轮廓”“材质”等类型属性。

将光标放在楼板边缘，楼板的边界线会高亮显示，单击添加楼板边，如图 3-2-91 所示。

图 3-2-91　楼板边

5. 面楼板

面楼板即从体量实例创建楼板，将体量楼层面转换为楼板图元。

选择“建筑”选项卡“构建”面板“楼板”下拉列表框中的“面楼板”选项，或单击“体量和场地”选项卡“面模型”面板中的“楼板”按钮，都可以创建面楼板。

2.7.2 创建屋顶

屋顶是建筑物最上层的外围护结构，是建筑的重要组成部分。Revit 2020 提供了绘制屋顶的四种方式，即迹线屋顶：在建筑当前平面绘制闭合线段为建筑屋顶边界迹线创建屋顶，用于常规坡屋顶和平屋顶；拉伸屋顶：通过拉伸绘制的轮廓线来创建屋顶，用于有规则断面的屋顶；面屋顶：使用非垂直的体量面创建屋顶，用于异形曲面屋顶；玻璃斜窗：用于玻璃采光屋顶。

1. 迹线屋顶

“迹线屋顶”命令通过创建封闭的轮廓线，设置坡度，自动生成屋顶。能创建平屋顶、坡屋顶(单坡、双坡、多坡)、圆(锥)屋顶、双重斜坡屋顶等。

迹线屋顶的创建方法与楼板相似，选择“建筑”选项卡“构建”面板“屋顶”下拉列表框中的“迹线屋顶”选项，Revit 自动切换至“修改｜屋顶>编辑迹线”选项卡(图 3-2-92)。在“属性”选项板中可以设置实例属性及选择屋顶的类型。单击“属性”选项板中的“编辑类型”按钮，在弹出的“类型属性”对话框中设置或修改屋顶的类型属性。

屋顶“边界线”有“直线”“矩形”“多边形”“圆形”“弧形”“拾取线”和“拾取墙”等多种绘制方式可供选择。屋顶边界轮廓线要求必须是闭合的线段。

绘制完成的屋顶迹线可以编辑“悬挑”“定义坡度”和“坡度”等属性。选项栏中“定义坡度”复选框默认是勾选状态，即屋顶边界默认自带定义坡度。取消勾选“定义坡度”复选框即可绘制平屋顶。可以用“坡度箭头”和“定义屋顶坡度”(图 3-2-93)两种方式绘制屋顶坡度。

图 3-2-92 “修改｜屋顶>编辑迹线”选项卡

约束	
定义屋顶坡度	☑
与屋顶基准的...	0.0

图 3-2-93 “定义屋顶坡度”选项

屋顶迹线编辑模式下的“坡度箭头”命令中坡度箭头尾部的屋顶边界线不能是定义坡度的迹线，坡度箭头的尾部必须在屋顶边界线上。其他应用同“楼板”命令中的“坡度箭头”命令相似。

屋顶迹线编辑完成后，单击“模式”面板中的“完成编辑模式”按钮，即可创建迹线屋顶。

2. 拉伸屋顶

对不能通过绘制屋顶迹线、定义坡度线创建的屋顶，如屋顶横断面为有固定厚度的规则形状断面的屋顶，可以使用“拉伸屋顶”命令创建。“拉伸屋顶”命令是通过拉伸绘制的轮廓来创建屋顶。

选择“建筑”选项卡“构建”面板“屋顶”下拉列表框中的“拉伸屋顶”选项，进入绘制轮廓线草图模式，系统会弹出如图 3-2-94 所示的“工作平面”对话框，在“工作平面”对话框中可以通过名称或拾取方式来指定工作平面，即指定一个绘制屋顶轮廓线的平面，如建筑物外墙面。工作平面选择完成后会弹出图 3-2-95 所示的“转到视图”对话框，选择工作平面的视图方向，单击“打开视图”按钮关闭“转到视图”对话框，转到所选视图方向的工作平面并弹出“屋顶参照标高和偏移”对话框(图 3-2-96)。

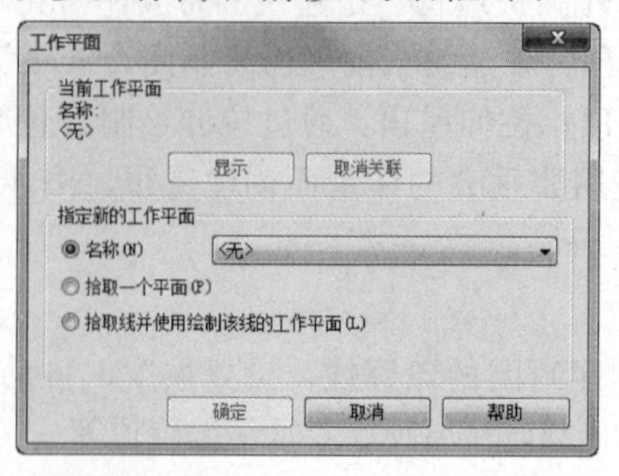

图 3-2-94 “工作平面”对话框

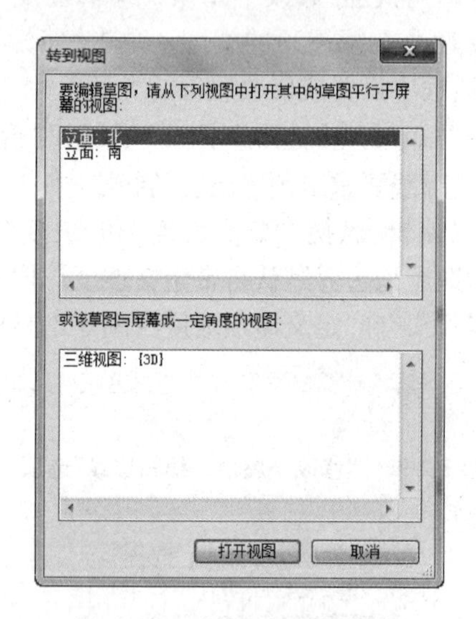

图 3-2-95 “转到视图”对话框

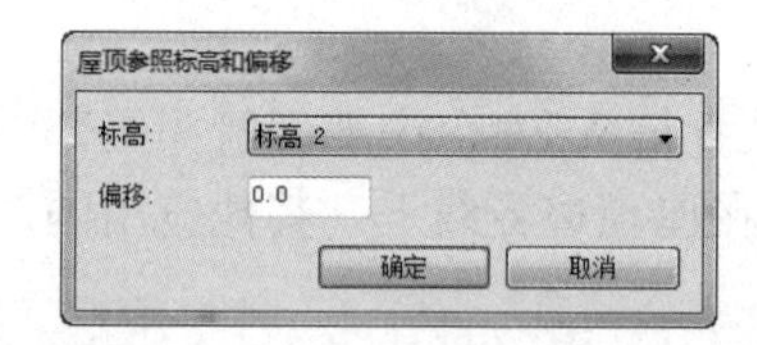

图 3-2-96 “屋顶参照标高和偏移”对话框

在“屋顶参照标高和偏移”对话框中设置屋顶的标高和偏移量。默认状态下，Revit 2020 将选择项目中最高的标高。单击“确定”按钮关闭对话框，选项卡将自动切换为“修改｜创建拉伸屋顶轮廓”。在“属性”选项板中可以设置实例属性及选择屋顶的类型。单击“属性”选项板中的“编辑类型”按钮，在弹出的“类型属性”对话框中设置或修改屋顶的类型属性。

迹线屋顶的轮廓线有“直线”“矩形”“多边形”“圆形”“弧形”“拾取线”和“拾取墙”等多种绘制方式。

屋顶轮廓完成后，单击“模式”面板中的“完成编辑模式”按钮，即可创建拉伸屋顶。

3. 面屋顶

与面墙相同，Revit 2020 可以拾取已有体量或常规模型族的表面创建有固定厚度的异形曲面、平面屋顶或玻璃斜窗。面屋顶只能选择体量的顶(底)面，不能选择体量的侧面或端面生成屋顶。

选择“建筑”选项卡“构建”面板“屋顶”下拉列表框中的“面屋顶”选项，或单击“体量和场地”选项卡“面模型”面板中的“屋顶”按钮，都可以创建面屋顶。

4. 玻璃斜窗

玻璃斜窗屋顶是 Revit 提供的屋顶系统族，用于有采光要求的透明玻璃屋顶，既具有屋顶的功能，又具有幕墙的功能，用创建迹线屋顶的方法来创建是最有效、最快捷的。在“属性”选项板中的“类型选择器”下拉列表中选择“玻璃斜窗”。单击“属性”选项板中的“编辑类型”按钮，弹出图 3-2-97 所示“类型属性”对话框，在“类型属性”对话框中可以设置玻璃斜窗的类型参数。

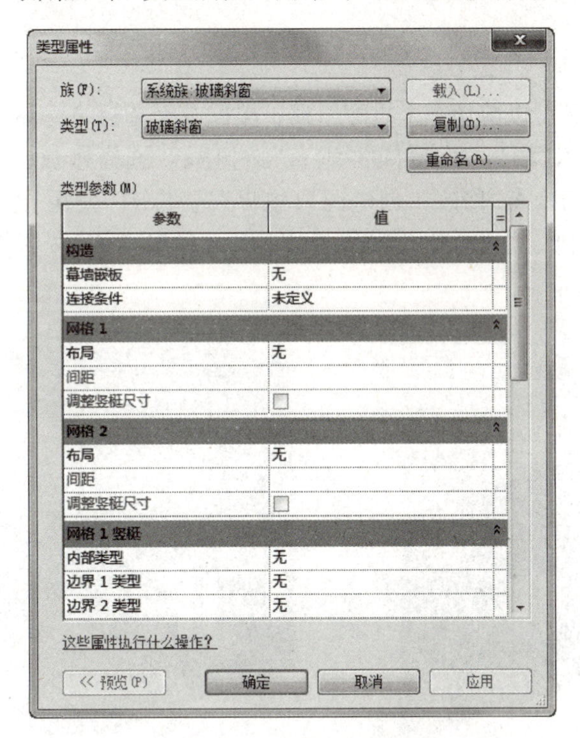

图 3-2-97 “类型属性”对话框

2.7.3 洞口

在 Revit 2020 中，可以通过编辑楼板、屋顶和墙体的轮廓来实现洞口创建，也可以使用“洞口”工具在墙、楼板、天花板、屋顶、结构梁、支撑和结构柱上剪切洞口。

1. 面洞口

使用面洞口工具可以创建一个垂直于屋顶、楼板或天花板选定面的洞口。

单击“建筑”选项卡“洞口”面板中的“按面”按钮，在楼板、天花板或屋顶中选择一个面，Revit 2020 自动切换至“修改 | 创建洞口边界”选项卡。使用“绘制”面板中的绘制工具绘制任意形状的洞口。单击“模式”面板中的“完成编辑模式”按钮，完成面洞口的绘制，如图 3-2-98 所示。

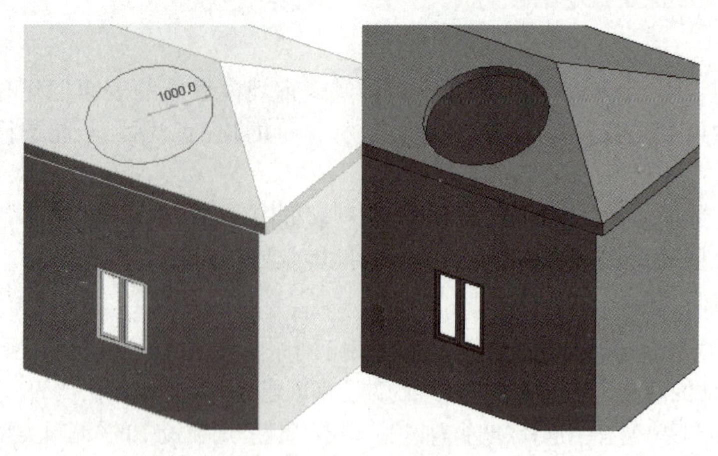

图 3-2-98　面洞口

2. 垂直洞口

使用垂直洞口工具可以剪切一个贯穿屋顶、楼板或天花板的垂直于标高的洞口。

单击"建筑"选项卡"洞口"面板中的"垂直"按钮，选择楼板、屋顶、天花板或檐底板，Revit 2020 自动切换至"修改 | 创建洞口边界"选项卡。使用"绘制"面板中的绘制工具绘制任意形状的洞口。单击"模式"面板中的"完成编辑模式"按钮，完成垂直洞口的绘制，如图 3-2-99 所示。

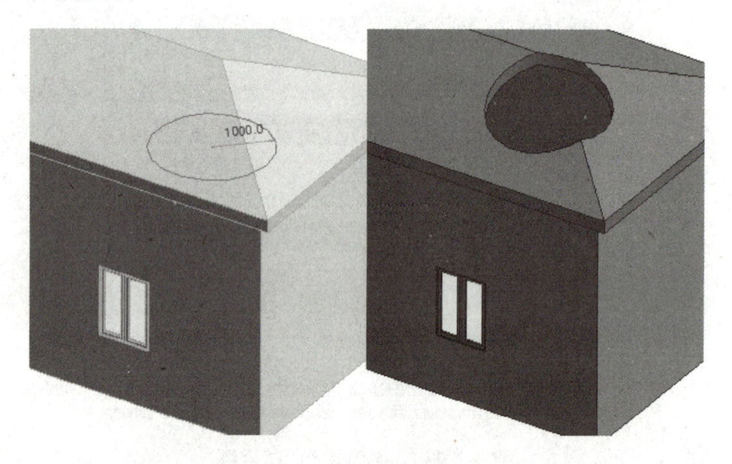

图 3-2-99　垂直洞口

3. 竖井洞口

竖井洞口工具可以创建一个跨、多个标高的垂直洞口，贯穿其间的屋顶、楼板和天花板进行剪切。通常在平面的主体图元(如屋顶、楼板或天花板)上绘制竖井。如果在一个标高上移动竖井洞口的位置，则它将在所有标高上移动。

单击"建筑"选项卡"洞口"面板中的"竖井"按钮，Revit 2020 自动切换至"修改 | 创建竖井洞口草图"选项卡。在"属性"选项板中设置竖井洞口的"底部约束""底部偏移""顶部约束""顶部偏移"等参数。使用"绘制"面板中的绘制工具绘制竖井洞口。单击"模式"面板中的"完成编辑模式"按钮，完成竖井洞口的绘制，如图 3-2-100 所示。

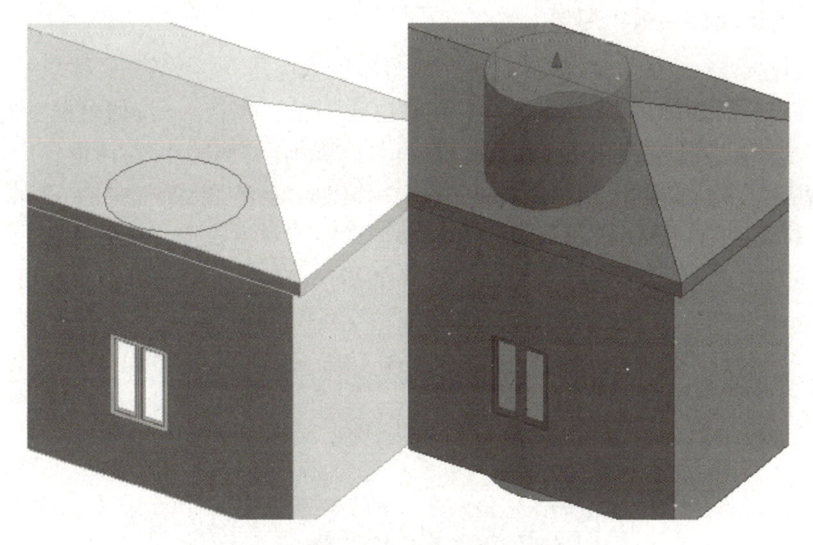

图 3-2-100　竖井洞口

4. 墙洞口

墙洞口工具可以在直线墙或曲线墙上剪切矩形洞口。

单击“建筑”选项卡“洞口”面板中的“墙”按钮，选择需要创建矩形洞口的墙，在墙上用光标单击确定矩形对角点，即可创建一个矩形墙洞。

5. 老虎窗洞口

老虎窗又称屋顶窗，用于透光和空气流通，开设在屋顶上。老虎窗洞口工具可以垂直和水平剪切屋顶，以便为老虎窗创建洞口。

单击“建筑”选项卡“洞口”面板中的“老虎窗”按钮，选择需要被老虎窗洞口剪切的屋顶，Revit 2020 自动切换至“修改 | 编辑草图”选项卡。使用“拾取”面板中的“拾取屋顶/墙边缘”工具选择连接屋顶、墙的侧面或屋顶连接面定义老虎窗边界，并调整边界线长度，使其形成闭合区域，如图 3-2-101 所示。单击“模式”面板中的“完成编辑模式”按钮，完成老虎窗洞口的绘制。

图 3-2-101　老虎窗洞口边界

2.7.4　创建项目楼板、屋顶

(1)打开“教学楼-楼梯坡道 . rvt”文件，双击项目浏览器→“视图”→“楼层平面”→“F1”，打开 F1 层楼层平面视图，选择“建筑”选项卡“构建”面板“楼板”下拉列表框中的“楼板：建筑”选项。单击“属性”选项板中的“编辑类型”按钮，弹出“类型属性”对话框。

在“类型属性”对话框中，单击“复制”按钮在弹出的“名称”对话框中输入“教学楼楼板”。单击“结构”参数后的“编辑”按钮，在弹出的“编辑部件”对话框中，设置楼板厚度为“120”，单击“确定”按钮，返回到“类型属性”对话框，如图 3-2-102 所示。单击“确认”按钮关闭对话框。

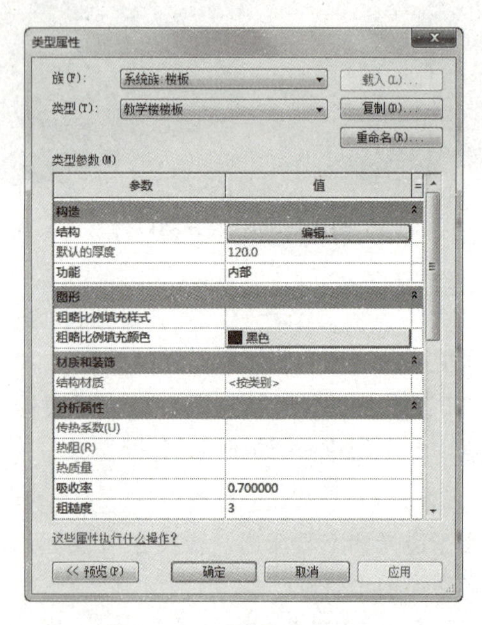

图 3-2-102　“类型属性”对话框

(2)单击“修改 | 创建楼层边界”选项卡“绘制”面板中的“边界线”按钮，选择相应的绘制工具，如图 3-2-103 所示绘制楼板边界。绘制完成后单击“模式”面板中的“完成编辑模式”按钮，完成 F1 层楼板的创建。

选中 F1 层楼板，单击“修改 | 楼板”选项卡“剪贴板”面板中的“复制到剪贴板”按钮，然后选择“粘贴”下拉菜单中的“与选定的标高对齐”命令，弹出“选择标高”对话框，选中“F2”“F3”“F4”，单击“确定”按钮关闭对话框。此时，F1 层的楼板已经被复制到 F2、F3、F4 层中。

(3)双击项目浏览器→“视图”→“楼层平面”→“F5”，打开 F5 层楼层平面视图，选择“建筑”选项卡“构建”面板“楼板”下拉列表框中的“楼板：建筑”选项。在“属性”选项板中的“类型选择器”下拉列表中选择楼板的类型为“教学楼楼板”。

使用“修改 | 创建楼层边界”选项卡“绘制”面板“边界线”中的绘制工具，如图 3-2-104 所示绘制楼板边界。绘制完成后单击“模式”面板中的“完成编辑模式”按钮，完成 F5 层楼板的创建。

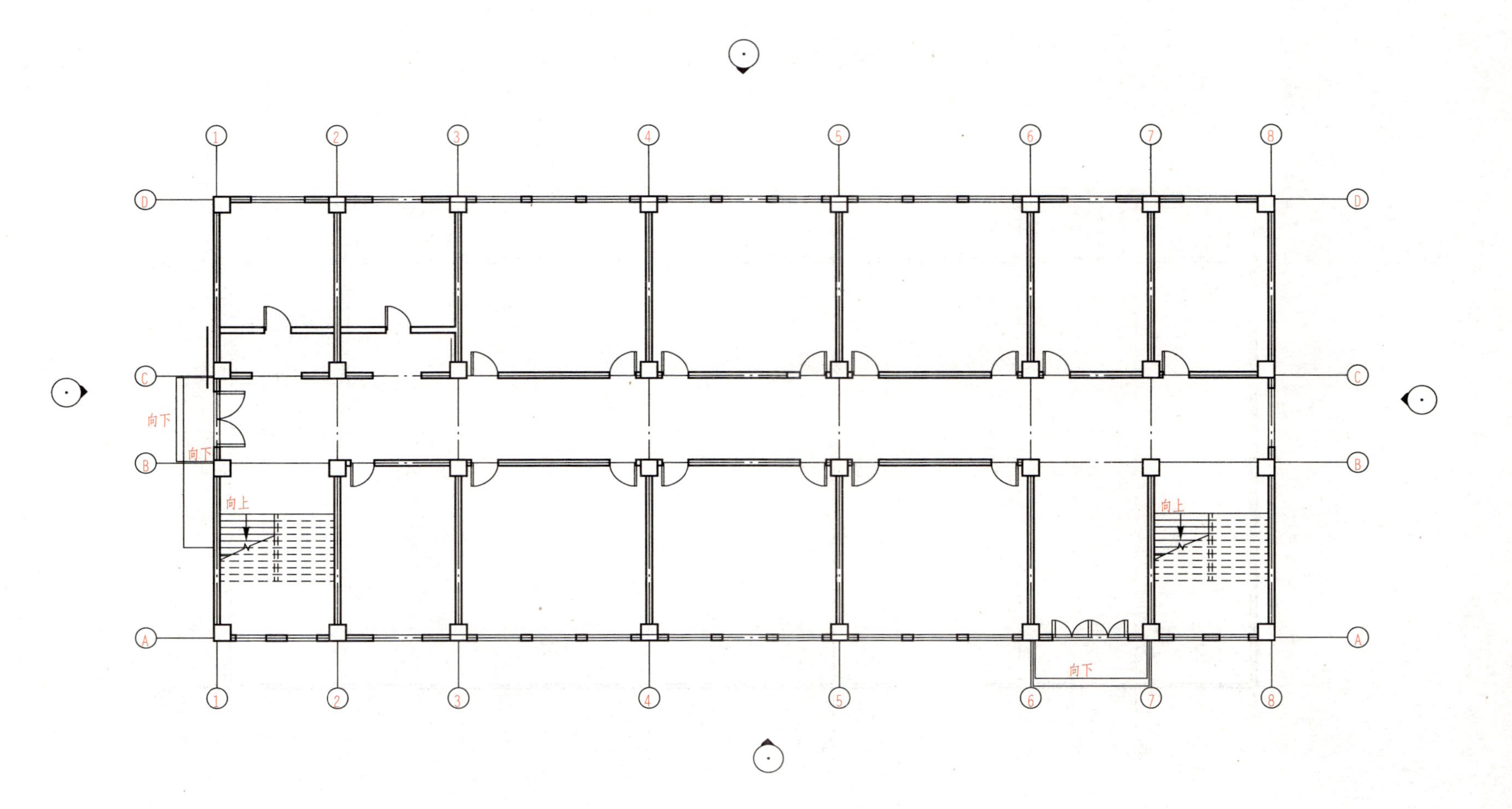

图 3-2-103 F1层楼板边界线

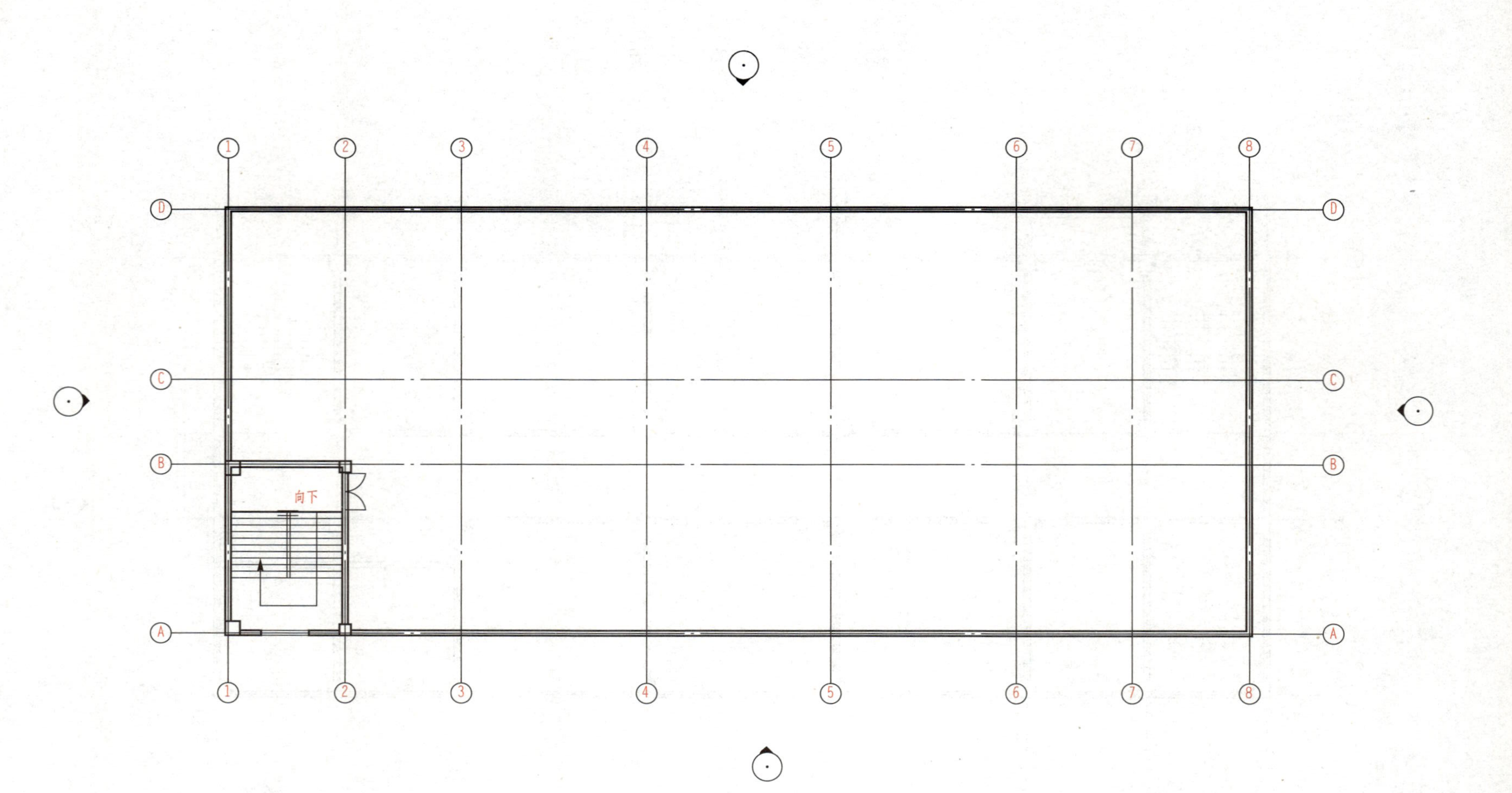

图 3-2-104　F5层楼板边界线

(4)选择“建筑”选项卡“楼梯坡道”面板“栏杆扶手”下拉列表框中的“绘制路径”选项，选项卡切换到“修改｜创建栏杆扶手路径”。

在“属性”选项板中的“类型选择器”下拉列表中选择栏杆扶手的类型为“栏杆扶手1100mm”。使用“绘制”面板中的绘制工具如图 3-2-105 所示绘制栏杆扶手的路径。

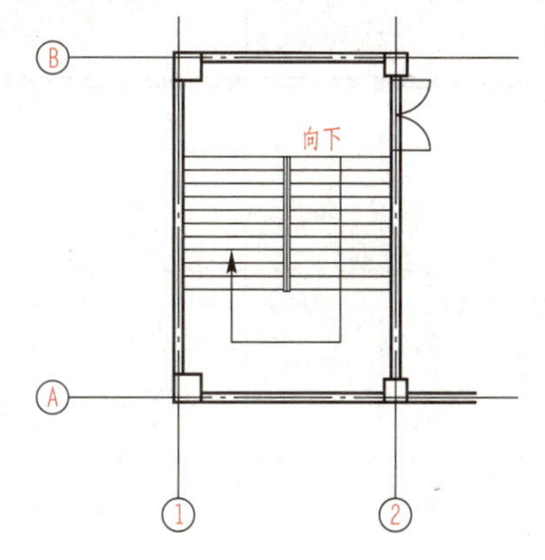

图 3-2-105　F5 层栏杆扶手路径

单击“模式”面板中的“完成编辑模式”按钮✔，完成 F5 层栏杆扶手的创建。

(5)打开 F5 层楼层平面视图，选择“建筑”选项卡“构建”面板“屋顶”下拉列表框中的“迹线屋顶”选项。单击“属性”选项板中的“编辑类型”按钮，弹出“类型属性”对话框。

在“类型属性”对话框中，单击“复制”按钮在弹出的“名称”对话框中输入“教学楼屋顶”。单击“结构”参数后的“编辑”按钮，在“编辑部件”对话框中，设置楼板厚度为“160”，单击“确定”按钮，返回到“类型属性”对话框，如图 3-2-106 所示。单击“确认”按钮关闭对话框。

类型属性

族(F)：系统族:基本屋顶　载入(L)...

类型(T)：教学楼屋顶　复制(D)...

重命名(R)...

类型参数(M)

参数	值
构造	
结构	编辑...
默认的厚度	160.0
图形	
粗略比例填充样式	
粗略比例填充颜色	黑色
分析属性	
传热系数(U)	
热阻(R)	
热质量	
吸收率	0.700000
粗糙度	3
标识数据	
类型图像	
注释记号	

这些属性执行什么操作?

<< 预览(P)　确定　取消　应用

图 3-2-106　“类型属性”对话框

将选项栏中的“定义坡度”复选框取消勾选。使用“修改｜创建屋顶迹线”选项卡“绘制”面板“边界线”中的绘制工具，如图 3-2-107 所示绘制 F5 层屋顶边界。

绘制完成后单击“模式”面板中的“完成编辑模式”按钮✔，完成 F5 层屋顶的创建。

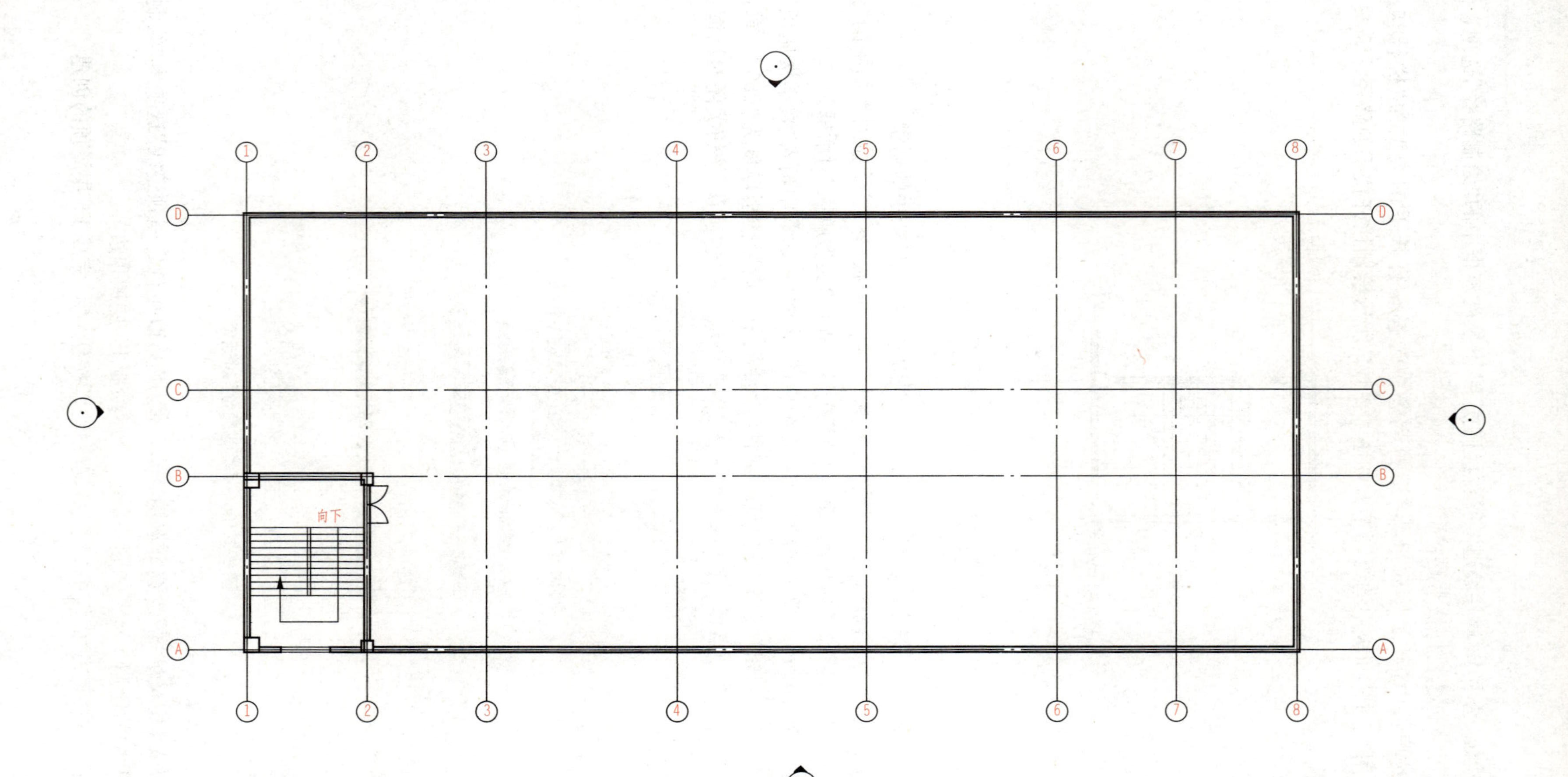

图 3-2-107　F5层屋顶边界

打开F6层楼层平面视图，选择“建筑”选项卡“构建”面板“屋顶”下拉列表框中的“迹线屋顶”选项。在“属性”选项板中的“类型选择器”下拉列表中选择楼板的类型为“教学楼屋顶”。修改底部约束“自标高的底部偏移”为“－160”。

使用“修改｜创建屋顶迹线”选项卡“绘制”面板“边界线”中的绘制工具，如图3-2-108所示绘制F6层屋顶边界。

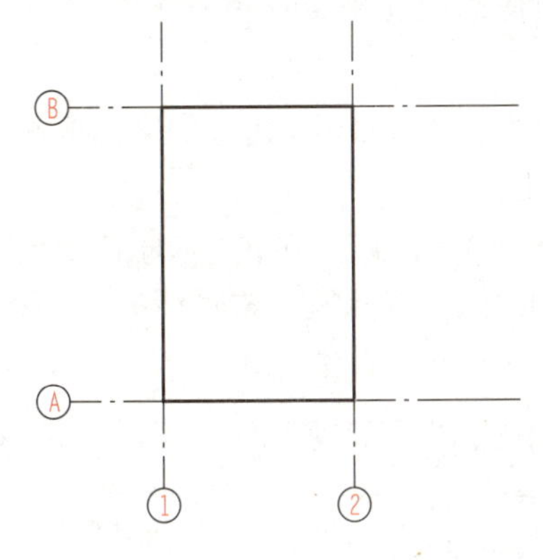

图3-2-108　F6层屋顶边界

绘制完成后单击“模式”面板中的“完成编辑模式”按钮，完成F6层屋顶的创建。

(6)楼板屋顶完成后的三维视图如图3-2-109所示。另存为文件，命名为“教学楼-楼板屋顶”。

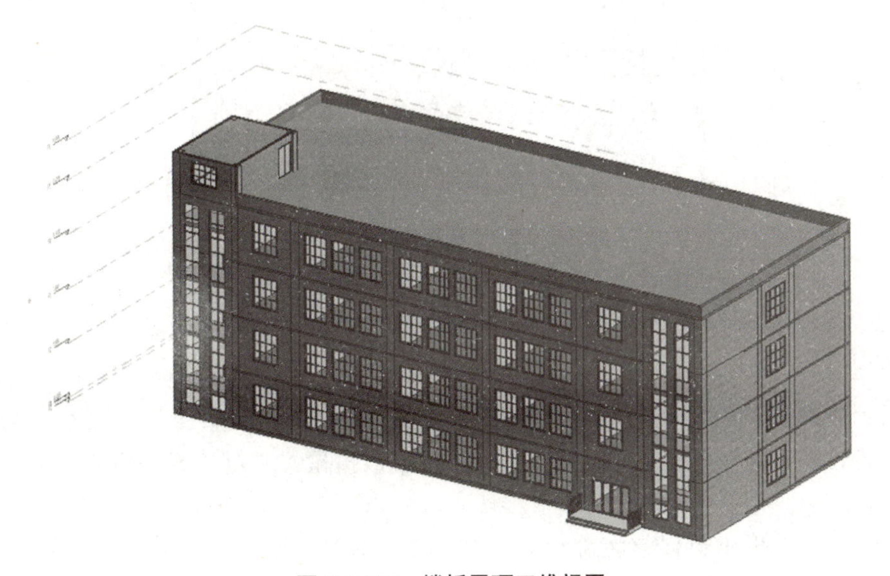

图3-2-109　楼板屋顶三维视图

2.8　场地与建筑表现

使用Revit 2020提供的场地工具，可以为项目创建场地地形表面、场地红线、建筑地坪和建筑道路等图元，并且可以在创建的场地中添加停车场、植物等场地构件，以丰富场地表现。

2.8.1 创建场地

1. 添加地形表面

地形表面是室外场地布置的基础。使用“地形表面”工具，可以为项目创建地形表面模型。Revit 提供了两种创建地形表面的方式：放置高程点和导入测量文件。

放置高程点可以手动添加地形点并指定高程，Revit 2020 根据用户设定的高程点生成三维地形表面。

导入测量文件的方式可以直接导入 DWG 格式的文件或测量数据文本，Revit 2020 根据测量数据生成真实场地地形表面。

在项目浏览器中将视图切换至“场地”。单击“体量和场地”选项卡“场地建模”面板中右侧的下拉列表按钮，弹出“场地设置”对话框。该对话框中可以定义等高线的间隔、添加定义等高线，以及选择剖面填充样式等，如图 3-2-110 所示。

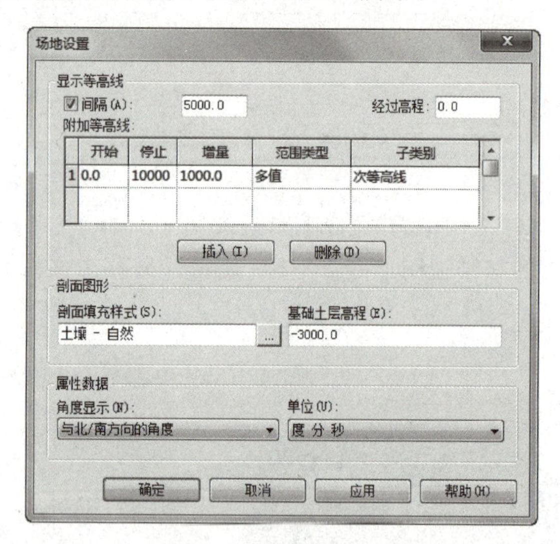

图 3-2-110 “场地设置”对话框

(1)放置点。打开场地平面视图，单击“体量和场地”选项卡“场地建模”面板中的“地形表面”按钮，选项卡将自动切换为“修改｜编辑表面”，进入场地绘制。单击“修改｜编辑表面”选项卡“工具”面板中的“放置点”按钮，在工具栏中设置“高程”，在工作区域单击放置点，连续放置生成等高线。连续按两次 Esc 键或双击鼠标右键选择“取消”命令退出放置高程点状态。

在“属性”选项板中可以设置地形表面的材质。单击“表面”面板中的“完成表面”按钮，完成地形表面的创建。

若放置点或高程值需要修改，选择需要修改的地形，单击“修改｜地形”面板中的“编辑表面”按钮，选中放置点在工具栏中修改高程值或移动位置。

(2)导入测量文件。通过导入测量点文件(“*.dwg”或“*.txt”等记录了测量点的文件)，也可以创建地形表面。

1)打开场地平面视图，单击“插入”选项卡“导入”面板中的“导入 CAD”按钮，弹出“导入 CAD 格式”对话框，选中记录了测量点的“*.dwg”文件，设置对话框中的“导入单位”

“定位”“放置于”等参数，单击“打开”按钮，导入“＊.dwg”文件创建地形表面。

2)单击“体量和场地”选项卡“场地建模”面板中的“地形表面”按钮，打开“修改｜编辑表面”选项卡。选择“修改｜编辑表面”选项卡“工具”面板“通过导入创建”下拉菜单中的“指定点文件”命令，弹出“选择文件”对话框，将“文件类型”更改为“逗号分隔文本(＊.txt)”。单击“打开”按钮，导入文本文件创建地形表面。

2. 创建建筑地坪

单击“体量和场地”选项卡“场地建模”面板中的“建筑地坪”按钮，选项卡将自动切换为“修改｜创建建筑地坪边界”，使用“绘制”面板中的绘制工具，绘制地坪的轮廓线，轮廓线必须是闭合的。

在“属性”选项板中可以设置“标高”“编辑类型”及“编辑结构”等参数。完成绘制后，单击“模式”面板中的“完成编辑模式”按钮，完成建筑地坪的创建。

3. 创建道路

地形表面场地创建后，使用“拆分表面”“合并表面”和“子面域”等命令对地形表面进行规划和再编辑，如绘制道路、绿化区域和运动场地等。“拆分表面”命令，可以将地表表面拆分为不同的表面，可以单独编辑其表面，赋予不同的材质，表示道路、湖泊和其他场地等，也可以单独删除拆分出的地形表面；“子面域”命令，用于在地形表面内定义一个面积。创建的子面域不会成为单独的表面，可以定义一个面积，也可以为该面积定义不同的属性，如材质等。

“拆分表面”和“子面域”功能类似，都可以将地形表面设置为独立区域。而两者的不同是：“子面域”命令是将地表选中部分重新复制一份，创建一个新的地形表面，如果删除，只是删除了复制出的地形表面，原地形表面不变；而“拆分表面”命令是将选中部位的地形表面拆分出来，如果删除，则拆分出的地形表面将被删除。

单击“体量和场地”选项卡“修改场地”面板中的“子面域”按钮，选项卡将自动切换为“修改｜创建子面域边界”。使用“绘制”面板中的绘制工具，绘制子面域边界轮廓线，子面域边界轮廓线必须是闭合的。

在“属性”选项板中设置子面域的材质。完成绘制后，单击“模式”面板中的“完成编辑模式”按钮，完成子面域的创建。

2.8.2 漫游

漫游是在一条漫游路径上，创建多个活动相机，再将每个相机的视图连续播放。需要先创建一条路径，然后调节路径上每个相机的视图，Revit 漫游中会自动设置很多关键相机视图，即关键帧，通过调节这些关键帧视图来控制漫游动画。Revit 2020 可以将漫游导出为 AVI 格式的文件或图像文件。将漫游导出为图像文件时，漫游的每个帧都会保存为单个文件，可以导出所有帧或一定范围的帧。

选择“视图”选项卡“创建”面板“三维视图”下拉列表中的“漫游”选项，选项卡将切换至“修改｜漫游”，进入漫游路径绘制状态。

在工具栏中设置勾选或取消勾选“透视图”复选框、相机的“偏移”距离等参数，使用光标在工作区域中绘制漫游路径。单击插入一个关键点，隔一段距离再插入一个关键点。所有路径绘制完成，单击“漫游”面板中的“完成漫游”按钮，完成漫游路线的编辑。

绘制完成路径后单击“修改｜相机”选项卡“漫游”面板中的“编辑漫游”按钮，进入编辑关键帧视图状态。在平面视图中单击“上一关键帧”和“下一关键帧”按钮调整相机的视线方向和焦距等。调整完成后，单击“漫游”面板中的“打开漫游”按钮，进入三维视图调整视角和视图范围。在工具栏中，可以通过设置总帧数来调节创建漫游的快慢。调整完成后，从项目浏览器中可以打开创建好的漫游。

如需导出漫游，选择“文件”→“导出”→“图像和动画”→“漫游”命令，弹出如图 3-2-111 所示的“长度/格式”对话框。单击“确定”按钮，选择保存路径，单击“保存”按钮，弹出“视频压缩”对话框，如图 3-2-112 所示，设置“压缩程序”，单击“确定”按钮将漫游文件导出为外部 AVI 文件。

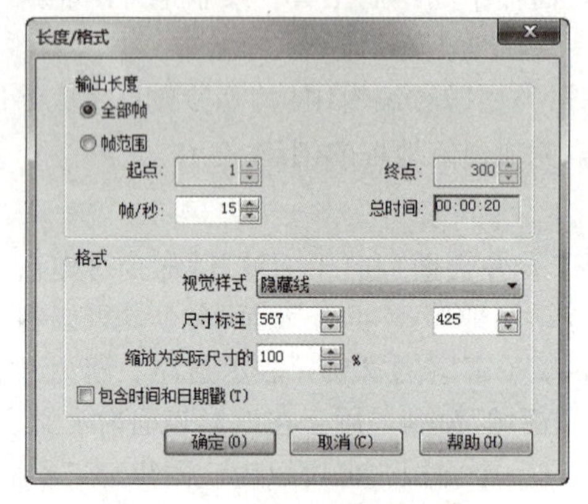

图 3-2-111 “长度/格式”对话框

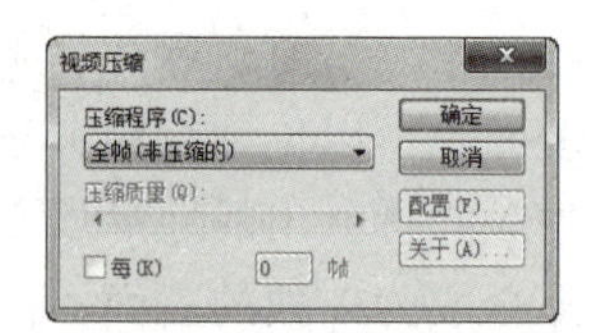

图 3-2-112 “视频压缩”对话框

2.8.3 渲染

渲染可用于创建建筑模型的照片级真实感图像，并可导出 JPG 格式的图像文件。Revit 集成了简化版的 Mently Ray 渲染器，无须使用其他软件就可生成建筑模型的照片级真实渲染图像。

在三维视图模式下，单击“视图”选项卡“演示视图”面板中的“渲染”按钮，弹出图 3-2-113 所示的“渲染”对话框，设置渲染参数，单击“渲染”按钮对相机视图进行渲染。

渲染完成后，单击“渲染”对话框中的“保存到项目中”按钮，即可将渲染好的图像保存到此项目中。单击“导出”按钮即可将渲染完成的图像导出到项目之外。

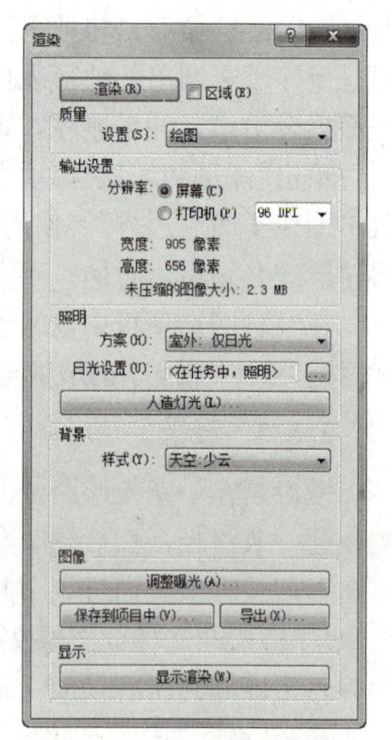

图 3-2-113 “渲染”对话框

2.8.4 创建项目场地

(1)打开“教学楼-楼板屋顶 . rvt”文件，双击项目浏览器→“视图”→“楼层平面”→“场地”，打开场地平面视图。

单击“体量和场地”选项卡“场地建模”面板中的“地形表面”按钮，选项卡切换至“修改 | 编辑表面”。单击“修改 | 编辑表面”选项卡“工具”面板中的“放置点”按钮，如图 3-2-114 所示，在工具栏中设置“高程”为“−300”，在教学楼周边放置高程点，在“属性”选项板中可以设置地形表面的材质为“混凝土-现场浇筑混凝土”。单击“表面”面板中的“完成表面”按钮，完成场地的创建。生成如图 3-2-115 所示的三维场地图。

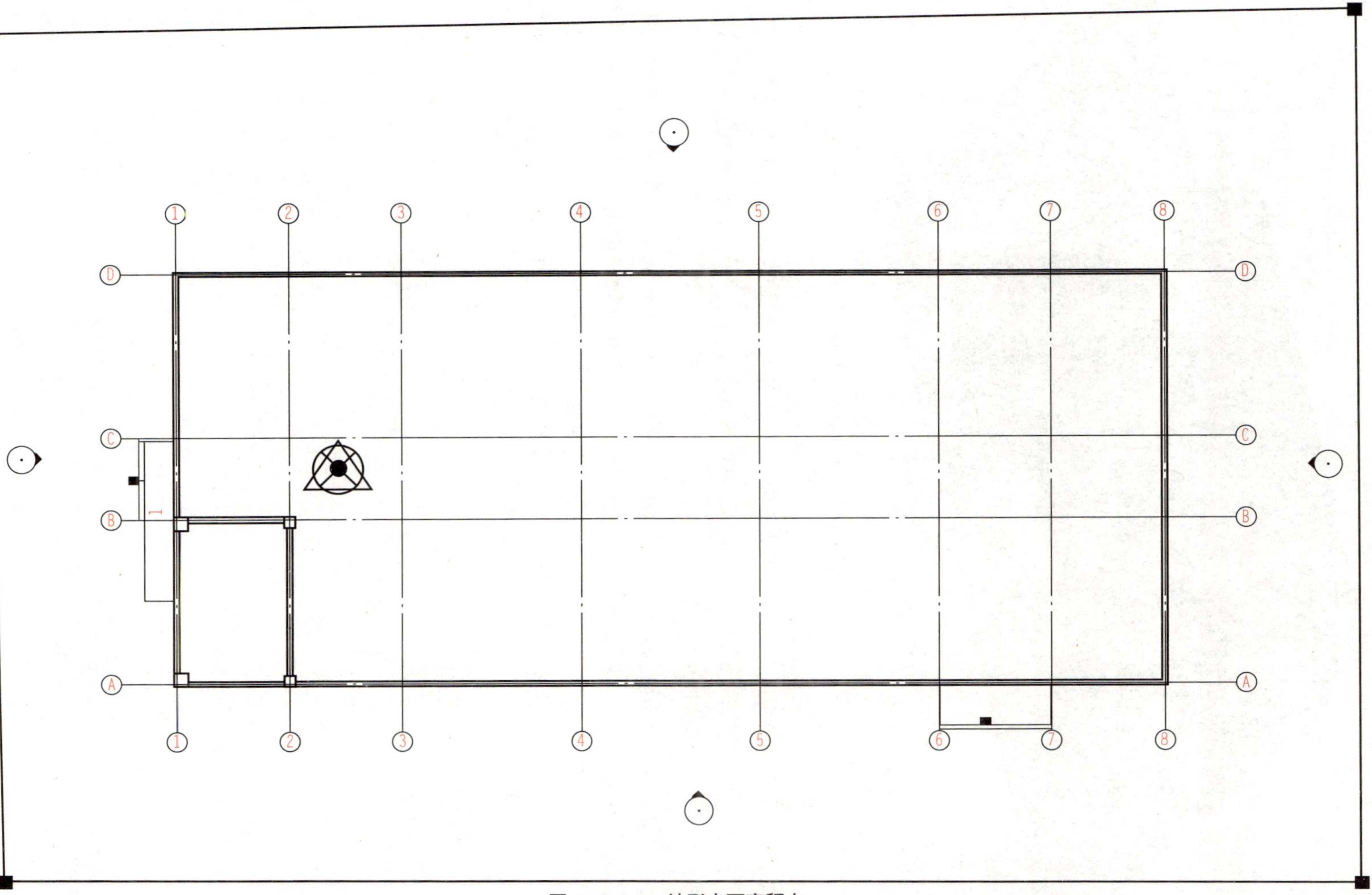

图 3-2-114　地形表面高程点

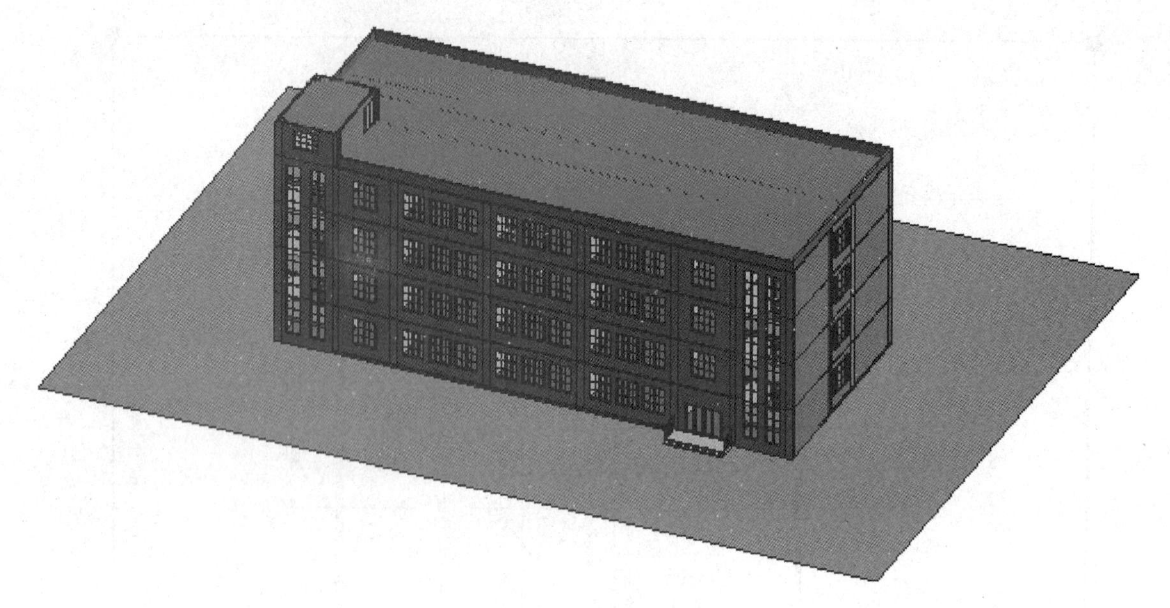

图 3-2-115　地形表面高程点

(2)单击“体量和场地”选项卡“场地建模”面板中的“建筑地坪”按钮，使用“绘制”面板中的绘制工具，绘制如图 3-2-116 所示建筑地坪的轮廓线。单击“模式”面板中的“完成编辑模式”按钮 ✔，完成建筑地坪的创建。

(3)单击“体量和场地”选项卡“修改场地”面板中的“子面域”按钮。使用“绘制”面板中的绘制工具，绘制草坪、道路子面域边界轮廓线，并分别在“属性”选项板中设置子面域的材质。完成绘制后，单击“模式”面板中的“完成编辑模式”按钮 ✔，完成草坪和道路的创建。

(4)场地创建完成后的三维视图如图 3-2-117 所示。另存为文件，命名为“教学楼-场地”。

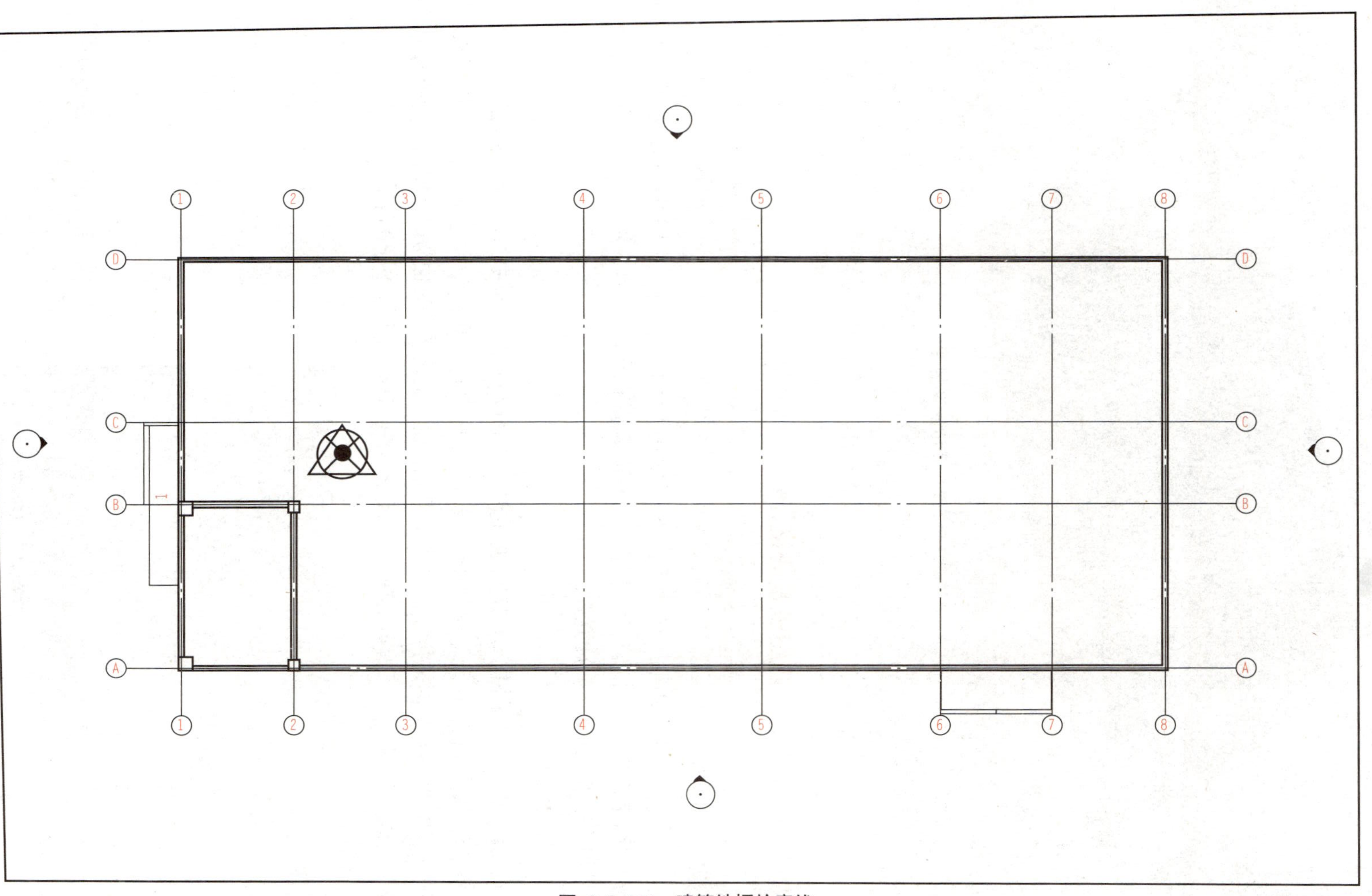

图 3-2-116 建筑地坪轮廓线

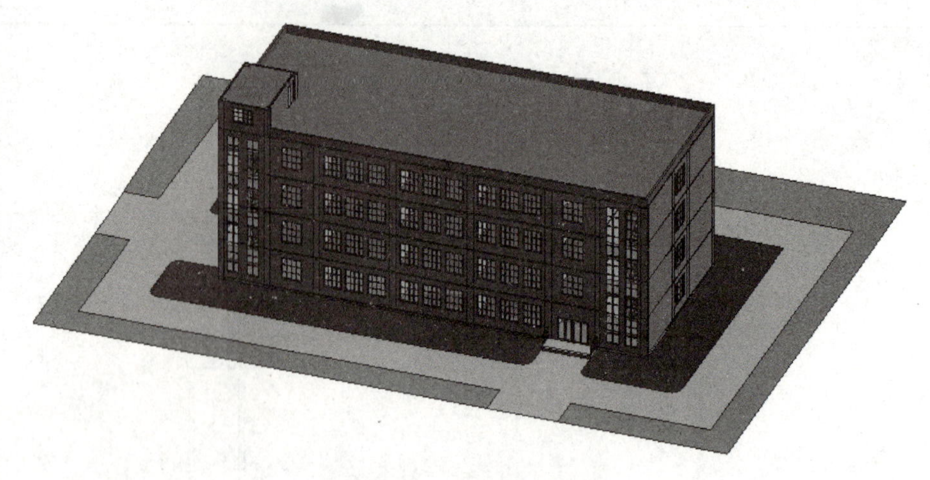

图 3-2-117　场地三维视图

2.9　创建房间、明细表及图纸

2.9.1　创建房间

为表示设计项目的房间分布信息，可以使用 Revit 2020 的房间工具创建房间，配合房间标记和明细表视图统计项目房间信息，房间是基于图元(如墙、楼板、屋顶和天花板)对建筑模型中的空间进行细分的部分。

1. 添加房间

在任意楼层平面视图中，单击“建筑”选项卡“房间和面积”面板中的“房间”按钮，可以创建以模型图元(如墙、楼板、天花板)和分隔线为界限的房间。单击选中“修改 | 放置 房间”选项卡“标记”面板中的“在放置时进行标记”工具，在封闭的房间内单击添加房间，如图3-2-118所示。单击“房间”标记，文字变为可编辑状态，即可修改房间名称，如图 3-2-119 所示。

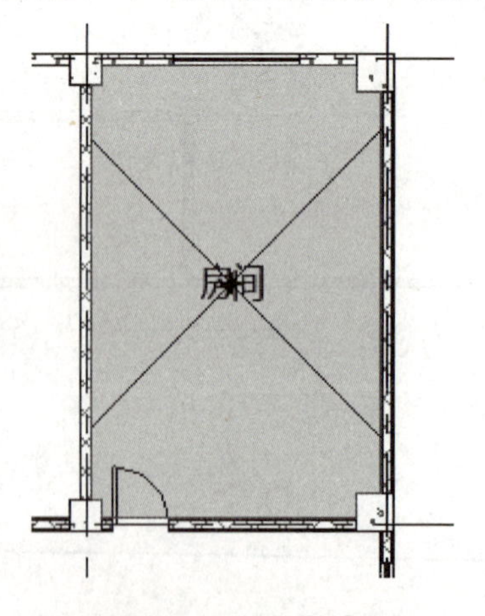

图 3-2-118　添加房间

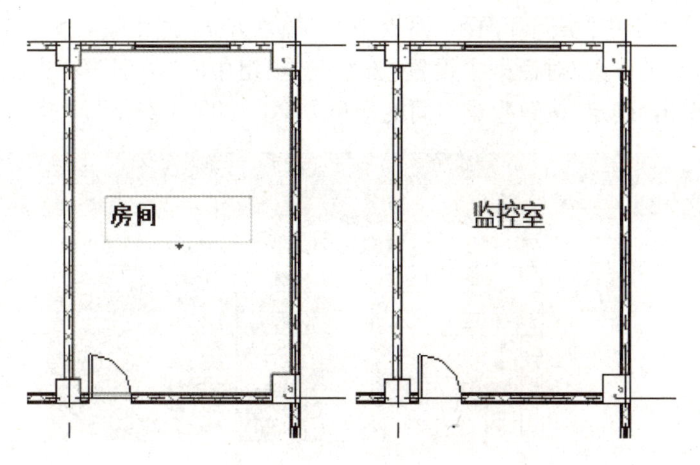

图 3-2-119　修改房间标记

如果需要添加的房间都是封闭的空间，也可以用“修改｜放置 房间”选项卡“房间”面板中的“自动放置房间”工具，来完成房间的创建。

2. 房间的可见性

若要在平面视图中查看房间边界，可以将光标放置在要查看的房间内，移动光标直到出现参照线，然后单击即可。也可以修改视图的可见性，单击“视图”选项卡“图形”面板中的“可见性/图形”按钮，弹出“可见性/图形替换”对话框，在“模型类别”选项卡中选择“房间”，并展开“房间”下拉列表。用户可以根据需要勾选“内部填充”“参照”“颜色填充”复选框，如图 3-2-120 所示。单击“确定”按钮关闭对话框。

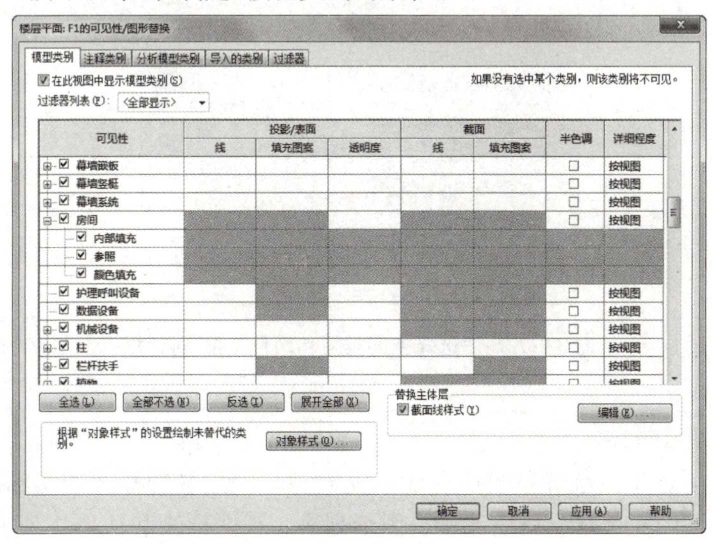

图 3-2-120　“可见性/图形替换”对话框

3. 颜色方案

使用颜色方案可以为房间、面积、空间分区、管道和风管填充相应的颜色和样式。根据特定值或范围，将颜色方案应用于楼层平面视图和剖面视图。可以向每个视图应用不同的颜色方案。

单击“建筑”选项卡中“房间和面积”面板中的“颜色方案”按钮，弹出“编辑颜色方案”对话框，在“编辑颜色方案”对话框中设置“方案”选项组中的“类别”及“方案定义”选项组中的“颜色”分类，单击“确定”按钮生成房间的颜色方案，如图 3-2-121 所示。

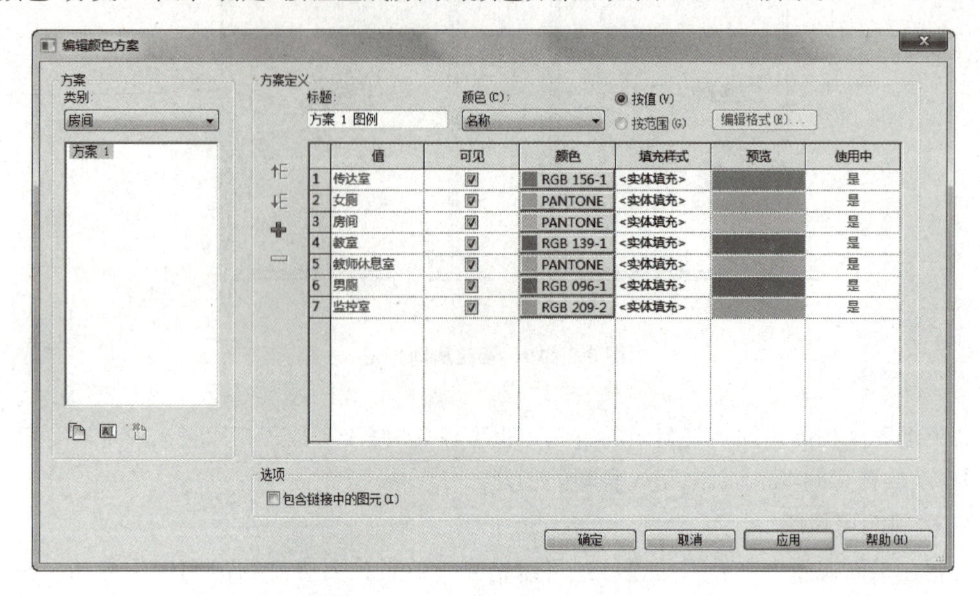

图 3-2-121 “编辑颜色方案”对话框

单击“注释”选项卡“颜色填充”面板中的“颜色填充图例”按钮，弹出图 3-2-122 所示的“选择空间类型和颜色方案”对话框。选择需要显示的“空间类型”及“颜色方案”，单击“确认”按钮，单击放置颜色填充图例。

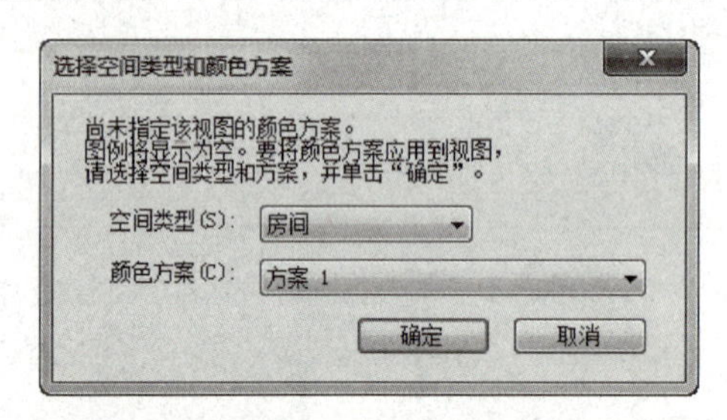

图 3-2-122 “选择空间类型和颜色方案”对话框

2.9.2 创建明细表

使用明细表工具可以统计项目中各类图元对象，生成各种样式的明细表。Revit 2020 可以分别统计模型图元数量、材质数量、图纸列表、视图列表和注释块列表。在进行施工图设计时，最常用的统计表格是门窗统计表和图纸列表。

1. 创建建筑构件明细表

建筑构件明细表是从项目中提取指定构件的参数信息并以表格形式进行统计表达。

选择“视图”选项卡“创建”面板“明细表”下拉列表中的“明细表/数量”选项，弹出图 3-2-123所示的“新建明细表”对话框。

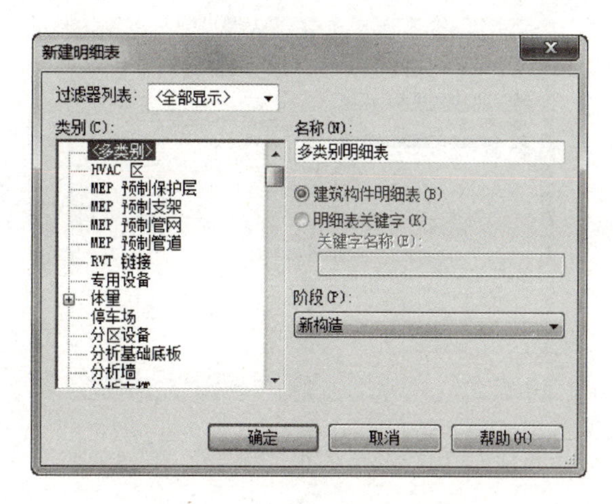

图 3-2-123 “新建明细表”对话框

在“新建明细表”对话框中，依次设置要统计的明细表“类别”、明细表“名称”并勾选“建筑构件明细表”单选按钮，单击“确定”按钮，弹出图 3-2-124 所示的“明细表属性”对话框。“明细表属性”对话框中包含了“字段”“过滤器”“排序/成组”“格式”“外观”5 个选项卡，分别用来确定明细表显示及明细表中需要被显示的信息内容。

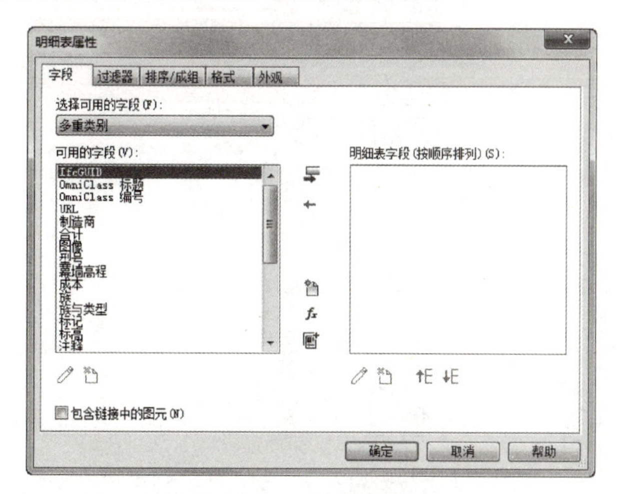

图 3-2-124 “明细表属性”对话框

设置完成后，单击“确定”按钮，即可创建建筑构件明细表。

2. 创建关键字明细表

关键字明细表是通过定义关键字控制构件的其他参数，更快地在众多相同构件中创建需要的明细表格。选择“视图”选项卡“创建”面板“明细表”下拉列表中的“明细表/数量”选项，弹出图 3-2-123所示的“新建明细表”对话框。

在“新建明细表”对话框中，依次设置要统计的明细表“类别”、明细表“名称”并勾选“明细表关键字”单选按钮，用户可根据需要修改“关键字名称”。单击“确定”按钮，弹出图 3-2-125所示的“明细表属性”对话框。设置“明细表属性”中的相关参数，单击“确定”按钮，即可创建关键字明细表。

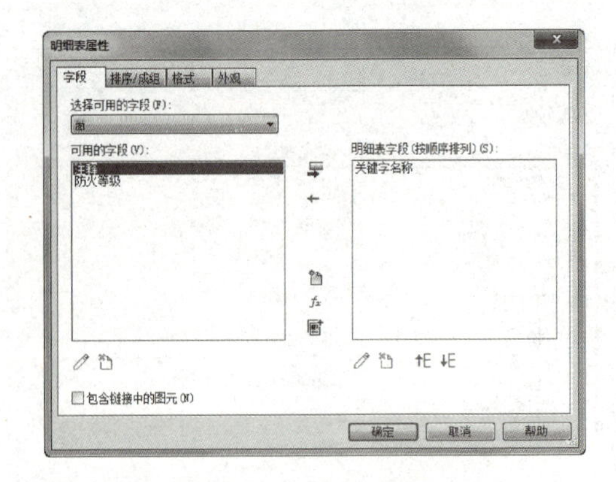

图 3-2-125 “明细表属性”对话框

3. 修改明细表

创建完成明细表之后，可以在项目浏览器中的“明细表/数量(全部)”列表中找到。若要更改明细表的选项卡设置，可以通过激活明细表视图，在“属性”选项板中的“其他”选项组单击需要修改的选项卡对应的“编辑”按钮，即可修改此选项卡的设置(图 3-2-126)。

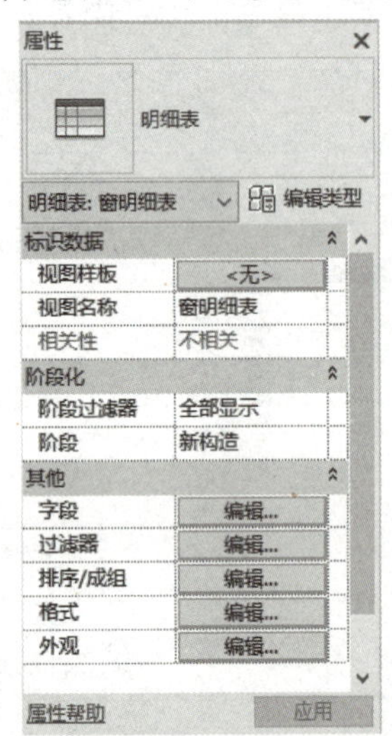

图 3-2-126 明细表“属性”选项板

在创建完成的明细表中插入、删除、调整、隐藏明细表的列，可以选择需要修改的参数列，单击“修改明细表/数量”选项卡“列”面板中的工具按钮做相应的修改。

如果需要删除的是明细表的参数行，也可以通过选择需要删除的参数行，单击“修改明细表/数量”选项卡“列”面板中的“删除”按钮进行删除。在明细表中删除参数行时，与其关联的图元也将从项目中一同被删除掉。在 Revit 2020 中，仅有房间明细表和关键字明细表中的参数行是可以进行新建的。

4. 导出明细表

在 Revit 2020 中导出明细表可以通过选择“文件”→“导出”→“报告”→“明细表”命令，将项目的明细表导出为文本文档(*.txt)格式的文件。

2.9.3 创建图纸

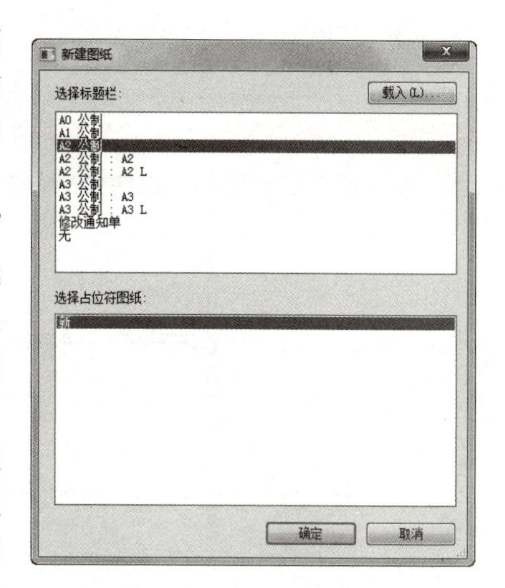

图 3-2-127 “新建图纸”对话框

在 Revit 2020 中可以将项目中多个视图或明细表布置在同一个图纸视图中，形成用于打印和发布的施工图纸。Revit 可以将项目中的视图、图纸打印或导出为 CAD 格式。

单击“视图”选项卡“图纸组合”面板中的“图纸”按钮，弹出图 3-2-127 所示的“新建图纸”对话框，选择需要的图纸，单击“确定”按钮。视图中会自动显示新建的图纸，并在项目浏览器中的“图纸”下拉列表中自动添加了图纸“J0-1 未命名”。

创建图纸后，可以在图纸中添加一个或多个视图。放置视图有两种方式：第一种方式，单击“视图”选项卡“图纸组合”面板中的“视图”按钮，弹出图 3-2-128 所示的“视图”对话框，在“视图”对话框中包含了项目中所有可用的视图，选择需要添加到图纸中的视图，单击“在图纸中添加视图”按钮，将光标移动到图纸空白处放置视图；第二种方式，当前视图为图纸视图，将需要添加到图纸中的视图直接从项目浏览器列表中拖曳到图纸空白处放置视图。

图 3-2-128 “视图”对话框

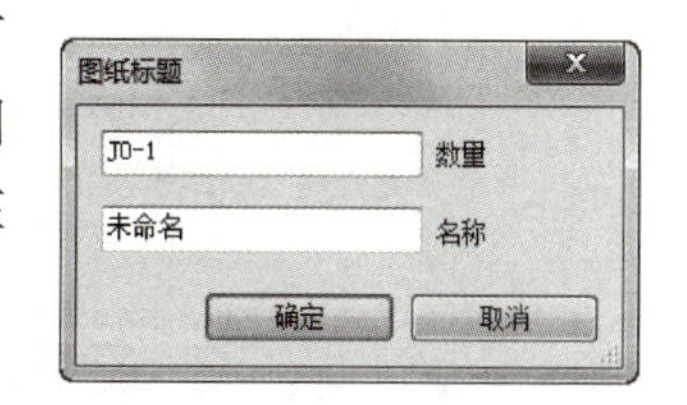

图 3-2-129 “图纸标题”对话框

单击“属性”选项板中“图纸名称”后的“未命名”按钮，可以更改图纸的名称。也可以右键单击项目浏览器中“图纸”列表中的“J0-1 未命名”，在右键菜单中选择“重命名”命令，在弹出的图 3-2-129 所示的“图纸标题”对话框中更改图纸名称。

2.9.4 创建项目房间、明细表及图纸

(1)打开“教学楼-场地 .rvt”文件，双击项目浏览器→“视图”→“楼层平面”→“F1”，打开 F1 层平面视图。

单击“建筑”选项卡“房间和面积”面板中的“房间”按钮，选中“修改 | 放置 房间”选项卡“标记”面板中的“在放置时进行标记”工具，如图 3-2-130 所示单击添加房间并修改房间名称。

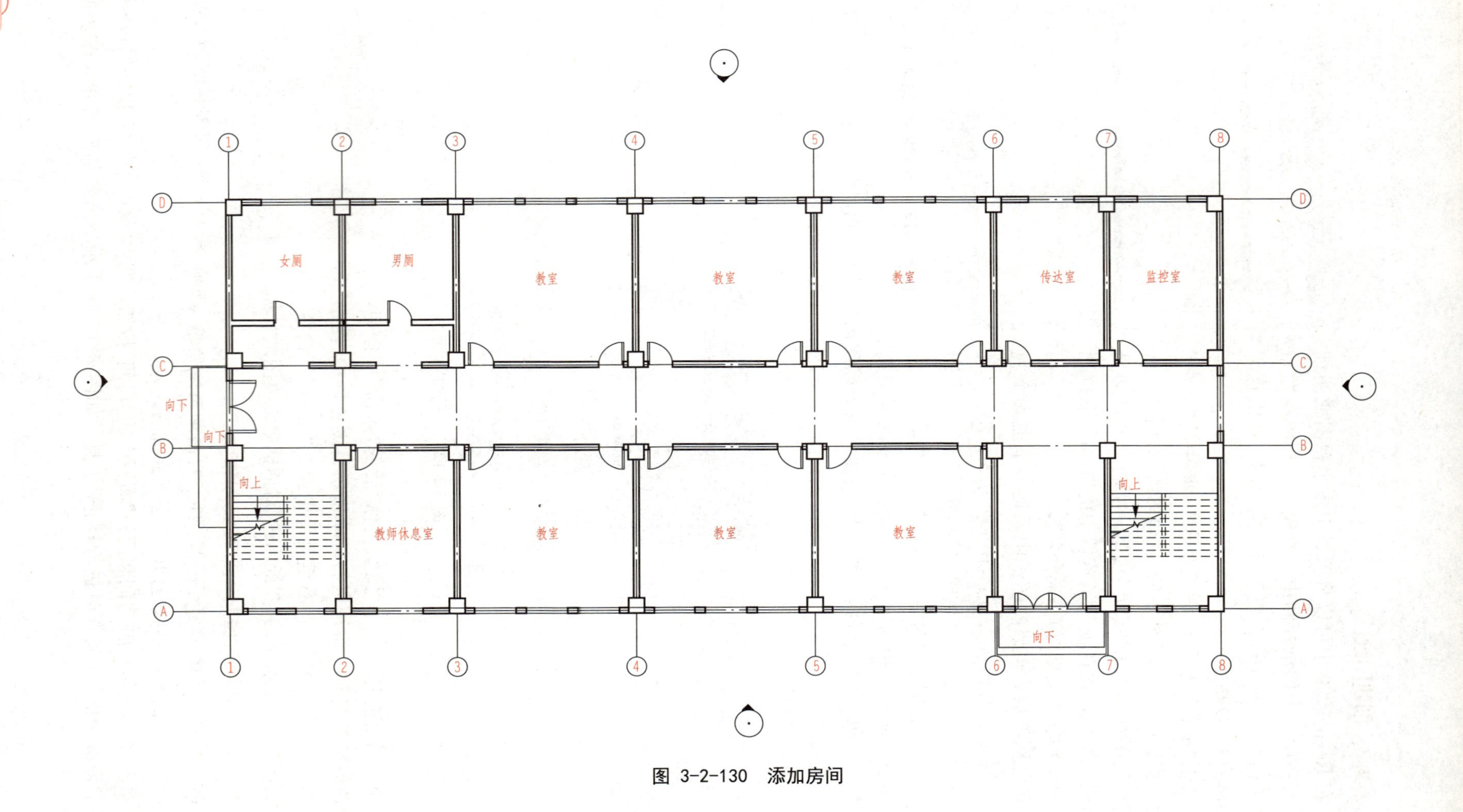

图 3-2-130 添加房间

单击“建筑”选项卡“房间和面积”面板中的“颜色方案”按钮。在“编辑颜色方案”对话框“方案”选项组中将“类别”设置为“房间”，“方案定义”选项组中的“颜色”分组设置为“名称”，单击“确定”按钮生成房间的颜色方案。

单击“注释”选项卡“颜色填充”面板中的“颜色填充图例”按钮，弹出“选择空间类型和颜色方案”对话框。选择“空间类型”为“房间”，“颜色方案”为“方案 1”，单击“确定”按钮，单击放置颜色填充图例。F1 层平面视图显示如图 3-2-131 或扫描二维码所示。

使用相同的方法创建 F2、F3、F4 层房间。

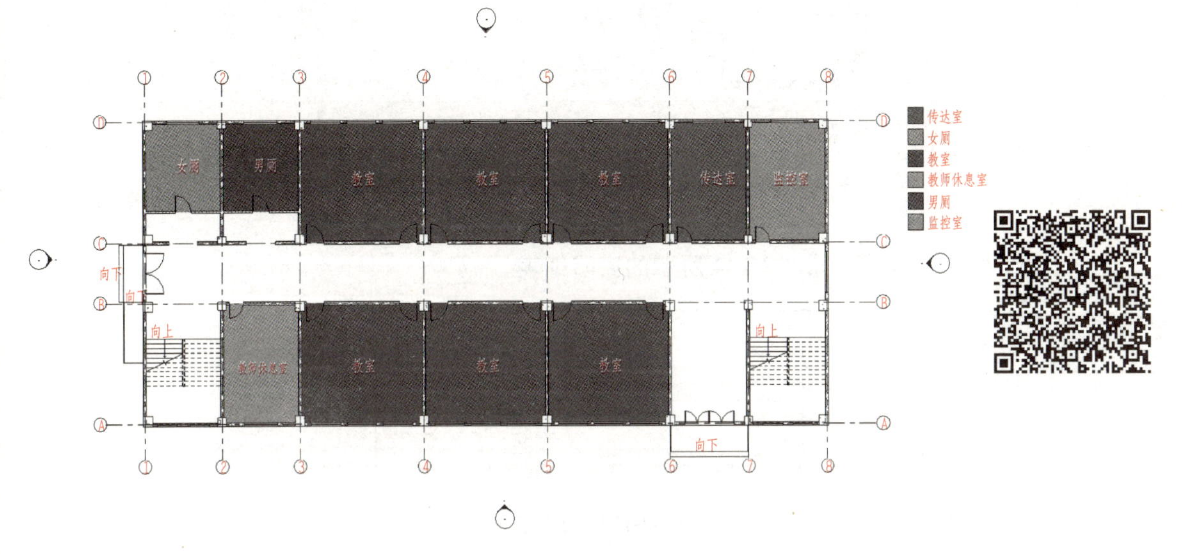

图 3-2-131　F1 层房间颜色方案

(2)选择“视图”选项卡“创建”面板“明细表”下拉列表中的“明细表/数量”选项，在“新建明细表”对话框中选择明细表“类别”为“窗”并勾选“建筑构件明细表”单选按钮。单击“确定”按钮，弹出“明细表属性”对话框，设置“明细表属性”对话框中的“字段”和“排序/成组”选项卡，如图 3-2-132 和图 3-2-133 所示。

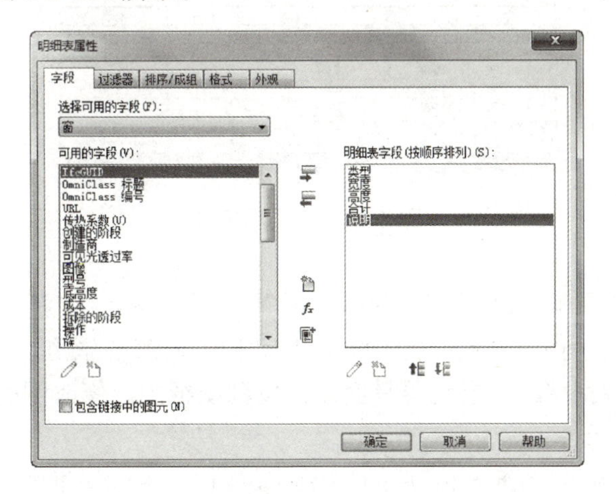

图 3-2-132　“明细表属性”对话框“字段”选项卡

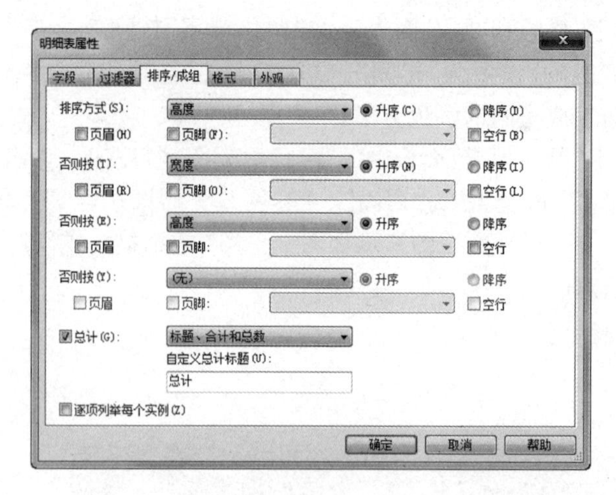

图 3-2-133 “明细表属性”对话框“排序/成组”选项卡

单击“确定”按钮，创建如图 3-2-134 所示的窗明细表。

<窗明细表>				
A	B	C	D	E
类型	宽度	高度	合计	说明
2400 x 2200	2400	2200	7	
2000 x 2200	2000	2200	23	
2000 x 1500	2000	1500	1	
1800 x 2200	1800	2200	72	
总计: 103				

图 3-2-134 窗明细表

(3)选择“视图”选项卡“创建”面板“明细表”下拉列表中的“明细表/数量”选项，在“新建明细表”对话框中选择明细表“类别”为“门”，并勾选“建筑构件明细表”单选按钮。其余设置同窗明细表的创建，创建如图 3-2-135 所示的门明细表。

<门明细表>				
A	B	C	D	E
类型	宽度	高度	合计	说明
900 x 2300	900	2300	6	
1000 x 2300	1000	2300	8	
1100 x 2300	1100	2300	54	
1500 x 2100	1500	2100	1	
1500 x 2300	1500	2300	2	
2400 x 2300	2400	2300	1	
总计: 72				

图 3-2-135 门明细表

(4)单击“视图”选项卡“图纸组合”面板中的“图纸”按钮，在“新建图纸”对话框中选择“A1 公制”图纸，单击“确定”按钮。视图自动显示“J0-1 未命名”图纸。

从项目浏览器列表中将 F1 层楼层平面图拖曳到图纸中。修改图名为“教学楼首层平面图”，如图 3-2-136 所示。

单击“属性”选项板中“图纸名称”后的“未命名”按钮，更改图纸的名称为“教学楼首层平面图”。

(5)保存文件。

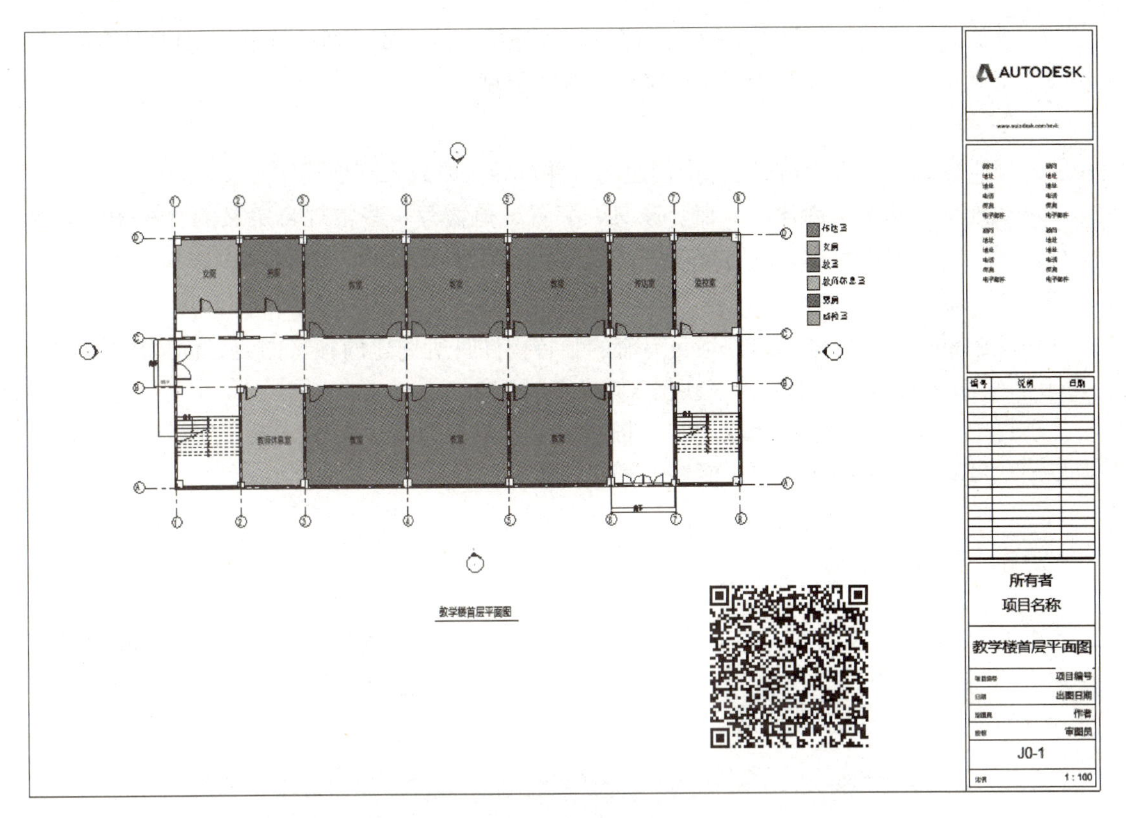

图 3-2-136 教学楼首层平面图

任务 3 族

族是 Revit 软件中的一个非常重要的构成要素，在 Revit 中无论是模型还是注释均由族构成。

3.1 族概述

族是一个包含通用属性(参数)集合相关图形表示的图元组。属于一个族的不同图元的部分或全部参数可能有不同的值，但是参数(其名称与含义)的集合是相同的。

通过使用预定义的族和在 Revit 中创建新族，可以将标准图元和自定义图元添加到建筑模型中。项目中所有正在使用或可用的族都显示在项目浏览器的“族”目录下，并按图元类别分组。

Revit 提供了系统族、可载入族和内建族三种类型的族。

1. 系统族

系统族可以创建要在建筑现场装配的基本图元，如墙、屋顶、楼板、管道等。系统族还包含项目和系统设置，而这些设置会影响项目环境，如标高、轴网、图纸和视口等类型。

系统族是在 Revit 中预定义的。不能将其从外部文件中载入到项目中，用户可以复制和修改系统族中的类型，以便创建自定义的系统族类型。

2. 可载入族

可载入族是在外部 RFA 文件中创建的，并可导入或载入到项目中。

可载入族通常用于创建门、窗、家具、装置、植物等一些常规自定义的主视图元。由于载入族具有高度可自定义的特征，因此，可载入族是在 Revit 中最经常创建和修改的族。

3. 内建族

内建族是用户需要创建当前项目专有的独特构件时所创建的独特图元。创建内建族时，Revit 将为内建族创建一个族，该族包含单个族类型。

项目中可以创建多个内建族，并且将同一个内建族的多个副本放置在项目中。但是与项目族和可载入族不同，用户不能通过复制内建族类型来创建多种类型。

3.2 三维模型族

在 Revit 中创建三维模型族，需要在软件打开界面单击“族”选项区域中的“新建”按钮，在弹出的“新族-选择样板文件”对话框中选择一个三维模型族样板文件，单击“打开”按钮，进入族编辑器，如图 3-3-1 所示。

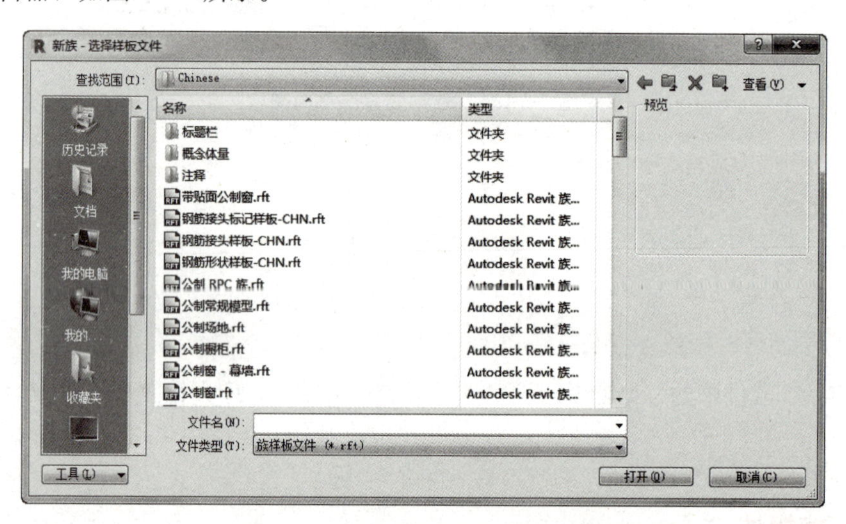

图 3-3-1 “新族-选择样板文件”对话框

在“创建”选项卡的“形状”面板中可以看到创建模型族的常用工具，主要分为实心形状和空心形状两类。这两大类都包含了拉伸、融合、旋转、放样、放样融合五种创建方式。

3.2.1 拉伸

在工作平面上绘制形状的二维轮廓，然后拉伸该轮廓使其与绘制它的平面垂直，得到拉伸模型。

单击“创建”选项卡“形状”面板中的“拉伸”按钮，切换至“修改 | 创建拉伸”选项卡。

使用“绘制”面板中的绘制工具绘制拉伸轮廓，可以绘制单个闭合轮廓，也可以绘制多个不相交的闭合轮廓。

在选项栏中设置“深度”“偏移”等参数，如图 3-3-2 所示。在“属性”选项板中设置“拉伸起点”“拉伸终点”“可见性/图形替换”“材质”“实心/空心”等参数，如图 3-3-3 所示。

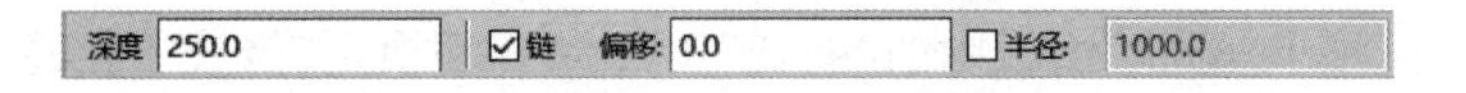

图 3-3-2 “拉伸”命令选项栏

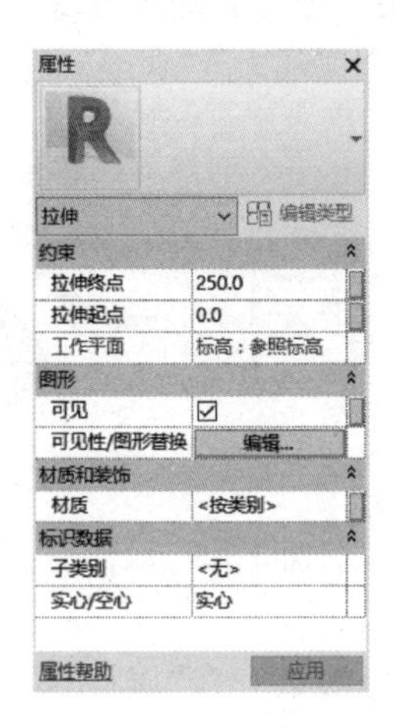

图 3-3-3 “拉伸”命令属性

若要从默认起点 0 拉伸轮廓，可在“拉伸终点”中输入一个正/负值作为拉伸深度。若要从不同的起点拉伸，需输入新值作为拉伸起点。

创建实心拉伸模型时，选择“实心/空心”参数为“实心”；创建空心拉伸模型时，选择“实心/空心”参数为“空心”。

单击“修改 | 编辑拉伸”选项卡“模式”面板中的“完成编辑模式”按钮，完成拉伸轮廓的编辑并生成拉伸模型。

编辑拉伸模型时，选中需要编辑的拉伸模型，Revit 自动切换至“修改 | 拉伸”选项卡，可以通过拖曳形状上的三角形夹点更改拉伸形状。单击“模式”面板中的“编辑拉伸”按钮，打开“修改 | 拉伸＞编辑拉伸”选项卡，可以在工作区域中修改拉伸轮廓，也可以在“属性”选项板中，修改拉伸模型的“拉神起点”“拉伸终点”“可见性/图形替换”“材质”“实心/空心”等参数。单击“模式”面板中的“完成编辑模式”按钮，完成拉伸模型的编辑，如图 3-3-4 所示。

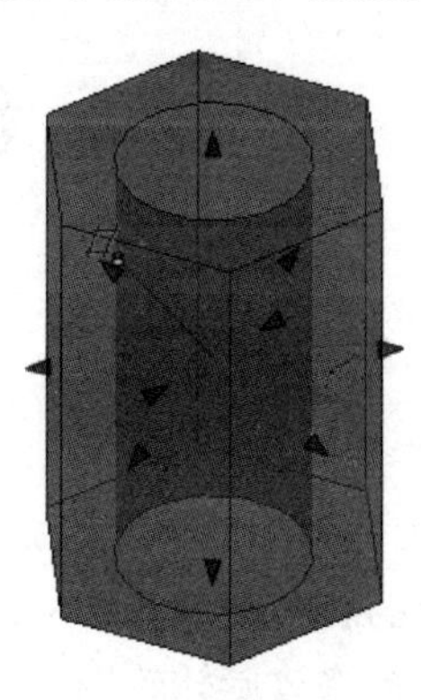

图 3-3-4 编辑拉伸模型

3.2.2 融合

融合工具可将两个轮廓(边界)融合在一起。

单击“创建”选项卡“形状”面板中的“融合”按钮，切换至“修改｜创建融合底部边界”选项卡。

使用“绘制”面板中的绘制工具绘制融合底部边界线。单击“模式”面板中的“编辑顶部”按钮，选项卡切换至“修改｜创建融合顶部边界”，绘制融合顶部边界线，如图 3-3-5 所示。

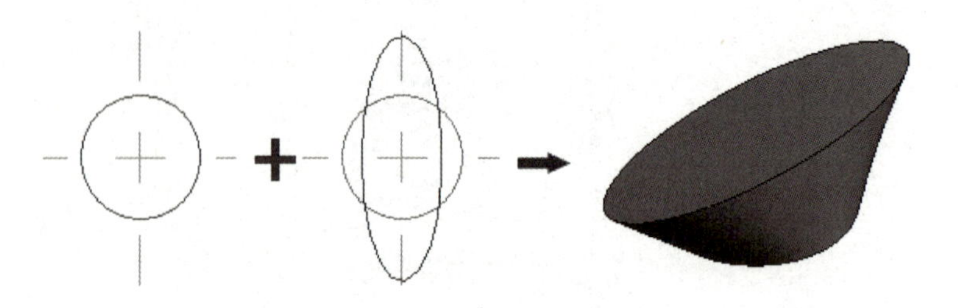

图 3-3-5 融合

在选项栏中设置“深度”“偏移”等参数。在“属性”选项板中设置“第二端点”“第一端点”“可见性/图形替换”“材质”“实心/空心”等参数。

单击“模式”面板中的“完成编辑模式”按钮，完成融合模型的创建。

编辑融合模型时，选中需要编辑的融合模型，Revit 自动切换至“修改｜融合”选项卡，可以通过拖曳形状上的三角形夹点更改融合形状。单击“模式”面板中的“编辑顶部”和“编辑底部”按钮可以修改顶、底部轮廓迹线。也可以通过修改“属性”选项板中“第一端点”和“第二端点”之间的间距更改融合形状，并为形状添加参数。

3.2.3 旋转

“旋转”工具可在同一平面上绘制一条旋转轴和一个闭合轮廓创建模型。

单击“创建”选项卡“形状”面板中的“旋转”按钮，切换至“修改｜创建旋转”选项卡。

在“绘制”面板中选择“边界线”的绘制方式，在工作区域绘制闭合的轮廓线。选择“绘制”面板中“轴线”的绘制方式，在工作区域绘制一条旋转轴，如图 3-3-6 所示。在“属性”选项板中设置“结束角度”“起始角度”“可见性/图形替换”“材质”“实心/空心”等参数。

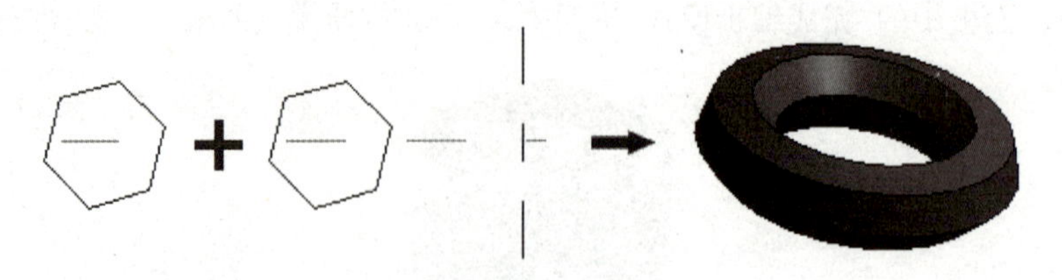

图 3-3-6 旋转

单击“模式”面板中的“完成编辑模式”按钮，完成旋转模型的创建。

编辑旋转模型时，选中需要编辑的旋转模型，Revit 自动切换至“修改｜旋转”选项卡。单击“模式”面板中的“编辑旋转”按钮来修改旋转轮廓迹线。也可以修改“属性”选项板中“结束角度”和“起始角度”，并为形状添加参数。

3.2.4 放样

“放样”工具是通过绘制一条路径和通过这条路径的闭合轮廓创建模型。可以使用“放样”工具创建饰条、栏杆扶手或简单的管道。

单击“创建”选项卡“形状”面板中的“放样”按钮，切换至“修改｜放样”选项卡。

在“放样”面板中选择“绘制路径”工具，进入“修改｜放样>绘制路径”选项卡，使用“绘制”面板中的绘制工具绘制放样路径。单击“模式”面板中的“完成编辑模式”按钮，完成放样路径的绘制。

如果有编辑好的轮廓族，可以通过“放样”面板中的“载入轮廓”命令载入族编辑器中。也可以单击“编辑轮廓”按钮，进入“修改｜放样>编辑轮廓”选项卡，使用“绘制”面板中的绘制工具绘制放样轮廓。单击“模式”面板中的“完成编辑模式”按钮，完成放样轮廓的绘制。返回到“修改｜放样”选项卡，单击“模式”面板中的“完成编辑模式”按钮，完成放样模型的创建，如图 3-3-7 所示。

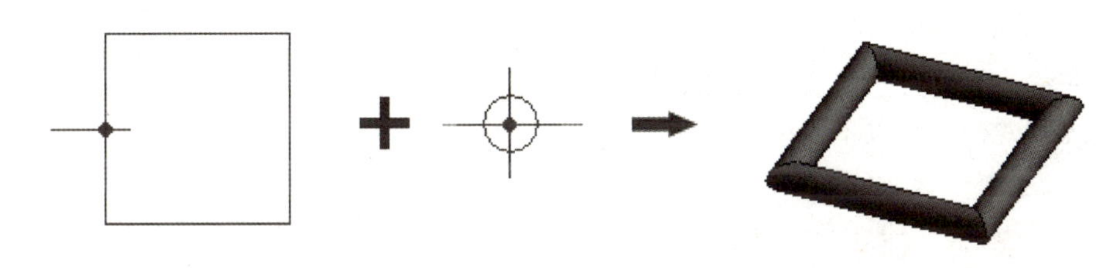

图 3-3-7　放样

编辑放样模型时，选中需要编辑的放样模型，可以在“属性”选项板中修改放样模型的参数，也可以单击“模式”面板中的“编辑放样”按钮修改放样的路径和轮廓。

3.2.5 放样融合

通过“放样融合”工具可以创建一个路径上具有两个不同轮廓的融合体。

单击“创建”选项卡“形状”面板中的“放样融合”按钮，切换至“修改｜放样融合”选项卡。

在“放样融合”面板中选择“绘制路径”工具，进入“修改｜放样融合>绘制路径”选项卡，使用“绘制”面板中的绘制工具绘制放样融合路径。单击“模式”面板中的“完成编辑模式”按钮，完成放样融合路径的绘制。

如果有编辑好的轮廓族，可以通过“放样融合”面板中的“载入轮廓”命令载入族编辑器中。也可以单击“选择轮廓 1”按钮，再单击“编辑轮廓”按钮，进入“修改｜放样融合>编辑轮廓”选项卡，使用“绘制”面板中的绘制工具绘制放样融合轮廓。单击“模式”面板中的“完成编辑模式”按钮，完成放样融合轮廓 1 的绘制。

继续单击“选择轮廓 2”按钮，再单击“编辑轮廓”按钮，进入“修改｜放样融合>编辑轮廓”选项卡，使用“绘制”面板中的绘制工具绘制放样融合轮廓。单击“模式”面板中的“完成编辑模式”按钮，完成放样融合轮廓 2 的绘制。

返回“修改｜放样融合”选项卡，单击“模式”面板中的“完成编辑模式”按钮，完成放样融合模型的创建，如图 3-3-8 所示。

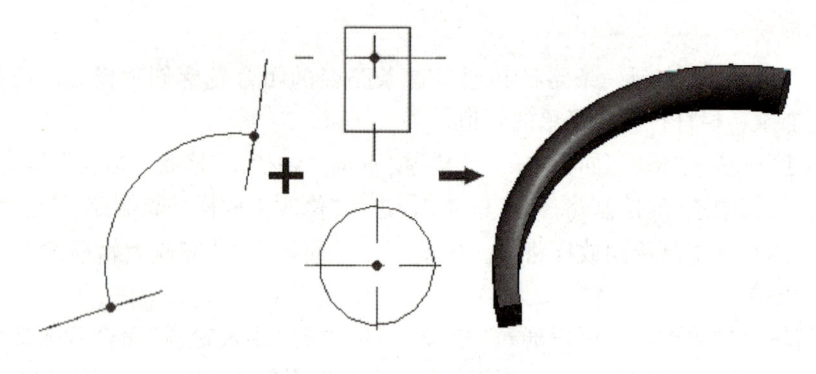

图 3-3-8　放样融合

编辑放样融合模型时，选中需要编辑的放样融合模型，可以在“属性”选项板中修改放样融合模型的参数，也可以单击“模式”面板中的“编辑放样”按钮修改放样融合的路径和轮廓。

3.2.6　空心形状

空心形状的创建方法与实心形状相同，包括空心拉伸、空心融合、空心旋转、空心放样和空心放样融合，所以不再赘述。

3.3　实例——创建 A2 图纸

(1)在软件打开界面单击“族”选项区域中的“新建”按钮，在弹出的“新族-选择样板文件”对话框中选择“标题栏”文件夹中的“A2 公制 . rft”文件，如图 3-3-9 所示，单击“打开”按钮，进入族编辑器，视图中显示 A2 图幅的边界线。

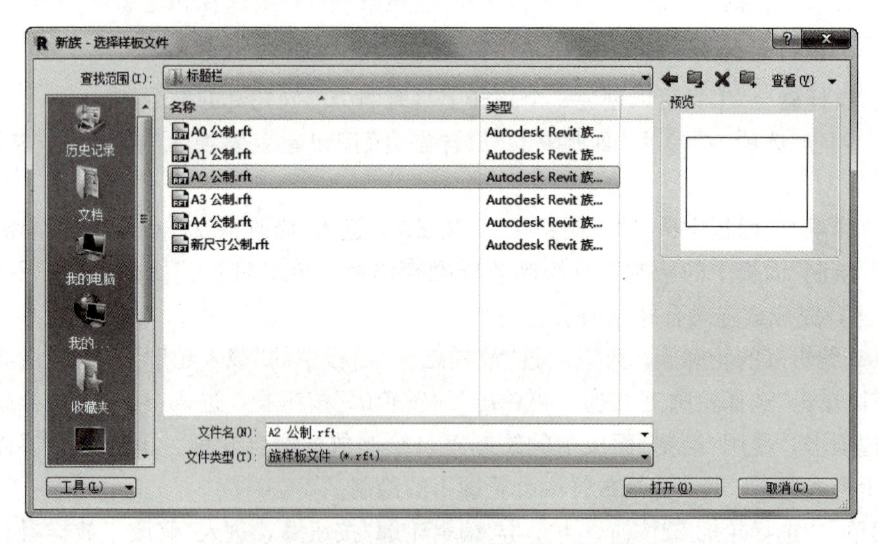

图 3-3-9　“新族-选择样板文件”对话框

(2)选择“管理”选项卡“设置”面板“其他设置”下拉菜单中的“线宽”命令，弹出“线宽”对话框，分别设置 1 号线线宽为 0.2 mm，2 号线线宽为 0.4 mm，3 号线线宽为 0.8 mm，其他默认，如图 3-3-10 所示。单击“确定”按钮，完成线宽设置。

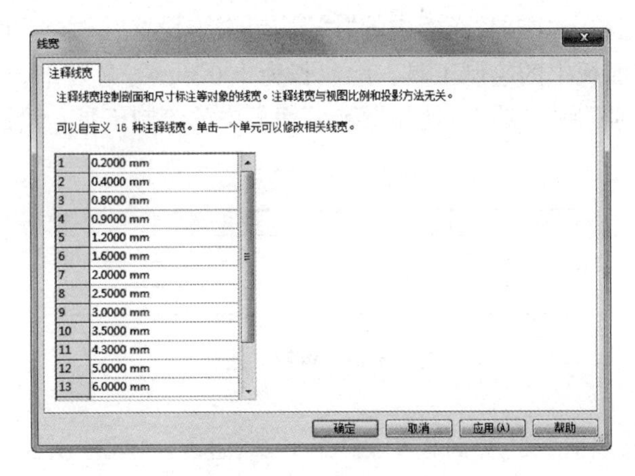

图 3-3-10 “线宽”对话框

(3)单击“管理”选项卡“设置”面板中的“对象样式”按钮，弹出“对象样式”对话框，分别修改“图框”线宽为“3”号，“中粗线”线宽为“2”号，“细线”线宽为“1”号，其他默认，如图 3-3-11 所示。单击“确定”按钮，完成图幅和图框线设置。

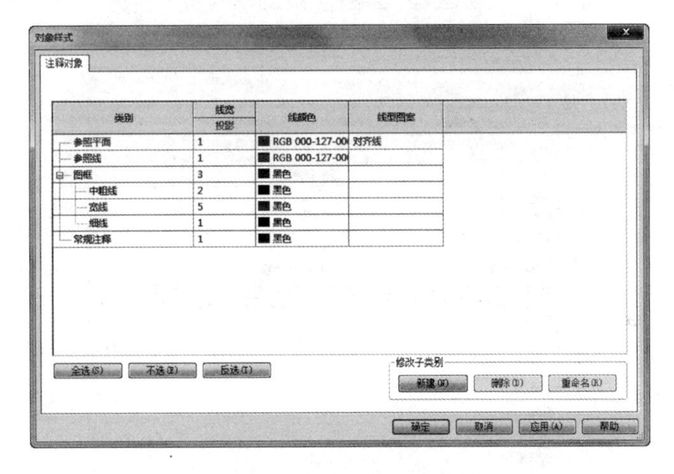

图 3-3-11 “对象样式”对话框

(4)单击“创建”选项卡“详图”面板中的“线”按钮，设置“子类别”面板中的“子类别”为“图框”。单击“修改”面板中的“偏移”按钮，将左侧竖直线向内偏移 25 mm，将其他 3 条直线向内偏移 10 mm，并修改线段，如图 3-3-12 所示。

图 3-3-12 绘制图框

（5）单击“创建”选项卡“详图”面板中的“线”按钮。设置“子类别”面板中的“子类别”为“图框”。使用“绘制”面板中的绘制工具，绘制长为 100 mm、宽为 20 mm 的矩形；设置“子类别”面板中的“子类别”为“细线”。使用“绘制”面板中的绘制工具，绘制图 3-3-13 所示的会签栏。

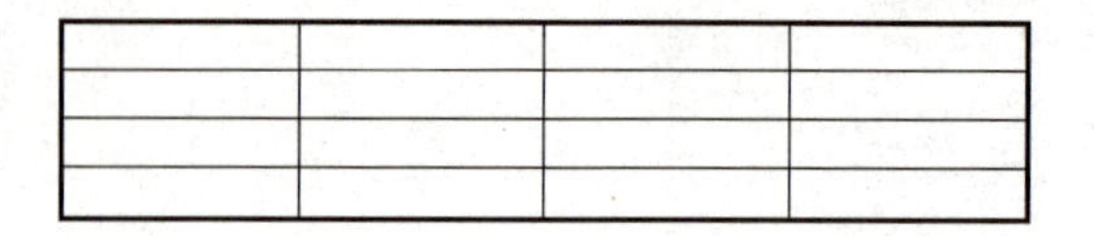

图 3-3-13　绘制会签栏

（6）单击“创建”选项卡“文字”面板中的“文字”按钮**A**。单击“属性”选项板中的“编辑类型”按钮，弹出“类型属性”对话框。复制一个“类型”为“2.5mm”的文字样式，设置“文字字体”为“仿宋”，“文字大小”为 2.5 mm，如图 3-3-14 所示。单击“确定”按钮，在会签栏中输入文字，如图 3-3-15 所示。

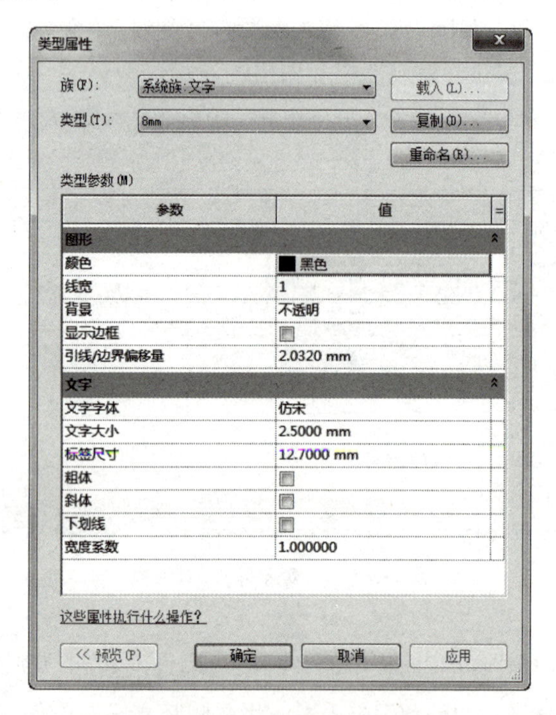

图 3-3-14　“类型属性”对话框

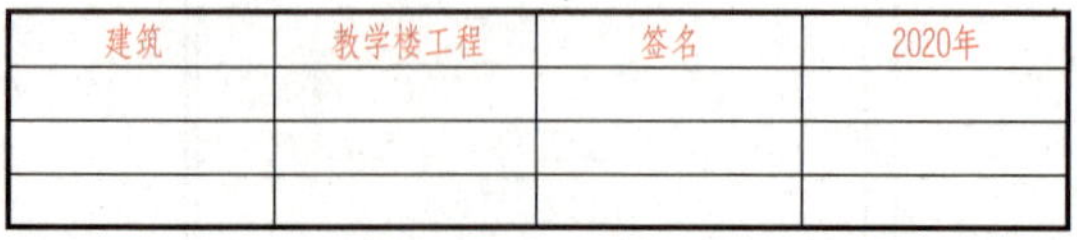

建筑	教学楼工程	签名	2020年

图 3-3-15　输入文字

使用“修改”选项卡“修改”面板中的编辑工具，将会签栏移动到图框外的左上角，如图 3-3-16所示。

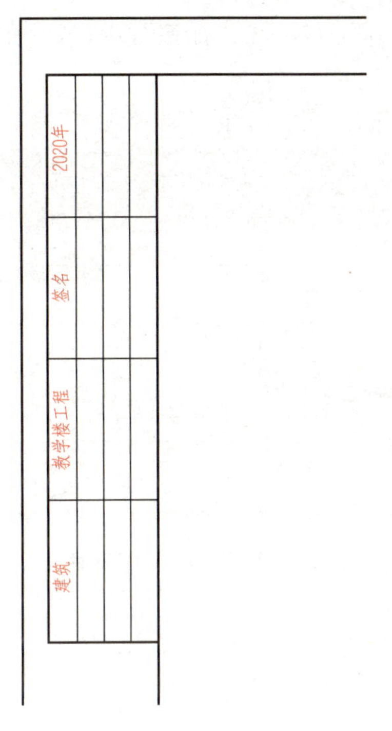

图 3-3-16　会签栏

(7)单击“创建”选项卡“详图”面板中的“线”按钮，设置“子类别”面板中的“子类别”为“图框”。使用“绘制”面板中的绘制工具，以图框右下角的点为起点绘制长为 140 mm、宽为 35 mm的矩形；设置“子类别”面板中的“子类别”为“细线”。使用“绘制”面板中的绘制工具，绘制图 3-3-17 所示的会签栏。

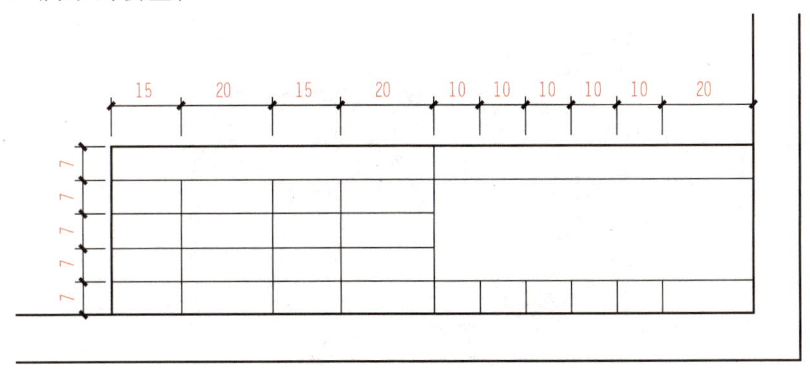

图 3-3-17　绘制标题栏

单击“创建”选项卡“文字”面板中的“文字”按钮**A**。使用“2.5mm”类型的文字样式，在标题栏中输入文字，如图 3-3-18 所示。

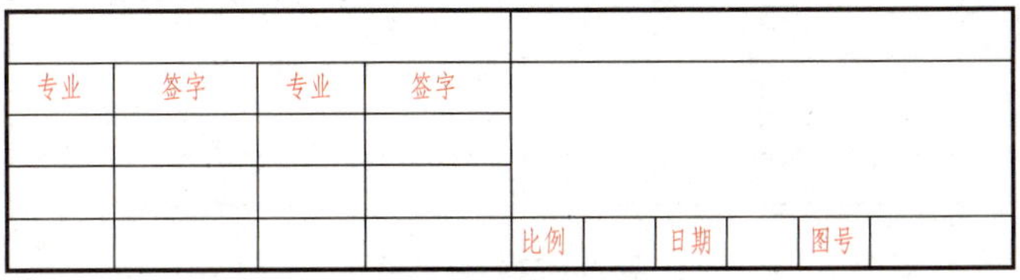

专业	签字	专业	签字						
				比例		日期		图号	

图 3-3-18　标题栏

(8)单击“创建”选项卡“文字”面板中的“标签”按钮A，在标题栏中图纸名称区域单击，弹出“编辑标签”对话框。

在“类别参数”选项组中，选择“图纸名称”字段添加至“标签参数”栏中，如图 3-3-19 所示。

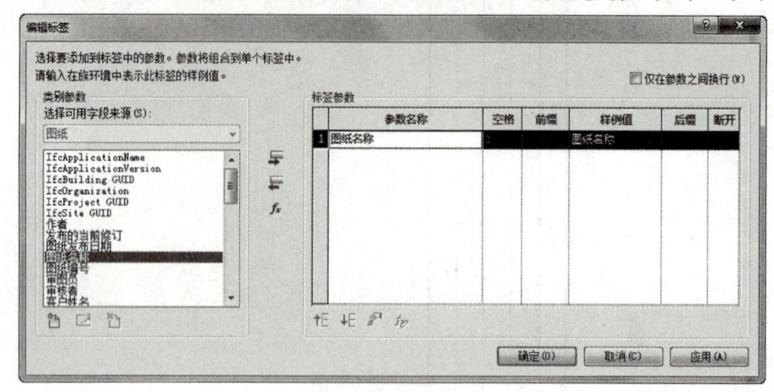

图 3-3-19 “编辑标签”对话框

单击“属性”选项板中的“编辑类型”按钮，弹出“类型属性”对话框。设置“背景”为“透明”，“文字字体”为“仿宋”，其他默认，如图 3-3-20 所示。单击“确定”按钮，在标题栏中添加图纸名称标签。

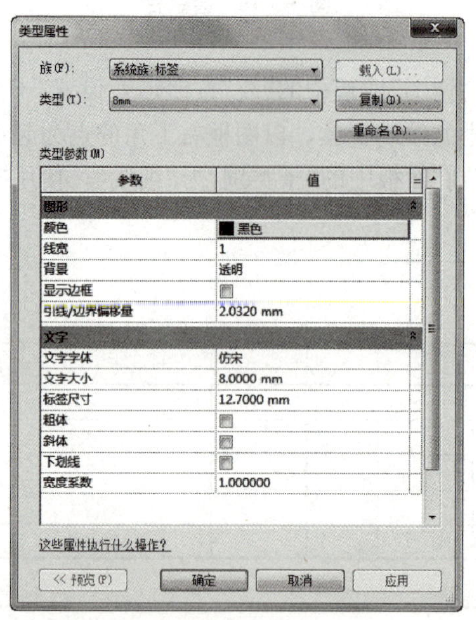

图 3-3-20 “类型属性”对话框

采用相同的方法添加其他标签，如图 3-3-21 所示。

组织名称				项目名称					
专业	签字	专业	签字	图纸名称					
				比例		日期		图号	A101

图 3-3-21 标题栏

(9)保存文件，输入名称为“A2 图纸”。

3.4 实例——创建窗族

(1)在软件打开界面单击“族”选项区域中的“新建”按钮，在弹出的“新族-选择样板文件”对话框中选择“基于墙的公制常规模型.rft”文件，如图 3-3-22 所示，单击“打开”按钮，进入族编辑器。

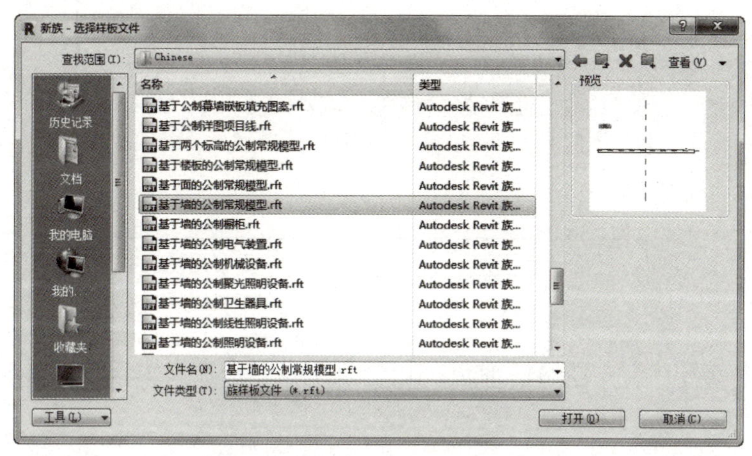

图 3-3-22 “新族-选择样板文件”对话框

(2)单击“创建”选项卡“属性”面板中的“族类别和族参数”按钮，弹出“族类别和族参数”对话框，在“族类别”选项组中选择“窗”，在“族参数”选项组中勾选“总是垂直”复选框，如图 3-3-23 所示。

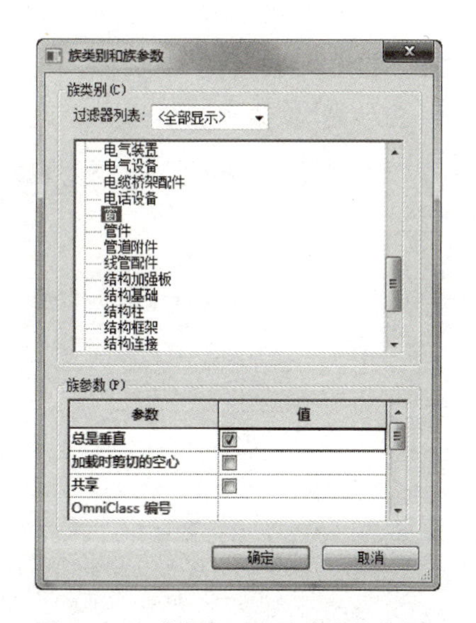

图 3-3-23 “族类别和族参数”对话框

(3)打开项目浏览器中“放置边”立面视图。单击“创建”选项卡“基准”面板中的“参照平面”按钮，绘制图 3-3-24 所示左右两边参照平面。

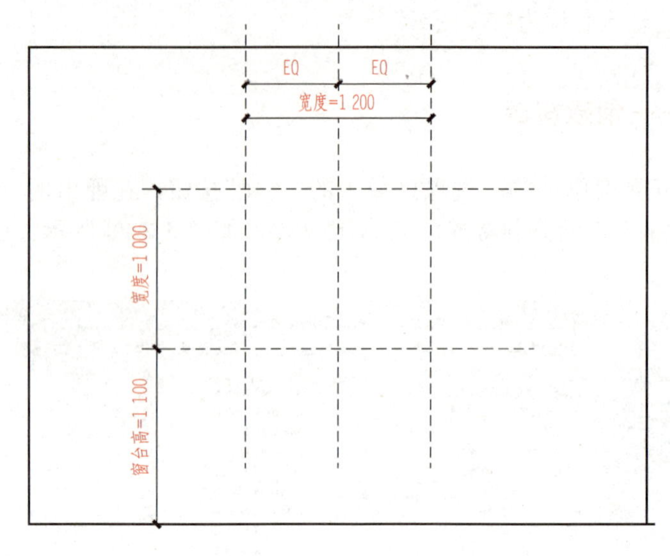

图 3-3-24　绘制参照平面

单击“注释”选项卡“尺寸标注”面板“对齐”按钮，对左、中、右参照平面进行标注，单击 EQ 按钮，使左右尺寸相同。

再次使用“对齐”标注命令，标注左、右参照平面。按两次 Esc 键，退出“对齐”标注命令。

选中左、右参照平面的标注，选择“修改 | 尺寸标注”选项卡“标签尺寸标注”面板“标签”下拉列表中的“宽度”选项，为标注添加“宽度”参数。

使用相同的方法添加图 3-3-24 中所示的“高度”参数。

选择图 3-3-24 所示的“窗台高”尺寸标注，单击“修改 | 尺寸标注”选项卡“标签尺寸标注”面板中的“创建参数”按钮，弹出“参数属性”对话框，新建一个名称为“窗台高”的“族参数”，如图 3-3-25 所示，并将“窗台高”参数添加至标注。

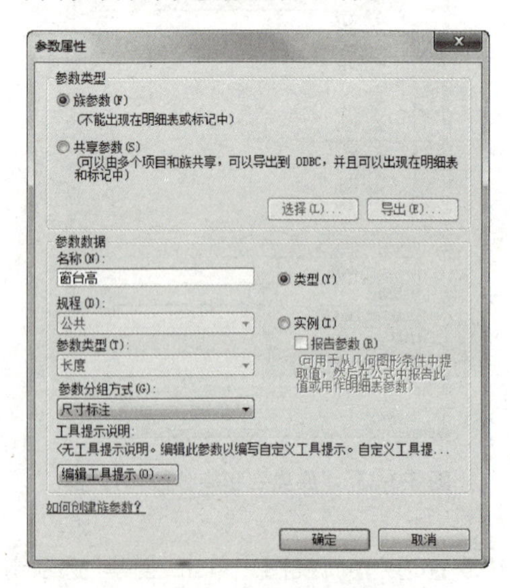

图 3-3-25　“参数属性”对话框

(4)单击“创建”选项卡“模型”面板中的“洞口”按钮，使用“绘制”面板中的绘制工具，创建窗洞，并锁定洞口边和参照平面，如图 3-3-26 所示。单击“模式”面板中的“完成编辑模式”按钮，完成窗洞口的创建。

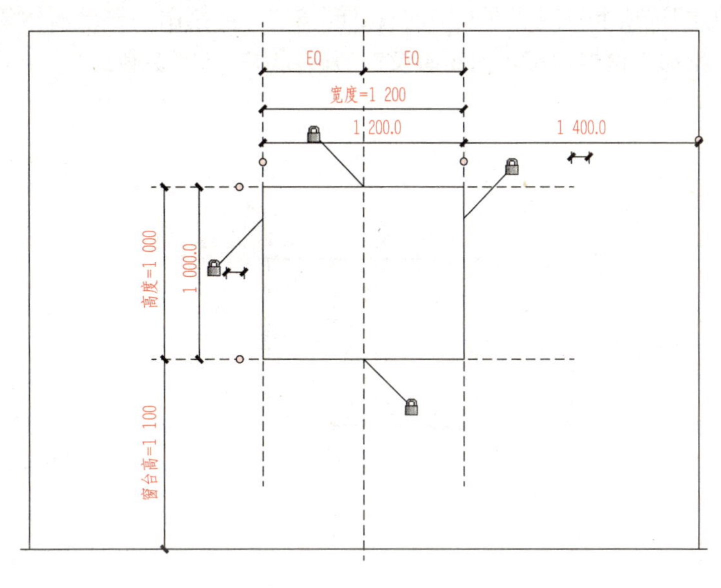

图 3-3-26　创建窗洞口

(5)单击“创建”选项卡“工作平面”面板中的“设置”按钮，设置墙体中心面为工作平面，并转到“立面：放置边”视图。

单击“创建”选项卡“形状”面板中的“拉伸”按钮，绘制图 3-3-27 所示的拉伸轮廓。其中，外轮廓与参照平面锁定，内轮廓设置“偏移”为“－20”绘制。

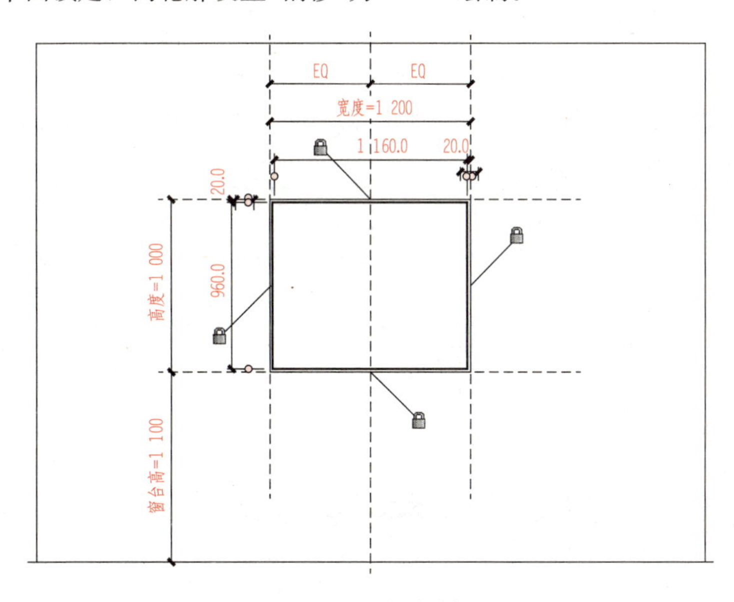

图 3-3-27　创建窗框

设置“属性”选项板中“拉伸终点”为“－30”，“拉伸起点”为“30”。单击“材质”参数后的

“关联族参数”按钮，在弹出的“关联族参数”对话框中单击“新建参数”按钮，添加新参数：“窗框材质”，并与之关联。

单击“模式”面板中的“完成编辑模式”按钮，完成窗框的创建。

(6)单击“创建”选项卡“形状”面板中的“拉伸”按钮，绘制图3-3-28所示的左侧窗扇拉伸轮廓。其中，外轮廓与窗框锁定，内轮廓设置“偏移”为“－60”绘制。

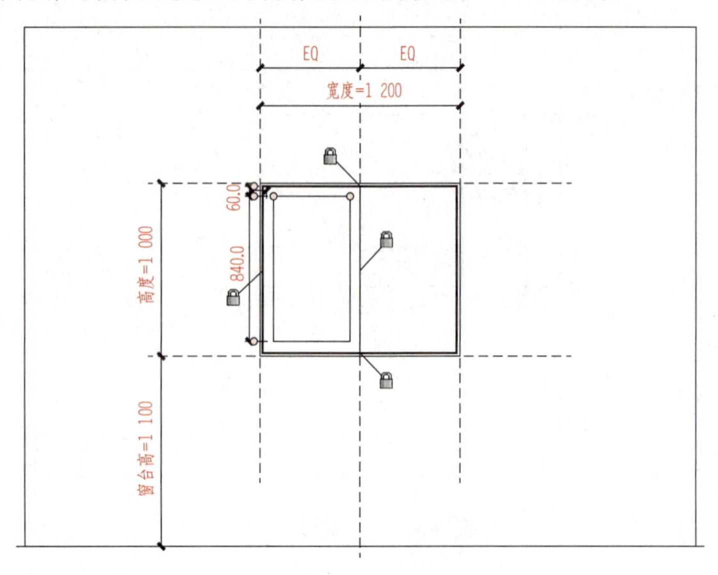

图3-3-28　创建窗扇

设置“属性”选项板中“拉伸终点”为“－20”，“拉伸起点”为“20”。单击“材质”参数后的“关联族参数”按钮，在弹出的“关联族参数”对话框中单击“新建参数”按钮，添加新参数：“窗扇材质”，并与之关联。

单击“模式”面板中的“完成编辑模式”按钮，完成窗扇的创建。

(7)单击“创建”选项卡“形状”面板中的“拉伸”按钮，绘制图3-3-29所示的左侧窗玻璃拉伸轮廓。轮廓四边与窗扇锁定。

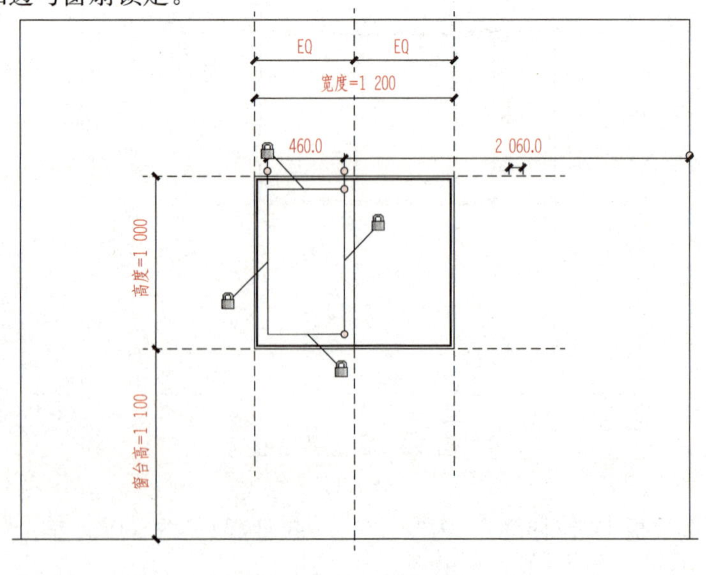

图3-3-29　创建窗玻璃

设置“属性”选项板中“拉伸终点”为“－5”，“拉伸起点”为“5”，“材质”为“玻璃”。

单击“模式”面板中的“完成编辑模式”按钮，完成窗扇的创建。

选中左侧窗扇与窗玻璃，使用“修改”面板中的“镜像－拾取轴”工具，拾取中间参照平面，创建右侧窗扇与窗玻璃。

(8)打开项目浏览器中“参照标高”视图，单击“创建”选项卡“控件”面板中的“控件”按钮，选择“修改 | 放置控制点”选项卡“控制点类型”面板中的“双向垂直”工具，单击添加至模型中，再选择“修改 | 放置控制点”选项卡“控制点类型”面板中的“双向水平”工具，单击添加至模型中，如图 3-3-30 所示。

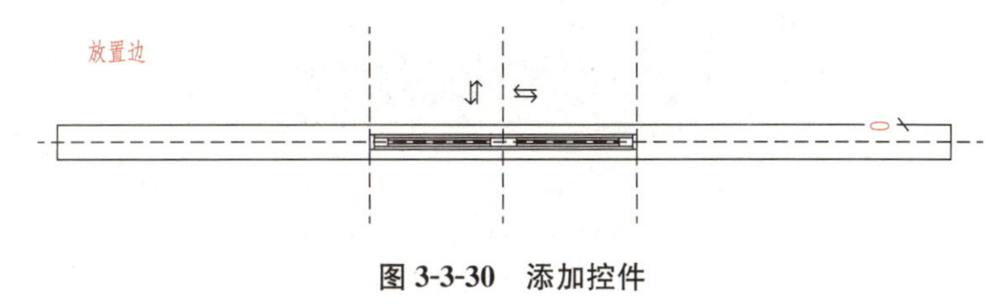

图 3-3-30　添加控件

(9)保存文件，输入名称为“平开窗”，如图 3-3-31 所示。

图 3-3-31　平开窗三维视图

任务 4　概念体量

概念体量在 Revit 中也叫作概念设计。概念设计环境是一种族编辑器，主要应用于建筑概念及方案设计阶段，通过这种环境，用户可以直接操作设计中的点、线和面，形成可构建的形状。

4.1 概念体量基本知识

Revit 提供了内建体量和可载入体量族两种创建体量的方式。

(1)内建体量。内建体量用于表示项目独特的体量形状，通过在项目中内建体量的方式，创建所需的概念体量，也称内建族。此种方式创建的体量仅可用于当前项目中。

在项目中，单击“体量和场地”选项卡“概念体量”面板中的“内建体量”按钮，弹出图 3-4-1所示的“名称”对话框，输入合适的名称，单击“确定”按钮，即可进入内建体量模型创建界面。

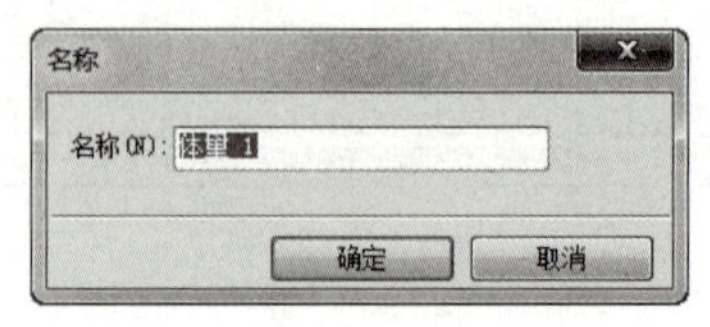

图 3-4-1 “名称”对话框

(2)可载入体量族。如在一个项目中放置多个体量实例，或在多个项目中使用体量族时，通常使用可载入体量族。可载入体量族可以像普通的族文件一样载入到多个项目中。

在软件打开界面单击“族”选项区域中的“新建”按钮，在弹出的“新概念体量-选择样板文件”对话框(图 3-4-2)中选择“概念体量”文件夹→“公制体量 . rft”文件，单击“打开”按钮，则可进入概念体量族编辑器。

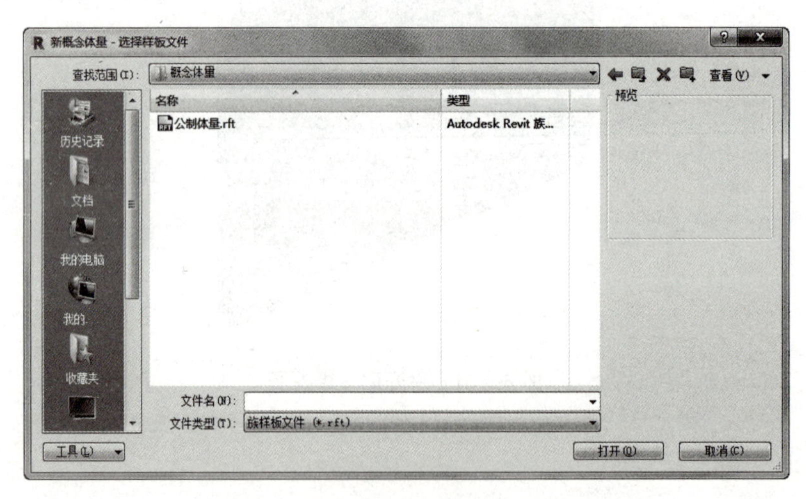

图 3-4-2 “新概念体量-选择样板文件”对话框

4.1.1 概念体量的工作平面

概念体量是三维模型族，其设计环境与项目建模环境、常规族建模环境一起构成了Revit的三大建模环境，主要是创建一些常规建模无法解决的构件模型。但是，由于三维工作环境的因素，所以必须设置明确的工作平面来确定操控的点、线、面是在正确的坐标系中工作。

工作平面是虚拟的二维表面。在概念体量中，标高和参照平面都可以设置成为创建体量的工作平面。默认情况下，工作平面在视图中是不显示的，用户可以通过单击“创建”选项卡“工作平面”面板中的“设置”按钮，在工作区域选择合适的标高、参照平面或者参照点的各参照平面作为工作平面，如图 3-4-3 所示。

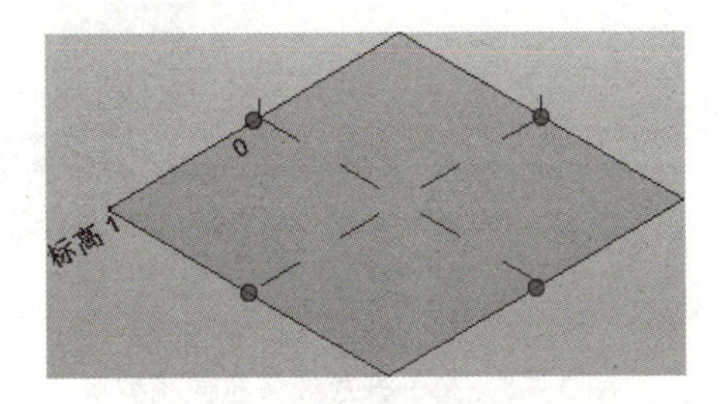

图 3-4-3　工作平面图元

4.1.2　模型线

模型线是基于工作平面的图元，存在于三维空间且在所有视图中都可见。

这些模型线可以绘制成直线或曲线，可以单独绘制、链状绘制或以矩形、圆形、椭圆形或其他多边形的形状进行绘制。由于模型线存在于三维空间，因此可以使用它们表示几何图形(如支撑防水布的绳索或缆索)。

单击“创建”选项卡“绘制”面板中的“模型”按钮，使用“修改｜放置线”选项卡“绘制”面板中的绘制工具绘制模型线，如图 3-4-4 所示。

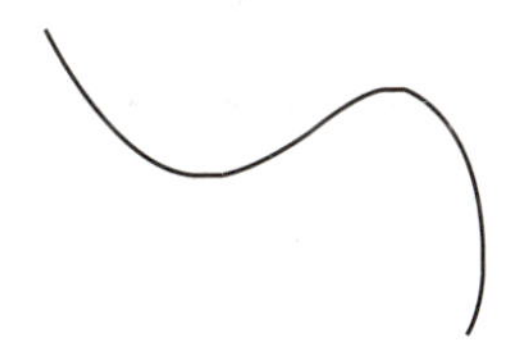

图 3-4-4　模型线图元

4.1.3　参照线

参照线也可用于几何图形的定位和参数化。在族编辑器中，可以在任一视图中添加参照线，其创建方法同模型线。单击“创建”选项卡“绘制”面板中的“参照”按钮，使用“修改｜放置参照线”选项卡“绘制”面板中的绘制工具绘制参照线。

4.2　概念体量形状创建

通过几何形状来创建各种需要的体量模型，几何形状种类有拉伸、旋转、放样、融合、放样融合、空心形状。

4.2.1　创建拉伸模型

拉伸模型是通过在工作平面上绘制的单一开放线条或者单一闭合轮廓创建实心体量生成的模型

1. 单一线条拉伸

使用“创建”选项卡“绘制”面板中的绘制工具，在工作平面中绘制单一线条，选中此线

条，选择“修改 | 线”选项卡“形状”面板“创建形状”下拉列表中的“实心形状”工具，即可创建单一开放线条拉伸模型，如图 3-4-5 所示。

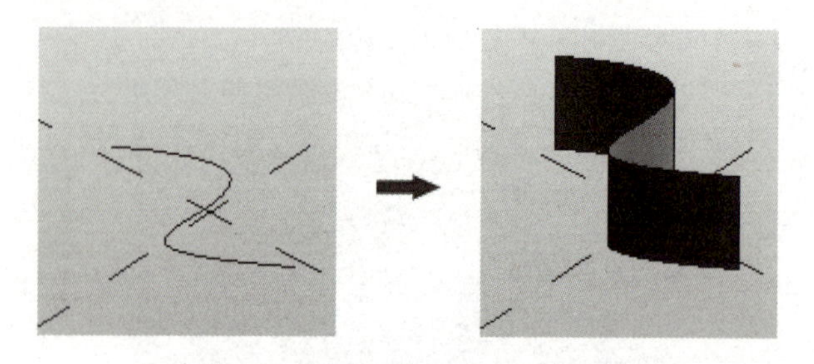

图 3-4-5　单一开放线条拉伸模型

2. 单一闭合轮廓拉伸

使用“创建”选项卡“绘制”面板中的绘制工具，在工作平面中绘制闭合轮廓线条，选中此线条，选择“修改 | 线”选项卡“形状”面板“创建形状”下拉列表中的“实心形状”工具，即可创建拉伸实体模型，如图 3-4-6 所示。

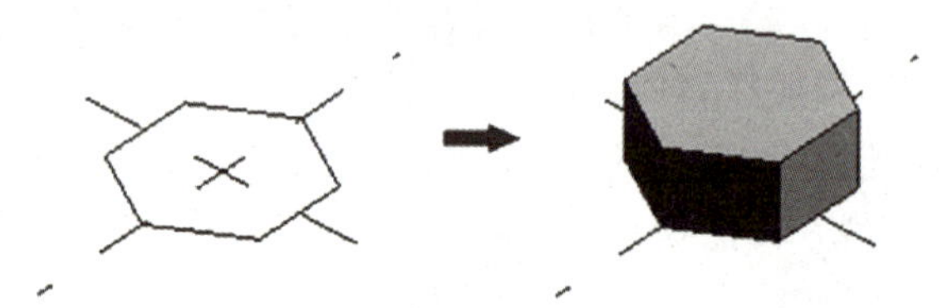

图 3-4-6　拉伸实体模型

4.2.2　创建旋转模型

旋转模型是通过在同一工作平面上绘制一条路径和一个轮廓创建实心体量生成的模型。

1. 开放轮廓旋转

使用“创建”选项卡“绘制”面板中的绘制工具，在工作平面中绘制一条直线和一个开放轮廓，同时选中直线和轮廓，选择“修改 | 线”选项卡“形状”面板“创建形状”下拉列表中的“实心形状”工具，Revit 出现两种可能创建的模型预览，选择曲面模型，即可创建旋转曲面模型，如图 3-4-7 所示。

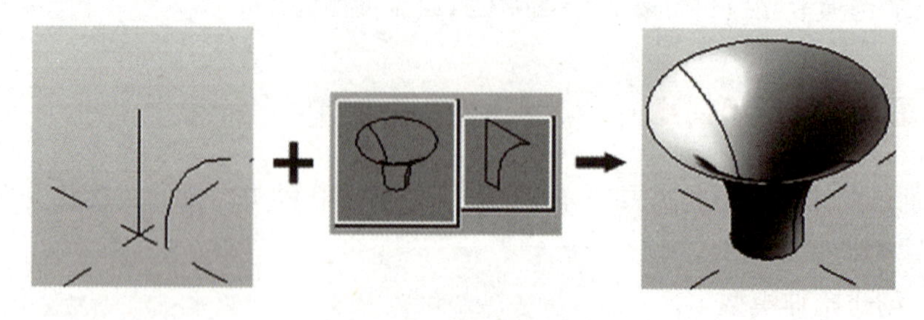

图 3-4-7　旋转曲面模型

2. 闭合轮廓旋转

使用“创建”选项卡“绘制”面板中的绘制工具，在工作平面中绘制一条直线和一个闭合

轮廓，同时选中直线和轮廓。选择“修改 | 线”选项卡“形状”面板“创建形状”下拉列表中的“实心形状”工具，Revit 将会出现两种可能创建的模型预览，选择曲面模型，即可创建旋转实体模型，如图 3-4-8 所示。

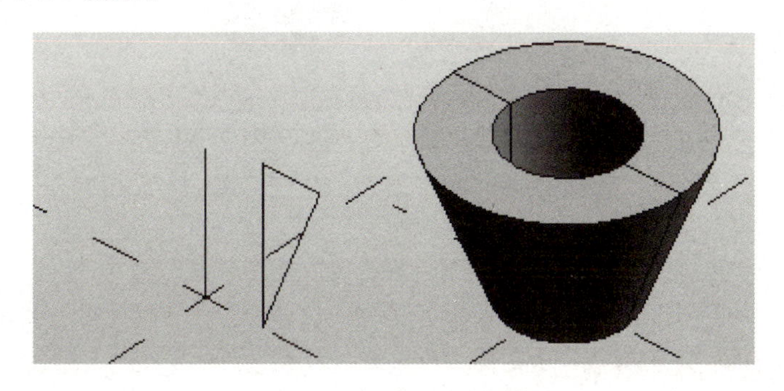

图 3-4-8　旋转实体模型

4.2.3　创建放样模型

放样模型是通过在工作平面上绘制一条路径和通过这条路径的轮廓创建实心体量生成的模型。

如果轮廓是开放的，创建生成的是放样曲面模型；如果轮廓是闭合的，创建生成的是放样实体模型。

使用“创建”选项卡“绘制”面板中的绘制工具，在工作平面中绘制一条路径，使用“修改”选项卡“绘制”面板中的“点图元”工具在绘制的路径中添加参照点。

选中参照点，在“属性”选项板中设置“显示参照平面”为“始终”。设置工作平面为参照点所在的参照平面，并在工作平面上绘制放样轮廓。同时，选中路径和轮廓，选择“修改 | 线”选项卡“形状”面板“创建形状”下拉列表中的“实心形状”工具，即可创建放样模型，如图 3-4-9所示。

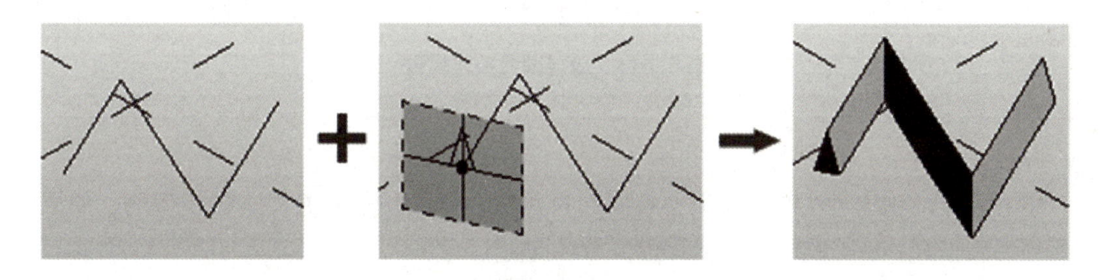

图 3-4-9　放样实体模型

4.2.4　创建融合模型

融合模型是通过在多个工作平面上绘制多个轮廓创建实心体量生成的模型。其中开放轮廓生成融合曲面模型，闭合轮廓生成融合实体模型。

使用“创建”选项卡“绘制”面板中的绘制工具，在多个工作平面中绘制轮廓线，同时选中所有轮廓，选择“修改 | 线”选项卡“形状”面板“创建形状”下拉列表中的“实心形状”工具，即可创建融合模型，如图 3-4-10 所示。

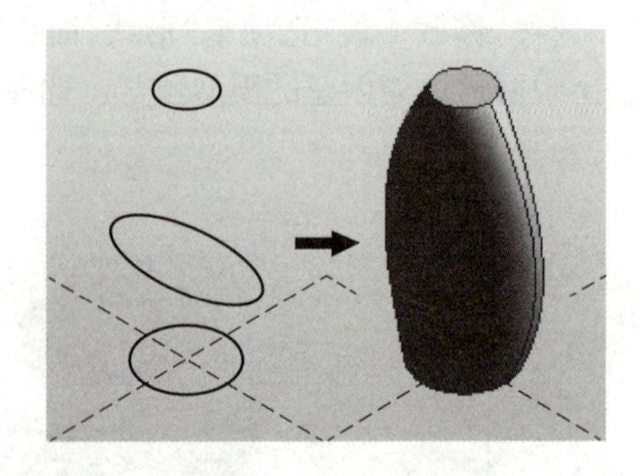

图 3-4-10　融合实体模型

4.2.5　创建放样融合模型

放样融合模型是通过在一条路径的多个工作平面上分别绘制轮廓创建实心体量生成的模型。

使用“创建”选项卡“绘制”面板中的绘制工具，在工作平面中绘制一条路径，使用“修改”选项卡“绘制”面板中的“点图元”工具在绘制的路径中添加多个参照点。

依次在参照点所在的参照平面上绘制放样轮廓。同时选中路径和所有轮廓，选择“修改｜线”选项卡“形状”面板“创建形状”下拉列表中的“实心形状”工具，即可创建放样融合模型，如图 3-4-11 所示。

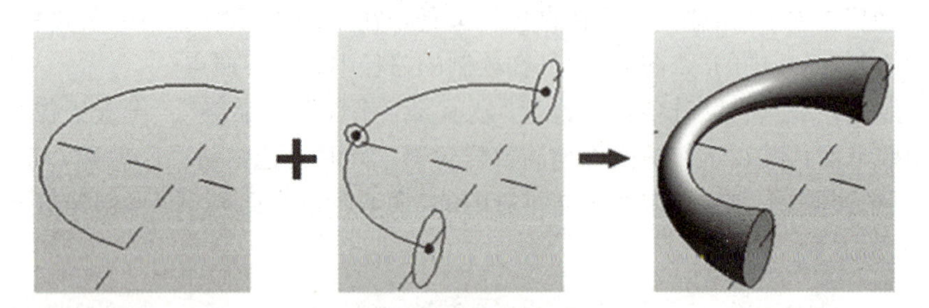

图 3-4-11　放样融合实体模型

4.2.6　创建空心模型

空心模型的创建方法与实体模型相同，只是空心形状是用来剪切实体模型的。如果没有实体模型存在，空心模型的生成是没有意义的(图 3-4-12)。

图 3-4-12　空心模型

4.2.7 修改体量模型

体量主要是通过拖曳其表面、边线和角点上三维控件三个方向的箭头，从而达到修改体量模型的目的。

4.3 实例——为概念体量添加建筑图元

(1)在软件打开界面单击“族”选项区域中的“新建”按钮，在弹出的“新族-选择样板文件”对话框中选择“概念体量”文件夹→“公制体量.rft”文件，单击“打开”按钮，进入概念体量族编辑器。

(2)打开任意立面视图，创建图 3-4-13 所示的标高。

图 3-4-13 创建标高

分别在标高 1、标高 2 和标高 3 视图中绘制中心点对齐，半径为 12 000、8 000 和 10 000的圆，如图 3-4-14 所示。

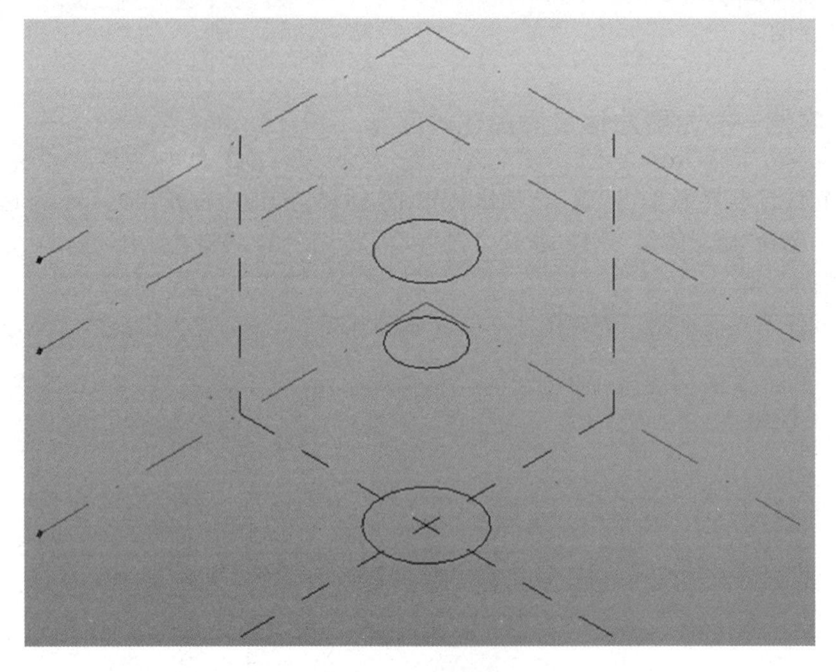

图 3-4-14　绘制轮廓线

同时选中所有圆轮廓，选择“修改｜线”选项卡“形状”面板“创建形状”下拉列表中的“实心形状”工具，生成图 3-4-15 所示的体量模型。

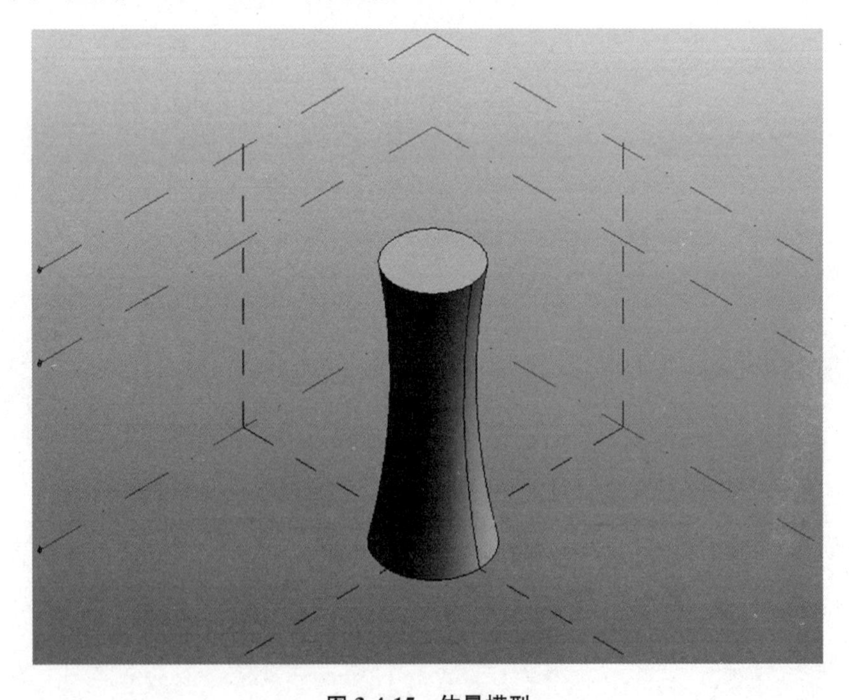

图 3-4-15　体量模型

(3)单击“创建”选项卡“族编辑器”面板中的“载入到项目”按钮，将创建好的体量载入到项目中。

Revit 切换至项目视图，在项目浏览器中打开“标高 1”视图，在合适的位置单击，放置体量，如图 3-4-16 所示。

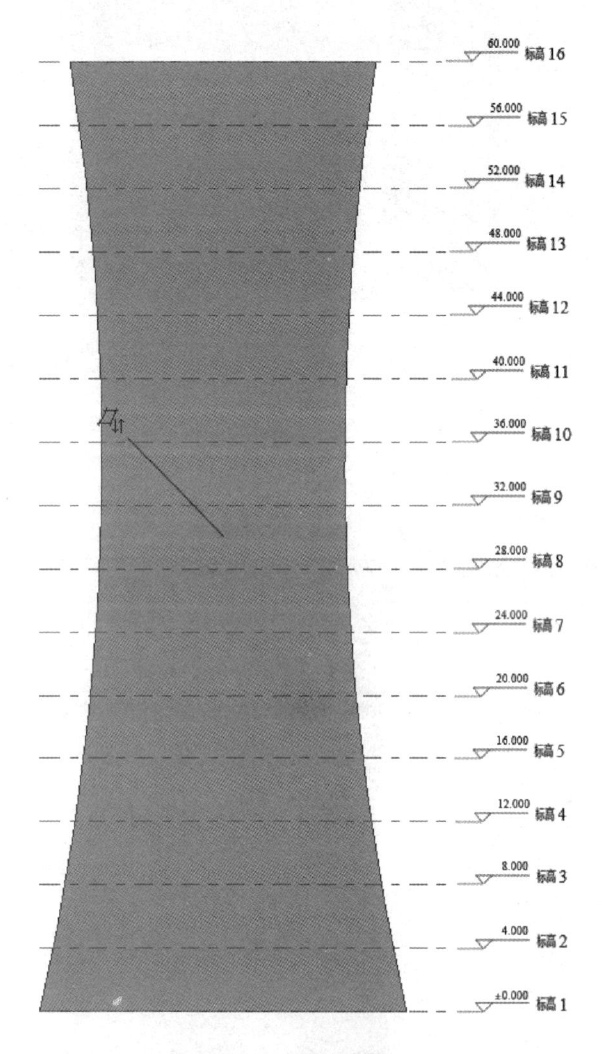

图 3-4-16　放置体量模型

(4)选中体量，进入“修改 | 体量”选项卡，单击“模型”面板中的“体量楼层”按钮，弹出“体量楼层”对话框，勾选体量穿越的标高，单击“确定”按钮，如图 3-4-18 所示。完成效果如图 3-4-17 所示。

图 3-4-17 “体量楼层”对话框

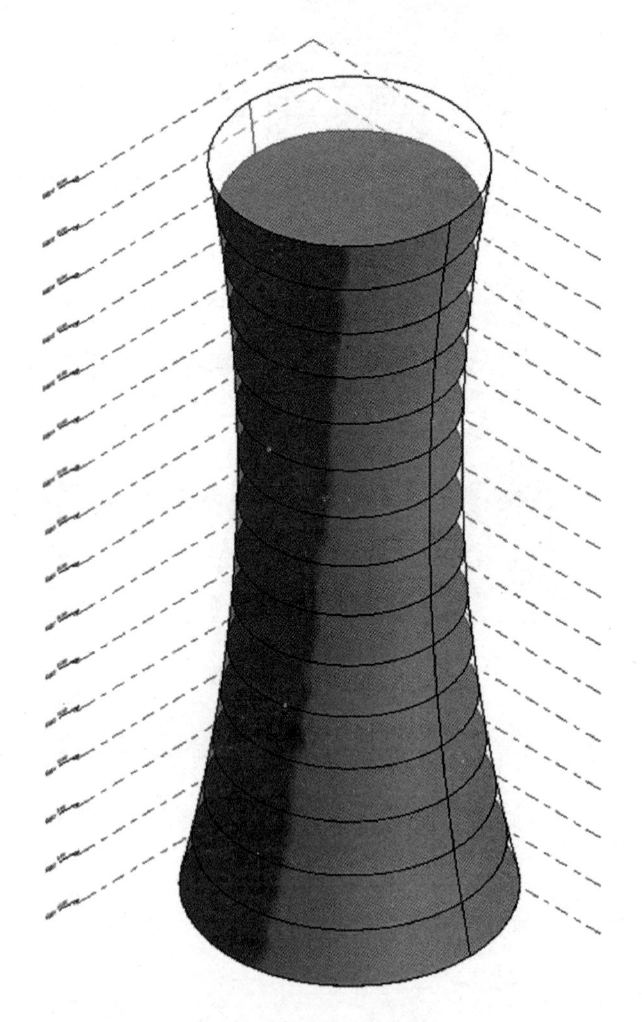

图 3-4-18 体量楼层

(5)选择“建筑”选项卡“构件”面板中的“楼板”下拉列表中的“面楼板”命令。

选择需要创建楼板的体量楼层，在“属性”选项板中修改楼板类型，单击“修改｜放置面楼板”选项卡“多重选择”面板中的“创建楼板”按钮。

(6)选择“建筑”选项卡“构件”面板“屋顶”下拉列表中的“面屋顶”命令。

选择体量顶面，在“属性”选项板中修改屋顶类型，单击“修改｜放置面屋顶”选项卡“多重选择”面板中的“创建屋顶”按钮。

(7)单击“建筑”选项卡“构件”面板中的“幕墙系统”按钮。

选择需要变成幕墙的体量顶面表面，在“属性”选项板中修改幕墙类型，单击“修改｜放置面幕墙系统”选项卡“多重选择”面板中的“创建系统”按钮。完成面模型如图 3-4-19 所示。

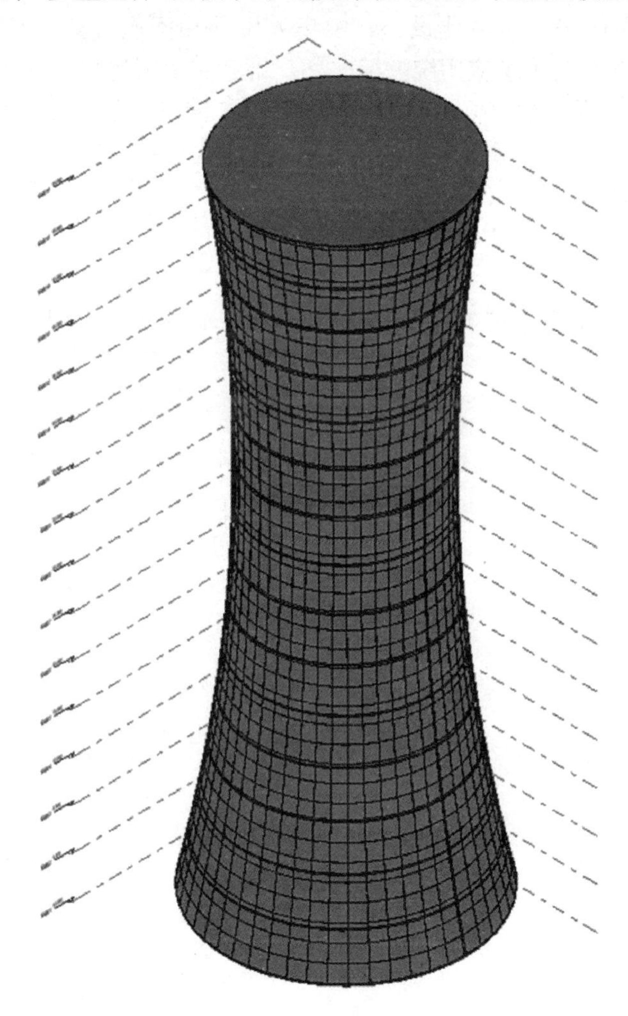

图 3-4-19　完成面模型

参考文献

[1]中华人民共和国住房和城乡建设部，中华人民共和国国家质量监督检验检疫总局．GB/T 50104—2010 建筑制图标准[S]. 北京：中国计划出版社，2011.

[2]中国建筑工业出版社．现行建筑设计规范大全[M]. 北京：中国建筑工业出版社，2000.

[3]中华人民共和国住房和城乡建设部，中华人民共和国质量监督检验检疫总局 GB/T 51212—2016 建筑信息模型应用统一标准[S]. 北京：中国建筑工业出版社，2017.

[4]张喆，杨其建，王芳．建筑 CAD 项目化教程[M]. 武汉：华中科技大学出版社，2019.

[5]杨谦，武强. 建筑 CAD[M]. 北京：北京理工大学出版社，2013.

[6]刘强. 建筑 CAD[M]. 南京：东南大学出版社，2015.

[7]王冉然，彭雯博．BIM 技术基础——Revit 实训指导[M]. 北京：清华大学出版社，2019.

[8]牛来春，莫南明．土木建筑工程 BIM 技术——Revit 建模与应用[M]. 北京：清华大学出版社，2020.